U0382845

国家科学技术学术著作出版基金资助出版

高维系统稳定性的几何判据

吕贵臣　陆征一　著

科 学 出 版 社

北 京

内 容 简 介

本书专注于利用几何方法来解决高维系统稳定性问题,系统介绍了稳定性的基本概念以及一些公开问题、判定全局稳定性的 Lyapunov-LaSalle 稳定性定理、由 Li 和 Muldowney 所创立的基于高维 Bendixson 准则判定稳定性的几何方法. 此外,还包括最近作者在 Li 和 Muldowney 几何准则的基础上,所改进的稳定性的几何判据,以及利用此判据解决传染病和种群动力学中涉及的稳定性问题,包括完全地解决了 Zeemans 猜想、Driessche-Zeeman 猜想;在三维竞争情形下,证明了 Hofbauer-Sigmund 猜想,完全解决了 SEIRS 型传染病模型中的 Liu-Hethcote-Levin 猜想等.

本书可作为理工科相关专业本科生、研究生课程教材或参考书.

图书在版编目(CIP)数据

高维系统稳定性的几何判据/吕贵臣,陆征一著. —北京:科学出版社,
2019.6

ISBN 978-7-03-061568-8

Ⅰ. ①高… Ⅱ. ①吕… ②陆… Ⅲ. ①高维-动力系统(数学)-稳定性-研究
Ⅳ. ①O19

中国版本图书馆 CIP 数据核字(2019) 第 112262 号

责任编辑:陈玉琢 李 萍/责任校对:彭珍珍
责任印制:吴兆东/封面设计:陈 敬

科 学 出 版 社 出版
北京东黄城根北街 16 号
邮政编码:100717
http://www.sciencep.com

北京凌奇印刷有限责任公司印刷
科学出版社发行 各地新华书店经销
*
2019 年 6 月第 一 版 开本:720×1000 1/16
2020 年 1 月第二次印刷 印张:24 7/8
字数:488 000
定价:168.00 元
(如有印装质量问题,我社负责调换)

前　　言

高维系统稳定性是数学生物学 (包括种群动力学模型和传染病动力学模型等) 中的经典问题, 也大量出现在物理、化学、经济等学科领域的研究中. 本书关注种群和传染病动力学中所涉及的模型的稳定性, 特别是全局稳定性的研究. 在种群与传染病动力学中, 稳定性刻画了种群或疾病随时间的演化规律. 它不仅为种群的演化和疾病的流行规律提供预测, 而且还可以为疾病预防和控制提供策略.

高维系统稳定性的理论研究是一个活跃的研究领域, 具有挑战性. 迄今为止, 仍然有许多公开问题尚未解决, 如在高维系统中, Markus 及 Yamabe 在 1960 年基于雅可比矩阵与稳定性的关系, 提出了著名的雅可比猜想 (也称为 **Markus-Yamabe 猜想**), 虽然该猜想在三维情形已被验证是不成立的, 然而, 研究者们仍然关注于使得在高维情形雅可比猜想成立的条件, 如奥地利科学院院士、国际数学家大会一小时报告者、奥地利进化与种群动力学家 Sigmund 及其合作者 Hofbauer 在高维 Lotka-Volterra 模型的情形下, 提出了相互作用矩阵 D-稳定蕴含系统全局渐近稳定的猜想 (本书称之为 **Hofbauer-Sigmund 猜想**, 它可以看成 **雅可比猜想** 的特殊情形).

一方面, 对于全局稳定性的判定, 经典的方法是借助于 Lyapunov 稳定性理论和 LaSalle 不变性原理, 通过构造适当的 Lyapunov 函数来获得. Hofbauer 与 Sigmund 在其专著 *Evolutionary Games and Population Dynamics* 中, 基于上述方法, 讨论了 Volterra-Lyapunov 稳定性定理. Mena-Lorca, Korobeinikov 和 Hethcote 等将上面提到的 Lyapunov-LaSalle 稳定性定理应用到了 SIR, SIRS, SEIR 等传染病模型全局渐近稳定性的研究中, 得到了较好的结果.

然而, 该定理在使用上具有一定的局限性. E. C. Zeeman 及其女儿 M. L. Zeeman 在 2002 年提出了计算定理, 用于研究 Lotka-Volterra 系统在 Volterra-Lyapunov 稳定性定理不适用情形下的稳定性. 当计算定理和 Volterra-Lyapunov 定理都不成立时, 他们猜测所考虑的系统可能全局渐近稳定 (本书称为 **Zeemans 猜想**). 此外, Wolkowicz 也给出例子说明, 若 Volterra-Lyapunov 稳定性定理和计算定理都不满足, 系统也可能是全局渐近稳定的. van den Driessche 与 Zeeman 在 2004 年将种群动力学的方法应用到传染病模型的研究中, 并提出全局稳定性的公开问题 (**Driessche-Zeeman 猜想**).

另一方面, 结合高维系统的 Bendixson 判据, 加拿大数学家 Li 和其合作者 Muldowney 建立了判定全局稳定性的几何准则, 该准则被成功地应用到传染病模型的全局稳定性判定中, 并在某些模型中得到了关于全局渐近稳定性精确的阈值结果. 本书中, 我们应用该判据于 Lotka-Volterra 系统和 Gompterz 系统等种群动力学模型全局稳定性的研究中. 进一步地, Li 在其几何判据的基础上, 与其合作者 Wang 讨论了雅可比猜想, 并在高维的情形, 提出了关于全局渐近稳定性的 **Li-Wang 猜想**.

在对 Li-Muldowney 几何方法的应用过程中, Li 与 Wang 将几何方法归结为两种情形. 一是利用轨道稳定以及 Poincaré-Bendixson 性质, 这种情形主要针对三维竞争系统有效; 二是利用自治收敛定理, 它可以应用到任意的高维系统, 也包括具有不变流形的情形. 虽然 Li-Muldowney 的几何方法被成功地应用到判定模型的全局渐近稳定性, 然而它对一些模型不能给出最好的结果. Liu 及其合作者 Hethcote 与 Levin 在研究具有常数输入和非线性发生率的 SEIR, SEIRS 模型全局稳定性时, 提出了关于全局稳定性的 **Liu-Hethcote-Levin 猜想**.

在考虑 Liu-Hethcote-Levin 猜想时, Li 与 Muldowney 对 SEIR 模型的部分利用第一种情形, 即利用轨道渐近稳定以及 Poincaré-Bendixson 性质, 给出了完全的解答. 然而对 SEIRS 模型的部分, Li 及其合作者仅给出了局部的回答. 并且, Li 等也考虑总人口变动和具有病死率的 SEIR, SEIRS 模型, 并给出了该类系统全局渐近稳定性的一些结果, 他们的结果需要对病死率作限制. 当病死率很小时, SEIR 型总人口变动的模型是全局渐近稳定性的, 借助于数值模拟, 他们指出病死率不会影响 SEIR 模型的全局稳定性, 但没有给出严格的理论证明. 此外, 在对免疫率的限制下, 他们也给出了 SEIRS 型传染病模型的全局稳定性的部分结果.

本书致力于 Li-Muldowney 几何方法的应用. 为了给出上述公开问题一些完整的结果, 我们寄希望于对 Li-Muldowney 几何判据进行改进. 注意到几何方法的核心思想是借助于线性变分系统诱导出的可加性复合方程来排除非平凡周期解 (即确定高维系统的 Bendixson 准则). 进一步, 通过说明 Bendixson 准则在局部扰动下的鲁棒性, 借助于 Pugh 局部 C^1 闭引理来说明平衡点的全局渐近稳定性.

通过对几何方法的改进, Ballyk, McCluskey 等在全局渐近稳定性的判定上, 给出了一些好的结果. 本书在 Li 与 Muldowney, Ballyk, McCluskey 等所建立的理论基础上, 通过引入时间平均性质, 发展了 Li-Muldowney 的几何判据, 这套方法的核心思想是对线性变分方程诱导出的可加性复合方程的等度 (或一致) 渐近稳定性的估计. 等度渐近稳定性估计的经典方法是利用 Lozinskiĭ 矩阵测度性质, 结合时间平均性质、半连续泛函以及 Dini 导数等概念和工具, 对复合线性方程的解进行估计. 一旦等度渐近稳定性被确定, 就可以给出高维的 Bendixson 判据, 这样可以排除非平凡周期解, 进而利用全局稳定性原理, 来说明单连通区域中平衡点的稳定性.

本书共 9 章. 前两章简要地介绍了稳定性的基本概念以及稳定性判定的一些相关数学基础. 第 3 章讨论线性微分方程的基本概念和理论, 特别地, 3.5 节给出线性微分方程解的指数估计, 这为第 6 章几何方法的改进提供了理论支持. 第 4 章介绍 Lyapunov 稳定性定理以及 LaSalle 不变性原理. 第 5 章讨论轨道稳定的相关概念, 并给出了基于轨道稳定性的全局渐近稳定的判定定理, 进一步地, 借助于周期系统的解的估计, 改进了 Li-Muldowney 的结果. 第 6 章给出了 Li-Muldowney 几何判据的基本理论. 首先给出了常用的几种 Bendixson 准则, 然后给出了基于高维 Bendixson 准则的全局渐近稳定性判定原理和定理. 6.4 节给出具有不变流形系统 Li-Muldowney 几何方法的改进. 此外, 在不存在不变流形的情形也给出了相关的结果. 第 7~9 章给出 Li-Muldowney 几何判据以及改进的几何方法的应用. 在 Gompterz 模型中, 改进了于宇梅以及合作者的结果, 并且对蒋继发等提出的极限环存在个数的公开问题给出了肯定的部分回答. 在 SEIR, SEIRS 传染病模型中, 利用改进的几何判据, 肯定地解决了 Liu-Hethcote-Levin 猜想. 在总人口变动的情形中, 去掉了 Li 等对病死率的限制, 肯定地回答了 Li 等提出的问题. 在 Lotka-Volterra 模型的应用上, 利用改进的几何方法, 借助于时间平均性质, 给出了三维 Lotka-Volterra 模型全局渐近稳定性的新结果, 在这些结果的基础上, 肯定地解决了 Zeemans 猜想、Driessche-Zeeman 猜想. 在三维竞争情形, 给出了 Hofbauer-Sigmund 猜想肯定的回答. 此外, 还部分地肯定了 Li-Wang 猜想.

　　感谢在本书撰写中给予我们帮助的胡亦郑博士、连新泽博士、罗勇博士、徐金亚博士. 特别感谢在本书 Latex 录入方面给予帮助的赵亚飞、苏强同学. 感谢四川大学马天教授、西南大学王稳地教授和四川师范大学罗宏教授的支持. 感谢科学出版社陈玉琢老师为本书的出版付出的辛勤劳动.

　　本书的出版得到了国家科学技术学术著作出版基金 (2017-A-020)、国家自然科学基金 (11401062)、高等学校博士学科点专项科研基金 (20115134110001)、重庆市科学技术委员会基础科学与前沿技术研究项目基金 (cstc2014jcyjA00023)、重庆市教委科学技术研究项目基金 (KJQN201801136, KJ1400937) 的资助, 在此一并致谢.

吕贵臣　陆征一

2018 年 10 月

目　　录

第 1 章　高维系统的稳定性问题

在生命科学中, 许多生命活动和生命现象的变化规律都可以用微分方程来刻画. 如生态学中种群与环境、种群与种群之间的相互作用 (捕食、竞争、合作)、传染病的传播与暴发等都可通过建立由微分方程控制的动力学模型来进行描述. 进一步地, 要对生命现象进行描述, 往往需要对微分方程模型进行求解, 通过求得的解及其生物学意义, 来更好地揭示生命现象和生命活动的变化规律. 然而对一般的非线性微分方程而言, 方程的精确解并不容易求出. 基于此, 我们希望能够根据所建立的微分方程模型的结构和初始状态, 来预测它随时间的演化规律, 得到在偶然或持续的干扰下生态系统保持理想的演化规律, 而不至于对生态系统造成破坏, 这就是微分方程稳定性的概念, 它也是自然科学、工程技术、社会经济等学科中的重要研究课题.

1.1　种群与传染病动力学中的微分方程模型

我们着重考虑高维系统的稳定性问题, 包括传染病模型、种群动力学模型等, 为此本章将首先给出两类经典的生物动力学模型: Lotka-Volterra 模型和 SIR 传染病仓室模型.

例 1.1 (Volterra 捕食模型)　Vito Volterra 是意大利著名的数学家, 1926 年, 后来成为他的女婿的意大利生物学家 D'Ancona 在研究 Adriatic 海中鱼类的变化规律时, 发现了一个特殊的现象: 第一次世界大战期间, 意大利 Finme 港收购站中, 软骨食肉鱼在鱼类收购量中的比例随时间的变化如表 1.1 所示. 由表 1.1, D'Ancona 发现战争期间食肉鱼捕获的比例有显著的增加. 起初他以为这是战争导致的人工捕捞的减少使得食肉鱼获得了更多的食物, 然而人工捕捞的减少也有利于非食肉鱼的增长, 为什么会导致食肉鱼的比例上升呢?

D'Ancona 无法解释这个现象, 于是他请教数学家 Volterra, 希望从数学的角度给出解释. Volterra 将全部鱼类分为两部分: 食草鱼和食肉鱼, 即被捕食者 (食饵) 种群和捕食者种群. 记 t 时刻被捕食者和捕食者种群的数量分别为 $x(t)$ 和 $y(t)$ 且做如下假设:

(A) 若不存在捕食者, 则被捕食者符合 Malthus 增长, 增长率为 α.

(B) 若捕食者存在, 单位时间每个捕食者对食饵的吞食量与食饵规模成正比, 比例系数为 β.

(C) 捕食者在寻找食饵的过程中, 没有互扰现象, 即彼此之间没有竞争, 且捕食者吞食后, 立即转化为能量, 转化系数为 a.

(D) 捕食种群的死亡率与种群规模 $y(t)$ 成正比, 比例系数为 d.

表 1.1　意大利 Finme 港收购站中软骨食肉鱼在鱼类收购量中的比例

时间/年	1914	1915	1916	1917	1918
比例	11.9%	21.4%	22.1%	21.2%	36.4%
时间/年	1919	1920	1921	1922	1923
比例	27.3%	16.0%	15.0%	14.8%	10.7%

由假设 (A)∼(D), 得到了如下系统:

$$\dot{x} = \alpha x - \beta xy, \quad \dot{y} = cxy - dy, \tag{1.1}$$

其中 $c = a\beta$.

系统 (1.1) 即为 Volterra 的捕食-被捕食模型[152].

下面用系统 (1.1) 来解释 D'Ancona 统计的数据. 在此之前, 我们先了解系统 (1.1) 解的结构.

系统 (1.1) 在 $\text{int}R_+^2$ 内有唯一的正平衡点 $E = (\bar{x}, \bar{y})$ 满足

$$\bar{x}(\alpha - \beta\bar{y}) = 0, \quad \bar{y}(-d + c\bar{x}) = 0,$$

即

$$\bar{x} = \frac{d}{c}, \quad \bar{y} = \frac{\alpha}{\beta}.$$

根据 $\bar{x}$ 与 $\dfrac{d}{c}$, $\bar{y}$ 与 $\dfrac{\alpha}{\beta}$ 的大小关系, 可以得到 $\dot{x}, \dot{y}$ 不同的符号, 并且根据 $\dot{x}, \dot{y}$ 的符号, 可以将 $\text{int}R_+^2$ 分成 I, II, III, IV 四个区域 (图 1.1). 正平衡点 E 由周期闭轨所围绕, 这些周期解沿着 I → II → III → IV 的逆时针方向旋转.

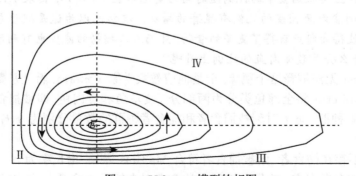

图 1.1　Volterra 模型的相图

事实上, 将 (1.1) 第一式除以第二式, 得

$$\frac{dx}{dy} = \frac{\alpha x - \beta xy}{cxy - dy} = \frac{x(\alpha - \beta y)}{y(cx - d)}, \tag{1.2}$$

这是一个变量可分离方程, 利用分离变量法, 可以求得方程的通解

$$-cx - \beta y + d \ln x + \alpha \ln y = C_1. \tag{1.3}$$

令

$$V(x,y) = (-cx + d \ln x) + (-\beta y + \alpha \ln y) \triangleq F(x) + G(y),$$

则由上述分析可知, 函数 $V(x,y)$ 定义在 $\mathrm{int}R_+^2$ 内, 沿着系统 (1.1) 的轨道为常数. 又因为

$$\frac{dF}{dx} = -c\left(1 - \frac{\bar{x}}{x}\right), \quad \frac{d^2F}{dx^2} = -\frac{c\bar{x}}{x^2} < 0,$$

故 $F(x)$ 在 $x = \bar{x}$ 处取得最大值, 同理, $G(y)$ 在 $y = \bar{y}$ 处取得极大值. 所以, $V(x,y)$ 在正平衡点 E 处取得最大值.

易知, 等位线 $\{(x,y) \in \mathrm{int}R_+^2 | V(x,y) = C_1\}$ 是围绕正平衡点 E 的一系列闭轨线, 解保持在等位线上, 从而回到其起点. 因此, 轨道为系统 (1.1) 的周期解, 这是符合生物学意义的. 在生物学上, 捕食者和食饵种群的规模随着时间的演化都会增加, 然而, 增加到一定规模, 由于捕食者种群过多, 食饵种群的规模开始减少, 而随着食饵的不足捕食者种群又会减少, 当捕食者种群减少至一定限度时, 食饵种群又重新开始增加, 从而又导致捕食者种群的增加. 这样, 二者因为相互制约而呈现出周期性的振荡.

下面给出 D'Ancona 问题的 Volterra 解释.

（Ⅰ）无人工捕捞的情形.

一个周期 T 内捕食者和被捕食者规模的平均值. 由 (1.1) 的第一式, 得

$$\frac{d}{dt} \ln x = \alpha - \beta y,$$

在 $[0,T]$ 上积分并取平均, 得

$$\frac{1}{T} \int_0^T \frac{d}{dt} \ln x \, dt = \frac{1}{T} \int_0^T (\alpha - \beta y) dt,$$

即

$$\frac{1}{T}[\ln x(T) - \ln x(0)] = \alpha - \beta \frac{1}{T} \int_0^T y(t) dt.$$

因为 $x(T) = x(0)$, 所以

$$\frac{1}{T} \int_0^T y(s) ds = \frac{\alpha}{\beta}.$$

同理可得

$$\frac{1}{T}\int_0^T x(s)ds = \frac{d}{c}.$$

这样, 得到了在一个周期内两类种群的平均值为

$$\frac{1}{T}\int_0^T x(s)ds = \frac{d}{c}, \quad \frac{1}{T}\int_0^T y(s)ds = \frac{\alpha}{\beta}. \tag{1.4}$$

(II) 考虑人工捕捞的情形.

此时, 被捕食者和捕食者分别以 $\varepsilon x, \varepsilon y$ 的速率减少, ε 反映捕捞能力, 它由渔船规模、设备技术水平、下网次数等因素决定. 重新修正的模型 (1.1) 为

$$\begin{cases} \dot{x} = \alpha x - \beta xy - \varepsilon x, \\ \dot{y} = cxy - dy - \varepsilon y, \end{cases} \tag{1.5}$$

此时, 一个周期 T 内被捕食者和捕食者规模的平均值为

$$\frac{1}{T}\int_0^T x(s)ds = \frac{d+\varepsilon}{c}, \quad \frac{1}{T}\int_0^T y(s)ds = \frac{\alpha-\varepsilon}{\beta}. \tag{1.6}$$

通过表 1.2, 我们给出 D'Ancona 问题的解释.

表 1.2 一个周期内种群规模与人工捕捞对比

人工捕捞	种群规模	
	被捕食者平均值	捕食者平均值
无人工捕捞	$\frac{d}{c}$	$\frac{\alpha}{\beta}$
有人工捕捞	$\frac{d+\varepsilon}{c}$	$\frac{\alpha-\varepsilon}{\beta}$

当 ε 减少时, 捕食者平均值增加, 食饵的平均值减少. 第一次世界大战期间, 战争使得人工捕捞减少, 即 ε 减少, 与无战争相比, 捕捞者的减少, 有利于软骨鱼及被捕食种群的繁殖, 这就是 Finme 港口收购所呈现规律的原因. 这个原理, 称为**Volterra 原理**. 此原理不仅很好地解释了表 1.1 的统计数据, 而且在生物学上还有很好的指导意义, 比如, 1968 年从澳洲传入了美国一种叫吹棉蚧的害虫, 其对美国的柑橘业产生了巨大的影响, 给农民造成巨大的损失, 农民试图采用农药滴滴涕 (DDT) 彻底消灭此虫. 但事与愿违, 此虫数量不减反增. 不久人们引入它的天敌 —— 澳洲瓢虫, 使得吹棉蚧的数量减少至一个很低的程度. 上述例子正是对 Volterra 原理一个非常好的说明.

注 1.1 系统 (1.1) 为生物数学中经典的 Lotka-Volterra 系统的雏形, 由美国著名的生态学家 Lotka[120] 在 1920 年研究化学反应时所创建, 并且在 1925 年用来研究捕食-被捕食作用[121]. 他和 Volterra[152] 工作是相互独立完成的.

注 1.2 上述 Lotka-Volterra 模型也可以利用化学反应来建立. 设 X 是食草鱼, Y 是食肉鱼, X 靠吃草 A 而繁殖, Y 靠吃 X 而繁殖, 而后 Y 就自然死亡, 其反应机制如下:

$$X + A \xrightarrow{k_1} 2X, \tag{1.7}$$

$$Y + X \xrightarrow{k_2} 2Y, \tag{1.8}$$

$$Y \xrightarrow{k_3} O. \tag{1.9}$$

设 $[X], [Y]$ 以及 $[A]$ 分别为食草鱼 X, 食肉鱼 Y 以及食饵 A 的种群密度, 根据质量作用定律, 有如下系统:

$$\begin{aligned} \frac{d[X]}{dt} &= k_1[A][X] - k_2[X][Y], \\ \frac{d[Y]}{dt} &= k_2[X][Y] - k_3[Y]. \end{aligned} \tag{1.10}$$

若令

$$[X] = x, \quad [Y] = y, \quad k_1[A] = \alpha, \quad k_2 = \beta, \quad k_3 = d,$$

则系统 (1.10) 即为 Volterra 系统 (1.1).

例 1.1 通过理论分析揭示了食肉鱼和食草鱼之间的演化规律, 事实上, 通过数值模拟, 也可以进一步说明 Volterra 模型正是对食草、食肉鱼之间演化规律的数学表达. 取系数

$$\alpha = 0.266962, \quad \beta = 0.018675, \quad d = 2.141493, \quad c = 0.106336,$$

通过同实际数据相比较, 模型拟合数据和实际数据基本一致 (图 1.2).

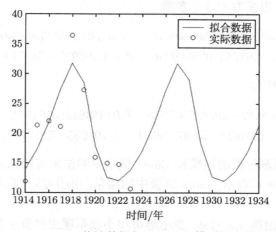

图 1.2 D'Ancona 统计数据与 Volterra 模型拟合数据比较

为了更细致地说明微分方程对生命现象的刻画, 下面给出 Gauss 的例子来说明微分方程的数值计算也可以为预测生物种群随时间的演化规律提供实际支持. 此例是例 1.1 的继续, 它从试验的角度验证了**Volterra 原理**.

例 1.2 (Gauss 实验) Gauss 对小核草履虫 (*P. aurelia*) (原生物) 和少孢酵母 (*S. exiguus*) (原生物喂养的酵母) 这类食饵与被捕食者种群增长规律做了试验, 得到了如下数据; 表 1.3 的数据来自于 Brauer 和 Castillo-Chavez[6], 时间以天数计算. 种群的规模是从 Gauss 原始的图像中读取的. 利用 Volterra 模型描述少孢酵母和小核草履虫种群规模随时间的变化情况.

表 1.3 少孢酵母-小核草履虫

时间/天	0	1	2	3	4	5	6	7	8
少孢酵母	155	40	20	10	25	55	120	110	50
小核草履虫	90	175	120	60	10	20	15	55	130
时间/天	9	10	11	13	15	16	17	18	19
少孢酵母	20	15	20	70	135	135	50	15	20
小核草履虫	70	30	15	20	30	80	170	90	30

解 记 t 天少孢酵母和小核草履虫种群规模分别为 $S(t)$ 与 $P(t)$, 由模型 (1.1), 有

$$\begin{cases} \dot{S} = \alpha S - \beta SP, \\ \dot{P} = cSP - dP. \end{cases} \tag{1.11}$$

利用模型 (1.11) 中的 S, P 来拟合表 1.3 中的数据, 我们借助于 MATLAB 中的 fminsearch 函数来进行数值求解, 求解的主程序见本章附录.

我们可以估计出模型 (1.11) 参数

$$\alpha = 0.721629665505098, \quad \beta = 0.013838358059400,$$
$$c = 0.016143938909236, \quad d = 1.108935575377140.$$

此时, 模型 (1.11) 化为

$$\begin{cases} \dot{S} = 0.721629665505098S - 0.0138383580594SP, \\ \dot{P} = 0.016143938909236SP - 1.10893557537714P. \end{cases} \tag{1.12}$$

模型 (1.12) 预测种群的规模和 Gauss 试验中的结果对比见图 1.3(a)、图 1.3(b) 以及图 1.3(c), 其中 ○ 表示 Gauss 试验中的结果, 由图可知, 我们的预测基本符合种群规模的变化.

并且进一步, 由图 1.3 可知, 少孢酵母和小核草履虫种群规模随时间呈周期性振荡. ■

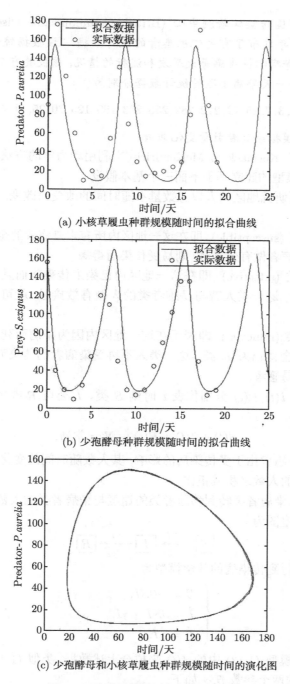

(a) 小核草履虫种群规模随时间的拟合曲线

(b) 少孢酵母种群规模随时间的拟合曲线

(c) 少孢酵母和小核草履虫种群规模随时间的演化图

图 1.3 种群规模随时间的拟合曲线

例 1.3　英国传染病检测中心 (British Communicable Disease Surveillance Centre) 在 1978 年发布了有关流感患者的统计数据. 该数据统计了两周内英格兰北部一所男孩寄宿学校流感每天暴发和流行的情况, 该校共有 763 个学生. 第一个染病者开始, 每一天染病小孩的统计数据分别为

$$1, 3, 7, 25, 72, 222, 282, 256, 233, 189, 123, 70, 25, 11, 4.$$

现在建立模型来模拟染病者数量变化曲线.

解　1927 年, Kermack 与 McKendrick[78] 利用动力学的方法建立了传染病的数学模型. 这个模型的建立基于下面三个基本假设.

假设 A　所研究地区的人口总数量不随时间的改变而改变. 所研究地区的人口分为三类:

(1) 易感者类 (susceptible), 即在这一地区内所有未染病者的全体记为 S 类, 这一类人若与传染病者做有效接触, 则易受传染而得病.

(2) 染病者类 (infective), 即在这一地区内已染上传染病而且仍在发病期的人的全体记为 I 类, 这一类人若与易感者类的人做有效接触, 就可能把病传染给易感者.

(3) 移除者类 (removed), 即表示在这一地区内因为染病而死亡或痊愈且具有免疫能力的人的全体记为 R 类. 这一类人不再受染病者的传染而重新得病, 也不会把疾病传染给易感者.

我们以 $S(t), I(t), R(t)$ 分别代表 t 时刻 S 类、I 类与 R 类的人数, 这样**假设 A**, 即

$$S(t) + I(t) + R(t) = N = \text{常数}.$$

假设 B　易感者由于受传染病的影响, 其人数随时间的变化率与当时易感者的人数和染病者的人数之积成正比.

假设 C　从染病者类转到移除者类的速度与染病者类的人数成正比.

其对应的仓室图为

$$\boxed{S} \xrightarrow{\beta SI} \boxed{I} \xrightarrow{\gamma I} \boxed{R}$$

由此仓室图可以得到传染病的数学模型为

$$\begin{cases} \dot{S} = -\beta SI, \\ \dot{I} = \beta SI - \gamma I, \\ \dot{R} = \gamma I. \end{cases} \tag{1.13}$$

我们将采用模型 (1.13) 中的 $I(t)$ 来拟合上述数据, 类似 (1.2) 中的 MATLAB 程序, 确定模型的两个参数 β, γ 如下:

$$\beta = 0.002183983616838, \quad \gamma = 0.442887986752921.$$

在此参数下, 对应的数据拟合见图 1.4, 其中 $*$ 表示 I 的实际数据, 实线表示 I 的拟合曲线, 虚线表示 S 的拟合曲线.

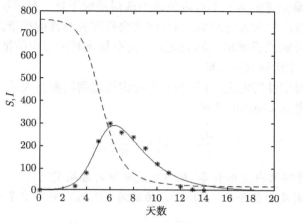

图 1.4 S 与 I 的拟合曲线

注 1.3 *我们也可以把 $S(t), I(t), R(t)$ 看成某种化学物质的浓度, 则上述三个假设可以表述为*

假设 A $S(t) + I(t) + R(t) = N = $ 常数.

假设 B $S + I \xrightarrow{\beta} 2I.$

假设 C $I \xrightarrow{\gamma} R.$

前面几个例子, 我们利用微分方程的工具, 结合种群和疾病的演化规律, 建立了相应的种群动力学和传染病动力学模型. 并进一步采用数值拟合的工具, 选择适当的参数和初始状态, 试图给出与实验数据的最佳拟合, 进而说明模型的合理性. 然而, 参数和初始状态的选取受到误差的影响, 考虑到生物学意义, 我们希冀误差不影响最终对种群演化规律的预测. 解的初始值的微小改变对时间充分大时解的性态仅有微小的影响的这个性质, 称为解的稳定性. 关于解的稳定性的相关概念, 将在 1.2 节做详细的讨论.

1.2 稳定性的概念

稳定性的概念最初由 Laplace, Lagrange, Maxwell, Poincaré 和 Thomson 等引入, 但他们都没有给出稳定性概念的精确定义和理论, 苏联数学家 Lyapunov 在其博士论文中精确地定义了稳定性的概念, 并进一步发展了稳定性的理论, 这是稳定性研究中具有开创性和里程碑式的工作, 随后稳定性的研究, 经由 LaSalle 等数学大师的推广, 形成了一门重要的学科.

用微分方程来描述实际系统的变化 (如种群或疾病随时间的演化规律, 物质的运动等), 主要是利用微分方程的特解来说明. 而微分方程的特解密切依赖于初值, 而初值的测定或计算实际上不可避免地出现误差或干扰. 有时初值的微小误差或干扰不会对系统产生太大的影响, 而有时则会招致灾难性的严重后果. 大多数微分方程的特解不可能或很难求出其表达式, 在不具体解出方程的情形下判定解的性态, 是稳定性理论所研究的范畴.

本节给出稳定性的定义, 并说明几个稳定性之间的相互关系.

例 1.4   考虑 Logistic 系统

$$\frac{dx}{dt} = rx\left(1 - \frac{x}{K}\right), \tag{1.14}$$

其中 $r > 0$ 是种群的内禀增长率, $K > 0$ 是环境的容纳量.

记 (1.14) 满足初值条件 $x(0) = x_0$ 的解为 $x(t, x_0)$. 利用变量分离法, 可得

$$x(t, x_0) = \frac{x_0 e^{rt}}{1 + x_0(e^{rt} - 1)/K} = \frac{K x_0}{x_0 - (x_0 - K)e^{-rt}}, \tag{1.15}$$

令

$$rx\left(1 - \frac{x}{K}\right) = 0,$$

得方程 (1.14) 的两个平衡点

$$x_1^* = 0, \quad x_2^* = K.$$

当 $x_0 > 0$ 时, (1.14) 的解 (1.15) 总是大于零, 其解的曲线如图 1.5 所示.

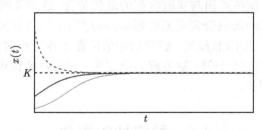

图 1.5   Logistic 模型不同初值出发的解曲线

通过我们对解 (1.15) 的分析, 可得

当 $x_0 > K$ 时, 解曲线从 $x_2^* = K$ 的上方区域趋于 $x_2^* = K$;

当 $x_0 < K$ 时, 解曲线从 $x_2^* = K$ 的下方区域趋于 $x_2^* = K$.

此时, 正平衡解 $x_2^* = K$ 被称为是稳定的, 另外一个平衡解 $x_1^* = 0$ 被称为是不稳定的.

考虑初值问题

$$\frac{dx}{dt} = f(t, x),$$
$$x(t_0) = x_0, \qquad\qquad (1.16)$$

其中 $x \in D \subset \mathbf{R}^n$, D 是开集且 $0 \in D$. $f(t, x)$ 关于 t 连续, 关于 x 是 Lipschitz 连续的, 其解为 $x(t) = x(t, t_0, x_0)$, 存在区间为 $(-\infty, +\infty)$.

设 $x = 0$ 为其零解, 即 $f(t, 0) = 0$.

定义 1.1 若对任意的 $\varepsilon > 0$ 以及 $t_0 \geqslant 0$, 存在 $\delta = \delta(\varepsilon, t_0) > 0$, 使得当 $\|x_1 - x_0\| < \delta$ 时, 系统 (1.16) 的解 $x(t)$ 满足对任意 $t \geqslant t_0$, 有

$$\|x(t, t_0, x_0) - x(t, t_0, x_1)\| < \varepsilon,$$

则称系统 (1.16) 的解 $x(t, t_0, x_0)$ 在 Lyapunov 意义下关于 t_0 是稳定的, 也称为 Lyapunov 稳定, 否则称其是不稳定的.

为了简化讨论, 通常把解 $\bar{x}(t) = \bar{x}(t, t_0, x_0)$ 的稳定性转化成零解的稳定性, 令

$$u(t) = x(t) - \bar{x}(t),$$

代入 (1.16) 中, 得

$$\begin{aligned}
\frac{du}{dt} &= \frac{dx}{dt} - \frac{d\bar{x}}{dt} \\
&= f(t, x) - f(t, \bar{x}) \\
&= f(t, \bar{x} + u(t)) - f(t, \bar{x}).
\end{aligned}$$

进一步, 若记

$$f(t, \bar{x} + u(t)) - f(t, \bar{x}) \triangleq F(t, u),$$

则

$$\frac{du}{dt} = F(t, u), \qquad\qquad (1.17)$$

这样 (1.16) 的解 $\bar{x}$ 的稳定性, 就转化为系统 (1.17) 零解的稳定性.

因此, 这里只讨论零解的稳定性.

定义 1.2 若对任意的 $\varepsilon > 0$ 以及 $t_0 \geqslant 0$, 存在 $\delta = \delta(\varepsilon, t_0)$, 对任意的 $t \geqslant t_0$, 当 $\|x_0\| < \delta$ 时, 系统 (1.16) 的解 $x(t)$ 满足

$$\|x(t, t_0, x_0)\| < \varepsilon,$$

则称系统 (1.16) 的零解在 Lyapunov 意义下关于 t_0 是稳定的, 也称为 Lyapunov 稳定, 否则称其是不稳定的.

系统 (1.16) 的零解稳定的意义是对任意的 $\varepsilon > 0$ 都可以在 $\mathbf{R}^n$ 中找到一个以原点为中心、半径为 δ 的开球 U_δ, 使系统 (1.16) 在 $t = t_0$ 时刻从 U_δ 出发的解曲线, 当 $t > t_0$ 时, 停留在半径为 ε 的开球内 (图 1.6).

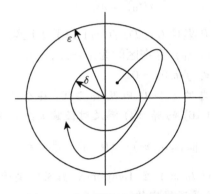

图 1.6　稳定性概念的几何解释

这样, 系统 (1.16) 零解不稳定的等价描述为存在 $\varepsilon_0 > 0$, 存在 $t_0 \geqslant 0$, 对任意的 $\delta > 0$, 存在 x_0, 当 $\|x_0\| < \delta$ 时, 存在 $t_1 > 0$, 使得系统 (1.16) 的解 $x(t)$ 满足 $\|x(t_1, t_0, x_0)\| \geqslant \varepsilon_0$.

定义 1.3　若对任意的 $t_0 > 0$, 存在 $\delta > 0$, 使得对任意的 $\varepsilon > 0$, 当 $\|x_0\| \leqslant \delta$ 时, 存在 $T > 0$, 使得当 $t > t_0 + T$ 时, 有

$$\|x(t, t_0, x_0)\| < \varepsilon,$$

则称系统 (1.17) 的零解是吸引的.

关于吸引的几何解释见图 1.7(a) 与图 1.7(b). 此外, 吸引性还有另外一种描述. 设 $U \subset R^n$ 是包含原点的一个开邻域, 称系统 (1.17) 的零解是吸引的, 若

$$x_0 \in U, \quad \lim_{t \to +\infty} x(t, t_0, x_0) = 0.$$

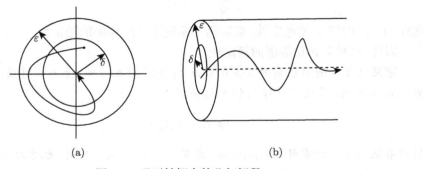

　　　　　　(a)　　　　　　　　　　　　　　　　(b)

图 1.7　吸引性概念的几何解释

定义 1.4 若 (1.17) 的零解是吸引的, 则称

$$U = \left\{ x_0 \in D \subset \mathbf{R}^n \,\middle|\, \text{如果} \, x(t_0) = x_0, \text{则} \lim_{t \to +\infty} x(t, t_0, x_0) = 0 \right\}$$

为吸引盆 (域).

例 1.5 考虑一阶方程

$$\frac{dx}{dt} = -x^2. \tag{1.18}$$

简单计算可得方程 (1.18) 满足初值条件 $x(t_0) = x_0$ 的通解为

$$x(t) = \frac{x_0}{1 + x_0(t - t_0)}, \tag{1.19}$$

故对任意的 $x_0 \in \mathbf{R}$,

$$\lim_{t \to +\infty} x(t) = 0, \tag{1.20}$$

因此, 方程 (1.18) 的零解是吸引的.

另一方面, 取 $\varepsilon_0 = \frac{1}{2}$, 对任意的 $\delta > 0$, 取

$$t_1 = t_0 - \frac{1}{x_0} + \frac{1}{4}, \quad x_0 = -\frac{\delta}{2},$$

当 $|x_0| < \delta$ 时, 有

$$|x(t_1)| = \left| \frac{x_0}{1 + x_0(t_1 - t_0)} \right| = \frac{|x_0|}{|1 + x_0(t_1 - t_0)|}$$

$$= \left| \frac{1}{\frac{1}{x_0} + (t_1 - t_0)} \right| = 4 > \frac{1}{2},$$

故而方程 (1.21) 的零解是不稳定的 (图 1.8).

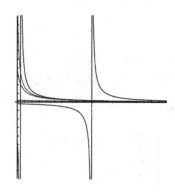

图 1.8　零解吸引但不稳定

例 1.6　考虑方程组

$$\begin{cases} \dfrac{dx}{dt} = y + f(x), \\[2mm] \dfrac{dy}{dt} = -x, \end{cases} \tag{1.21}$$

其中

$$f(x) = \begin{cases} -4x, & x > 0, \\ 2x, & -1 \leqslant x \leqslant 0, \\ -x - 3, & x < -1. \end{cases}$$

当 $x > 0$ 时, 方程 (1.21) 为

$$\begin{cases} \dfrac{dx}{dt} = y - 4x, \\[2mm] \dfrac{dy}{dt} = -x, \end{cases}$$

其通解为

$$\begin{cases} x(t) = C_1(2 - \sqrt{3}) \exp(-(2 - \sqrt{3})t) \\ \qquad + C_2(2 + \sqrt{3}) \exp(-(2 + \sqrt{3})t), \\ y(t) = C_1 \exp(-(2 - \sqrt{3})t) + C_2 \exp(-(2 + \sqrt{3})t). \end{cases}$$

当 $-1 \leqslant x \leqslant 0$ 时, 方程 (1.21) 为

$$\begin{cases} \dfrac{dx}{dt} = 2x + y, \\[2mm] \dfrac{dy}{dt} = -x, \end{cases}$$

其通解为

$$\begin{cases} x(t) = C_1 e^t + C_2 t e^t, \\ y(t) = (-C_1 + C_2)e^t - C_2 t e^t. \end{cases}$$

当 $x < -1$ 时, 方程 (1.21) 为

$$\begin{cases} \dfrac{dx}{dt} = -x - 3 + y, \\[2mm] \dfrac{dy}{dt} = -x, \end{cases}$$

其通解为

$$
\begin{cases}
x(t) = \dfrac{1}{2}C_1 \exp\left(-\dfrac{t}{2}\right)\left[\cos\left(\dfrac{\sqrt{3}}{2}t\right) + \sqrt{3}\sin\left(\dfrac{\sqrt{3}}{2}t\right)\right] \\
\qquad + \dfrac{1}{2}C_2 \exp\left(-\dfrac{t}{2}\right)\left[\sin\left(\dfrac{\sqrt{3}}{2}t\right) - \sqrt{3}\cos\left(\dfrac{\sqrt{3}}{2}t\right)\right], \\
y(t) = \exp\left(-\dfrac{t}{2}\right)\left[C_1 \cos\left(\dfrac{\sqrt{3}}{2}t\right) + C_2 \sin\left(\dfrac{\sqrt{3}}{2}t\right)\right] + 3.
\end{cases}
$$

本例满足解的存在、唯一性, 且可知对一切 $(x(t), y(t))$, 均有

$$
\lim_{t \to +\infty}(x(t), y(t)) = (0, 0),
$$

故而平凡解是吸引的.

接下来, 我们来说明不稳定性.

易知

$$
x(t, x_0) = -x_0 e^t, \quad y(t, x_0) = x_0 e^t
$$

是满足初值 $x(0) = -x_0, y(0) = x_0$ 的解且它落在不变直线 $y + x = 0$ 上.

当 $-1 \leqslant x \leqslant 0$ 时, 在 $(0, 0)$ 附近出发的解随着 t 的增大逐渐靠近 $(-1, 1)$ 而不会回到 $(0, 0)$ 附近, 故其零解不稳定 (图 1.9).

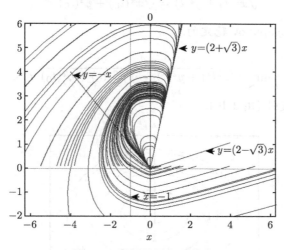

图 1.9 零解吸引但不稳定

注 1.4 例 1.6 取自文献 [169], 文献 [174] 也有类似的例子, 此时零解是不稳定的, 然而对一切 $(x(t), y(t))$, 零解是吸引的. 此外, 还有一些关于零解是吸引但不稳定的例子, 如黄琳[168] 也给出了如下的例子

$$\begin{cases} \dfrac{dx}{dt} = \dfrac{x^2(y-x)+y^5}{(x^2+y^2)[1+(x^2+y^2)^2]}, \\ \dfrac{dy}{dt} = \dfrac{y^2(y-2x)}{(x^2+y^2)[1+(x^2+y^2)^2]}. \end{cases} \tag{1.22}$$

此时零解是吸引的但不稳定.

在例 1.5 和例 1.6 中, 我们知道, 系统零解吸引, 但不一定 Lyapunov 稳定. 反过来, 即使系统零解是稳定的, 也无法得出它是吸引的.

例 1.7　考虑方程组

$$\begin{cases} \dfrac{dx}{dt} = -y, \\ \dfrac{dy}{dt} = x. \end{cases} \tag{1.23}$$

该方程通解为

$$\begin{cases} x(t) = x(t_0)\cos(t-t_0) - y(t_0)\sin(t-t_0), \\ y(t) = x(t_0)\sin(t-t_0) + y(t_0)\cos(t-t_0), \end{cases}$$

简单计算, 可得

$$x^2(t) + y^2(t) = x^2(t_0) + y^2(t_0).$$

则对任意的 $\varepsilon > 0$, 取 $\delta = \varepsilon$, 当 $0 < \sqrt{x^2(t_0)+y^2(t_0)} < \delta$ 时, 有

$$\sqrt{x^2(t)+y^2(t)} = \sqrt{x^2(t_0)+y^2(t_0)} < \varepsilon,$$

即系统的零解是 Lyapunov 稳定的.

另一方面,

$$\lim_{t\to+\infty} \sqrt{x^2(t)+y^2(t)} = \sqrt{x^2(t_0)+y^2(t_0)} \neq 0,$$

故系统的零解不吸引 (图 1.10).

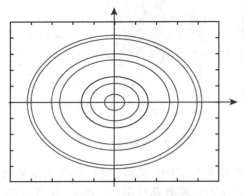

图 1.10　零解稳定但不吸引

注 1.5　例 1.5 与例 1.7 说明, 稳定性和吸引性之间是互不包含的.

定义 1.5　若系统 (1.17) 的零解是稳定的和吸引的, 则它是渐近稳定的.

在上述定义中, 我们假设 δ 与 t_0 和 x_0 有关, 此外, 还可以定义一种更强的稳定性.

定义 1.6　若对任意的 $\varepsilon > 0$, 存在 $\delta = \delta(\varepsilon) > 0$, 对任意的 $t_0 > 0$ 以及所有的 $t \geqslant t_0$, 当 $\|x_0\| < \delta$ 时, 有

$$\|x(t, t_0, x_0)\| < \varepsilon,$$

则称系统 (1.17) 的零解是一致稳定的.

结合定义 1.6, 可得系统 (1.17) 的零解是不一致稳定的条件.

定理 1.1　若存在 $t^{(n)}, t_0^{(n)}$ 满足 $t^{(n)} > t_0^{(n)}$ 以及

$$\lim_{n \to \infty} \|x(t^{(n)}, t_0^{(n)}, x_0)\| = l (\neq 0),$$

则系统 (1.17) 的零解是不一致稳定的.

一致稳定是对稳定性的概念的推广, 它要求 δ 仅与 ε 有关, 显然稳定不一定是一致稳定的.

例 1.8　考虑系统

$$\dot{x} = (\sin \ln t + \cos \ln t - a)x, \quad t \geqslant 1, \ a > 1. \tag{1.24}$$

其解为

$$x(t, t_0, x_0) = x_0 \exp(t \sin \ln t - t_0 \sin \ln t_0 - a(t - t_0)). \tag{1.25}$$

根据稳定性的定义, 系统 (1.24) 的零解是渐近稳定的.

对任意的 $t_0, t \geqslant 1$, 考虑如下数列

$$t_n = \exp\left(\left(2n + \frac{1}{2}\right)\pi\right),$$

以及

$$t_0^{(n)} = \exp\left(\left(2n - \frac{1}{2}\right)\pi\right),$$

则对任意的

$$1 < a < (1 + e^{-\pi})(1 - e^{-\pi})^{-1},$$

当 $n \to +\infty$ 时, 有

$$\begin{aligned}
\|x(t_n, t_0^{(n)}, x_0)\| &= \exp\left\{\exp\left(2n\pi + \frac{\pi}{2}\right) + \exp\left(2n\pi - \frac{\pi}{2}\right)\right.\\
&\quad \left. - a\left[\exp\left(2n\pi + \frac{\pi}{2}\right) - \exp\left(2n\pi - \frac{\pi}{2}\right)\right]\right\}\|x_0\|\\
&= \exp\left\{\left[\exp\left(2n\pi + \frac{\pi}{2}\right)\right](1 - a + e^{-\pi} + ae^{-\pi})\right\}\|x_0\|\\
&\to \infty.
\end{aligned} \tag{1.26}$$

因此, 零解不是一致稳定的.

关于吸引性, 我们也有如下较强的概念.

定义 1.7　若对任意的 $t_0 > 0$, 存在 $\delta > 0$, 对任意的 $\varepsilon > 0$, 存在 $T > 0$, 对任意的 x_0, 当 $\|x_0\| < \delta$ 时, 对所有的 $t \geqslant t_0 + T$, 有 $\|x(t, t_0, x_0)\| < \varepsilon$, 则称系统 (1.17) 的零解是等度吸引的.

定义 1.8　若存在 $\delta > 0$, 对任意的 $\varepsilon > 0$, 存在 $T > 0$, 使得对任意的 $t_0 > 0$ 以及 x_0, 当 $\|x_0\| < \delta$ 时, 对所有的 $t \geqslant t_0 + T$, 有 $\|x(t, t_0, x_0)\| < \varepsilon$, 则称系统 (1.17) 的零解是一致吸引的.

例 1.9　考虑系统

$$\dot{x} = (\cos t - t \sin t - 2)x, \tag{1.27}$$

其解为

$$x(t, t_0, x_0) = x_0 \exp(t \cos t - t_0 \cos t_0 - 2(t - t_0)). \tag{1.28}$$

显然可知, 系统 (1.27) 的零解是吸引的.

对任意的 $\varepsilon > 0$, 取 $\delta = \varepsilon e^{-2t_0}$, 当 $\|x_0\| < \delta$ 时, 对一切 $t \geqslant t_0$, 有

$$\|x(t, t_0, x_0)\| \leqslant \|x_0\| e^{2t_0} e^{-(t-t_0)} < \delta e^{2t_0} = \varepsilon.$$

故零解是稳定的, 进而是渐近稳定的.

对任意的 $\varepsilon > 0$, 取 $\delta = \varepsilon e^{-2t_0}$ 以及 $T = 2t_0$, 当 $\|x_0\| < \delta$ 时, 对一切 $t \geqslant t_0 + T$, 有

$$\|x(t, t_0, x_0)\| \leqslant \|x_0\| e^{2t_0} e^{-(t-t_0)} < \delta e^{2t_0} = \varepsilon.$$

此时 T 与 x_0 无关, 因此, 零解是等度吸引的.

考虑如下数列

$$t_n = 6n\pi,$$

以及

$$t_0^{(n)} = \left(2n + \frac{1}{2}\right)\pi,$$

当 $x_0 \neq 0$ 时,

$$\|x(t_n, t_0^{(n)}, x_0)\| = \|x_0\| e^{(2n+1)\pi} \to \infty \quad (n \to \infty). \tag{1.29}$$

因此, 零解不是一致吸引的.

此外, 对吸引性, 我们有全局性的概念.

定义 1.9 若对任意的 $t_0 > 0, \delta > 0$ 以及 $\varepsilon > 0$, 存在 $T > 0$, 使得对一切 x_0, 当 $\|x_0\| < \delta$ 时, 对所有的 $t \geqslant t_0 + T$, 有

$$\|x(t, t_0, x_0)\| < \varepsilon,$$

则称系统 (1.17) 的零解是全局吸引的.

若对任意的 $\delta > 0, \varepsilon > 0$, 存在 $T > 0$, 使得对一切 t_0 以及 x_0, 当 $\|x_0\| < \delta$ 时, 对所有的 $t \geqslant t_0 + T$, 有

$$\|x(t, t_0, x_0)\| < \varepsilon,$$

则称系统 (1.17) 的零解是全局一致吸引的.

定义 1.10 若系统 (1.17) 的零解是稳定和等度吸引的, 则它是等度渐近稳定的;

若系统 (1.17) 的零解是一致稳定和一致吸引的, 则它是一致渐近稳定的;

若系统 (1.17) 的零解是稳定和全局吸引的, 则它是全局渐近稳定的;

若系统 (1.17) 的零解是一致稳定和全局一致吸引的, 则它是全局一致渐近稳定的.

此外, Malkin 在 1935 年定义了指数稳定的概念[123].

定义 1.11 若存在 $\alpha > 0, K > 0, \delta > 0$, 使得对一切 $t_0 > 0$ 以及初值 x_0, 当 $\|x_0\| < \delta$ 时, 对所有的 $t \geqslant t_0$, 有

$$\|x(t, t_0, x_0)\| < K\|x_0\|e^{-\alpha(t-t_0)},$$

则称系统 (1.17) 的零解是指数渐近稳定的.

若存在 $\alpha > 0, K > 0$, 使得对一切 $\delta > 0, t_0 > 0$ 以及初值 x_0, 当 $\|x_0\| < \delta$ 时, 对所有的 $t \geqslant t_0$, 有

$$\|x(t, t_0, x_0)\| < K\|x_0\|e^{-\alpha(t-t_0)},$$

则称系统 (1.17) 的零解是全局指数渐近稳定的.

注 1.6 由上述定义可知, 零解指数渐近稳定必是一致渐近稳定的、一致稳定的、一致吸引的, 但不一定是全局的.

例 1.10 (指数稳定而非全局渐近稳定) 考虑方程

$$\dot{x} = -x + x^2, \tag{1.30}$$

该方程通解为

$$x(t, t_0) = \frac{x_0 e^{-(t-t_0)}}{x_0 e^{-(t-t_0)} - x_0 + 1} = \frac{x_0}{x_0 - (x_0 - 1)e^{(t-t_0)}},$$

考虑包含原点的区域

$$\Omega_0 = \{x | |x| \leqslant r_0 < 1\}.$$

对任意的 $\varepsilon > 0$, 取 $\delta = \min\{r_0, (1 - r_0)\varepsilon\}$, 当 $\|x_0\| < \delta$ 时, 对任意的 $t \geqslant t_0$, 若 $0 \leqslant x_0 \leqslant r_0$, 则

$$\|x(t, t_0, x_0)\| \leqslant \frac{x_0}{(1 - x_0)e^{t - t_0}} \leqslant \frac{\delta}{(1 - r_0)e^{t - t_0}}$$
$$\leqslant \varepsilon e^{-(t - t_0)}.$$

若 $-r_0 \leqslant x_0 < 0$, 则

$$\|x(t, t_0, x_0)\| \leqslant \frac{|x_0|}{e^{(t - t_0)}} \leqslant \varepsilon e^{-(t - t_0)}.$$

由以上两式可得, 系统 (1.30) 的零解是指数渐近稳定的. 然而, 当 $t = t_0, x_0 = 1$ 时, 若取 $x_0 = 1$, 则其解

$$\|x(t, t_0, x_0)\| \equiv 1 \nrightarrow 0 \quad (t \to \infty),$$

故零解不是全局渐近稳定的.

更一般地, 关于指数稳定和渐近稳定, 我们有如下结论.

定理 1.2　若系统 (1.17) 的零解是 (全局) 指数渐近稳定的, 则它是 (全局) 一致渐近稳定的.

1.3　问题的阐述

考虑如下的自治系统

$$\dot{x} = f(x), \tag{1.31}$$

以及初值条件

$$x(0) = x_0. \tag{1.32}$$

其解记为

$$x(t) = x(t, x_0).$$

假设系统存在唯一的平衡点 $\bar{x} = 0$, 即 $f(\bar{x}) = 0$.

在 1.2 节中, 我们给出了稳定性的一些概念, 包括局部稳定性和全局稳定性. 一个自然的问题是, 如何去判断一个系统是局部稳定, 以及全局稳定性呢? 我们知道, 全局渐近稳定蕴含着局部渐近稳定, 那么在什么条件下, 局部渐近稳定必是全局的呢? 这是本书考虑的主要问题.

我们曾利用简单例子说明了系统稳定性. 在这些例子中, 系统的特解都可以简单地表达出来. 然而, 对比较复杂的系统, 系统的特解并不容易求出, 更不容易给出稳定性条件. 为此, 对系统 (1.31), 我们更关心如下问题:

问题 1.1 (全局稳定性问题)　对系统 (1.31), 寻找 $f(x)$ 所满足的条件, 使得正平衡点 $\bar{x}$ 局部渐近稳定蕴含全局渐近稳定?

这是一个有意义和具有挑战性的问题. 对此问题, 在现有文献中, 有一些局部的结果, 但还留下了很多公开问题.

Markus 与 Yamabe 在文献 [124] 中提出了如下猜想.

猜想 1.1 (Markus-Yamabe 猜想)　如果 $f(0) = 0$ 且对于任意的 $x \in \mathbf{R}^n$, $f(x)$ 的雅可比矩阵 $Df(x)$ 是稳定的 (所有特征值具有负实部), 则 $x = 0$ 在 $\mathbf{R}^n$ 是全局渐近稳定的.

该猜想是对雅可比矩阵 $Df(x)$ 的特征值做的一个猜测, 因此也称为**雅可比猜想**. 对于该猜想, 当 $n = 2$ 时是正确的, 而对于 $n \geqslant 3$, 该猜想一般不成立, 如令

$$f(x) = (-x_1 + x_3(x_1 + x_2x_3)^2, -x_2 - (x_1 + x_2x_3)^2, -x_3),$$

则

$$x(t) = (18\exp(t), -12\exp(2t), \exp(-t)).$$

Cima 等也给出了类似的反例[26]. 虽然 Markus-Yamabe 猜想一般不成立, 但它仍然吸引了一大批学者去寻找使得猜想成立的条件.

李毅和 Muldowney 创立了全局稳定性的几何准则, 利用该准则, 李毅对该问题做了进一步的研究, 他和 Wang 在文献 [99] 中做了如下猜测.

猜想 1.2 (Li-Wang 猜想)　若 $f(0) = 0$, $(-1)^n \det(Df(x)) > 0$ 且对任意的 $x \in \mathbf{R}^n$ 以及某种 Lozinskiĭ 测度,

$$\mu(Df^{[2]}(x)) < 0,$$

则系统 (1.31) 的零解在 R^n 中是全局渐近稳定的.

Hofbauer 与 Sigmund 在 Lotka-Volterra 模型的特殊情形下, 考察了雅可比猜想. 在 (1.31) 中, 令 $f(x) = (f_1(x), f_2(x), \cdots, f_n(x))$ 以及 $f_i(x) = x_i \left(r_i + \sum_{j=1}^{n} a_{ij}x_j \right)$, 此时 (1.31) 化为生态学研究中经典的 Lotka-Volterra 系统

$$\dot{x}_i = x_i \left(r_i + \sum_{j=1}^{n} a_{ij}x_j \right). \tag{1.33}$$

记 (1.31) 的作用矩阵 $A = (a_{ij})_{n \times n}$, 称矩阵 A 是 D-稳定的, 如果任给正对角矩阵 D, DA 都是稳定的.

Hofbauer 与 Sigmund 在文献 [69] 给出了如下猜想.

猜想 1.3 (Hofbauer-Sigmund 猜想)　若 Lotka-Volterra 系统 (1.33) 的作用矩阵 A 是 D-稳定的, 则系统是全局渐近稳定的.

该猜想为雅可比猜想的特例.

附　　录

例 1.2 中参数估计的主要思想是利用优化函数 fminsearch 和误差平方和程序来寻找最优值. 程序分为三部分, 包括主程序、误差函数以及模型函数.

主程序:

```
1  global days Preydata Predatordata;
2  data=load('gaussdata.txt');
3  days=data(:,1)';
4  Preydata=data(:,2)';
5  Predatordata =data(:,3)';
6  guess = [0.6825 0.0137 1.0475 0.0179];
7  [p,error]=fminsearch(@volterraerror,guess);
8  [t,y] = ode45(@volterramodel,[0 25],[Preydata(1)...
9  Predatordata(1)],[],p);
10 figure(1);
11 plot(t,y(:,1),days,Preydata,'o');
12 legend('numeric data','real data');
13 xlabel('time (Day)');
14 ylabel('Prey-S.exiguus');
15 figure(2);
16 plot(t,y(:,2),days, Predatordata,'o');
17 legend('numeric data','real data');
18 xlabel('time (Day)');
19 ylabel('Predator-P.aurelia');
20 figure(3);
21 plot(y(:,1),y(:,2));
22 xlabel('Prey-S.exiguus');
23 ylabel('Predator-P.aurelia')
```

误差函数:

```
1  function volerror = volterraerror(p);
2  global days Preydata Predatordata;
3  [t,y] = ode45(@volterramodel,days,[Preydata(1) ...
       Predatordata(1)],[],p);
4  error = ...
       (Preydata-y(:,1)').^2+(Predatordata-y(:,2)').^2;
5  volerror= sqrt(sum(error))
```

模型函数:

```
1  function yprime = volmodel(t,y,p);
2  a1=p(1); a2=p(2); b1=p(3);b2=p(4);
3  Prey = a1*y(1) - a2*y(1)*y(2);
4  Predator = -b1*y(2) + b2*y(1)*y(2);
5  yprime=[Prey;Predator];
6  end
```

第 2 章 预 备 知 识

本章介绍一些基本结果, 将在后面的讨论中用到.

2.1 向量与矩阵范数

为了考虑收敛性和连续性, 我们引入赋范线性空间的概念.

2.1.1 赋范线性空间

首先给出赋范线性空间的定义.

定义 2.1 设 X 是一个向量空间且映射

$$\|\cdot\| : X \to \mathbf{R}$$

满足如下条件:

(N$_1$) $\|x\| \geqslant 0$, 其中 $\|x\| = 0$ 当且仅当 $x = 0$;

(N$_2$) $\|\lambda x\| = |\lambda| \|x\|$, 对任意的 $x \in X$, 对任意的 $\lambda \in \mathbf{R}$ 或 $\mathbf{C}$;

(N$_3$) $\|x + y\| \leqslant \|x\| + \|y\|$, 对任意的 $x, y \in X$, 则称 $\|\cdot\|$ 为 X 中向量范数.

定义了范数的线性空间 X 称为赋范线性空间, 记为 $(X, \|\cdot\|)$.

由定义 2.1 知, 赋范线性空间的范数是对 $\mathbf{R}^2$ 或 $\mathbf{R}^3$ 中向量长度的一个自然推广, 因而需满足正定性、齐次性以及三角不等式的条件.

例 2.1 $\|\cdot\| : \mathbf{R}^n \to \mathbf{R}$ 定义如下:

$$\|x\|_\infty = \max_{1 \leqslant i \leqslant n} |x_i|,$$

其中 $x = (x_1, x_2, \cdots, x_n)$, 则 $(\mathbf{R}^n, \|\cdot\|)$ 是一个赋范线性空间.

证明 易知 $\mathbf{R}^n$ 是线性空间, 下面只需证明 $\|\cdot\|_\infty$ 为 $\mathbf{R}^n$ 上的范数即可. 条件 (N$_1$)—(N$_2$) 显然成立. 对任意的 $x = (x_1, x_2, \cdots, x_n), y = (y_1, y_2, \cdots, y_n) \in \mathbf{R}^n$, 根据绝对值不等式的性质,

$$|x_i + y_i| \leqslant |x_i| + |y_i|,$$

可得

$$\|x + y\|_\infty = \max_{1 \leqslant i \leqslant n} |x_i + y_i|$$

$$\leqslant \max_{1 \leqslant i \leqslant n} |x_i| + \max_{1 \leqslant i \leqslant n} |y_i|$$

$$= \|x\|_\infty + \|y\|_\infty.$$

结论成立. ∎

注 2.1 由例 2.1, $\| \cdot \|_\infty$ 是一个向量范数, 通常称为 $\mathbf{R}^n$ 上的 l_∞ 范数.

例 2.2 记 $C[a,b]$ 为定义在 $[a,b]$ 上所有连续实函数的集合, 若 $x(\cdot) \in C[a,b]$, 定义函数 $\| \cdot \|_C : C[a,b] \to \mathbf{R}$ 如下:

$$\|x(\cdot)\|_C = \max_{t \in [a,b]} |x(t)|.$$

易知, $\|x(\cdot)\|_C$ 为 $C[a,b]$ 上的范数.

命题 2.1 设 $x = (x_1, x_2, \cdots, x_n) \in \mathbf{R}^n$, 则

$$\|x\|_1 = \sum_{i=1}^n |x_i|, \quad \|x\|_2 = \left(\sum_{i=1}^n |x_i|^2 \right)^{\frac{1}{2}},$$

以及

$$\|x\|_\infty = \max_i |x_i|$$

都是 $\mathbf{R}^n$ 上的向量范数.

注 2.2 $\|x\|_1$ 称为 l_1 范数, $\|x\|_2$ 称为 l_2 范数, 它们为下述 l_p 范数或 Hölder 范数的特殊情形:

$$\|x\|_p = \left(\sum_{i=1}^n |x_i|^p \right)^{\frac{1}{p}}, \quad 1 \leqslant p < \infty.$$

此外, 关于无穷范数和 p 范数, 作如下变形

$$\|x\|_p = \|x\|_\infty \left(\sum_{i=1}^n \left(\frac{|x_i|}{\|x\|_\infty} \right)^p \right)^{\frac{1}{p}}.$$

易知, 和式大于 1 且和式中的每一项都小于或等于 1, 因而

$$\|x\|_\infty \leqslant \|x\|_p \leqslant n^{\frac{1}{p}} \|x\|_\infty,$$

结合极限 $\lim\limits_{p \to \infty} n^{\frac{1}{p}} = 1$, 知

$$\lim_{p \to \infty} \|x\|_p = \|x\|_\infty.$$

注 2.3 我们在欧氏空间上定义了 l_p 范数, 类似地, 也可以在复平面 $\mathbf{C}^n$ 上定义, 只要将 $|x_i|$ 中 $|\cdot|$ 理解为复空间的模即可. 换种说法, $|x_i|$ 表示实数 x_i 的绝对值, 在复平面 $\mathbf{C}^n$ 中, $|x_i|$ 表示复数 x_i 的模. 类似地, 也可定义 $\mathbf{C}^n$ 中的范数以及赋范线性空间 $(\mathbf{C}^n, \|\cdot\|_p), p \in [1, \infty)$.

设 $(X, \|\cdot\|)$ 是一个赋范线性空间, 对任意的 $x, y \in X$, 可以将 $\|x - y\|$ 理解为向量 x, y 之间的距离. 由此, 可以定义赋范线性空间中的收敛性和连续性.

定义 2.2 设 $\{x_i\}_{i=0}^{\infty}$ 是赋范线性空间 $(X, \|\cdot\|)$ 中的一个向量序列, 若对任意的 $\varepsilon > 0$, 存在 $N = N(\varepsilon)$, 使得当 $i > N$ 时, 有

$$\|x_i - x_0\| < \varepsilon,$$

则称 $\{x_i\}_{i=0}^{\infty}$ 在 X 中收敛于 x_0.

有了向量序列收敛的概念, 可以进一步定义连续的概念.

定义 2.3 设 $(X, \|\cdot\|_X), (Y, \|\cdot\|_Y)$ 是两个赋范线性空间且 $f: X \to Y$, 若对任意的 $\varepsilon > 0$, 存在 $\delta = \delta(\varepsilon, x_0)$, 使得当 $\|x - x_0\|_X < \delta$ 时,

$$\|f(x) - f(x_0)\|_Y < \varepsilon,$$

则称 $f(x)$ 在 x_0 处连续.

若 $f(x)$ 在 X 中的每一点 $x \in X$ 处都连续, 则称 $f(x)$ 在 X 上连续.

进一步, 若对任意的 $\varepsilon > 0$, 存在 $\delta = \delta(\varepsilon)$, 当 $\|x - y\|_X < \delta$ 时, 有

$$\|f(x) - f(y)\|_Y < \varepsilon,$$

则称 $f(x)$ 在 X 上一致连续.

关于连续函数, 我们有如下结果.

命题 2.2 设 $(X, \|\cdot\|)$ 为赋范线性空间, 则 $\|\cdot\|: X \to \mathbf{R}$ 一致连续.

证明 对任意的 $\varepsilon > 0$, 取 $\delta = \varepsilon$, 对任意的 $x, y \in X$, 当 $\|x - y\| < \delta$ 时, 有

$$|\|x\| - \|y\|| < \|x - y\| < \varepsilon.$$

命题得证.   ■

定义 2.4 (范数等价) 若对任意的 $\|\cdot\|_a, \|\cdot\|_b$, 存在 $k_1, k_2 \in \mathbf{R}_+$, 使得对任意的 $x \in X$,

$$k_1\|x\|_a \leqslant \|x\|_b \leqslant k_2\|x\|_a,$$

则称范数 $\|\cdot\|_a$ 与 $\|\cdot\|_b$ 是等价的.

一般地, 我们有如下定理.

定理 2.1 有限维赋范线性空间 $(X, \|\cdot\|)$ 上的任意两个范数都等价.

证明 设 $\|\cdot\|$ 是 X 上的任意一个向量范数. $(e_1, e_2, \cdots, e_n)$ 是 X 上的标准正交基. 对任意的 $x \in X$,

$$x = \sum_{k=1}^{n} x_k e_k.$$

由范数的性质,

$$\|x\| = \left\|\sum_{k=1}^{n} x_k e_k\right\| \leqslant \sum_{k=1}^{n} \|x_k e_k\|$$

$$\leqslant \sum_{k=1}^{n} |x_k|\|e_k\| \leqslant \max_{1 \leqslant k \leqslant n} \{\|e_k\|\} \sum_{k=1}^{n} |x_k| \triangleq k_s \|x\|_1. \tag{2.1}$$

构造闭球

$$S = \{x \in X \mid \|x\|_1 = 1\},$$

易知, S 是紧的, 由命题 2.2 以及 Weierstrass 定理知

$$k_l = \min_{x \in S} \|x\| = \min_{\{x \in X \mid \|x\|_1 \neq 0\}} \frac{\|x\|}{\|x\|_1} \leqslant \frac{\|x\|}{\|x\|_1},$$

所以

$$\|x\| \geqslant k_l \|x\|_1. \tag{2.2}$$

由 (2.1) 与 (2.2) 知, 命题成立. ■

前面, 我们在向量空间中定义了范数. 此外, 还可以定义半范数.

定义 2.5 若 $\|\cdot\|$ 满足

(SN1) 对任意的 $x \in \mathbf{R}^n$, $\|x\| \geqslant 0$;

(SN2) 对任意的 $\alpha \in \mathbf{R}$, 任意的 $x \in \mathbf{R}^n$, $\|\alpha x\| = |\alpha|\|x\|$;

(SN3) 对任意的 $x, y \in \mathbf{R}^n$, $\|x + y\| \leqslant \|x\| + \|y\|$,

则称实值函数 $\|\cdot\|$ 为定义在 $\mathbf{R}^n$ 上的半范数.

由定义 2.5, 若 $\|x\| = 0$ 当且仅当 $x = 0$ 时成立, 则 $\|\cdot\|$ 是 $\mathbf{R}^n$ 上的一个范数. 由命题 2.2, 范数与半范数都是连续函数.

2.1.2 诱导范数

本节将引入矩阵的诱导范数, 这些概念在微分方程解的估计上起着非常重要的作用.

定义 2.6 设 $\|\cdot\|$ 是定义在 $\mathbf{R}^n$ 上的范数, 对任意的 $A \in \mathbf{R}^{n \times n}$, 则如下方式定义的一个量

$$\|A\|_i = \sup_{x \neq 0, x \in R^n} \frac{\|Ax\|}{\|x\|} = \sup_{\|x\| \leqslant 1} \|Ax\| = \sup_{\|x\| = 1} \|Ax\|$$

为矩阵 A 的相应于向量范数 $\|\cdot\|$ 的诱导范数.

注 2.4   在定义 2.6 中, 涉及两个函数: 一个是向量范数 $\|\cdot\|: \mathbf{R}^n \to \mathbf{R}$; 另外一个是诱导范数函数 $\|\cdot\|_i: \mathbf{R}^{n \times n} \to \mathbf{R}$.

引理 2.1   对于 $\mathbf{R}^n$ 上的范数 $\|\cdot\|$, 若其诱导的范数

$$\|\cdot\|_i: \mathbf{R}^{n \times n} \to (\mathbf{R}^-)^{\mathrm{C}}$$

满足条件 (N_1), (N_2) 以及 (N_3), 则它是 $\mathbf{R}^{n \times n}$ 的一个范数.

证明   显然, 对任意的 $A \in \mathbf{R}^{n \times n}$,

$$\|A\|_i \geqslant 0.$$

又对所有的 $\alpha \in \mathbf{R}$,

$$\|\alpha A\|_i = \sup_{\|x\|=1} \|\alpha Ax\| = |\alpha| \sup_{\|x\|=1} \|Ax\| = |\alpha| \|A\|_i.$$

故对所有的 $A, B \in \mathbf{R}^{n \times n}$,

$$\begin{aligned}
\|A + B\|_i &= \sup_{\|x\|=1} \|(A+B)x\| \\
&\leqslant \sup_{\|x\|=1} (\|Ax\| + \|Bx\|) \leqslant \sup_{\|x\|=1} (\|Ax\|) + \sup_{\|x\|=1} (\|Bx\|) \\
&= \|A\|_i + \|B\|_i.
\end{aligned}$$

因此, $\|A\|_i$ 是一个范数. 命题得证.   ∎

由上述引理可知, $\mathbf{R}^n$ 中的任意一个向量范数, 在 $\mathbf{R}^{n \times n}$ 中都有其对应的诱导范数. 然而, 反过来却不成立.

考虑函数 $\|\cdot\|: C^{n \times n} \to \mathbf{R}$, 定义如下:

$$\|A\|_s = \max_{i,j} |a_{ij}|.$$

由此知, $\|\cdot\|_s$ 是定义在 $\mathbf{R}^{n \times n}$ 上的范数. 事实上, 可以简单写出是 $n^2 \times 1$ 向量 (包含矩阵 A 的所有元素) 的 l_∞ 范数, 但是在 $\mathbf{R}^n$ 上不存在由 $\|\cdot\|_s$ 诱导出的范数. 关于诱导范数, 有如下结论.

引理 2.2   设 $\|\cdot\|_i$ 是定义在 $\mathbf{R}^{n \times n}$ 上的诱导范数, 则对任意的 $A, B \in \mathbf{R}^{n \times n}$,

$$\|AB\|_i \leqslant \|A\|_i \|B\|_i.$$

证明   由定义 2.6, 对任意的 $A, B \in \mathbf{R}^{n \times n}$,

$$\|AB\|_i = \sup_{\|x\|=1} \|ABx\|.$$

又 $\|Ay\| \leqslant \|A\|_i \|y\|$, 因此, $\|ABx\| \leqslant \|A\|_i \|Bx\|$. 类似地,

$$\|Bx\| \leqslant \|B\|_i \|x\|, \quad \|ABx\| \leqslant \|A\|_i \|B\|_i \|x\|,$$

于是 $\left\| \dfrac{ABx}{\|x\|} \right\| \leqslant \|A\|_i \|B\|_i$. 所以对任意的 $A, B \in \mathbf{R}^{n \times n}$,

$$\|AB\|_i \leqslant \|A\|_i \|B\|_i.$$

结论成立.

例 2.3 定义在 $\mathbf{R}^n$ 上的向量范数 $\|x\|_1 = \sum\limits_{i=1}^{n} |x_i|$ 的矩阵诱导范数

$$\|A\|_1 = \max_j \sum_{i=1}^{n} |a_{ij}|.$$

证明 对任意的 $x \in \mathbf{R}^n, A \in \mathbf{R}^{n \times n}$,

$$
\begin{aligned}
\|Ax\|_1 &= \left\| \left[\sum_{j=1}^{n} a_{1j} x_j, \sum_{j=1}^{n} a_{2j} x_j, \cdots, \sum_{j=1}^{n} a_{nj} x_j \right]^{\mathrm{T}} \right\|_1 \\
&= \left| \sum_{j=1}^{n} a_{1j} x_j \right| + \left| \sum_{j=1}^{n} a_{2j} x_j \right| + \cdots + \left| \sum_{j=1}^{n} a_{nj} x_j \right| \\
&\leqslant \sum_{j=1}^{n} |a_{1j}||x_j| + \sum_{j=1}^{n} |a_{2j}||x_j| + \cdots + \sum_{j=1}^{n} |a_{nj}||x_j| \\
&= \sum_{i=1}^{n} |a_{i1}||x_1| + \sum_{i=1}^{n} |a_{i2}||x_2| + \cdots + \sum_{i=1}^{n} |a_{in}||x_n| \\
&\leqslant \left(\max_{1 \leqslant j \leqslant n} \sum_{i=1}^{n} |a_{ij}| \right) \sum_{j=1}^{n} |x_j| \leqslant \left(\max_{1 \leqslant j \leqslant n} \sum_{i=1}^{n} |a_{ij}| \right) \|x\|_1.
\end{aligned}
$$

故

$$\|A\|_1 \leqslant \max_{1 \leqslant j \leqslant n} \sum_{i=1}^{n} |a_{ij}|.$$

接下来, 证明反向不等式. 取 $j_0 \in [1, n]$, 使得

$$\sum_{i=1}^{n} |a_{ij_0}| = \max_j \sum_{i=1}^{n} |a_{ij}|.$$

令 e_{j_0} 为 $\mathbf{R}^n$ 上的 j_0 方向的单位向量, 则

$$
\begin{aligned}
\|A\|_1 &= \max_{\|x\|=1} \|Ax\|_1 \\
&\geqslant \|Ae_{j_0}\|_1 = \|(a_{1j_0}, a_{2j_0}, \cdots, a_{nj_0})^{\mathrm{T}}\|_1 \\
&= \sum_{i=1}^{n} |a_{ij_0}| = \max_{j} \sum_{i=1}^{n} |a_{ij}|.
\end{aligned}
$$

故

$$
\|A\|_1 = \max_{j} \sum_{i=1}^{n} |a_{ij}|. \qquad \blacksquare
$$

注 2.5 定义在 $\mathbf{R}^n$ 上的 l_∞ 范数的诱导范数为

$$
\|A\|_\infty = \max_{i} \sum_{j=1}^{n} |a_{ij}|.
$$

定义在 $\mathbf{R}^n$ 上的 l_2 范数的诱导范数为

$$
\|A\|_2 = \sqrt{\lambda_{\max}(A^{\mathrm{T}}A)}.
$$

2.1.3 矩阵的 Lozinskiĭ 测度

下面引入矩阵测度的概念.

定义 2.7 设 $A \in \mathbf{R}^{n\times n}$, 以及 $\|\cdot\|_i$ 为定义在 $\mathbf{R}^{n\times n}$ 上的诱导范数, 若

$$
\mu(A) = \lim_{h\to 0^+} \frac{\|I + hA\|_i - 1}{h} \qquad (2.3)
$$

存在, 则称 $\mu(A)$ 为对应于 $\|\cdot\|_i$ 的矩阵 A 的测度.

Lozinskiĭ 测度不是一个范数, 它是一个数并且满足如下性质.

性质 2.1 设 $\|\cdot\|_i$ 为定义在 $\mathbf{R}^{n\times n}$ 上的诱导范数且 $\mu(\cdot)$ 是其对应的矩阵测度, 则 $\mu(\cdot)$ 满足如下性质:

(M_1) 对任意的 $A \in \mathbf{R}^{n\times n}$, $\mu(A)$ 是良定义的;

(M_2) 对任意的 $A \in \mathbf{R}^{n\times n}$, $-\|A\|_i \leqslant \mu(A) \leqslant \|A\|_i$;

(M_3) 对任意的 $\alpha \geqslant 0$, 以及 $A \in \mathbf{R}^{n\times n}$, $\mu(\alpha A) = \alpha\mu(A)$;

(M_4) 对任意的 $A, B \in \mathbf{R}^{n\times n}$,

$$
\max\{\mu(B) - \mu(-A), \mu(A) - \mu(-B)\} \leqslant \mu(A+B) \leqslant \mu(A) + \mu(B);
$$

(M_5) $\mu(\cdot)$ 是凸函数, 即对任意的 $A, B \in \mathbf{R}^{n\times n}$ 以及任意的 $\alpha \in (0,1)$,

$$
\mu(\alpha A + (1-\alpha)B) \leqslant \alpha\mu(A) + (1-\alpha)\mu(B);
$$

(M_6) 设 λ 是 $A \in \mathbf{R}^{n \times n}$ 的特征根, 则

$$-\mu(-A) \leqslant \mathrm{Re}(\lambda) \leqslant \mu(A);$$

(M_7) $\mu(A + \alpha I) = \mu(A) + \alpha$;

(M_8) $\|Ax\| \geqslant \max\{-\mu(-A), \mu(A)\}\|x\|$.

根据矩阵测度的定义, 可以得到表 2.1 的结论. 由表 2.1 知

$$\mu(I) = 1, \quad \mu(-I) = -1, \quad \mu(0) = 0.$$

表 2.1   范数、诱导范数、矩阵测度

C^n 上的范数	$\mathbf{R}^{n \times n}$ 上的诱导范数	$\mathbf{R}^{n \times n}$ 上的矩阵测度
$\|x\|_\infty = \max\limits_i |x_i|$	$\|A\|_\infty = \max\limits_i \sum\limits_{j=1}^n |a_{ij}|$	$\mu_\infty(A) = \max\limits_i \left(a_{ii} + \sum\limits_{i \neq j} |a_{ij}| \right)$
$\|x\|_1 = \sum\limits_i |x_i|$	$\|A\|_1 = \max\limits_j \sum\limits_{i=1}^n |a_{ij}|$	$\mu_1(A) = \max\limits_j \left(a_{jj} + \sum\limits_{i \neq j} |a_{ij}| \right)$
$\|x\|_2 = \left(\sum\limits_i |x_i|^2 \right)^{\frac{1}{2}}$	$\|A\|_2 = \sqrt{\lambda_{\max}(A^{\mathrm{T}} A)}$	$\mu_2(A) = \dfrac{\lambda_{\max}(A + A^{\mathrm{T}})}{2}$

2.2   函数的半连续性

首先, 回顾一下上、下极限的一些基本结论.

定理 2.2   设 $f(t), g(t)$ 在 t_0 的邻域 $U(t_0)$ 中有定义, 则有

(1)
$$\limsup_{t \to t_0}[f(t) + g(t)] \leqslant \limsup_{t \to t_0} f(t) + \limsup_{t \to t_0} g(t),$$
$$\liminf_{t \to t_0}[f(t) + g(t)] \geqslant \liminf_{t \to t_0} f(t) + \liminf_{t \to t_0} g(t);$$

(2) 若 $\lim\limits_{t \to t_0} g(t)$ 存在, 则

$$\limsup_{t \to t_0}[f(t) + g(t)] = \limsup_{t \to t_0} f(t) + \lim_{t \to t_0} g(t),$$
$$\liminf_{t \to t_0}[f(t) + g(t)] = \liminf_{t \to t_0} f(t) + \lim_{t \to t_0} g(t);$$

(3) 若 $\lim\limits_{t \to t_0} g(t) = A > 0$ 存在, 则

$$\limsup_{t \to t_0} f(t)g(t) = \limsup_{t \to t_0} f(t) \lim_{t \to t_0} g(t),$$
$$\liminf_{t \to t_0} f(t)g(t) = \liminf_{t \to t_0} f(t) \lim_{t \to t_0} g(t).$$

证明   我们只证 (3), 其他类似. 由于 $\lim\limits_{t \to t_0} g(t) = A > 0$, 当 $A = +\infty$ 时, 命题显然成立.

若 A 是有限数, 则由极限定义, 对任意的 $\varepsilon > 0$, 存在 $\delta_1 > 0$, 使得当 $0 < |t - t_0| < \delta_1$ 时, 有

$$A - \varepsilon < g(t) < A + \varepsilon. \tag{2.4}$$

记 $\limsup\limits_{t \to t_0} f(t) = B$, 若 $B = +\infty$, 显然成立.

若 $B \neq +\infty$, 由上极限的定义, 对上述的 ε, 存在 $\delta_2 > 0$, 当 $0 < |t - t_0| < \delta_2$ 时, 有

$$f(t) < B + \varepsilon. \tag{2.5}$$

由 (2.4) 和 (2.5), 取 $\delta = \min\{\delta_1, \delta_2\} > 0$, 当 $0 < |t - t_0| < \delta$ 时,

$$A - \varepsilon < g(t) < A + \varepsilon, \quad f(t) < B + \varepsilon, \tag{2.6}$$

故

$$f(t)g(t) < \max\{(A + \varepsilon)(B + \varepsilon), (A - \varepsilon)(B + \varepsilon)\}. \tag{2.7}$$

因此

$$\limsup_{t \to t_0} f(t)g(t) \leqslant \max\{(A + \varepsilon)(B + \varepsilon), (A - \varepsilon)(B + \varepsilon)\}. \tag{2.8}$$

根据 ε 的任意性,

$$\limsup_{t \to t_0} f(t)g(t) \leqslant AB = \limsup_{t \to t_0} f(t) \lim_{t \to t_0} g(t). \tag{2.9}$$

由于 $\lim\limits_{t \to t_0} \dfrac{1}{g(t)} = \dfrac{1}{\lim\limits_{t \to t_0} g(t)} = \dfrac{1}{A} > 0$, 根据 (2.9), 得

$$\limsup_{t \to t_0} f(t) = \limsup_{t \to t_0} \frac{f(t)g(t)}{g(t)} \leqslant \limsup_{t \to t_0} f(t)g(t) \lim_{t \to t_0} \frac{1}{g(t)}, \tag{2.10}$$

故

$$\limsup_{t \to t_0} f(t) \lim_{t \to t_0} g(t) \leqslant \limsup_{t \to t_0} \frac{f(t)g(t)}{g(t)} \leqslant \limsup_{t \to t_0} f(t)g(t), \tag{2.11}$$

于是

$$\limsup_{t \to t_0} f(t) \lim_{t \to t_0} g(t) = \limsup_{t \to t_0} f(t)g(t). \qquad \blacksquare$$

注 2.6 类似的结论, 在文献 [36, 119] 中也有论述, 具体形式见相关文献中的公式 (0.2.12).

Cauchy 在其极限理论的基础上给出函数连续性的概念, Weierstrass 利用 ε-δ 语言, 对函数的连续性做了进一步阐述.

定义 2.8 设 $f(x)$ 在 x_0 的邻域 $U(x_0)$ 内有定义, 若对任意的 $\varepsilon > 0$, 存在 $\delta > 0$, 使得当 $|x - x_0| < \delta$ 时, 有 $f(x) < f(x_0) + \varepsilon$, 则称 $f(x)$ 在 x_0 处是上半连续的.

同理, 可以定义下半连续的概念.

定义 2.9 设 $f(x)$ 在 x_0 的邻域 $U(x_0)$ 内有定义, 若对任意的 $\varepsilon > 0$, 存在 $\delta > 0$, 使得当 $|x - x_0| < \delta$ 时, 有 $f(x) > f(x_0) - \varepsilon$, 则称 $f(x)$ 在 x_0 处是下半连续的.

由上、下半连续的定义易知函数在一点连续与函数在一点半连续的关系.

定理 2.3 设 $f(x)$ 在 x_0 的邻域 $U(x_0)$ 内有定义, $f(x)$ 在 x_0 处连续当且仅当 $f(x)$ 在 x_0 处既上半连续又下半连续.

例 2.4 设

$$D(x) = \begin{cases} 1, & x \in Q, \\ 0, & x \in Q^{\mathrm{C}}. \end{cases} \tag{2.12}$$

其中 Q^{C} 是 Q 的补集. 易知, $D(x)$ 在有理点处上半连续, 在无理点处下半连续.

例 2.5 设

$$f(x) = xD(x) = \begin{cases} x, & x \in Q, \\ 0, & x \in Q^{\mathrm{C}}. \end{cases} \tag{2.13}$$

易知

(1) $x > 0$, 情形和 $D(x)$ 一样, 在有理点处上半连续, 在无理点处下半连续.

(2) $x < 0$, 情形和 $D(x)$ 相反, 在有理点处下半连续, 在无理点处上半连续.

(3) $x = 0$, 既上半连续又下半连续, 因而是连续的.

例 2.6 考虑 Riemann 函数 $R(x)$ 在 $[0,1]$ 处的半连续性.

$$R(x) = \begin{cases} 1/q, & x = q/p,\ p, q\ 互素, \\ 0, & x = 0, 1\ 以及\ x \in \bar{Q}. \end{cases} \tag{2.14}$$

易知, $R(x)$ 在有理点处上半连续, 而非下半连续; 在无理点处既上半连续又下半连续.

定理 2.4 设 $f(x)$ 在 x_0 的邻域 $U(x_0)$ 内有定义, 则如下条件是等价的:

(1) $f(x)$ 在 x_0 处是上半连续的;

(2) $\limsup\limits_{x\to x_0} f(x) \leqslant f(x_0)$;

(3) 对任意的 $x_n \to x_0 (n \to \infty)$, $\limsup\limits_{n\to\infty} f(x_n) \leqslant f(x_0)$.

同理, 可以给出函数在一点下半连续的等价条件, 只要将定理 2.4 中的条件 (2) 和 (3) 反号即可.

定理 2.5 设 $f(x)$ 在 x_0 的邻域 $U(x_0)$ 内有定义, 则如下断言是等价的:

(1) $f(x)$ 在 x_0 处下半连续;

(2) $\liminf\limits_{x\to x_0} f(x) \geqslant f(x_0)$;

(3) 对任意的 $x_n \to x_0 (n \to \infty)$, $\liminf\limits_{n\to\infty} f(x_n) \geqslant f(x_0)$.

前面我们定义函数在一点处半连续的概念, 类似地, 可以定义函数在一个区间上的半连续性.

定义 2.10 设 $f(x)$ 在区间 D 有定义, 若 $f(x)$ 在 D 上的每一点都是上 (下) 半连续的, 则称 $f(x)$ 在 D 上是上 (下) 半连续的.

定理 2.6 设 $f(x)$ 在 D 有定义, 则如下断言等价:

(1) $f(x)$ 在 D 处上半连续;

(2) 对任意的 $x_0 \in D$, $\limsup\limits_{x\to x_0} f(x) \leqslant f(x_0)$;

(3) 对任意的 $x_0 \in D$, 当 $x_n \to x_0 (n \to \infty)$ 时, $\limsup\limits_{n\to\infty} f(x_n) \leqslant f(x_0)$.

同理, 可得下半连续的等价定理.

例 2.7 讨论 $f(x)$ 的半连续性.

$$f(x) = \begin{cases} (x+1)^2, & x \geqslant 1, \\ (x+2)^2, & x < 1. \end{cases} \tag{2.15}$$

解 易知, 在 $x \neq 1$ 时, $f(x)$ 连续. 当 $x = 1$ 时, $f(1) = 4$.

又

$$\liminf\limits_{x\to 1} f(x) \geqslant f(1),$$

此时, $f(x)$ 下半连续.

因此, 对任意的 $x_0 \in \mathbf{R}$,

$$\liminf\limits_{x\to x_0} f(x) \geqslant f(x_0),$$

即 $f(x)$ 在 R 上下半连续.   ∎

接下来, 将不加证明地给出函数上、下半连续的一些性质.

性质 2.2 (1) 若 $f(x)$ 在 $[a, b]$ 上是上 (下) 半连续的, 则 $f(x)$ 在 $[a, b]$ 上有上 (下) 界.

(2) 若 $f(x), g(x)$ 在 $[a, b]$ 上是上 (下) 半连续的, 则

$$f(x) + g(x)$$

在 $[a, b]$ 上也是上 (下) 半连续的.

(3) 若 $f(x), g(x)$ 在 $[a, b]$ 上是非负上 (下) 半连续的, 则 $f(x)g(x)$ 在 $[a, b]$ 上也是上 (下) 半连续的.

(4) 若 $f(x) > 0$ 在 $[a, b]$ 上是上半连续的, $g(x) > 0$ 在 $[a, b]$ 上是下半连续的, 则

a) $f(x) - g(x), \dfrac{f(x)}{g(x)}$ 在 $[a, b]$ 上是上半连续的;

b) $-f(x), \dfrac{1}{f(x)}$ 在 $[a, b]$ 上是下半连续的, $-g(x), \dfrac{1}{g(x)}$ 在 $[a, b]$ 上是上半连续.

性质 2.3 (1) 若 $f(x)$ 在 x_0 处上半连续, 且 $f(x_0) < 0$, 则存在 $\delta > 0$, 当 $|x - x_0| < \delta$ 时, 有

$$f(x) < 0.$$

(2) 若 $f(x)$ 在 x_0 处下半连续的, 且 $f(x_0) > 0$, 则存在 $\delta > 0$, 当 $|x - x_0| < \delta$ 时, 有

$$f(x) > 0.$$

(3) 若 $u = g(x)$ 在 x_0 处连续, $f(u)$ 在 u_0 处上 (下) 半连续, 且 $u_0 = g(x_0)$, 则复合函数 $y = f(g(x))$ 在 x_0 处上 (下) 半连续.

定理 2.7 令

$$O_2 = \{t \mid |x_2(t)| \geqslant |x_1(t)|\}, \quad \bar{O}_2 = \{t \mid |x_1(t)| > |x_2(t)|\}.$$

若 $x_i(t), A_i(t) \, (i = 1, 2)$ 在区间 I 上连续且 $A_1(t) > A_2(t) > 0$, 则

$$U(t) = \begin{cases} |A_1(t)x_1(t)|, & t \in \bar{O}_2, \\ |A_2(t)x_2(t)|, & t \in O_2 \end{cases} \tag{2.16}$$

在 I 上是下半连续的.

证明 只需证明对任意的 $t_0 \in \bar{O}_1 \cup O_1$ 以及任意的 $t_n \to t_0 \, (n \to \infty)$,

$$\liminf_{n \to \infty} U(t_n) \geqslant U(t_0).$$

结合图 2.1, 考虑如下三种情形.

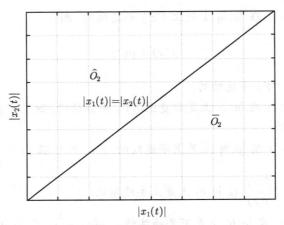

图 2.1　区域分割图

情形 1　若 $t_0 \in \bar{O}_2$, 则 $U(t_0) = |A_1(t_0)x_1(t_0)|$.

对任意的序列 $t_n \to t_0\,(n \to \infty)$, 有

$$\lim_{n \to \infty} |x_1(t_n)| - |x_2(t_n)| = |x_1(t_0)| - |x_2(t_0)| > 0.$$

由连续函数性质, 存在充分大的 N_1, 使得当 $n > N_1$ 时, 有

$$|x_1(t_n)| > |x_2(t_n)|,$$

即

$$t_n \in \bar{O}_2 \quad (n > N_1).$$

因此

$$\liminf_{n \to \infty} U(t_n) = \liminf_{n \to \infty} |A_1(t_n)x_1(t_n)| = |A_1(t_0)x_1(t_0)| = U(t_0).$$

情形 2　若 $t_0 \in \hat{O}_2$, 则 $U(t_0) = |A_2(t_0)x_2(t_0)|$, 其中 $\hat{O}_2 = \{t\,|\,|x_2(t)| > |x_1(t)|\}$.

类似情形 1 可知, 对任意的序列 $t_n \to t_0\,(n \to \infty)$, 有

$$\liminf_{n \to \infty} U(t_n) = U(t_0).$$

情形 3　若 $t_0 \in O_2/\hat{O}_2$, 则此时

$$U(t_0) = |A_2(t_0)x_2(t_0)|$$

且

$$|x_1(t_0)| = |x_2(t_0)|.$$

对任意的 $t_n \to t_0$ $(n \to \infty)$, 证明可以分为三个部分.

情形 3.1 存在充分大的 N_2, 使得 $n > N_2$ 时, $\{t_n\} \in \bar{O}_2$, 此时有

$$\liminf_{n \to \infty} U(t_n) = \liminf_{n \to \infty} |A_1(t_n)x_1(t_n)|$$
$$= |A_1(t_0)x_1(t_0)| > |A_2(t_0)x_2(t_0)| = U(t_0).$$

情形 3.2 存在充分大的 N_3, 使得 $n > N_3$ 时, $\{t_n\} \in \hat{O}_2$. 此时有

$$\liminf_{n \to \infty} U(t_n) = \liminf_{n \to \infty} |A_2(t_n)x_2(t_n)| = |A_2(t_0)x_2(t_0)| = U(t_0).$$

情形 3.3 存在充分大的 N_4, 使得 $n > N_4$ 时, $\{t_n\} = \{t'_{n_k}\} \cup \{t''_{n_k}\}$, 以及 $\{t'_{n_k}\} \subset \bar{O}_2$, $\{t''_{n_k}\} \subset O_2$. 因此

$$\liminf_{k \to \infty} U(t'_{n_k}) = \liminf_{k \to \infty} |A_1(t'_{n_k})x_1(t'_{n_k})|$$
$$= |A_1(t_0)x_1(t_0)| > |A_2(t_0)x_2(t_0)| = U(t_0),$$
$$\liminf_{k \to \infty} U(t''_{n_k}) = \liminf_{k \to \infty} |A_2(t''_{n_k})x_2(t''_{n_k})| = |A_2(t_0)x_2(t_0)| = U(t_0).$$

综上, 对任意的 $t_0 \in I$, 有

$$\liminf_{n \to \infty} U(t_n) \geqslant U(t_0).$$

命题成立. ∎

定理 2.8 令

$$O_i = \left\{ t \,\middle|\, |x_i(t)| \geqslant \max_{j < i} |x_j(t)| \right\}, \quad \bar{O}_i = \left\{ t \,\middle|\, |x_i(t)| < \max_{j < i} |x_j(t)| \right\}.$$

若 $x_i(t), A_i(t)$ $(i = 1, 2, \cdots, m)$ 在区间 I 上连续且

$$A_1(t) > A_2(t) > \cdots > A_m(t) > 0,$$

则

$$W(t) = \begin{cases} |A_1(t)x_1(t)|, & t \in \bar{O}_m \cap \bar{O}_{m-1} \cap \cdots \cap \bar{O}_2, \\ |A_2(t)x_2(t)|, & t \in \bar{O}_m \cap \bar{O}_{m-1} \cap \cdots \cap O_2, \\ \quad \vdots & \quad \vdots \\ |A_m(t)x_m(t)|, & t \in O_m \end{cases} \tag{2.17}$$

在 I 上是下半连续的.

证明　令

$$W_2(t) = \begin{cases} |A_1(t)x_1(t)|, & t \in \bar{O}_m \cap \bar{O}_{m-1} \cap \cdots \cap \bar{O}_2, \\ |A_2(t)x_2(t)|, & t \in \bar{O}_m \cap \bar{O}_{m-1} \cap \cdots \cap O_2, \end{cases} \tag{2.18}$$

$$W_3(t) = \begin{cases} W_2(t), & t \in \bar{O}_m \cap \bar{O}_{m-1} \cap \cdots \cap \bar{O}_3, \\ |A_3(t)x_3(t)|, & t \in \bar{O}_m \cap \bar{O}_{m-1} \cap \cdots \cap O_3, \end{cases} \tag{2.19}$$

$$\vdots$$

$$W_k(t) = \begin{cases} W_{k-1}(t), & t \in \bar{O}_m \cap \bar{O}_{m-1} \cap \cdots \cap \bar{O}_k, \\ |A_k(t)x_k(t)|, & t \in \bar{O}_m \cap \bar{O}_{m-1} \cap \cdots \cap O_k, \end{cases} \tag{2.20}$$

$$\vdots$$

$$W_{m-1}(t) = \begin{cases} W_{m-2}(t), & t \in \bar{O}_m \cap \bar{O}_{m-1}, \\ |A_{m-1}(t)x_{m-1}(t)|, & t \in \bar{O}_m \cap O_{m-1}, \end{cases} \tag{2.21}$$

则 $W(t)$ 可以写成

$$W(t) = W_m(t) = \begin{cases} W_{m-1}(t), & t \in \bar{O}_m, \\ |A_m(t)x_m(t)|, & t \in O_m. \end{cases} \tag{2.22}$$

类似定理 2.7, 如果可以证明 $W_{m-1}(t)$ 是下半连续的, 则 $W(t)$ 的下半连续性可以类似 $W_2(t)$ 的下半连续得到证明. 而 $W_{m-1}(t)$ 的下半连续性可以根据 $W_{m-2}(t)$ 的下半连续性得到, $\cdots$, $W_3(t)$ 的下半连续性可以根据 $W_2(t)$ 的下半连续性得到. ■

2.3　Dini 导数与函数的单调性

2.3.1　Dini 导数的概念

为了后续的讨论, 我们需要 Dini 导数的概念, 其定义如下.

定义 2.11　设 $f(t)$ 是定义在 $[a,b]$ 上的实函数, 对于任意给定的 $x_0 \in [a,b]$,

(1) 若 $\limsup\limits_{x \to x_0} \dfrac{f(x) - f(x_0)}{x - x_0}$ 存在, 则称其为 $f(x)$ 在 x_0 处的上导数, 记为 $\bar{D}f(x_0)$.

(2) 若 $\lim\limits_{x \to x_0} \inf \dfrac{f(x) - f(x_0)}{x - x_0}$ 存在, 则称其为 $f(x)$ 在 x_0 处的下导数, 记为 $\underline{D} f(x_0)$.

当 $x_0 < b$ 时,

(3) 若 $\lim\limits_{x \to x_0^+} \sup \dfrac{f(x) - f(x_0)}{x - x_0}$ 存在, 则称其为 $f(x)$ 在 x_0 处的上右导数, 记为 $D^+ f(x_0)$.

(4) 若 $\lim\limits_{x \to x_0^+} \inf \dfrac{f(x) - f(x_0)}{x - x_0}$ 存在, 则称其为 $f(x)$ 在 x_0 处的下右导数, 记为 $D_+ f(x_0)$.

当 $x_0 > a$ 时,

(5) 若 $\lim\limits_{x \to x_0^-} \sup \dfrac{f(x) - f(x_0)}{x - x_0}$ 存在, 则称其为 $f(x)$ 在 x_0 处的上左导数, 记为 $D^- f(x_0)$.

(6) 若 $\lim\limits_{x \to x_0^-} \inf \dfrac{f(x) - f(x_0)}{x - x_0}$ 存在, 则称其为 $f(x)$ 在 x_0 处的下左导数, 记为 $D_- f(x_0)$.

将 $f(x)$ 在 x_0 处的上右导数、下右导数、上左导数以及下左导数通称为 Dini 导数.

下面根据定义, 计算一些函数的 Dini 导数.

例 2.8 设 $f(x) = |x|$, 则 $D^+ f(0) = D_+ f(0) = 1, D^- f(0) = D_- f(0) = -1$.

例 2.9 求

$$f(x) = \begin{cases} x \sin \dfrac{1}{x}, & x \neq 0, \\ 0, & x = 0 \end{cases} \tag{2.23}$$

的 Dini 导数.

证明 由于

$$\limsup_{x \to 0^+} \frac{f(x) - f(0)}{x - 0} = \limsup_{x \to 0^+} \sin \frac{1}{x} = 1,$$

以及

$$\liminf_{x \to 0^+} \frac{f(x) - f(0)}{x - 0} = \liminf_{x \to 0^+} \sin \frac{1}{x} = -1,$$

故

$$D^+ f(0) = D_- f(0) = 1,$$
$$D^- f(0) = D_+ f(0) = -1.$$

牛顿和莱布尼茨的导数与 Dini 导数有如下关系.

定理 2.9 设 $f(x)$ 是定义在 $[a, b]$ 上的有限实函数, 对任意的 $x_0 \in [a, b]$,

(1) 若 $x_0 < b$ 且

$$D^+ f(x_0) = D_+ f(x_0),$$

则 $f(x)$ 在 x_0 处具有右导数, 记为 $f'_+(x_0)$.

(2) 若 $x_0 > a$ 且
$$D^- f(x_0) = D_- f(x_0),$$

则 $f(x)$ 在 x_0 处具有左导数, 记为 $f'_-(x_0)$.

(3) 若
$$\bar{D} f(x_0) = \underline{D} f(x_0),$$

则 $f(x)$ 在 x_0 处具有导数, 记为 $f'(x_0)$, 此即牛顿-莱布尼茨导数.

接下来, 介绍 Dini 导数的一些性质.

性质 2.4 设 $f(x)$ 为定义在 $[a,b]$ 上的有限实函数, 对任意的 $x_0 \in [a,b]$, 若 $\bar{D} f(x_0), \underline{D} f(x_0)$ 都有限, 则 $f(x)$ 在 x_0 处连续.

性质 2.5 $f(x)$ 在 $x_0 \in [a,b]$ 处四种 Dini 导数 D_-, D^-, D^+, D_+ 相等的充要条件是 $f(x)$ 在 x_0 处导数存在.

性质 2.6 设 $f_1(x)$ 和 $f_2(x)$ 为定义在 $[a,b]$ 上的有限实函数, 则对任意的 $x \in [a,b]$, 有

(1) $\bar{D}[f_1(x) + f_2(x)] \leqslant \bar{D} f_1(x) + \bar{D} f_2(x)$;

(2) $\underline{D}[f_1(x) + f_2(x)] \geqslant \underline{D} f_1(x) + \underline{D} f_2(x)$;

(3) $\bar{D}[f_1(x) + f_2(x)] \geqslant \bar{D} f_1(x) + \underline{D} f_2(x)$;

(4) $\underline{D}[f_1(x) + f_2(x)] \leqslant \underline{D} f_1(x) + \bar{D} f_2(x)$;

(5) $\bar{D}[f_1(x) - f_2(x)] \leqslant \bar{D} f_1(x) - \underline{D} f_2(x)$;

(6) $\bar{D}[f_1(x) - f_2(x)] \geqslant \bar{D} f_1(x) - \underline{D} f_2(x)$;

(7) $\bar{D}[f_1(x) - f_2(x)] \geqslant \underline{D} f_1(x) - \underline{D} f_2(x) \geqslant \underline{D}[f_1(x) - f_2(x)]$;

(8) $\underline{D}[f_1(x) - f_2(x)] \geqslant \underline{D} f_1(x) - \bar{D} f_2(x)$.

进一步, 如果 $x < b$, 则 $\bar{D}, \underline{D}$ 分别换成 D^+, D_+ 或当 $x > a$ 时, 将 $\bar{D}, \underline{D}$ 分别换成 D^-, D_-, 如上的不等式仍成立.

定理 2.10 设 $f(x)$ 是定义在 $[a,b]$ 上的有限实函数, 则

(1)
$$\bar{D} f(a) = D^+ f(a), \quad \underline{D} f(a) = D_+ f(a),$$
$$\bar{D} f(b) = D^- f(b), \quad \underline{D} f(b) = D_- f(b).$$

(2) 对任意的 $x_0 \in (a,b)$,
$$\bar{D} f(x_0) = \sup\{D^+ f(x_0), D^- f(x_0)\},$$
$$\underline{D} f(x_0) = \inf\{D_+ f(x_0), D_- f(x_0)\}.$$

(3)
$$D^+[-f(x)] = -D_+ f(x), \quad D_+[-f(x)] = -D^+ f(x),$$
$$D^+[f(-x)] = -D_- f(x), \quad D_+[f(-x)] = -D^- f(x),$$
$$D^+[-f(-x)] = D^- f(x), \quad D_+[-f(-x)] = D_- f(x).$$

定理 2.11 若 f 是下半连续的, g 是 C^1 的, 则

(1) 当 $g \geqslant 0$ 时, $D^+(fg)(t) = f(t)g'(t) + g(t)D^+f(t)$;

(2) 当 $g \leqslant 0$ 时, $D^+(fg)(t) = f(t)g'(t) + g(t)D_+f(t)$;

(3) 当 $g \geqslant 0$ 时, $D_+(fg)(t) = f(t)g'(t) + g(t)D_+f(t)$.

证明 我们只证第三个式子, 其他类似. 根据定理 2.2, 有

$$\liminf_{h \to 0^+} g(t+h) \frac{f(t+h) - f(t)}{h} = g(t) \liminf_{h \to 0^+} \frac{f(t+h) - f(t)}{h}. \tag{2.24}$$

因此, 对任意的 $t \in [a, b]$, 有

$$\begin{aligned}
D_+[f(t)g(t)] &= \liminf_{h \to 0^+} \frac{f(t+h)g(t+h) - f(t)g(t)}{h} \\
&= \liminf_{h \to 0^+} \frac{f(t+h)g(t+h) - f(t)g(t+h) + f(t)g(t+h) - f(t)g(t)}{h} \\
&= \liminf_{h \to 0^+} \frac{f(t+h)g(t+h) - f(t)g(t+h)}{h} \\
&\quad + \liminf_{h \to 0^+} \frac{f(t)g(t+h) - f(t)g(t)}{h} \\
&= \lim_{h \to 0^+} g(t+h) \liminf_{h \to 0^+} \frac{f(t+h) - f(t)}{h} \\
&\quad + f(t) \liminf_{h \to 0^+} \frac{g(t+h) - g(t)}{h} \\
&= f(t)g'(t) + g(t)D_+f(t).
\end{aligned}$$

命题得证. ∎

2.3.2 连续单调函数与 Dini 导数

本节主要考虑在 $[a, b]$ 上的连续函数的单调性与 Dini 导数的关系.

定理 2.12 设 $f(x) \in C[a, b]$, 则 $f(x)$ 在 $[a, b]$ 上单调非减的充要条件是

$$D^+f(x) \geqslant 0.$$

证明 必要性显然成立. 接下来证明充分性.

情形 1 对任意的 $x \in [a, b]$, $D^+f(x) > 0$.

此时, 若存在两个点 $\alpha, \beta \in [a, b]$ 满足 $\alpha < \beta$ 且 $f(\alpha) > f(\beta)$, 则存在 μ, 使得

$$f(\alpha) > \mu > f(\beta),$$

即存在 $t \in [\alpha, \beta]$, 使得

$$f(t) > \mu.$$

令

$$\xi = \sup\{t \in [\alpha, \beta], f(t) \geqslant \mu\}.$$

显然,

$$\xi \in [\alpha, \beta].$$

再由 $f(x)$ 的连续性知

$$f(\xi) = \mu.$$

因此, 当 $t \in (\xi, \beta]$ 时,

$$\frac{f(t) - f(\xi)}{t - \xi} < 0,$$

与 $D^+ f(\xi) \leqslant 0$ 矛盾.

情形 2 对任意的 $x \in [a, b]$, $D^+ f(x) \geqslant 0$.

此时, 对任意的 $\varepsilon > 0$, 构造辅助函数 $g(t) = f(t) + \varepsilon t$, 则有

$$D^+ g(t) = D^+[f(t) + \varepsilon t] = D^+ f(t) + \varepsilon \geqslant \varepsilon > 0.$$

因此, 根据情形 1, $g(t)$ 在区间 $[a, b]$ 上单调递增, 即对任意的 $\alpha, \beta \in [a, b]$, 当 $\alpha < \beta$ 时, 有

$$g(\alpha) \leqslant g(\beta),$$

即

$$f(\alpha) + \varepsilon \alpha \leqslant f(\beta) + \varepsilon \beta.$$

故

$$f(\alpha) \leqslant f(\beta) + \varepsilon(\beta - \alpha).$$

由 ε 的任意性, 可得

$$f(\alpha) \leqslant f(\beta).$$

命题得证. ∎

推论 2.1 若 $f(x) \in C[a, b]$, 则 $f(x)$ 在 $[a, b]$ 上单调递增的充要条件是四种 Dini 导数之一非负.

推论 2.2 若 $f(x) \in C[a, b]$, 当 $f(x)$ 的四种 Dini 导数之一非负时, 其他三个也非负.

定理 2.13 设 $f(x)$ 和 $g(x) \in C[a, b]$, 记 $h(x) = \max\{f(x), g(x)\}$.

(1) 若 $D^+ f(x) \leqslant 0$ 以及 $D^+ g(x) \leqslant 0$, 则 $D^+ h(x) \leqslant 0$.

(2) 若 $D_+ f(x) \leqslant 0$ 以及 $D_+ g(x) \leqslant 0$, 则 $D_+ h(x) \leqslant 0$.

证明 我们只证 (1). 利用反证法, 假设命题不成立, 则由定理 2.12, 存在两个点 $t_1, t_2 \in [a, b]$ 且 $t_1 < t_2$, 使得

$$\max\{f(t_2), g(t_2)\} > \max\{f(t_1), g(t_1)\}.$$

因此, $f(t_2) > f(t_1)$ 或者 $g(t_2) > g(t_1)$. 再利用定理 2.12 可知, 这与 $D^+ f(x) \leqslant 0$, 或者 $D^+ g(x) \leqslant 0$ 矛盾. ■

定理 2.14 $f(t)$ 是定义在 $[a, b]$ 上的连续函数, 除了可数个点外 $f(t)$ 的 Dini 导数为负或 0, 则 $f(t)$ 单调不增.

证明 只要证明 D_+ 的情形, 其余类似. 不妨设在 $D_+ f(t)$ 情形结论不成立.

对于 $t_1 > t_2$, 设有 $f(t_1) > f(t_2)$. 任取 $\varepsilon > 0$ (充分小), 使

$$f(t_1) - f(t_2) > \varepsilon(t_1 - t_2)$$

成立.

记

$$v(t) = f(t) - \varepsilon t,$$

显然, 有

$$v(t_1) > v(t_2).$$

由题设知, 可适当选取可数点的集合 E_0, 当 $t \in [a, b] \setminus E_0$ 时, 有

$$D_+ f(t) \leqslant 0.$$

故

$$D_+ v(t) = D_+ f(t) - \varepsilon \leqslant -\varepsilon < 0, \quad t \in [a, b] \setminus E_0.$$

由于 E_0 为可数集, $E_1 = \{v(t) : t \in E_0\}$ 亦为可数集. 因而可取 $\alpha \notin E_1$, 使得 $v(t_1) > \alpha > v(t_2)$ 成立. 由于 $v(t)$ 连续, 令

$$t_3 = \sup\{t \in [t_2, t_1] : v(t) \leqslant \alpha\}. \tag{2.25}$$

故 $v(t_3) = \alpha$. 由 $\alpha \notin E_1$ 得 $t_3 \notin E_0$, 则

$$D_+ v(t_3) \leqslant -\varepsilon < 0.$$

另一方面, 注意到 $t_3 < t_1$, 则有 $v(t) > \alpha = v(t_3)$, $t \in (t_3, t_1]$. 因此

$$D_+ v(t_3) = \liminf_{t \to t_3} \frac{v(t) - v(t_3)}{t - t_3} \geqslant 0,$$

矛盾.

对于 D_- 的情形, 若将条件换为 $t_3 = \inf\{t \in [t_2, t_1], v(t) \geqslant \alpha\}$, 类似可证. ■

定理 2.15   设 $f(t), g(t)$ 为定义在 $[a,b]$ 上的连续函数, 除可数个点外, 对任意 $t \in [a,b]$, 有

$$D^+ f(t) = g(t), \tag{2.26}$$

则对任意的 $t_0 \in [a,t]$,

$$f(t) \leqslant f(t_0) + \int_{t_0}^{t} g(s)ds. \tag{2.27}$$

证明   由公式 (2.26), 除了可数个点外, 有

$$D^+ \left\{ f(t) - \int_0^t g(s)ds \right\} \leqslant 0.$$

故由定理 2.14 可知, $f(t) - \int_0^t g(s)ds$ 为单调不增函数, 又

$$f(t) - \int_0^t g(s)ds \leqslant f(t_0) - \int_0^{t_0} g(s)ds, \quad t \geqslant t_0,$$

因而

$$f(t) \leqslant f(t_0) + \int_{t_0}^{t} g(s)ds, \quad t \geqslant t_0.$$

命题得证. ∎

定理 2.16   设 $f(x) : [a,b] \to R$ 是单调递增函数且在 $[a,b]$ 上几乎处处有有限导数 $f'(t)$, 则此导数是 Lebesgue 可积的, 并且对任意的 $t \in [a,b]$,

$$f(t) = \int_a^t f'(\tau)d\tau + h(t),$$

其中 $h(t)$ 是一个增函数且 $h'(t) = 0$ 几乎处处成立. 进一步,

$$\int_a^b f'(\tau)d\tau \leqslant f(b) - f(a). \tag{2.28}$$

注 2.7   (1) 若 $f(x) : [a,b] \to R$ 是绝对连续函数, 则不等式 (2.28) 就变成等式.

(2) 若 $f(t)$ 的导数存在, 则一定等于上述四种 Dini 导数, 不等式 (2.28) 可以改写为

$$\int_a^b D^+ f(\tau)d\tau \leqslant f(b) - f(a). \tag{2.29}$$

类似地, 将 D^+ 换成 D_+, D^-, D_-, 不等式 (2.29) 也成立.

2.3.3 半连续单调函数与 Dini 导数

在给出主要结论之前, 首先给出两个引理. 它是性质 2.2 的推广.

引理 2.3 设 $D \subset \mathbf{R}^n$ 紧且 $f : D \to \mathbf{R}$ 在 D 上下半连续, 则存在 $t^* \in D$, 使得对任意的 $t \in D$,

$$f(t) \geqslant f(t^*).$$

证明 任取 $\{t_n\}_{n=0}^{\infty} \subset D$, 使得

$$\lim_{n \to \infty} f(t_n) = \inf_{t \in D} f(t).$$

因为 D 有界, 由聚点定理, 对任意的 $\{t_n\}_{n=0}^{\infty} \subset D$, 存在聚点 t^*, 使得

$$\lim_{n \to \infty} t_n = t^*.$$

由于 D 是闭的, 则 $t^* \in D$. 因为 $f(t)$ 在 D 上是下半连续的, 则

$$f(t^*) \leqslant \inf_{t \in D} \{f(t)\},$$

因此, 对任意的 $t \in D$,

$$f(t^*) = \inf_{t \in D} \{f(t)\} \leqslant f(t).$$ ∎

引理 2.4 设 $D \subset \mathbf{R}^n$ 紧且 $f : D \to \mathbf{R}$ 在 D 上为上半连续, 则存在 $t^* \in D$, 使得对任意的 $t \in D$,

$$f(t) \leqslant f(t^*).$$

定理 2.17 设 $g(t) : [a, b] \to \mathbf{R}$ 下半连续, 则如下结论等价:

(1) $g(t)$ 在 $[a, b]$ 上单调非增;

(2) 对任意的 $t \in [a, b]$, $D^+ g(t) \leqslant 0$;

(3) 对任意的 $t \in [a, b]$, $D_+ g(t) \leqslant 0$.

证明 由于 (1)⇔(3) 与 (1)⇔(2) 证明是类似的, 因此, 我们只证 (1)⇔(2), 由于 (1)⇒(2) 显然成立, 只需证明 (1)⇐(2). 分两种情形.

情形 1 若对任意的 $t \in [a, b]$, $D^+ g(t) < 0$, 则 $g(t)$ 在区间 $[a, b]$ 上单调递增.

利用反证法. 假设存在 $\alpha, \beta \in [a, b]$, 使得

$$\alpha < \beta, \quad g(\alpha) < g(\beta).$$

因为 $g(t)$ 在 $[a, b]$ 上是下半连续的, 由引理 2.3, $g(t)$ 在 $[\alpha, \beta]$ 存在最小值. 令

$$t_0 = \sup\{t \in [\alpha, \beta] : g(t) = \text{最小值}\}.$$

进一步, 由于最小值不超过 $g(\alpha)$ $(< g(\beta))$, 所以 t_0 是在 $[\alpha, \beta]$ 上使 $g(t)$ 取最小值的最大的 t 值. 易知, 对充分小的 $h > 0$, $g(t_0 + h) > g(t_0)$, 进而

$$\frac{g(t_0 + h) - g(t_0)}{h} > 0,$$

因此 $D^+ g(t_0) \geqslant 0$, 与假设矛盾.

情形 2　若对任意的 $t \in [a, b]$, $D^+ g(t) = 0$, 则 $g(t)$ 在区间 $[a, b]$ 上是单调递增的.

对任意 $\varepsilon > 0$, 构造辅助函数

$$h(t) = g(t) - \varepsilon t.$$

则有

$$D^+ h(t) = D^+ g(t) - \varepsilon \leqslant -\varepsilon < 0.$$

由情形 1 可知, $h(t)$ 在 $[a, b]$ 上是单调递减的.

因此, 对任意的 $\alpha, \beta \in [a, b]$, 当 $\alpha < \beta$ 时, $h(\alpha) > h(\beta)$. 所以

$$g(\alpha) - \varepsilon \alpha > g(\beta) - \varepsilon \beta.$$

进而

$$g(\beta) \leqslant g(\alpha) + \varepsilon(\beta - \alpha).$$

由 ε 的任意性, $g(\beta) \leqslant g(\alpha)$. 命题得证.　■

类似定理 2.17, 可以得到如下结论.

定理 2.18　若

$$g(t) : [a, b] \to \mathbf{R}$$

是下半连续的, 则如下结论是等价的:

(1) $g(t)$ 在 $[a, b]$ 上是单调非减的;

(2) 对任意的 $t \in [a, b]$, $D^- g(t) \geqslant 0$;

(3) 对任意的 $t \in [a, b]$, $D_- g(t) \geqslant 0$.

定理 2.19　若

$$g(t) : [a, b] \to \mathbf{R}$$

是上半连续的, 则如下条件是等价的:

(1) $g(t)$ 在 $[a, b]$ 上是单调非增的;

(2) 对任意的 $t \in [a, b]$, $D^- g(t) \leqslant 0$;

(3) 对任意的 $t \in [a, b]$, $D_- g(t) \leqslant 0$.

定理 2.20 若 $g(t): [a, b] \to \mathbf{R}$ 是上半连续的, 则如下条件是等价的:

(1) $g(t)$ 在 $[a, b]$ 上是单调非减的;

(2) 对任意的 $t \in [a, b]$, $D^+ g(t) \geqslant 0$;

(3) 对任意的 $t \in [a, b]$, $D_+ g(t) \geqslant 0$.

2.4 Gronwall-Bellman 不等式

2.4.1 纯量函数型

考虑一个线性微分不等式, 即 Gronwall-Bellman 不等式.

定理 2.21 假设 $u(t)$, $\phi(t)$ 为定义在 $[0, T)$ 上的连续函数, $\phi(t) \geqslant 0$, u_0 为常数, 若 $u(t)$, $\phi(t)$ 满足 Gronwall-Bellman 不等式

$$u(t) \leqslant u_0 + \int_0^t \phi(s) u(s) ds, \quad t \in [0, T), \tag{2.30}$$

则

$$u(t) \leqslant u_0 \exp\left(\int_0^t \phi(s) ds\right).$$

特别地, 若 $u_0 = 0$, 则 $u(t) = 0$.

证明 令 $z(t) = u_0 + \int_0^t \phi(s) u(s) ds$, 则 $z(0) = u_0$,

$$u(t) \leqslant z(t), \quad t \in [0, T)$$

且

$$\dot{z}(t) = \phi(t) u(t) \leqslant \phi(t) z(t).$$

在上式两端同时乘以积分因子 $\exp\left(-\int_0^t \phi(s) ds\right)$, 则

$$\dot{z}(t) \exp\left(-\int_0^t \phi(s) ds\right) - z(t) \phi(t) \exp\left(-\int_0^t \phi(s) ds\right)$$

$$= \frac{d}{dt}\left[z(t) \exp\left(-\int_0^t \phi(s) ds\right)\right] \leqslant 0.$$

因而

$$z(t) \exp\left(-\int_0^t \phi(s) ds\right) - z(0) \leqslant 0.$$

由 $z(0) = u_0$ 以及 $u(t) \leqslant z(t)$, 得到

$$u(t) \leqslant u_0 \exp\left(\int_0^t \phi(s) ds\right). \qquad \blacksquare$$

定理 2.22 (Gronwall-Bellman 引理)   设 $u(t), v(t)$ 和 $\varphi(t)$ 是定义在 $[0,T)$ 上的连续非负函数, $v(t)$ 是定义在 $[0,T)$ 上的一个连续非减正函数, 且如下不等式成立

$$u(t) \leqslant v(t) + \int_0^t \varphi(s)u(s)ds, \quad t \in [0,T),$$

则

$$u(t) \leqslant v(t)\exp\left(\int_0^t \varphi(s)ds\right).$$

证明   令 $u(t) = v(t)w(t)$, 则由 $v(t)$ 的单调性知

$$w(t) \leqslant 1 + \int_0^t \varphi(s)\frac{u(s)w(s)}{v(t)}ds \leqslant 1 + \int_0^t \varphi(s)w(s)ds,$$

利用定理 2.21, 可得

$$w(t) \leqslant \exp\left(\int_0^t \varphi(s)ds\right).$$

命题得证.   ∎

推论 2.3[49]   设 $u(t), \varphi(t)$ 是定义在 $[0,T)$ 上的正函数, 且 $u(t)$ 满足如下不等式:

$$u(t) \leqslant u(s) + \left|\int_s^t \varphi(\sigma)u(\sigma)d\sigma\right|, \quad t,s \in [0,T),$$

则对任意的 $t, t_0 \in [0,T)$,

$$u(t_0)\exp\left(-\int_{t_0}^t \varphi(\sigma)d\sigma\right) \leqslant u(t) \leqslant u(t_0)\exp\left(\int_{t_0}^t \varphi(\sigma)d\sigma\right).$$

对 Gronwall-Bellman 不等式, 还有对应的微分形式.

定理 2.23   设 $v(t), \varphi(t)$ 是定义在 $[0,T)$ 上的非负连续函数且 $u(t)$ 是非负连续可微函数, 满足如下不等式

$$\dot{u}(t) \leqslant \varphi(t)u(t) + v(t), \tag{2.31}$$

则

$$u(t) \leqslant \left[u_0 + \int_0^t \varphi(s)ds\right]\exp\left(\int_0^t \varphi(s)ds\right), \quad t \in [0,T).$$

特别地, 如果 $\dot{u}(t) \leqslant \varphi(t)u(t)$, $u(0) = 0$, 则 $u(t) \equiv 0$, $t \in [0,T)$.

证明 由题设知, 当 $t \in [0,T)$ 时,

$$\frac{d}{ds}\left(u(s)\exp\left(-\int_0^s \varphi(r)dr\right)\right) = \exp\left(-\int_0^s \varphi(r)dr\right)[\dot{u}(s) - \varphi(s)u(s)]$$

$$\leqslant v(s)\exp\left(-\int_0^s \varphi(r)dr\right) \leqslant v(s).$$

对上式在 $[0,t] \subset [0,T)$ 上积分, 得

$$u(t)\exp\left(-\int_0^t \varphi(s)ds\right) - u(0) \leqslant \int_0^t v(s)ds, \quad t \in [0,T).$$

因此, 可推导出命题结论. ∎

在定理 2.23 中, 若记 $f(t,u) = \varphi(t)u(t) + v(t)$, 则不等式 (2.31) 可写成

$$\dot{u}(t) \leqslant f(t,u), \tag{2.32}$$

此外, 若令

$$v(t) = \left[u(0) + \int_0^t v(s)\exp\left(-\int_0^s \varphi(r)dr\right)ds\right]\exp\left(\int_0^t \varphi(s)ds\right),$$

则 $v(t)$ 满足如下初值问题

$$\begin{cases} \dot{v}(t) = f(t, v(t)), \\ v(0) = u_0. \end{cases} \tag{2.33}$$

如果 (2.32) 成立, 则定理 2.21 也可以表示成 $u(t) \leqslant v(t)$.

通过上述分析, 也可以把 Gronwall-Bellman 不等式看成如下比较定理[174] 的特殊形式.

定理 2.24 设有 Cauchy 问题

$$\begin{cases} \dot{u}(t) = f(t, u(t)), \\ u(t_0) = u_0, \end{cases} \tag{2.34}$$

以及

$$\begin{cases} \dot{u}(t) = g(t, u(t)), \\ u(t_0) = u_0, \end{cases} \tag{2.35}$$

其中 f 以及 g 在 $G \subset \mathbf{R} \times \mathbf{R}$ 内连续且对 u 满足局部 Lipschitz 条件. 并设系统 (2.34) 和 (2.35) 的解在区间 $[0,T)$ 内存在, 分别记为 $u = u(t)$ 和 $u = U(t)$.

若

$$f(t, u) < g(t, u), \quad (t, u) \in G, \tag{2.36}$$

则

$$u(t) < U(t), \quad t_0 < t < T,$$
$$u(t) > U(t), \quad 0 < t < t_0. \tag{2.37}$$

证明 只证不等式 (2.37) 的第一个成立, 利用反证法. 若不然, 则至少存在一个 $t_1 > 0$, 使得当 $t_1 \in (t_0, T)$ 时, 有

$$u(t_1) \geqslant U(t_1). \tag{2.38}$$

构造函数

$$\psi(t) = U(t) - u(t), \quad t_0 < t < T.$$

由于 $u(t)$ 和 $U(t)$ 分别为系统 (2.34) 和 (2.35) 的解, 于是有

$$\dot{\psi}(t) = \dot{U}(t) - \dot{u}(t),$$

以及

$$\dot{\psi}(t_0) = g(t_0, u_0) - f(t_0, u_0) > 0, \quad \psi(t_0) = g(t_0, u_0) - f(t_0, u_0) = 0.$$

故而, 存在 $\delta > 0$, 使得

$$\psi(t) > 0, \quad t_0 < t < t_0 + \delta.$$

结合 (2.38), 定义

$$t^* = \min\{t | \psi(t) = 0, t_0 < t < T\},$$

则

$$\psi(t^*) = 0, \quad \psi(t) > 0, \quad t_0 < t < t^*.$$

此时

$$\dot{\psi}(t^*) \leqslant 0.$$

另一方面

$$\dot{\psi}(t^*) = \dot{U}(t^*) - \dot{u}(t^*) = g(t^*, U(t^*)) - f(t^*, u(t^*))$$
$$= g(t^*, u(t^*)) - f(t^*, u(t^*)) > 0.$$

矛盾. 定理得证. ■

注 2.8 如果不等式 (2.36) 改成

$$f(t,u) \leqslant g(t,u), \quad (t,u) \in G, \tag{2.39}$$

则

$$
\begin{aligned}
u(t) &\leqslant U(t), \quad t_0 \leqslant t \leqslant T, \\
u(t) &\geqslant U(t), \quad 0 \leqslant t \leqslant t_0.
\end{aligned}
\tag{2.40}
$$

这就是第二比较定理[174].

注 2.9 类似地, 在定理 2.21 中, 若记 $f(t,u) = \phi(t)u(t)$, 则不等式 (2.30) 可写成

$$u(t) \leqslant u_0 + \int_0^t f(s,u(s))ds, \quad t \in [0,T]. \tag{2.41}$$

此外, 若令 $v(t) = u_0 \exp\left(\int_0^t \varphi(s)ds\right)$, 则 $v(t)$ 满足如下初值问题:

$$
\begin{cases}
\dot{v}(t) = f(t,v(t)), \\
v(0) = u_0.
\end{cases}
\tag{2.42}
$$

如果 (2.41) 成立, 则定理 2.21 也可以写成

$$u(t) \leqslant v(t).$$

2.4.2 向量函数型

下面将 Gronwall-Bellman 不等式推广至向量的形式.

记 $x = (x_1, x_2, \cdots, x_n), y = (y_1, y_2, \cdots, y_n) \in \mathbf{R}^n$, 定义如下的序关系:

$$
\begin{aligned}
x \leqslant y &\Leftrightarrow x_i \leqslant y_i, \quad i = 1, 2, \cdots, n, \\
x < y &\Leftrightarrow x_i < y_i, \quad i = 1, 2, \cdots, n.
\end{aligned}
$$

对 $u = (u_1, u_2, \cdots, u_n), v = (v_1, v_2, \cdots, v_n)$, 记 $f(t,u) \uparrow u(\downarrow u)$ 表示连续向量函数 $f(t,u)$ 的每一个分量函数关于 $u = (u_1, u_2, \cdots, u_n)$ 的每一个元素单调不减 (不增)[164].

更一般地, 还可以将定理 2.21 推广至如下向量形式.

定理 2.25 设 $f(t,u) \uparrow u(\downarrow u)$, 若对任意的 $t \in [0,T)$, $u(t)$ 满足如下不等式:

$$u(t) \leqslant u_0 + \int_0^t f(s,u(s))ds,$$

则

$$u(t) \leqslant v(t),$$

其中 $v(t)$ 是满足初值问题

$$\begin{cases} \dot{v}(t) = f(t, v(t)), \\ v(0) = u_0 \end{cases} \tag{2.43}$$

的最大解.

此外, 还可以有如下微分形式的 Gronwall-Bellman 不等式.

定理 2.26　设 $f(t, u) \uparrow u$, 若对任意的 $t \in [0, T)$, $u(t)$ 满足如下不等式:

$$\dot{u}(t) \leqslant f(t, u(t)),$$

则

$$u(t) \leqslant v(t),$$

其中 $v(t)$ 是满足初值问题 (2.43) 的最大解.

注 2.10　定理 2.25 与定理 2.26 取自文献 [27], 这里不再证明.

定理 2.27　令 $p \in I = \{1, 2, \cdots, k\}$, $q \in J = \{k+1, k+2, \cdots, n\}$ 以及 $E \subset \mathbf{R}^{n+1}$. 若 $f(t, u)$ 满足条件:

(1) $f(t, u) \in C(E, \mathbf{R}^n)$.

(2) 当 $t \in (t_0, t_0 + a)$ 时, 对 $(t, u(t))$, $(t, w(t)) \in E$, 有

$$v, w \in C((t_0, t_0 + a), \mathbf{R}^n).$$

(3) $f(t, u)$ 满足**混合拟单调条件**

(QM_1) $f_p(t, u)$ $(p \in I)$ 关于 u_j $(j \in I, j \neq p)$ 单调不减, 关于 u_q $(q \in J)$ 单调不增;

(QM_2) $f_q(t, u)$ $(q \in J)$ 关于 u_p $(p \in I)$ 单调不增, 关于 u_j $(j \in J, j \neq q)$ 单调不减.

(4) $v = (v_p, v_q)$, $w = (w_p, w_q)$ 满足

$$v_p(t_0) < w_p(t_0), \quad v_q(t_0) > w_q(t_0), \tag{2.44}$$

以及

$$D_- v_p(t) \leqslant f_p(t, v(t)), \tag{2.45}$$

$$D_- v_q(t) > f_q(t, v(t)), \tag{2.46}$$

$$D_- w_p(t) > f_p(t, w(t)), \tag{2.47}$$

$$D_- w_q(t) \leqslant f_q(t, w(t)). \tag{2.48}$$

则当 $t \in (t_0, t_0 + a)$ 时,

$$v_p(t) < w_p(t), \quad v_q(t) > w_q(t). \tag{2.49}$$

证明 构造辅助函数

$$m_p(t) = w_p(t) - v_p(t) \tag{2.50}$$

与

$$m_q(t) = v_q(t) - w_q(t). \tag{2.51}$$

由题设知

$$m_i(t_0) > 0, \quad i = 1, 2, \cdots, n. \tag{2.52}$$

假若结论不成立, 即 (2.49) 不成立, 则

$$\mathcal{H} = \bigcup_{i=1}^{n} \{t \in (t_0, t_0 + a) \mid m_i(t) \leqslant 0\} \neq \varnothing.$$

记 $t_1 = \inf\{\mathcal{H}\}$, 由 (2.52) 知 $t_1 > t_0$. 又 $\mathcal{H}$ 是闭集, 则

$$t_1 \in \mathcal{H}.$$

因此, 存在 j, 使得

$$m_j(t_1) = 0. \tag{2.53}$$

否则, 存在 $\delta_0 > 0$, 使当 $t \in (t_1 - \delta, t_1)$ 时,

$$m_j(t) < 0. \tag{2.54}$$

这与 t_1 的定义矛盾, 故 (2.53) 成立且

$$m_i(t_1) \geqslant 0, \quad i \neq j, \quad D_- m_j(t_1) \leqslant 0. \tag{2.55}$$

假设 $1 \leqslant j \leqslant k$, 则借助于 (2.55), 由条件 (2.45) 与 (2.47) 知

$$0 \geqslant D_- m_j(t_1) > f_j(t_1, w(t_1)) - f_j(t_1, v(t_1)). \tag{2.56}$$

进而

$$f_j(t_1, w(t_1)) < f_j(t_1, v(t_1)). \tag{2.57}$$

此外, 根据条件 (QM_1), (QM_2), (2.53) 和 (2.55) 知

$$f_j(t_1, w(t_1)) \geqslant f_j(t_1, v(t_1)), \tag{2.58}$$

矛盾.

另一方面, 当 $k+1 \leqslant j \leqslant n$ 时, 由条件 (2.44) 与 (2.46) 知

$$f_j(t_1, v(t_1)) < f_j(t_1, w(t_1)). \tag{2.59}$$

此外, 根据条件 (QM_1), (QM_2), (2.53) 和 (2.55) 知

$$f_j(t_1, w(t_1)) \leqslant f_j(t_1, v(t_1)), \tag{2.60}$$

矛盾.

结合上述分析可知, $\mathcal{H} = \varnothing$. 所以假设不成立, 故结论成立. ■

在定理 2.27 中, Lakshmikantham 与 Leela 在文献 [85] 中把满足条件 (QM_1) 和 (QM_2) 的函数 $f(t, u)$ 称为混合拟单调函数, 一般地, 他们给出了如下定义.

定义 2.12   若函数 $f(t, x)$ 满足条件 (QM_1) 和 (QM_2), 则称函数 $f(t, x)$ 具有混合拟单调性质.

若 $k = n$, 称函数 $f(t, x)$ 为拟单调非减的. 若 $k = 0$, 称函数 $f(t, x)$ 为拟单调非增的. 此外, 条件 (QM_1) 与 (QM_2) 中 $i \neq p$, $j \neq q$ 的限制可去掉. 关于单调动力的研究, 我们将在第 9 章做详细的研究.

类似定理 2.27, 有如下定理.

定理 2.28   考虑初值问题

$$\dot{u} = f(t, u(t)), \quad u(t_0) = u_0. \tag{2.61}$$

假设 $f(t, u) \in C(E, R^n)$ 满足混合拟单调条件 (QM_1) 与 (QM_2) 且

$$v'_{p,+}(t) \leqslant f_p(t, v(t)), \tag{2.62}$$

$$v'_{q,+}(t) > f_q(t, v(t)), \tag{2.63}$$

$$w'_{p,+}(t) > f_p(t, w(t)), \tag{2.64}$$

$$w'_{q,+}(t) \leqslant f_q(t, w(t)), \tag{2.65}$$

其中 v'_+ 表示右导数.

进一步, 若 $u(t)$ 是 (2.61) 的解, 使

$$v(t_0) = u_0 = w(t_0),$$

则对 $t \in (t_0, t_0 + a)$, 有

$$v_p(t) < u_p(t) < w_p(t), \quad v_q(t) > u_q(t) > w_q(t). \tag{2.66}$$

定理 2.29 设 $D \subset \mathbf{R}^n$ 和 $x(t), y(t), z(t) \in C^1((0,\infty) \to D)$ 满足

$$\dot{x} = f(x), \quad \dot{y} \geqslant f(y), \quad \dot{z} \leqslant f(z). \tag{2.67}$$

若

$$z(0) \leqslant x(0) \leqslant y(0), \tag{2.68}$$

则对任意的 $t \in (0,\infty)$, 有

$$z(t) \leqslant x(t) \leqslant y(t). \tag{2.69}$$

特别地, 若 $y(t)$ 满足 $\dot{y} = f(y)$ 且

$$x(0) \leqslant y(0), \tag{2.70}$$

则对任意的 $t \in (0,\infty)$, 有

$$x(t) \leqslant y(t). \tag{2.71}$$

定理 2.30[143] 设 $f: D \to \mathbf{R}^n$, 满足
(1) 系统

$$\dot{x} = f(t,x), \tag{2.72}$$

存在唯一过初值 $x(t_0) = x_0 \geqslant 0$ 的解.
(2) 对任意的 $i, 1 \leqslant i \leqslant n$,

$$f_i(t,x)\,|_{x \geqslant 0, x_i = 0} \geqslant 0, \tag{2.73}$$

则对任意的 $t \geqslant t_0$,

$$x(t) \geqslant 0.$$

结合微分方程的性质, 以及文献 [79] 中的思想, 此外还有如下的比较定理.

引理 2.5 设 $D \subset \mathbf{R}^n$ 是开区域, 且 $f(t,x)$ 关于 $t \geqslant 0$ 连续, 关于 $x \in D \subset \mathbf{R}^n$ 局部 Lipschitz 连续. 假设 $V(t)$ 是下半连续的且满足

$$D_+ V(t) = \liminf_{h \to 0^+} \frac{V(t+h) - V(t)}{h} \leqslant f(t, V(t)). \tag{2.74}$$

进一步假设

$$\dot{x} = f(t, x(t)) \tag{2.75}$$

满足初值条件 $x(t_0) = x_0$ 且

$$V(t_0) \leqslant x_0. \tag{2.76}$$

如果下列条件之一成立:

(1) 对每一个固定的 $t \in [t_0, \infty)$, $f(t, x)$ 关于 $x \in D$ 是单调非减的;

(2) 存在 $\psi(t) \in C(\mathbf{R}^+)$ 使得当 $(t, x) \in [t_0, \infty) \times D$ 时,

$$f(t, x) \leqslant \psi(t)x(t); \tag{2.77}$$

(3) 存在 $\phi(t) \in C(\mathbf{R}^+)$ 使得当 $(t, x) \in [t_0, \infty) \times D$ 时,

$$f(t, x) \leqslant \phi(t), \tag{2.78}$$

则

$$V(t) \leqslant x(t).$$

证明 考虑如下的辅助方程

$$\dot{u}(t) = f(t, u(t)) + \lambda, \tag{2.79}$$

其中 $u(t_0) = x_0$, $\lambda > 0$.

利用文献 [79] 中的定理 3.5 可得, 对任意的 $\varepsilon > 0$, 存在 $\delta > 0$, 使得若 $0 < \lambda < \delta$, 则 (2.79) 有唯一解 $u(t, \lambda)$ 满足

$$u(t, \lambda) \in D \quad \text{且} \quad |u(t, \lambda) - v(t)| < \varepsilon. \tag{2.80}$$

接下来, 将分两步完成证明.

断言 1 对任意的 $t \in [t_0, t_1)$, $V(t) \leqslant u(t, \lambda)$.

利用反证法. 假设存在 $t_2 \in (t_0, t_1)$, 使得 $V(t_2) - u(t_2, \lambda) > 0$. 记

$$\Sigma^+ = \{\tau \in (t_0, t_1) | W(t) > 0\}. \tag{2.81}$$

其中 $W(t) = V(t) - u(t, \lambda)$, 显然 $W(t)$ 是下半连续的且 Σ^+ 非空开.

令 $\tilde{t} = \inf\{t \in \Sigma^+\}$, 因为 Σ^+ 是开的, 所以 $\tilde{t} \notin \Sigma^+$, 即 $V(\tilde{t}) \leqslant u(\tilde{t}, \lambda)$. 易知存在序列 $\{\tau_i \in \Sigma^+\}_{i=1}^{\infty}$ 满足 $\tau_i \to \tilde{t}$, 使得

$$V(\tau_i) - V(\tilde{t}) \geqslant u(\tau_i) - u(\tilde{t}, \lambda).$$

故

$$D_+ V(\tilde{t}) \geqslant \dot{u}(\tilde{t}, \lambda) = f(\tilde{t}, u(\tilde{t}, \lambda)) + \lambda. \tag{2.82}$$

下面分三种情形来说明矛盾.

情形 1 若条件 (1) 成立, 则

$$\begin{aligned} D_+V(\tilde{t}) &\geqslant f(\tilde{t}, u(\tilde{t}, \lambda)) + \lambda \\ &> f(\tilde{t}, u(\tilde{t}, \lambda)) \\ &\geqslant f(\tilde{t}, V(\tilde{t})), \end{aligned} \tag{2.83}$$

与 (2.74) 矛盾.

情形 2 若条件 (2) 成立, 构造如下的下半连续函数:

$$\tilde{V}(t) = V(t) \exp\left(\int_{t_0}^t \psi(\tau)d\tau\right),$$

则

$$\begin{aligned} D_+\tilde{V}(t) &\leqslant \exp\left(\int_{t_0}^t \psi(\tau)d\tau\right) [D_+V(t) - \psi(t)V(t)] \\ &\leqslant \exp\left(\int_{t_0}^t \psi(\tau)d\tau\right) [f(t, V(t)) - \psi(t)V(t)] \leqslant 0. \end{aligned} \tag{2.84}$$

由定理 2.17 可知, $\tilde{V}(t)$ 单调非增, 故对任意的 $h \geqslant 0$, $\tilde{V}(t+h) \leqslant \tilde{V}(t)$, 且 $\tilde{V}(t)$ 下半连续, 这样对任意的 $\varepsilon > 0$ 以及充分小的 $h > 0$, $\tilde{V}(t+h) \geqslant \tilde{V}(t) - \varepsilon$. 于是 $\tilde{V}(t)$ 是 $[t_0, t_1]$ 的右连续函数, 故由 (2.81), 可得

$$V(\tilde{t}) = u(\tilde{t}, \lambda).$$

因此

$$D_+V(\tilde{t}) \geqslant f(\tilde{t}, V(\tilde{t})),$$

与 (2.74) 矛盾.

情形 3 若条件 (3) 成立, 构造如下的下半连续函数:

$$\tilde{V}(t) = V(t) - \int_{t_0}^t \psi(\tau)d\tau.$$

类似于情形 2, 也可以推出矛盾.

断言 2 对任意 $t \in [t_0, t_1)$, $V(t) \leqslant v(t)$.

假设存在 $\bar{t} \in (t_0, t_1)$ 使得 $V(\bar{t}) > v(\bar{t})$. 令 $\varepsilon_0 = \frac{1}{2}(V(\bar{t}) - v(\bar{t})) > 0$, 取 λ 使得 (2.80) 对任意的 $\varepsilon_0 > 0$ 成立, 则可得

$$\begin{aligned} V(\bar{t}) &= V(\bar{t}) - v(\bar{t}) + v(\bar{t}) \\ &= 2\varepsilon_0 + v(\bar{t}) - u(\bar{t}, \lambda) + u(\bar{t}, \lambda) \\ &> \varepsilon_0 + u(\bar{t}, \lambda) \\ &> u(\bar{t}, \lambda). \end{aligned}$$

与断言 1 矛盾.

命题得证.   ■

2.5 外 代 数

2.5.1 对偶空间

定义 2.13 设 V 是向量空间, 若映射 $\varphi : V \to \mathbf{R}$ 满足

(1) 对任意的 $v_1, v_2 \in V, \varphi(v_1 + v_2) = \varphi(v_1) + \varphi(v_2)$;

(2) 对任意的 $v \in V$ 及 $\lambda \in \mathbf{R}, \varphi(\lambda v) = \lambda \varphi(v)$,

则称 φ 是定义在 V 上的**线性函数**.

例 2.10 (R^n 上的线性函数) 定义映射 $\varphi : \mathbf{R}^n \to \mathbf{R}$ 如下

$$\varphi(v) = \sum_{i=1}^{n} a_i v_i \quad (a_i \in \mathbf{R}),$$

则由定义可知, φ 是 $\mathbf{R}^n$ 上的线性函数.

记 V^* 为向量空间 V 上的线性函数的全体构成的集合.

定义 2.14 对任意的 $\varphi_1, \varphi_2 \in V^*$ 及 $\alpha \in \mathbf{R}$, 定义运算

(1) (加法) $(\varphi_1 + \varphi_2)(v) = \varphi_1(v) + \varphi_2(v),\ v \in V$;

(2) (数乘) $(\alpha \varphi_1) = \alpha \varphi_1(v),\ v \in V$.

在 V^* 上引入上述运算而构成一个线性空间, 称为 V 上的**对偶向量空间**, 简称为**对偶空间**.

下面考虑 V^* 的基, 设 V 是 n 维向量空间, 它的一组基为

$$\{e_1, e_2, \cdots, e_n\},$$

则对任意的 $v \in V$, 有

$$v = \alpha_1 e_1 + \alpha_2 e_2 + \cdots + \alpha_n e_n, \quad \alpha_i \in \mathbf{R}, \quad i = 1, 2, \cdots, n.$$

故我们有如下定义.

定义 2.15 若线性映射 $\varphi^i : V \to \mathbf{R}$ 满足

$$\varphi^i(e_j) = \delta_{ij} = \begin{cases} 1, & i = j, \\ 0, & i \neq j, \end{cases}$$

则称 $\varphi^1, \varphi^2, \cdots, \varphi^n$ 是 V^* 关于 $e_1, e_2, \cdots, e_n$ 的**对偶基**.

为方便记, 引入一些记号. 设 V^* 是 V 的对偶空间, 定义

$$\langle v, v^* \rangle = v^*(v), \quad v \in V, \ v^* \in V^*,$$

则易知 $\langle \ , \ \rangle$ 是定义在 $V \times V^*$ 上的映射, 且对每一个变量都是线性的.

而对任意的 $v, v_1, v_2 \in V$, 以及对任意的 $v^*, v_1^*, v_2^* \in V^*$ 及 $a, b \in R$, 有

$$\langle av_1 + bv_2, v^* \rangle = a\langle v_1, v^* \rangle + b\langle v_2, v^* \rangle, \quad \langle v, av_1^* + bv_2^* \rangle = a\langle v, v_1^* \rangle + b\langle v, v_2^* \rangle,$$

因而 $\langle \ , \ \rangle$ 是一个线性映射.

若设 $V \subset \mathbf{R}^n$, $\{e_1, e_2, \cdots, e_n\}$ 是 V 的一组基, $\{\varphi_1, \varphi_2, \cdots, \varphi_n\}$ 是 V^* 的一组基, 则对任意的 $v \in V$ 及 $v^* \in V^*$, 有

$$v = \sum_{i=1}^{n} a_i e_i, \quad v^* = \sum_{j=1}^{n} b_j \varphi_j,$$

故

$$
\begin{aligned}
\langle v, v^* \rangle = v^*(v) &= \left\langle \sum_{i=1}^{n} a_i e_i, v^* \right\rangle \\
&= \sum_{i=1}^{n} a_i \langle e_i, v^* \rangle = \sum_{i=1}^{n} a_i \left\langle e_i, \sum_{j=1}^{n} b_j \varphi_j \right\rangle \\
&= \sum_{i=1}^{n} a_i \sum_{j=1}^{n} b_j \langle e_i, \varphi_j \rangle = \sum_{i=1}^{n} \sum_{j=1}^{n} a_i b_j \langle e_i, \varphi_j \rangle \\
&= \sum_{i=1}^{n} \sum_{j=1}^{n} a_i b_j \varphi_j(e_i).
\end{aligned}
$$

由于

$$\varphi_j(e_i) = \delta_{ij} = \begin{cases} 1, & i = j, \\ 0, & i \neq j, \end{cases}$$

故

$$\langle v, v^* \rangle = \sum_{i=1}^{n} a_i b_i.$$

此时可知, 映射 $\langle \ , \ \rangle$ 在 $\mathbf{R}^n$ 中即为内积.

定义 2.16 设 U 及 V 是线性空间, 映射 $\varphi : U \to V$ 是线性映射, 定义

$$\varphi^* : V^* \to U^*$$

如下

$$\varphi^*(f)(v) = f(\varphi(v)), \quad f \in U^*, \ v \in V,$$

称 φ^* 为映射 φ 的对偶线性映射.

由上述定义可知 φ^* 也是一个线性映射, 且有如下定理.

定理 2.31 若 φ 的基矩阵为 A, 则 φ^* 在相应对偶基下的矩阵为 A^{T}.

证明 设 $\varphi : U \to V$ 是一个线性映射. 取 U, V 的基分别为

$$\{e_i \mid 1 \leqslant i \leqslant m\}, \quad \{\tilde{e}_j \mid 1 \leqslant j \leqslant m\},$$

相应的对偶基分别为

$$\{e^i \mid 1 \leqslant i \leqslant m\}, \quad \{\tilde{e}^j \mid 1 \leqslant j \leqslant m\}.$$

由假设可知

$$(\varphi(e_1), \varphi(e_2), \cdots, \varphi(e_m)) = (\tilde{e}_1, \tilde{e}_2, \cdots, \tilde{e}_m)A.$$

设 B 是对偶基对应的矩阵, 即

$$(\varphi^*(e^1), \varphi^*(e^2), \cdots, \varphi^*(e^m)) = (\tilde{e}^1, \tilde{e}^2, \cdots, \tilde{e}^m)B.$$

由定义知

$$b_{ij} = \varphi^*(\tilde{e}^j)(e_i) = \tilde{e}^j(\varphi(e_i)) = a_{ji}. \qquad \blacksquare$$

2.5.2 多重线性函数

除了向量空间 V 上的线性函数之外, 还需要引入 V 上的多重线性函数的概念. $\mathbf{R}^2$ 上的内积可以定义此类函数.

设 $V \subset \mathbf{R}^2$, 记 $V^2 = V \times V$, 定义函数 $f : V^2 \to \mathbf{R}$ 如下

$$f(u, v) = \langle u, v \rangle = \sum_{i=1}^n u_i v_i.$$

此类函数满足

(1) (加法) $f(u_1 + u_2, v) = f(u_1, v) + f(u_2, v)$;

(2) (数乘) $f(\alpha u, v) = \alpha f(u, v), \alpha \in \mathbf{R}$.

此类函数关于 u 是一个线性函数, 同理关于 v 也是线性的, 故 $f(u, v)$ 是双线性函数.

一般地, V 是一个向量空间, 记 $V^k = \underbrace{V \times \cdots \times V}_{k}$, 故有如下定义.

定义 2.17 若对任意的 $v_i, v_i' \in V, \alpha \in \mathbf{R}$, 函数

$$f : V^k \to \mathbf{R}$$

满足对任意的 $1 \leqslant i \leqslant k$,

(1) $f(v_1, \cdots, v_i + v_i', \cdots, v_k) = f(v_1, \cdots, v_i, \cdots, v_k) + f(v_1, \cdots, v_i', \cdots, v_k)$;

(2) $f(v_1, \cdots, \alpha v_i, \cdots, v_k) = \alpha f(v_1, \cdots, v_i, \cdots, v_k)$.

则称 f 为定义在 V^k 上的**多重线性函数**, 也称 f 为 V 上的 k-阶张量, 简称 k-张量.

记 $L^k(V)$ 为 V 上所有 k-阶张量的集合, 对任意的 $f, g \in L^k(V)$ 及 $v_i \in V$ ($1 \leqslant i \leqslant k$), $\alpha, \beta \in \mathbf{R}$, 在 $L^k(V)$ 上约定如下运算:

$$(\alpha f + \beta g)(v_1, \cdots, v_k) = \alpha f(v_1, \cdots, v_k) + \beta g(v_1, \cdots, v_k),$$

则 $L^k(V)$ 就构成一个线性空间, 即 k-阶张量空间.

易知, 当 $k = 1$ 时, 此时 $L^1(V)$ 表示 V 上所有线性函数的集合, 即为 V 的对偶空间 V^*. 因而

$$V^* = L^1(V).$$

接下来考虑 $L^k(V)$ 上的基, 令 V 是以向量组 $e_1, e_2, \cdots, e_n$ 为基的 n 维向量空间. 记

$$I = (i_1, i_2, \cdots, i_k), \quad J = (j_1, j_2, \cdots, j_k).$$

I, J 均为取自 n 元数组 $N = \{1, 2, \cdots, n\}$ 中的整数构成的集合, 则有如下结果.

定理 2.32 若存在定义在 V 上的 k-阶张量 φ_I 满足

$$\varphi_I(e_{j_1}, e_{j_2}, \cdots, e_{j_k}) = \begin{cases} 1, & I = J, \\ 0, & I \neq J, \end{cases}$$

则

$$\{\varphi_I : I \in N\}$$

构成 $L^k(V)$ 的一组基且

$$\dim(L^k(V)) = n^k.$$

例 2.11 考虑 $V = \mathbf{R}^n$ 的情形, 令

$$e_1, e_2, \cdots, e_n$$

是 $\mathbf{R}^n$ 在通常意义下的向量基, 而

$$\varphi^1, \cdots, \varphi^n$$

是 $L^1(V)$ 的对偶基, 则对任意的

$$x = (x_1, x_2, \cdots, x_n) \in \mathbf{R}^n,$$

有

$$\varphi^i(x) = \varphi^i(x_1 e_1 + \cdots + x_n e_n) = \sum_{i=1}^{n} x_i \varphi_i(e_i) = x_i,$$

因而 $\varphi_i : \mathbf{R}^n \to \mathbf{R}$ 是 x 的第 i 个坐标的投影.

更一般地, 给定 $I \in N$, 则

$$\varphi_I(x_1, x_2, \cdots, x_k) = \varphi^{i_1}(x_1) \cdots \varphi^{i_k}(x_k).$$

记 $X = [x_1, x_2, \cdots, x_k]$, 并且令 x_{ij} 表示 X 的第 i 行, 第 j 列的元素, 则

$$x_j = (x_{1j}, \cdots, x_{nj}).$$

故

$$\varphi_I(x_1, \cdots, x_k) = x_{i_1 1} x_{i_2 2} \cdots x_{i_n k}.$$

因而 φ_I 恰好是向量

$$x_1, \cdots, x_k$$

的分量构成的一个单项式, 而 R^n 上的一般 k 阶张量是这种单项式的线性组合.

由此可知, R^n 上的一般一阶张量是下列形式的函数

$$f(x) = d_1 x_1 + \cdots + d_n x_n,$$

R^n 上的二阶张量具有下列形式

$$g(x, y) = \sum_{i,j=1}^{n} d_{ij} x_i x_j.$$

更一般地, 给出**多重线性映射**的概念.

定义 2.18 令 V 及 X 是向量空间, 若对任意的 $i \in [1, k]$,

$$a, b \in \mathbf{R}, \quad v_i, v_i' \in V,$$

有

$$F(v_1, \cdots, av_i + bv_i', \cdots, v_k) = aF(v_1, \cdots, v_i, \cdots, v_k) + bF(v_1, \cdots, v_i', \cdots, v_k),$$

称映射

$$F : V^k \to X$$

是多重线性的或 k-线性的, 也称 F 为定义在 V 上的 k 阶张量.

2.5.3 张量积

接下来, 我们在 $L^k(V)$ 上引入一种 "积" 运算, 使得一个 k 阶张量与一个 s 阶张量的积是一个 $k+s$ 阶张量.

定义 2.19 令 $f \in L^k(V), g \in L^s(V)$, 在 V 上定义 $f \otimes g$ 如下:

$$f \otimes g(v_1, \cdots, v_{k+s}) = f(v_1, \cdots, v_k)g(v_{k+1}, \cdots, v_{k+s}),$$

称 $f \otimes g$ 为 f 与 g 的张量积.

易知, $f \otimes g \in L^{k+s}(V)$. 由定义可知, 张量积具有下列性质.

定理 2.33 若 f, g 和 h 为定义在 V 上的张量, 则

(1)(结合律) $f \otimes (g \otimes h) = (f \otimes g) \otimes h$;

(2)(齐性) 对任意的 $c \in R$, $(cf) \otimes g = c(f \otimes g) = f \otimes (cg)$;

(3)(分配律) 设 f 与 g 是同阶张量, 则

$$(f+g) \otimes h = f \otimes h + g \otimes h, \quad h \otimes (f+g) = h \otimes f + h \otimes g;$$

(4)(基向量) 设 $e_1, e_2, \cdots, e_n$ 是 V 的一组基, $\varphi^1, \cdots, \varphi^n$ 是对偶基且

$$\varphi^j(e_i) = \delta_i^j = \begin{cases} 1, & i = j, \\ 0, & i \neq j, \end{cases}$$

则所有 k 重张量积

$$\{\varphi^{i_1} \otimes \varphi^{i_2} \otimes \cdots \otimes \varphi^{i_k}, 1 \leqslant i_1, \cdots, i_k \leqslant n\}$$

的集合是 $L^k(V)$ 的一组基, 且 $\dim(L^k(V)) = n^k$.

证明 只证明第四部分. 由张量积的定义

$$\varphi^{i_1} \otimes \varphi^{i_2} \otimes \cdots \otimes \varphi^{i_k}(e_{j_1}, \cdots, e_{j_k}) = \varphi^{i_1}(e_{j_1}) \cdots \varphi^{i_k}(e_{j_k})$$

$$= \prod_{s=1}^k \varphi^{i_s}(e_{j_s}) = \prod_{s=1}^k \delta_{i_s}^{j_s} = \begin{cases} 1, & I = J, \\ 0, & I \neq J. \end{cases}$$

设 $x_1, x_2, \cdots, x_n \in V$ 及 $x_i = \sum_{j=1}^n x_{ij} e_j$ 且 $f \in L^k(V)$, 则

$$f(x_1, \cdots, x_k) = \sum_{1 \leqslant j_1, \cdots, j_k \leqslant n} x_{ij_1} \cdots x_{ij_k} f(e_{j_1}, \cdots, e_{j_k})$$

$$= \sum_{1 \leqslant j_1, \cdots, j_k \leqslant n} f(e_{j_1}, \cdots, e_{j_k}) \varphi^{i_1} \otimes \cdots \otimes \varphi^{i_k}(x_1, \cdots, x_k).$$

即

$$f = \sum_{1 \leqslant j_1, \cdots, j_k \leqslant n} f(e_{j_1}, \cdots, e_{j_k}) \varphi^{i_1} \otimes \cdots \otimes \varphi^{i_k},$$

因此 $\varphi^{i_1}, \cdots, \varphi^{i_k}$ 张成 $L^k(V)$.

假设存在 $x_{i_1 \cdots i_k}$, 使得

$$\sum_{1 \leqslant i_1, \cdots, i_k \leqslant n} x_{i_1 \cdots i_k} \varphi^{i_1} \otimes \cdots \otimes \varphi^{i_k} = 0.$$

故

$$0 = \sum_{1 \leqslant i_1, \cdots, i_k \leqslant n} x_{i_1 \cdots i_k} \varphi^{i_1} \otimes \cdots \otimes \varphi^{i_k} (e_{j_1}, \cdots, e_{j_k})$$

$$= \sum_{I \in N} x_{i_1 \cdots i_k} \prod_{s=1}^{k} \varphi^{i_s}(e_{j_s}) = x_{i_1 \cdots i_k}.$$

因而 $\varphi^{i_1} \otimes \cdots \otimes \varphi^{i_k}$ 是线性独立的. ∎

例 2.12 若 $v_1, v_2 \in V, f_1, f_2 \in L^1(V)$, 则

$$f_1 \otimes f_2(v_1, v_2) = f_1(v_1) f_2(v_2), \quad f_2 \otimes f_1(v_1, v_2) = f_2(v_1) f_1(v_2),$$

一般地

$$f_1 \otimes f_2 \neq f_2 \otimes f_1.$$

若 $f_1, f_2, \cdots, f_k \in L^1(V), v_1, v_2, \cdots, v_k \in V$, 则由定义

$$f_1 \otimes f_2 \in L^2(V), \cdots, f_1 \otimes \cdots \otimes f_k \in L^k(V).$$

故

$$f_1 \otimes f_2 \otimes \cdots \otimes f_k(v_1, \cdots, v_k) = f_1(v_1)(f_2 \otimes \cdots \otimes f_k)(v_2, \cdots, v_k)$$

$$= f_1(v_1) f_2(v_2)(f_3 \otimes \cdots \otimes f_k)(v_3, \cdots, v_k)$$

$$= \cdots$$

$$= f_1(v_1) f_2(v_2) \cdots f_k(v_k).$$

注 2.11 将记号 $\langle u, v^* \rangle = v^*(u)$ 推广, 记

$$\langle u_1 \otimes u_2 \otimes \cdots u_k, v_1 \otimes \cdots \otimes v_k \rangle = v_1 \otimes \cdots \otimes v_k(u_1, u_2, \cdots, u_k)$$

$$= \prod_{i=1}^{k} \langle v_i, u_i \rangle.$$

下面以 $\mathbf{R}^n$ 为例来了解张量积的相关概念.

记 $\langle,\rangle$ 及 $\|\cdot\|$ 为 $\mathbf{R}^n$ 上的内积与范数.

任取 $x = (x_1, \cdots, x_n)$, $y = (y_1, \cdots, y_n) \in \mathbf{R}^n$, 有

$$\langle x, y \rangle = xy^{\mathrm{T}} = \sum_{i=1}^{n} x_i y_i, \quad \|x\| = \sqrt{\sum_{i=1}^{n} x_i^2}.$$

在此意义下

$$(\mathbf{R}^n)^* = \mathbf{R}^n.$$

易知, 若 $\{e_j\}_{j=1}^{n}$ 是 $\mathbf{R}^n$ 上的标准正交基, 则有

$$\langle e_i, e_j \rangle = \delta_{ij} = \left\{ \begin{array}{ll} 1, & i = j, \\ 0, & i \neq j. \end{array} \right.$$

故可知 $(\mathbf{R}^n)^*$ 的基也是 $\{e_j\}_{j=1}^{n}$.

任取 $u_1, \cdots, u_k \in \mathbf{R}^n$, 则 $u_1 \otimes u_2 \otimes \cdots \otimes u_k$ 可按照如下方式定义. 对任意的 $v_1, v_2, \cdots, v_k \in \mathbf{R}^n$, 有

$$u_1 \otimes u_2 \otimes \cdots \otimes u_k(v_1, \cdots, v_k) = \prod_{j=1}^{k}(u_j, v_j).$$

记 $\otimes^k \mathbf{R}^n$ 为所有形如 $u_1 \otimes u_2 \otimes \cdots \otimes u_k$ 的元素构成的向量空间, 即

$$\otimes^k \mathbf{R}^n = \mathrm{span}\{u_{i_1} \otimes u_{i_2} \otimes \cdots \otimes u_{i_k}, u_{i_j} \in \mathbf{R}^n, j = 1, 2, \cdots, k, 1 \leqslant i_1, \cdots, i_k \leqslant n\}.$$

其基为

$$\{e_{i_1} \otimes \cdots \otimes e_{i_k}, 1 \leqslant i_1, \cdots, i_k \leqslant n\},$$

且

$$\dim(\otimes^k \mathbf{R}^n) = n^k.$$

因此, 在内积 $\langle \cdot \rangle$ 的意义下,

$$L^k(\mathbf{R}^n) = \otimes^k \mathbf{R}^n.$$

由于当 $u_1, u_2 \in \mathbf{R}^n$, $v_1, v_2 \in \mathbf{R}^n$ 时,

$$u_1 \otimes u_2(v_1, v_2) = \prod_{i=1}^{2}(u_i, v_i).$$

记

$$\langle u_1, v_1 \rangle = v_1(u_1),$$

$$\prod_{i=1}^{2}(v_i, u_i) = \prod_{i=1}^{2} v_i(u_i),$$

故

$$\langle u_1 \otimes u_2, v_1 \otimes v_2 \rangle = v_1 \otimes v_2(u_1, u_2).$$

一般地,

$$(u_1 \otimes u_2 \otimes \cdots \otimes u_k, v_1 \otimes \cdots \otimes v_k) = u_1 \otimes \cdots \otimes u_k(v_1, \cdots, v_k) = \prod_{j=1}^{k}(u_j, v_j).$$

因此, 对任意的 $\omega = u_1 \otimes \cdots \otimes u_k \in \otimes^k \mathbf{R}^n$, 有

$$\|\omega\| = \{\langle \omega, \omega \rangle\}^{\frac{1}{2}} = | u_1, u_2, \cdots, u_k |.$$

所以, 对于 $\otimes^k R^n$ 的标准基来讲

$$(e_{i_1} \otimes \cdots \otimes e_{i_k}, e_{j_1} \otimes \cdots \otimes e_{j_k}) = \prod_{s=1}^{k}(e_{i_s}, e_{j_s})$$

$$= \prod_{s=1}^{k} \delta_{i_s j_s} \triangleq \delta_J^I.$$

这里 δ_{ij} 是 Kronecker 符号, 即

$$\delta_{ij} = \left\{ \begin{array}{ll} 1, & i \neq j, \\ 0, & i = j. \end{array} \right.$$

此外, 还可以利用多重线性映射的概念, 定义其他形式的张量积.

定义 2.20 (向量的张量积)　若 x, y 分别为 m, n 维向量, 定义 $x \otimes y$ 如下:

$$x \otimes y = xy^{\mathrm{T}},$$

称 $x \otimes y$ 为向量 x, y 的张量积.

定义 2.21　设 A 是 $m \times n$ 矩阵, B 是 $p \times q$ 矩阵. 定义 $A \otimes B$ 如下:

$$A \otimes B = \left(\begin{array}{ccc} a_{11}B & \cdots & a_{1n}B \\ \vdots & & \vdots \\ a_{m1}B & \cdots & a_{mn}B \end{array} \right),$$

使其为一个 $mp \times nq$ 矩阵的分块矩阵. 称 $A \otimes B$ 为**Kronecker** 积.

更一般地, 有如下定义.

定义 2.22 (线性算子的张量积)　设 $S:V\to X$ 与 $T:W\to Y$ 是定义在向量空间 V,W 上的线性映射, 若

$$S\otimes T(v\otimes w)=S(v)\otimes T(w),$$

其中 $V\otimes W=\{v\otimes w\,|\,v\in V,w\in W\}$, 则称

$$S\otimes T:V\otimes W\to X\otimes Y$$

为线性映射 S 与 T 的张量积.

2.5.4　交错张量与 k-形式

先从一个简单的例子来观察张量的特征.

对任意的 $u=(u_1,u_2),v=(v_1,v_2)\in\mathbf{R}^2$. 构造映射 $f:V^2\to\mathbf{R}$ 如下:

$$f(u,v)=\begin{vmatrix} u_1 & v_1 \\ u_2 & v_2 \end{vmatrix}=u_1v_2-u_2v_1,$$

显然, f 是一个 2-重张量. 而

$$f(v,u)=\begin{vmatrix} v_1 & u_1 \\ v_2 & u_2 \end{vmatrix}=u_2v_1-u_1v_2,$$

显然

$$f(u,v)=-f(v,u).$$

此时可知, 若交换 u,v 的位置, 符号改变. 这样, 称张量 f 是反对称的.

一般地, 有如下定义.

定义 2.23　设 $f:V^2\to\mathbf{R}$ 是定义在 V 上的双线性函数, 若对任意的 $u,v\in V$, 有

$$f(u,v)=-f(v,u),$$

则称 f 是反对称的.

下面给出上述概念的一般性推广.

首先回顾一下置换的概念.

令 $k\geqslant 2$, 称整数集 $N=\{1,2,\cdots,k\}$ 的一个置换 σ 是一个将该集合映射到自身的 1-1 映射, 即

$$\sigma:\{1,2,\cdots,k\}\to\{1,2,\cdots,k\}.$$

记 S_k 为所有上述置换构成的对称群或置换群.

定义 2.24　令 $\sigma \in S_k$, 考虑取自集合 $\{1, 2, \cdots, k\}$ 并且使得 $i < j$, 而 $\sigma(i) < \sigma(j)$ 的所有整数对 i, j, 将每个这样的整数对称为 σ 的一个逆序, 若 σ 的逆序个数是奇数, 则约定 σ 的符号为 -1, 并称 σ 为奇置换, 若 σ 的逆序个数是偶数, 则约定 σ 的符号为 $+1$, 并称 σ 是偶置换.

记 $\mathrm{sgn}\sigma$ 为 σ 的符号, N 是 σ 的逆序数, 则

$$\mathrm{sgn}\sigma = \begin{cases} 1, & N = \text{偶数}, \\ -1, & N = \text{奇数}. \end{cases}$$

例如, 对置换 $\sigma = (1, 3, 2, 4)$, 其逆序数 $N = 0 + 1 + 2 + 0 = 3$, 故 $\mathrm{sgn}\sigma = -1$.

定义 2.25　若 $e_i \in S_k, 1 \leqslant i < k$ 满足

$$e_i(j) = \begin{cases} j, & j \neq i, i+1, \\ i+1, & j = i, \\ i, & j = i+1, \end{cases}$$

则称 e_i 是一个初等置换.

定理 2.34　若 $\sigma \in S_k$, 则 σ 是初等置换的复合.

定理 2.35　令 $\sigma, \tau \in S_k$,

(1) 若 σ 是 m 个初等置换的复合, 则 $\mathrm{sgn}\sigma = (-1)^m$;

(2) $\mathrm{sgn}(\sigma \circ \tau) = \mathrm{sgn}(\sigma)\mathrm{sgn}(\tau)$;

(3) $\mathrm{sgn}\sigma^{-1} = \mathrm{sgn}\sigma$.

定义 2.26　设 $\omega \in L^k(V)$, 对任意的 $v_1, \cdots, v_k \in V$, 定义

$$\sigma : L^k(V) \to L^k(V)$$

如下:

$$\sigma\omega(v_1, v_2, \cdots, v_k) = \omega(v_{\sigma(1)}, \cdots, v_{\sigma(k)}),$$

这里 σ 是 $\{1, 2, \cdots, k\}$ 的一个置换.

由此, 我们有如下概念.

定义 2.27　设 $\sigma \in L^k(V)$,

(1) 若对任意的 $\sigma \in S_k$,

$$\sigma\omega = \omega,$$

则称 ω 是对称的.

(2) 若对任意的 $\sigma \in S_k$,

$$\sigma\omega = (\mathrm{sgn}\sigma)\omega,$$

则称 ω 是反对称的.

定义 2.28   设 $\omega \in L^k(V)$, 若 ω 是反对称的, 则 ω 是 V 上的 k 阶外形式, 简称 k-形式.

定义 2.29   定义 $\mathrm{Alt} : L^k(V) \to L^k(V)$ 为

$$\mathrm{Alt}(\omega) = \frac{1}{k!} \sum_{\sigma \in S_k} \mathrm{sgn}(\sigma)\omega,$$

等价地, 设 $v_1, \cdots, v_k \in V$,

$$\mathrm{Alt}(\omega)(v_1, \cdots, v_k) = \frac{1}{k!} \sum_{\sigma \in S_k} \mathrm{sgn}\sigma\, \omega(v_{\sigma(1)}, v_{\sigma(2)}, \cdots, v_{\sigma(k)}),$$

其中 ω 是 k-形式.

若 $\bigwedge^k(V)$ 表示定义在 V 上的反对称 k 阶线性映射 (k-形式) 构成的向量空间且约定

$$\overset{0}{\bigwedge}(V) = V, \quad \overset{1}{\bigwedge}(V) = V^*.$$

易知, $\bigwedge^k(V)$ 是 $L^k(V)$ 的一个线性子空间.

定理 2.36   (1) 若 $\omega \in L^k(V)$, 则 $\mathrm{Alt}(\omega) \in \bigwedge^k(V)$;

(2) 若 $\omega \in \bigwedge^k(V)$, 则 $\mathrm{Alt}(\omega) = \omega$;

(3) 若 $\omega \in L^k(V)$, 则 $\mathrm{Alt}(\mathrm{Alt}(\omega)) = \mathrm{Alt}(\omega)$.

证明   设 $\omega \in \bigwedge^k(V)$, 则

$$\omega(v_{\sigma(1)}, \cdots, v_{\sigma(k)}) = \mathrm{sgn}\sigma\, \omega(v_1, \cdots, v_k).$$

这样

$$
\begin{aligned}
\mathrm{Alt}(\omega)(v_1, \cdots, v_k) &= \frac{1}{k!} \sum_{\sigma \in S_k} \mathrm{sgn}\sigma\, \omega(v_{\sigma(1)}, v_{\sigma(2)}, \cdots, v_{\sigma(k)}) \\
&= \frac{1}{k!} \sum_{\sigma \in S_k} \mathrm{sgn}\sigma \mathrm{sgn}\sigma\, \omega(v_1, v_2, \cdots, v_k) \\
&= \frac{1}{k!} \sum_{\sigma \in S_k} \omega(v_1, \cdots, v_k) \\
&= \omega(v_1, \cdots, v_k).
\end{aligned}
$$

因而, 结论成立.   ■

为了确定 $\bigwedge^k(V)$ 的维数与基, 我们希望得到一个类似于张量积的定理. 然而, 当 $\omega \in \bigwedge^k(V), \eta \in \bigwedge^l(V)$ 时, 一般来讲, $\omega \otimes \eta \notin \bigwedge^{k+l}(V)$.

定义 2.30 设 $\omega \in \bigwedge^k(V), \eta \in \bigwedge^l(V)$, 定义 $\omega \wedge \eta : \bigwedge^k(V) \times \bigwedge^l(V) \to \bigwedge^{k+l}(V)$ 如下:

$$\omega \wedge \eta = \frac{(k+l)!}{k!l!}\mathrm{Alt}(\omega \otimes \eta),$$

则称 $\omega \wedge \eta$ 为 ω 与 η 的楔积或外积 (wedge product).

等价地, 对任意的 $v_1, v_2, \cdots, v_{k+l} \in V$,

$$\omega \wedge \eta(v_1, \cdots, v_{k+l}) = \sum_{\sigma \in S_{k+l}} \mathrm{sgn}\sigma\omega(v_{\sigma(1)}, \cdots, v_{\sigma(k)}\eta(v_{\sigma(k+1)}, \cdots, v_{\sigma(k+l)}).$$

例 2.13 若 $k = l = 1, k + l = 2, v_i \in V, \omega_i \in L^1(v)(i = 1, 2)$, 此时

$$\omega_1 \wedge \omega_2(v_1, v_2) = \sum_{\sigma \in S_2} \mathrm{sgn}\sigma\omega_1(v_{\sigma(1)})\omega_2(v_{\sigma(2)}).$$

定义 2.31 向量 $a_1, a_2, \cdots, a_n$ 的行列式

$$\det((a_1, \cdots, a_n)) = \sum_{\sigma \in S_n} \mathrm{sgn}\sigma(a_{\sigma(1),1} \cdots a_{\sigma(n),n})$$
$$= \sum_{\sigma \in S_n} \mathrm{sgn}\sigma(a_{1,\sigma(1)} \cdots a_{n,\sigma(n)}),$$

故而

$$\omega_1 \wedge \omega_2(v_1, v_2) = \det\left(\begin{pmatrix} \langle\omega_1, v_1\rangle & \langle\omega_1, v_2\rangle \\ \langle\omega_2, v_1\rangle & \langle\omega_2, v_2\rangle \end{pmatrix}\right) \triangleq \det\left(\langle\omega_i, v_j\rangle\right).$$

一般地, 由上述定义可知有如下定理.

定理 2.37 若 $\omega_i \in L^1(V), v_i \in V \ (i = 1, 2, \cdots, k)$, 则对任意的 $1 \leqslant i, j \leqslant k$,

$$\omega_1 \wedge \cdots \wedge \omega_k(v_1, \cdots, v_k) = \det(\langle\omega_i, v_j\rangle).$$

由上述定理, 根据楔积的定义可知, "$\wedge$" 具有如下的运算性质.

定理 2.38 设 $\omega, \omega_1, \omega_2 \in \bigwedge^k(V), \eta, \eta_1, \eta_2 \in \bigwedge^l(V), h \in \bigwedge^s(V)$, 则 $\wedge$ 满足

(1) (反交换律) $\omega \wedge \eta = (-1)^{kl}\eta \wedge \omega$;

(2) (结合律) $f \wedge (g \wedge h) = (f \wedge g) \wedge h$;

(3) (齐性) $(cf) \wedge g = c(f \wedge g) = f \wedge (cg), \ c \in \mathbf{R}$;

(4) (分配律) $(\omega_1 + \omega_2) \wedge \eta = \omega_1 \wedge \eta + \omega_2 \wedge \eta, \ \omega \wedge (\eta_1 + \eta_2) = \omega \wedge \eta_1 + \omega \wedge \eta_2$.

定理 2.39 设 $\{e_i\}_{i=1}^n$ 是 V 的一组基, 其对偶基为 $\{\varphi^i\}_{i=1}^n$, 则 $\bigwedge^k(V)$ 的一组基为

$$\{e_{i_1} \wedge \cdots \wedge e_{i_k}, 1 \leqslant i_1 < i_2 < \cdots < i_k \leqslant n\},$$

其维数为

$$\dim \left(\bigwedge^k (v) \right) = \binom{n}{k} = \frac{n!}{k!(n-k)!}.$$

证明 若 $\omega \in \bigwedge^k(V) \subset L^k(V)$, 则

$$\omega = \sum_{1 \leqslant i_1 < i_2 < \cdots < i_k \leqslant n} a_{i_1,i_2,\cdots,i_k} e_{i_1} \otimes \cdots \otimes e_{i_k}.$$

因而, 由定理 2.36 知

$$\omega = \mathrm{Alt}(\omega) = \sum_{1 \leqslant i_1 < i_2 < \cdots < i_k \leqslant n} a_{i_1,\cdots,i_k} \mathrm{Alt}(e_{i_1} \otimes \cdots \otimes e_{i_k}).$$

由定义 2.29 知, 由于 $\mathrm{Alt}(e_{i_1} \otimes \cdots \otimes e_{i_k})$ 是 $e_{i_1} \wedge \cdots \wedge e_{i_k}$ 的倍数, 故 $\bigwedge^k(V)$ 可由 $e_{i_1} \wedge \cdots \wedge e_{i_k}$ $(1 \leqslant i_1 < i_2 < \cdots < i_k \leqslant n)$ 所张成.

假设存在 $a_{i_1,i_2,\cdots,i_k}$ 使得

$$\sum_{1 \leqslant i_1 < i_2 < \cdots < i_k \leqslant n} a_{i_1,i_2,\cdots,i_k} e_{i_1} \wedge e_{i_2} \wedge \cdots \wedge e_{i_k} = 0.$$

由于

$$\langle e_i, e_j \rangle = \delta_i^j = \begin{cases} 1, & i = j, \\ 0, & i \neq j, \end{cases}$$

因此,

$$\langle e_{i_1} \wedge e_{i_2} \wedge \cdots \wedge e_{i_k}, \varphi^{j_1} \wedge \varphi^{j_2} \wedge \cdots \wedge \varphi^{j_k} \rangle = \det(\langle e_{i_s}, \varphi^{j_t} \rangle) = 1.$$

故

$$\left\langle \sum_{1 \leqslant i_1 < \cdots < i_k \leqslant n} a_{i_1,i_2,\cdots,i_k} e_{i_1} \wedge e_{i_2} \wedge \cdots \wedge e_{i_k}, \varphi^{j_1} \wedge \varphi^{j_2} \wedge \cdots \wedge \varphi^{j_k} \right\rangle$$
$$= a_{i_1,i_2,\cdots,i_k} = 0.$$

命题得证. ■

由于 $\bigwedge^n(V)$ 的维数为 1, 故由定理 2.39 知, $\bigwedge^n(V)$ 的基为 $\{e_1 \wedge \cdots \wedge e_n\}$. 因而, 任取 $\omega \in \bigwedge^n(V)$, 有

$$\omega = \lambda e_1 \wedge \cdots \wedge e_n.$$

设 $\omega_i = \sum_{j=1}^n a_{ij} e_j$, 则

$$\langle \omega_i, e_j \rangle = a_{ij}, \quad i = 1, 2, \cdots, n, \ j = 1, 2, \cdots, n.$$

因此, 由定理 2.39, 易得如下定理.

定理 2.40 令 $e_1, e_2, \cdots, e_n$ 是 V 的一组基及 $\omega \in \bigwedge^n(V)$. 若

$$w_i = \sum_{j=1}^{n} a_{ij} e_j \in V, \quad i = 1, 2, \cdots, n,$$

则

$$\omega(w_1, \cdots, w_n) = \det(a_{ij}) \omega(e_1, \cdots, e_n).$$

定理 2.41 设 $u_1, u_2, \cdots, u_k \in V^*$, 则 $u_1, u_2, \cdots, u_k$ 线性相关的充分必要条件是

$$u_1 \wedge \cdots \wedge u_k = 0,$$

即对任意的 $v_1 \wedge \cdots \wedge v_k \in V$, 有

$$u_1 \wedge \cdots \wedge u_k(v_1 \wedge \cdots \wedge v_k) = 0.$$

证明 若 $u_1 \wedge \cdots \wedge u_k$ 线性相关, 则

$$u_j = \sum_{s=1}^{k-1} c_{i_s} u_s.$$

故由楔积的反交换性知

$$u_1 \wedge \cdots \wedge u_k = \sum_{s=1}^{k-1} c_{i_s} u_1 \wedge \cdots \wedge u_{k-1} \wedge u_s = 0.$$

反之, 假设 $u_1, u_2, \cdots, u_k$ 是线性相关的及 $\dim V = m$.

若 $k \leqslant m$, 则可延拓 $u_1, u_2, \cdots, u_k$ 成 V 的一组基

$$u_1, u_2, \cdots, u_k, \cdots, u_m.$$

由定理 2.40 知

$$u_1 \wedge u_2 \wedge \cdots \wedge u_m \neq 0.$$

故 $u_1 \wedge \cdots \wedge u_k \neq 0$, 与已知矛盾.

若 $k > m$, 命题显然成立. ■

设 $e_1, e_2, \cdots, e_n$ 是 $\mathbf{R}^n$ 的一组标准正交基, $\langle\,,\,\rangle$ 是内积, 由

$$\langle e_i, e_j \rangle = \delta_{ij} = \begin{cases} 0, & i \neq j, \\ 1, & i = j, \end{cases}$$

可知 $e_1, \cdots, e_n$ 也是 $(\mathbf{R}^n)^*$ 的一组标准正交基. 故由定理 2.39 知, $\bigwedge^k \mathbf{R}^k$ 的一组基为

$$e_{i_1} \wedge \cdots \wedge e_{i_k}, \quad 1 \leqslant i_1 < \cdots < i_k \leqslant n.$$

进一步可知

$$\| e_{i_1} \wedge \cdots \wedge e_{i_k} \| = (\langle e_{i_1} \wedge \cdots \wedge e_{i_k}, e_{i_1} \wedge \cdots \wedge e_{i_k} \rangle)^{\frac{1}{2}} = \det(\langle e_{i_s}, e_{j_t} \rangle) = 1.$$

由此

$\bigwedge^0 \mathbf{R}^n$ 的基: $\quad e_1, e_2, \cdots, e_n$, 其维数为 n,

$\bigwedge^1 \mathbf{R}^n$ 的基: $\quad e_1, e_2, \cdots, e_n$, 其维数为 n,

$\bigwedge^2 \mathbf{R}^n$ 的基: $\quad e_{i_1} \wedge e_{i_2}, \quad 1 \leqslant i_1 < i_2 \leqslant n$, 其维数为 $\begin{pmatrix} n \\ k \end{pmatrix}$,

$\qquad\qquad\qquad \vdots$

$\bigwedge^k \mathbf{R}^n$ 的基: $\quad e_{i_1} \wedge \cdots \wedge e_{i_k}, \quad 1 \leqslant i_1 < i_2 < \cdots < i_k \leqslant n$, 其维数为 $\begin{pmatrix} n \\ k \end{pmatrix}$,

$\qquad\qquad\qquad \vdots$

$\bigwedge^n \mathbf{R}^n$ 的基: $\quad e_1 \wedge e_2 \wedge \cdots \wedge e_n$, 其维数为 1.

例 2.14 设

$$a_1 = a_{11}e_1 + a_{12}e_2 \in \mathbf{R}^2,$$
$$a_2 = a_{21}e_1 + a_{22}e_2 \in \mathbf{R}^2,$$

求 $a_1 \wedge a_2$.

解 易知 a_1, a_2 是 1-形式, 故由 "$\wedge$" 的性质可知

$$a_1 \wedge a_2 = (a_{11}e_1 + a_{12}e_2) \wedge (a_{21}e_1 + a_{22}e_2)$$
$$= (a_{11}a_{22} - a_{12}a_{21})e_1 \wedge e_2.$$

例 2.15 设

$$a_1 = a_{11}e_1 + a_{12}e_2 + a_{13}e_3,$$
$$a_2 = a_{21}e_1 + a_{22}e_2 + a_{23}e_3,$$
$$a_3 = a_{31}e_1 + a_{32}e_2 + a_{33}e_3,$$

求 $a_1 \wedge a_2$ 以及 $a_1 \wedge a_2 \wedge a_3$.

解　由定义知

$$a_1 \wedge a_2 = (a_{11}e_1 + a_{12}e_2 + a_{13}e_3) \wedge (a_{21}e_1 + a_{22}e_2 + a_{23}e_3)$$

$$= \begin{vmatrix} a_{11} & a_{12} \\ a_{21} & a_{22} \end{vmatrix} e_1 \wedge e_2 + \begin{vmatrix} a_{12} & a_{13} \\ a_{22} & a_{23} \end{vmatrix} e_2 \wedge e_3 + \begin{vmatrix} a_{13} & a_{11} \\ a_{23} & a_{21} \end{vmatrix} e_3 \wedge e_1$$

$$= \begin{vmatrix} a_{11} & a_{12} \\ a_{21} & a_{22} \end{vmatrix} e_1 \wedge e_2 + \begin{vmatrix} a_{12} & a_{13} \\ a_{22} & a_{23} \end{vmatrix} e_2 \wedge e_3 - \begin{vmatrix} a_{11} & a_{13} \\ a_{21} & a_{23} \end{vmatrix} e_1 \wedge e_3.$$

$$a_1 \wedge a_2 \wedge a_3 = \begin{vmatrix} a_{11} & a_{12} & a_{13} \\ a_{21} & a_{22} & a_{23} \\ a_{31} & a_{32} & a_{33} \end{vmatrix} e_1 \wedge e_2 \wedge e_3. \qquad \blacksquare$$

一般地, 我们有如下定理.

定理 2.42　设 $a_i = a_{i_1}e_1 + \cdots + a_{i_n}e_n (i = 1, 2, \cdots, n, m \leqslant n)$, 则

$$a_1 \wedge \cdots \wedge a_n = \sum_{1 \leqslant i_1 < i_2 < \cdots < i_m \leqslant n} \begin{vmatrix} a_{1i_1} & \cdots & a_{1i_m} \\ \vdots & & \vdots \\ a_{i_m 1} & \cdots & a_{i_m i_m} \end{vmatrix} e_{i_1} \wedge e_{i_2} \wedge \cdots \wedge e_{i_m}.$$

特别地,

$$a_1 \wedge \cdots \wedge a_n = \det(a_{ij}) e_1 \wedge \cdots \wedge e_n.$$

接下来, 考虑楔积的几何意义.

给定两个向量

$$a_1 = a_{11}e_1 + a_{12}e_2 \in \mathbf{R}^2, \quad a_2 = a_{21}e_1 + a_{22}e_2 \in \mathbf{R}^2.$$

这里, $e_1 = (1, 0)^{\mathrm{T}}, e_2 = (0, 1)^{\mathrm{T}}$. 易知, 向量 a_1, a_2 可以张成一个平行四边形 $\mathcal{P}(a_1, a_2)$. 我们可以用如下的凸包 (convex hull) 来表示平行四边形.

$$\mathcal{P}(a_1, a_2) = \{\lambda_1 a_1 + \lambda_2 a_2; \lambda_i \in [0, 1]\}.$$

一般地, 有如下定义.

定义 2.32　令 $a_1, a_2, \cdots, a_k \in \mathbf{R}^n, A = (a_1, \cdots, a_k)$. 若

$$\mathcal{P}(a_1, a_2, \cdots, a_k)$$

是由向量 $a_1, a_2, \cdots, a_k$ 的凸包构成的集合, 即

$$\mathcal{P}(a_1, a_2, \cdots, a_k) = \left\{ \sum_{i=1}^{k} \lambda_i a_i; \lambda_i \in [0, 1] \right\},$$

则称 $\mathcal{P}(a_1, a_2, \cdots, a_k)$ 为由向量 $a_1, \cdots, a_k$ 所张成的 k **维平行六边形**.

其体积定义为

$$\mathrm{Vol}_k(\mathcal{P}(a_1, a_2, \cdots, a_k)) = (|\det(A^{\mathrm{T}}A)|)^{\frac{1}{2}},$$

对应坐标形式为

$$\mathrm{Vol}_k(\mathcal{P}(a_1, a_2, \cdots, a_k)) = [|\det(a_i, a_j)|]^{\frac{1}{2}},$$

其中 (a_i, a_j) 为向量 a_i 与 a_j 的内积.

另一方面, 设 $a_i = \sum\limits_{j=1}^{n} a_{ij} e_j$, 我们知道

$$
\begin{aligned}
\|a_1 \wedge \cdots \wedge a_k\|^2 &= |\langle a_1 \wedge a_2 \wedge \cdots \wedge a_k, a_1 \wedge \cdots \wedge a_k \rangle| \\
&= (a_1 \wedge \cdots \wedge a_k (a_1, \cdots, a_k)) \\
&= (\det(\langle a_i, a_j \rangle))_{1 \leqslant i, j \leqslant k} \\
&= [\mathrm{Vol}_k(\mathcal{P}(a_1, \cdots, a_k))]^2.
\end{aligned}
$$

故有如下定理.

定理 2.43

$$\mathrm{Vol}_k(P) = \|a_1 \wedge \cdots \wedge a_k\|.$$

例 2.16 设 $a_1 = (1, 0, 2), a_2 = (0, 2, 1) \in \mathbf{R}^2$, 则

$$\mathcal{P}(a_1, a_2) = \{\lambda_1 a_1 + \lambda_2 a_2; \lambda_i \in [0, 1]\}.$$

其体积为

$$\mathrm{Vol}_2(\mathcal{P}(a_1, a_2)) = \left[\det \begin{pmatrix} (a_1, a_1) & (a_1, a_2) \\ (a_2, a_1) & (a_2, a_2) \end{pmatrix} \right]^{\frac{1}{2}} = \left[\det \begin{pmatrix} 5 & 2 \\ 2 & 5 \end{pmatrix} \right]^{\frac{1}{2}} = \sqrt{21}.$$

一般地, 我们有如下定理.

定理 2.44

$$\mathrm{Vol}_k(\mathcal{P}(a_1, a_2, \cdots, a_k)) = \sum_{1 \leqslant i_1 < i_2 < \cdots < i_k \leqslant n} (a_{i_1, \cdots, i_k}^{1, \cdots, k})^2.$$

证明 由定理 2.43 知, 若 $a_j = \sum\limits_i a_{ij} e_i, a_{ij} = \langle e_i, e_j \rangle$, 则

$$a_1 \wedge \cdots \wedge a_k = \sum_i a_{i_1 \cdots i_k} e_{i_1} \wedge \cdots \wedge e_{i_k},$$

其中

$$
\begin{aligned}
a_{i_1\cdots i_k} &= \langle e_{i_1}\wedge\cdots\wedge e_{i_k}, a_1\wedge\cdots\wedge a_k\rangle \\
&= \det(\langle e_{i_s}, a_j\rangle)_{1\leqslant s\leqslant k} = \det[(a_{i_s j})]_{1\leqslant s\leqslant k} \triangleq a_{i_1,\cdots,i_k}^{1,\cdots,k}.
\end{aligned}
$$

又

$$
\begin{aligned}
&\langle e_{i_1}\wedge\cdots\wedge e_{i_k}, e_{j_1}\wedge\cdots\wedge e_{j_k}\rangle \\
&= \delta_{j_1\cdots j_k}^{i_1\cdots i_k} = \begin{cases} 1, & i_s = j_s,\ s = 1,2,\cdots, \\ 0, & \text{其他,} \end{cases}
\end{aligned}
$$

故

$$
\begin{aligned}
\|a_1\wedge\cdots\wedge a_k\|^2 &= \langle a_1\wedge\cdots\wedge a_k, a_1\wedge\cdots\wedge a_k\rangle \\
&= \sum_{1\leqslant i_1<\cdots<i_k\leqslant n} \langle e_{i_1}\wedge\cdots\wedge e_{i_k}, a_1\wedge\cdots\wedge a_k\rangle^2 \\
&= \sum_{1\leqslant i_1<\cdots<i_k\leqslant n} (a_{i_1\cdots i_k}^{1\cdots k})^2.
\end{aligned}
$$

因而, 命题成立. ∎

由于 $(\mathbf{R}^n)^* = \mathbf{R}^n$, 故例 2.16 中, a_1, a_2 不仅可以看成 $\mathbf{R}^2$ 中的向量, 也可以看成是 $\bigwedge^2\mathbf{R}^2$ 中的 1-形式, 而其外积为 $a_1\wedge a_2\in\bigwedge^2\mathbf{R}^2$.

因此, 若将其作用在向量组 (e_1, e_2) 上, 可得

$$
a_1\wedge a_2(e_1, e_2) = \det(a_{ij})_{1\leqslant i,j\leqslant 2},
$$

这是一个数, 有符号的限制, 其大小为 $\mathcal{P}(a_1, a_2)$ 的面积, 这种面积称为有向 (有符号) 面积.

一般地, 有如下定义.

定义 2.33 设 $w_i\in\bigwedge^1\mathbf{R}^n$ $(i = 1,2,\cdots,k)$ 以及 $v_1, v_2,\cdots, v_k\in\mathbf{R}^n$. 称

$$
w_1\wedge\cdots\wedge w_k(v_1,\cdots,v_k)
$$

为 k 维平行六边形

$$
\mathcal{P}(w_1(v_1),\cdots,w_k(v_k))
$$

的 k 维有向 (符号) 体积 ((signed) volume).

基于上述描述, 我们给出 $a_1\wedge a_2\wedge\cdots\wedge a_k$ 的几何解释, 它是由 $a_1, a_2,\cdots, a_k$ 所张成的 k 维有向平行六边形.

易知, $\bigwedge^k(V)$ 的一组基为

$$\{e_{i_1} \wedge \cdots \wedge e_{i_k}, \ 1 \leqslant i_1 < \cdots < i_k \leqslant n\},$$

其维数

$$\dim\left(\bigwedge^k(V)\right) = \binom{n}{k}.$$

在此基础上, 构造一个更大的空间, 记为 $\wedge(V)$, 它是由 $\bigwedge^k(V)$ 的直和构成, 即

$$\wedge(V) = \bigwedge^0(V) \oplus \bigwedge^1(V) \oplus \cdots \oplus \bigwedge^n(V).$$

故若 $w \in \wedge(V)$, 则

$$w = w_0 + w_1 + \cdots + w_k \quad \left(w_i \in \bigwedge^i(V)\right).$$

然而, 这种表示并非是唯一的. 由此可知, $\wedge(V)$ 不仅满足线性性质, 而且还可以规定外积运算 "$\wedge$", 它满足定理 2.38 中的运算性质. 因此, 称 $\wedge(V)$ 是由 V 生成的 Grassmann 代数或外代数. 且其外幂为

$$\bigwedge^0: \quad 1,$$

$$\bigwedge^1: \quad e_1, e_2, \cdots, e_n,$$

$$\bigwedge^2: \quad e_{i_1} \wedge e_{i_2}, \quad 1 \leqslant i_1 < i_2 \leqslant n,$$

$$\vdots$$

$$\bigwedge^k: \quad e_{i_1} \wedge \cdots \wedge e_{i_k}, \quad 1 \leqslant i_1 < \cdots < i_k \leqslant n,$$

$$\vdots$$

$$\bigwedge^n: \quad e_1 \wedge \cdots \wedge e_k.$$

其维数

$$\dim\left(\wedge(V)\right) = \sum_{k=0}^{n} \binom{n}{k} = 2^n.$$

2.6 微 分 形 式

2.6.1 切空间与余切空间

设 M 是 m 维光滑流形. 记 $C^\infty(M)$ 是 M 上的光滑函数的全体组成的向量空间.

定义 2.34 (切向量)   设 $p \in M$. 若线性映射 $D_P : C^\infty(M) \to \mathbf{R}$ 满足

$$D_p(fg) = f(p)D_p g + g(p)D_p f, \quad f, g \in C^\infty(M),$$

则称 D_p 为 M 在 p 处的切向量.

切向量的全体组成的向量空间称为 p 处的切空间, 记为 $T_p M$.

设 U 是包含点 p 的开邻域. (U, φ) 是点 p 附近的局部坐标系. 在 p 处定义切向量 $\left.\dfrac{\partial}{\partial x_i}\right|_p$ 如下:

$$\left.\frac{\partial}{\partial x_i}\right|_p f = \frac{\partial f \circ \varphi^{-1}}{\partial x_i}(\varphi(p)).$$

这里 f 是 M 上的任意光滑函数. 易知 $\left.\dfrac{\partial}{\partial x_i}\right|_p$ $(1 \leqslant i \leqslant n)$ 在 $T_p M$ 中线性无关. 故有如下定理.

定理 2.45 $\left\{\left.\dfrac{\partial}{\partial x_i}\right|_p\right\}_{i=1}^n$ 为 $T_p M$ 的一组基, 特别地, $\dim(T_p M) = \dim(M)$.

例 2.17   求 $\mathbf{R}^n$ 的切空间.

设 $p \in \mathbf{R}^n$, 则

$$T_p \mathbf{R}^n = \mathrm{span} \left\{\left.\frac{\partial}{\partial x_i}\right|_p\right\}_{i=1}^n,$$

而基向量 $\left\{\left.\dfrac{\partial}{\partial x_i}\right|_p\right\}$ 作用在函数上就是求偏导数.

一维流形曲线每一点处的切空间是一条直线, 二维流形曲面每一点处的切空间为一个平面, 三维流形如果是欧氏空间中的开集, 则每一点处的切空间就是 $\mathbf{R}^3$.

直观来看, 切空间为方向导数的方向张成的线性空间. 比如, 曲线的切线方向自然只能张成一个一维空间; 曲面上有两个独立方向导数, 因此构成二维线性空间.

例 2.18   求三维椭圆周

$$\Sigma = \left\{(x, y, z) \,\middle|\, \frac{x^2}{a^2} + \frac{y^2}{b^2} + \frac{z^2}{c^2} = 1, \ a, b, c > 0\right\}$$

在 $(a, 0, 0)$ 处的切空间.

解 Σ 的参数方程为

$$x = a \sin\theta \cos\varphi, \quad y = b \sin\theta \sin\varphi, \quad z = c \cos\theta,$$

$$0 \leqslant \theta \leqslant \pi, \quad 0 \leqslant \varepsilon \leqslant 2\pi.$$

记 $\Phi = (x, y, z) : [0, \pi] \times [0, 2\pi] \to \mathbf{R}^3$, 故

$$D\Phi = \begin{pmatrix} \dfrac{\partial x}{\partial \theta} & \dfrac{\partial y}{\partial \theta} & \dfrac{\partial z}{\partial \theta} \\ \dfrac{\partial x}{\partial \varphi} & \dfrac{\partial y}{\partial \varphi} & \dfrac{\partial z}{\partial \varphi} \end{pmatrix}^{\mathrm{T}}$$

$$= \begin{pmatrix} a\cos\theta\cos\varphi & b\cos\theta\sin\varphi & -c\sin\theta \\ -a\sin\theta\sin\varphi & b\sin\theta\cos\varphi & 0 \end{pmatrix}^{\mathrm{T}}.$$

又 $(a, 0, 0)$ 对应参数为 $\theta = \dfrac{\pi}{2}, \varphi = 0$, 故

$$D\Phi|_P = \begin{pmatrix} 0 & 0 & -c \\ 0 & b & 0 \end{pmatrix}^{\mathrm{T}}.$$

因而

$$T_p\Sigma \triangleq \mathrm{span}\{(0, 0, -c)^{\mathrm{T}}, (0, b, 0)^{\mathrm{T}}\}.$$

由例 2.18 可得, 若流形 M 是 $\mathbf{R}^n$ 内光滑流形, 对应的参数化映射 $\phi : B \to \mathbf{R}^n$ 为

$$\phi(x) = (\phi_1(x), \cdots, \phi_n(x)),$$

其中 B 是 $\mathbf{R}^m$ 内的球, $x = (x_1, x_2, \cdots, x_m) \in B$, 其雅可比矩阵为

$$D\phi = \begin{pmatrix} \dfrac{\partial \phi_1}{\partial x_1} & \cdots & \dfrac{\partial \phi_1}{\partial x_m} \\ \vdots & & \vdots \\ \dfrac{\partial \phi_n}{\partial x_1} & \cdots & \dfrac{\partial \phi_n}{\partial x_m} \end{pmatrix} \triangleq \left(\dfrac{\partial}{\partial x_1}\phi, \cdots, \dfrac{\partial}{\partial x_m}\phi \right).$$

定理 2.46 $T_p(M) = \mathrm{span}\left\{ \dfrac{\partial}{\partial x_1}\phi, \cdots, \dfrac{\partial}{\partial x_m}\phi \right\}.$

Chicone[24] 给出了切空间与微分方程的不变流形的关系.

定理 2.47 设 $\mathcal{S}$ 是 $\mathbf{R}^n$ 上的子流形, $\mathcal{S}$ 是微分方程 $\dot{x} = f(x)$ 的不变流形充要条件是对任意的 $x \in \mathcal{S}$,

$$f(x) \in T_x\mathcal{S}.$$

考虑系统

$$\begin{cases} x' = b - bx - \beta xz + \alpha xz + \delta w, \\ y' = \beta xz - (\varepsilon + b)y + \alpha yz, \\ z' = \varepsilon y - (\gamma + b + \alpha)z + \alpha z^2, \\ w' = \gamma z - (b + \delta)w + \alpha wz. \end{cases} \tag{2.85}$$

令

$$\mathcal{S} = \{(x, y, z, w) \in R_+^4 | x + y + z + w = 1\}. \tag{2.86}$$

注意到

$$\frac{d}{dt}(x + y + z + w - 1) = (\alpha z - b)(x + y + z + w - 1),$$

可知 $\mathcal{S}$ 是系统 (2.85) 的不变流形.

记 $u = (x, y, z, w)$ 以及

$$\begin{cases} f_1(u) = b - bx - \beta xz + \alpha xz + \delta w, \\ f_2(u) = \beta xz - (\varepsilon + b)y + \alpha yz, \\ f_3(u) = \varepsilon y - (\gamma + b + \alpha)z + \alpha z^2, \\ f_4(u) = \gamma z - (b + \delta)w + \alpha wz. \end{cases} \tag{2.87}$$

构造函数 $\Phi: \mathbf{R}^3 \to \mathbf{R}^4$:

$$\Phi(x, y, z) = (x, y, z, 1 - x - y - z)^{\mathrm{T}},$$

则

$$D\Phi = \begin{pmatrix} 1 & 0 & 0 \\ 0 & 1 & 0 \\ 0 & 0 & 1 \\ -1 & -1 & -1 \end{pmatrix},$$

故在 $u = (x, y, z, w)$ 处的切空间为

$$T_u\mathcal{S} = \mathrm{span}\{(1, 0, 0, -1)^{\mathrm{T}}, (0, 1, 0, -1)^{\mathrm{T}}, (0, 0, 1, -1)^{\mathrm{T}}\},$$

故任取 $u = (x, y, z, w) \in \mathcal{S}$, $f_4(u) = -(f_1(u) + f_2(u) + f_3(u))$, 因而

$$\begin{pmatrix} f_1(u) \\ f_2(u) \\ f_3(u) \\ f_4(u) \end{pmatrix} = \dot{x}\begin{pmatrix} 1 \\ 0 \\ 0 \\ -1 \end{pmatrix} + \dot{y}\begin{pmatrix} 0 \\ 1 \\ 0 \\ -1 \end{pmatrix} + \dot{z}\begin{pmatrix} 0 \\ 0 \\ 1 \\ -1 \end{pmatrix},$$

故

$$(f_1(u), f_2(u), f_3(u), f_4(u)) \in T_u\mathcal{S}.$$

定义 2.35 切空间 T_pM 上的线性函数称为 M 在 p 处的余切向量. 在 p 处的余切向量的全体所组成的集合是一个向量空间, 称为 M 在点 p 处的余切空间, 记为 T_p^*M, 它是切空间 T_pM 的对偶空间.

设 M 是光滑流形, 其 $\dim(M) = m$, 则有如下定理.

定理 2.48 设 $T_p M$ 的基向量为

$$\left\{ \left. \frac{\partial}{\partial x_1} \right|_p, \cdots, \left. \frac{\partial}{\partial x_m} \right|_p \right\},$$

则

$$\dim(T_p^* M) = \dim(T_p m),$$

且 $T_p^* M$ 的一组基为 $dx_1, dx_2, \cdots, dx_m$, 满足

$$dx_i \left(\left. \frac{\partial}{\partial x_j} \right|_p \right) = \delta_{ij} = \left\{ \begin{array}{ll} 0, & i \neq j, \\ 1, & i = j. \end{array} \right.$$

由定理 2.12 可知, $T_p^* M$ 是微分流形 M 在点 p 处的微分空间, 即

$$T_p^* M = \mathrm{span}\{dx_1, \cdots, dx_m\}.$$

因而, 若 $\varphi \in T_p^* M$, 则 $\varphi = a_1 dx_1 + \cdots + a_m dx_m$.

例 2.19 若 $f(x) \in C^\infty(\mathbf{R}^n)$, 定义 $x = (x_1, \cdots, x_n) \in \mathbf{R}^n$ 处余切向量

$$d_f : T_x M \to R$$

如下:

$$\text{任意 } \varphi \in T_x M, \quad d_f(\varphi) = \varphi(f).$$

若 $\varphi \in T_x M$, 则有

$$\varphi = a_1 \frac{\partial}{\partial x_1} + \cdots + a_n \frac{\partial}{\partial x_n},$$

则

$$d_f(\varphi) = \varphi(f) = \left(\sum_{i=1}^{n} a_i \frac{\partial}{\partial x_i} \right)(f) = \sum_{i=1}^{n} a_i \frac{\partial f}{\partial x_i}.$$

对任意的 $\varphi_1, \varphi_2 \in T_x M$ 以及任意的 $\alpha \in \mathbf{R}$, 有

$$\begin{aligned} d_f(\varphi_1 + \varphi_2) &= (\varphi_1 + \varphi_2)(f) \\ &= \varphi_1(f) + \varphi_2(f) \\ &= d_f(\varphi_1) + d_f(\varphi_2). \end{aligned}$$

又 $d_f(\alpha\varphi) = (\alpha\varphi)(f) = \alpha\varphi(f) = \alpha d_f(\varphi)$, 故 d_f 是线性的. 因而 $d_f \in T_x^*\Sigma$.

由定理 2.12 知, $T_x^*\Sigma$ 的一组基向量为

$$dx_1, dx_2, \cdots, dx_n.$$

因而, 若 f 可微, 则

$$df = \frac{\partial f}{\partial x_1}dx_1 + \cdots + \frac{\partial f}{\partial x_n}dx_n.$$

因而

$$df \in T_x^*\Sigma.$$

2.6.2　微分形式与外微分 (导数)

若 M 是 n 维光滑流形. 令 $V = T_P(M)$, 则 $L^1(V) = T_P^*M$. 此时, $L^1(V)$ 的一组基为

$$\{dx_1, dx_2, \cdots, dx_n\},$$

即

$$L^1(V) = \mathrm{span}\{dx_1, dx_2, \cdots, dx_n\}.$$

因而, 例 2.19 中 f 的微分 $df \in L^1(V)$.

同理可知

$$L^k(V) = \mathrm{span}\{dx_{i_1} \wedge dx_{i_2} \wedge \cdots \wedge dx_{i_k},\ 1 \leqslant i_1 < \cdots < i_k \leqslant n\}.$$

故而, 若 $\omega \in L^k(V)$, 则

$$\omega = \sum_{1 \leqslant i_1 < \cdots < i_k \leqslant n} a_{i_1 i_2 \cdots i_k}(x) dx_{i_1} \wedge \cdots \wedge dx_{i_k},$$

称其为 k-微分形式.

进一步, 若记

$$\begin{aligned}
&I = (i_1, i_2, \cdots, i_k),\\
&J = (j_1, j_2, \cdots, j_s),\\
&dx_I = dx_{i_1} \wedge \cdots \wedge dx_{i_k},\\
&dx_J = dx_{j_1} \wedge \cdots \wedge dx_{j_s},
\end{aligned} \tag{2.88}$$

并且用 $\mathcal{F}$ 表示严格递增的 k 元数组的集合. 故

$$\omega = \sum_{I \in \mathcal{F}} a_I dx_I.$$

令

$$\eta = \sum_{J \in \mathcal{F}} b_J dx_J,$$

则定义楔积 $\omega \wedge \eta$ 如下:

$$\omega \wedge \eta = \sum_{I,J \in \mathcal{F}} a_I b_J dx_{i_1} \wedge \cdots \wedge dx_{i_k} \wedge dx_{j_1} \wedge \cdots \wedge dx_{j_s}.$$

例 2.20 设

$$\omega = f dx + g dy + h dz \in L^1(V),$$
$$\eta = P dy \wedge dz + Q dz \wedge dx + R dx \wedge dy \in L^2(V).$$

则

$$\omega \wedge \eta = (f dx + g dy + h dz) \wedge (P dy \wedge dz + Q dz \wedge dx + R dx \wedge dy)$$
$$= (fP + gQ + hR) dx \wedge dy \wedge dz.$$

例 2.21 设

$$\omega = a_1 dx_1 + a_2 dx_2 + a_3 dx_3,$$
$$\eta = b_1 dx_1 + b_2 dx_2 + b_3 dx_3,$$

则

$$\omega \wedge \eta = (a_1 b_2 - a_2 b_1) dx_1 \wedge dx_2$$
$$+ (a_2 b_3 - a_3 b_2) dx_2 \wedge dx_3$$
$$+ (a_3 b_1 - a_1 b_3) dx_3 \wedge dx_1.$$

例 2.22 若 $\omega_j = \sum_{i=1}^{n} a_{ij} dx_i, j = 1, 2, \cdots, n,$ 则

$$\omega_1 \wedge \cdots \wedge \omega_n = \det(a_{ij}) dx_1 \wedge \cdots \wedge dx_n.$$

证明 由楔积定义知

$$\omega_1 \wedge \cdots \wedge \omega_n = \left(\sum_{i_1} a_{i_1}(x) dx_{i_1} \right) \wedge \cdots \wedge \left(\sum_{i_n} a_{i_n}(x) dx_{i_n} \right)$$

$$= \sum_{1 \leqslant i_1 < \cdots < i_n \leqslant n} a_{i_1,1}(x) \cdots a_{i_n,n}(x) dx_{i_1} \wedge \cdots \wedge dx_{i_n}$$

$$= \sum_{\sigma \in S_n} \mathrm{sgn}(\sigma) a_{\sigma(1)1}(x) \cdots a_{\sigma(n)n}(x) dx_1 \wedge \cdots \wedge dx_n$$

$$= \left(\sum_{\sigma \in S_n} \mathrm{sgn}(\sigma) a_{\sigma(1)1}(x) \cdots a_{\sigma(n)n}(x) \right) dx_1 \wedge \cdots \wedge dx_n$$

$$= \det(a_{ij}(x)) dx_1 \wedge \cdots \wedge dx_n.$$

因而, 结论成立.

接下来, 引入外形式的微分, 称之为外微分.

定义 2.36　令

$$\omega : U \subset R^n \to \bigwedge^k (V)$$

是 k-微分形式, 且

$$\omega = \sum_{1 \leqslant i_1 < i_2 < \cdots < i_k \leqslant n} (f_{i_1 i_2 \cdots i_k}(x)) dx_{i_1} \wedge \cdots \wedge dx_{i_k},$$

若

$$d\omega(x) = \sum_{1 \leqslant i_1 < i_2 < \cdots < i_k \leqslant n} df_{i_1 i_2 \cdots i_k}(x) dx_{i_1} \wedge \cdots \wedge dx_{i_k},$$

称映射

$$d\omega : U \subset \mathbf{R}^2 \to \bigwedge^{k+1} (V)$$

为 ω 的外微分.

由定义 2.36 可知, $d\omega$ 为 $k+1$-微分形式.

例 2.23　设 $P = P(x,y), Q = Q(x,y)$, 以及 $\omega = Pdx + Qdy$, 则

$$d\omega = dP \wedge dx + dQ \wedge dy$$

$$= \left(\frac{\partial P}{\partial x} dx + \frac{\partial P}{\partial y} dy \right) \wedge dx + \left(\frac{\partial Q}{\partial x} dx + \frac{\partial Q}{\partial y} dy \right) \wedge dy$$

$$= \frac{\partial P}{\partial y} dy \wedge dx + \frac{\partial Q}{\partial x} dx \wedge dy = \left(\frac{\partial Q}{\partial x} - \frac{\partial P}{\partial y} \right) dx \wedge dy.$$

例 2.24　设 $f(x,y,z) \in C^1(\mathbf{R}^3)$ 及

$$F(x,y,z) = (f_1(x,y,z), f_2(x,y,z), f_3(x,y,z))$$

且

$$\omega = f_1 dx + f_2 dy + f_3 dz,$$

故

$$d\omega = df_1 \wedge dx + df_2 \wedge dy + df_3 \wedge dz$$
$$= \left(\frac{\partial f_3}{\partial y} - \frac{\partial f_2}{\partial z}\right) dy \wedge dz + \left(\frac{\partial f_3}{\partial z} - \frac{\partial f_1}{\partial x}\right) dz \wedge dx$$
$$+ \left(\frac{\partial f_2}{\partial x} - \frac{\partial f_1}{\partial y}\right) dx \wedge dy.$$

由外积分的定义, 可知如下定理.

定理 2.49 设 $\omega, \eta \in L^k(V), \varphi \in L^s(V), f \in C^1(V)$ 及 $V \subset \mathbf{R}^n$, 则

(1) $d(\omega + \eta) = d\omega + d\eta$;

(2) $d(f\omega) = df \wedge \omega + f d\omega$;

(3) $d(\omega \wedge \eta) = d\omega \wedge \varphi + (-1)^k \omega \wedge d\varphi$;

(4) 如果 $\omega \in C^2(V)$, 则 $d(d\omega) = 0$.

设 $\Omega \subset \mathbf{R}^n$ 为一区域, 记 Ω 上的 r 次可微的 k-形式为 $\bigwedge_r^k(\Omega)$. 易知, 若 $\omega \in \bigwedge_r^k$, 则

$$\omega = \sum_{1 \leqslant i_1 < \cdots < i_k \leqslant n} a_{i_1 \cdots i_k}(x) dx_{i_1} \wedge \cdots \wedge dx_{i_k}$$

且

$$a_{i_1 \cdots i_k} \in C^r(\Omega).$$

令 $D \subset \mathbf{R}^m$ 为一区域,

$$T = \varphi(u) : D \to \Omega,$$

将区域 $D \subset \mathbf{R}^m$ 变为 $\mathbf{R}^n$ 中的区域 $\Omega(m \leqslant n)$ 如下:

$$T_i = \varphi_i(u_1, u_2, \cdots, u_m), \quad i = 1, 2, \cdots, n,$$

称微分形式在 $T = \varphi(u)$ 上的变量替换为 ω 的拉回 (pullback), 其严格定义如下.

定义 2.37 若

$$T^* \omega = \sum_{1 \leqslant i_1 < \cdots < i_k \leqslant n} a_{i_1 \cdots i_k}(\varphi(u)) d\varphi_{i_1} \wedge \cdots \wedge d\varphi_{i_k},$$

即

$$\varphi^* \omega = \sum_{1 \leqslant i_1 < \cdots < i_k \leqslant n} u_{i_1 \cdots i_k}(\varphi(u)) \left(\sum_{j_1=1}^{m} \frac{\partial \varphi_{i_1}}{\partial u_{j_1}} du_{j_1}\right) \wedge \cdots \wedge \left(\sum_{j_k=1}^{m} \frac{\partial \varphi_{i_k}}{\partial u_{j_k}} du_{j_k}\right).$$

称变换

$$T^* \omega : \bigwedge^k (\Omega) \to \bigwedge^k (\Omega)$$

为 k-形式 ω 经 φ 的拉回.

例 2.25　在 $\mathbf{R}^2$ 中, $\omega = f(x_1, x_2) dx_1 \wedge dx_2$,

$$T = \varphi : x_1 = x_1(u_1, u_2), x_2 = x_2(u_1, u_2)$$

是一个微分同胚, 则

$$\varphi^* \omega = f(x_1(u), x_2(u)) \left(\frac{\partial x_1}{\partial u_1} du_1 + \frac{\partial x_1}{\partial u_2} du_2 \right) \wedge \left(\frac{\partial x_2}{\partial u_1} du_1 + \frac{\partial x_2}{\partial u_2} du_2 \right)$$

$$= f(x_1(u), x_2(u)) \frac{\partial(x_1, x_2)}{\partial(u_1, u_2)} du_1 \wedge du_2.$$

易知, ω 经由 φ 的拉回是一个 k-形式.

有些文献也采用如下形式定义.

定义 2.38　若任意的 $v_1, v_2, \cdots, v_k \in U$, 有

$$\varphi^* \omega(u)(v_1, \cdots, v_k) = \omega(\varphi(u))(d\varphi(u)(v_1), \cdots, d\varphi(u)(v_k)),$$

称映射

$$T^* \omega : V \subset \mathbf{R}^m \to \bigwedge^k \mathbf{R}^m$$

为 ω 关于变换 T 的拉回.

由定义 2.38 知, 拉回也是一个 k-微分形式. 若 $f : G \to \mathbf{R}^n$, 上述定义可简记为 $T^* f = f \circ T$.

例 2.26　令 $T : U \subset \mathbf{R}^m \to G \subset \mathbf{R}^n$ 是 C^1 的, 且 $T = (T_1, \cdots, T_n)$, $\omega = dx_i \ (1 \leqslant i \leqslant n)$, 则

$$T^* dx_i = dT_i, \quad u \in U \subset \mathbf{R}^m.$$

记 $x = T(u)$, 故 $x_i = T_i(u)$. 根据定义, 对任意的 $U \subset \mathbf{R}^m$,

$$(T^* dx_i)(u)(v) = dx_i(T(u))(dT(u)(v)) = dx_i(dT(u)(v)).$$

又

$$dT(u)(v) = (dT_1(u)(v), \cdots, dT_n(u)(v)),$$

即

$$dx_i(dT(u)(v)) = dT_i(u)(v).$$

故

$$T^*(dx_i) = dT_i.$$

例 2.27 若 $T : \mathbf{R}^2_{(P,Q)} \to \mathbf{R}^2_{(x,y)}$, 定义如下:

$$T(P, Q) = (P\cos\theta, P\sin\theta),$$
$$\omega_1 = dx, \quad \omega_2 = dy,$$

则有

$$T^*\omega_1 = T^*(dx)(P, Q) = dT_1(P, Q) = \cos\theta dP - P\sin\theta d\theta,$$
$$T^*\omega_2 = T^*(dy)(P, Q) = dT_2(P, Q) = \sin\theta dP + P\cos\theta d\theta.$$

由定义 2.38 有如下推论.

推论 2.4 若对任意的 $x \in G$,

$$\omega(x) = \sum f_{i_1\cdots i_k}(x)dx_{i_1} \wedge \cdots \wedge dx_{i_k},$$

则对所有的 $u \in U$, 有

$$T^*(\omega)(u) = \sum f_{i_1\cdots i_k} \circ T dT_{i_1} \wedge \cdots \wedge dT_{i_k}.$$

此外, 我们可知如下定理.

定理 2.50 拉回映射

$$T^* : \bigwedge_r^k(\Omega) \to \bigwedge_r^k(\Omega),$$

满足如下性质

(1) $T^*(\omega_1 + \omega_2) = T^*(\omega_1) + T^*(\omega_2)$;

(2) 若 $\omega \in \bigwedge_r^k(D), \eta \in \bigwedge_r^l(D)$, $k + l \leqslant m$, 则 $\varphi^*(\omega \wedge \eta) = \varphi^*(\omega) \wedge \varphi^*(\eta)$;

(3) 若 $f \in C^1(D)$, 则 $T^*(f\omega) = T^*(f) \cdot T^*(\omega)$;

(4) 若 $\varphi \in C^2(D)$, 则 $\varphi^*(d\omega) = d\varphi^*(\omega)$.

定理 2.51 设

$$T : U \subset \mathbf{R}^k \to G \subset \mathbf{R}^n$$

是定义在 U 上的 C^1 映射 $x = T(u)$ 以及 $\omega : G \subset \mathbf{R}^2 \to \bigwedge^k(\mathbf{R}^n)$ 是 k-形式, 且

$$\omega(x) = f(x)dx_{i_1} \wedge \cdots \wedge dx_{i_k}, \quad 1 \leqslant i_1 < \cdots < i_k \leqslant n,$$

则

(1) $(T^*\omega)(u) = f(T(u))\dfrac{\partial(T_{i_1}, \cdots, T_{i_k})}{\partial(u_1, \cdots, u_k)}(u)du_1 \wedge \cdots \wedge du_k \ (k < n)$;

(2) 若 $k = n$ 且 $\omega = f(x)dx_1 \wedge \cdots \wedge dx_n$, 则对任意的 $u \in U$,

$$(T^*\omega)(u) = f(T(u))\frac{\partial(T_{i_1}, \cdots, T_{i_n})}{\partial(u_1, \cdots, u_n)}du_1 \wedge \cdots \wedge du_n.$$

证明   由定义 2.38 可知

$$(T^*\omega)(u) = f(T(u))(dT_{i_1} \wedge \cdots \wedge dT_{i_k})(u),$$

故对任意的 $u \in U$ 及 $(v_1 \cdots, v_k) \subset (R^n)^k$, 有

$$
\begin{aligned}
(T^*\omega)(u)(v_1, \cdots, v_k) &= f(T(u)) \begin{vmatrix} dT_{i_1}(u)(v_1) & \cdots & dT_{i_1}(u)(v_k) \\ \vdots & & \vdots \\ dT_{i_k}(u)(v_1) & \cdots & dT_{i_k}(u)(v_k) \end{vmatrix} \\
&= f(T(u)) \begin{vmatrix} \langle \nabla T_{i_1}(u), v_1 \rangle & \cdots & \langle \nabla T_{i_1}(u), v_k \rangle \\ \vdots & & \vdots \\ \langle \nabla T_{i_k}(u), v_1 \rangle & \cdots & \langle \nabla T_{i_k}(u), v_k \rangle \end{vmatrix} \\
&= f(T(u)) \det \begin{pmatrix} \nabla T_{i_1}(u) \\ \vdots \\ \nabla T_{i_k}(u) \end{pmatrix} \det(v_1, \cdots, v_k) \\
&= f(T(u)) \frac{\partial(T_{i_1}, \cdots, T_{i_k})}{\partial(u_1, \cdots, u_k)}(u)du_1 \wedge \cdots \wedge du_k(v_1, \cdots, v_k).
\end{aligned}
$$

命题得证.

定义 2.39   令 $v \in V$ 且

$$\dim(V) = n,$$

若对任意

$$v_1, v_2, \cdots, v_n \in V,$$

有

$$i_{v_1}(v_2, \cdots, v_n) = \omega(v_1, v_2, \cdots, v_n).$$

称

$$i_v : \bigwedge^k V \to \bigwedge^{k-1} V$$

是关于 V 的内积.

若引入记号 "⌟", 将 $i_v\omega$ 用 $v\lrcorner\omega$ 来记, 对内积有如下性质.

定理 2.52 设 $\omega \in L^k(V), \eta \in L^s(V)$, 则

$$i_v(\omega \wedge \eta) = (i_v\omega) \wedge \eta + (-1)^k\omega \wedge (i_v\eta).$$

若用 ⌟ 符号, 则上式又写成

$$\lrcorner(\omega \wedge \eta) = (v\lrcorner\omega) \wedge \eta + (-1)^k\omega \wedge (v\lrcorner\eta).$$

例 2.28 在 $\mathbf{R}^3$ 中, 令

$$a = a_1e_1 + a_2e_2 + a_3e_3,$$

e_1, e_2, e_3 是 $\mathbf{R}^3$ 中的一组基, 其对偶基 e^1, e^2, e^3. 求 $i_a(e^1 \wedge e^2 \wedge e^3)$.

因为

$$i_a(e^2 \wedge e^3) = (i_ae^2 \wedge e^3) - e^2 \wedge (i_ae^3).$$

故记 $\alpha = e^2 \wedge e^3$, 则

$$\begin{aligned}
i_a(e^1 \wedge \alpha) &= (i_ae^1) \wedge \alpha - e^1 \wedge (i_a\alpha) \\
&= (i_ae^1) \wedge e^2 \wedge e^3 - e^1 \wedge [(i_ae^2) \wedge e^3 - e^2 \wedge (i_ae^3)] \\
&= (i_ae^1) \wedge e^2 \wedge e^3 - e^1 \wedge (i_ae^2) \wedge e^3 + e^1 \wedge e^2 \wedge (i_ae^3) \\
&= e^1(a) \wedge e^2 \wedge e^3 - e^1 \wedge e^2(a) \wedge e^3 + e^1 \wedge e^2 \wedge e^3(a) \\
&= a^1e^2e^3 - a^2e^1e^3 + a^3e^1e^2.
\end{aligned}$$

记 $V = T_pM$, 其一组基为 $\dfrac{\partial}{\partial x_1}, \dfrac{\partial}{\partial x_2}, \cdots, \dfrac{\partial}{\partial x_n}$, 而 V^* 的一组基为 $dx_1, dx_2, \cdots, dx_n$. 则

$$\frac{\partial}{\partial x_i}\lrcorner dx_j = \delta_{ij} = \begin{cases} 1, & i = j, \\ 0, & i \neq j. \end{cases}$$

对所有的 $v \in V$, 有

$$v = v_1\frac{\partial}{\partial x_1} + \cdots + v_n\frac{\partial}{\partial x_n}.$$

若记 $\alpha = dx_i \wedge dx_j$, 则

$$\begin{aligned}
v\lrcorner\alpha &= v\lrcorner(dx_i \wedge dx_j) \\
&= (v\lrcorner dx_i) \wedge dx_j - dx_i \wedge (v\lrcorner dx_j) \\
&= v_idx_j - v_jdx_i.
\end{aligned}$$

一般地, 有如下定理.

定理 2.53 若 $v \in \mathbf{R}^n, \omega = dx_1 \wedge \cdots \wedge dx_n$, 则

$$v \lrcorner \omega = \sum_{i=1}^{n} (-1)^{i+1} v_i dx_1 \wedge \cdots \wedge d^{\circ}x_i \wedge \cdots \wedge dx_n,$$

这里 $d^{\circ}x_i$ 表示本项不出现.

2.6.3 Lie 导数

设 M 是无穷次可微 n 维流形. 记 $t \to \varphi_t^{\oplus}(p)$ 为向量场 g 所确定的过初值 $\varphi(p) = p$ 的流, 它满足方程

$$\dot{x} = g(x),$$

其中 $x = (x_1, \cdots, x_n) \in R^n$, $f : D \subset M \to R$ 是光滑函数, 由 Taylor 公式

$$f(\varphi_t^{\oplus}(p)) = f(p) + t(L_g f)(p) + o(t).$$

因此, 对任意的 $p \in D$,

$$L_g f(p) = \lim_{t \to 0} \frac{f(\varphi_t^{\oplus}(p)) - f(P)}{t}$$

$$= \frac{d}{dt}\bigg|_{t=0} f(\varphi_t^{\oplus}(p)) \triangleq \frac{d}{dt}\bigg|_{t=0} (\varphi_t^*(f))(p).$$

基于此定义, 得

$$L_g f = \sum_{i=1}^{n} \frac{\partial f}{\partial x_i} g_i.$$

此为 f 沿向量场 g 的方向导数. 这里可将 f 看成 l-形式. 若 ω 是 k-形式, 则一般地, 有如下定义.

定义 2.40 若

$$L_g \omega = \frac{d}{dt}\bigg|_{t=0} \varphi_t^*(\omega) = \lim_{t \to 0} \frac{\varphi_t^*(\omega) - \omega}{t},$$

则称

$$L_g : \bigwedge^k (\Omega) \to \bigwedge^k (\Omega)$$

为 k-形式 ω 沿向量场 g 的Lie 导数.

由定义显然对任意的 $t > 0$, 有

$$L_g \omega = 0 \Leftrightarrow \varphi_t^* \omega = \omega.$$

故对任意的 $t \neq 0$, 对应的Lie 导数为

$$\frac{d}{dt}\varphi_t^* \omega = \varphi^* L_g \omega.$$

有了内积的概念, Lie 导数又可以记为

$$L_g \omega = d(g \lrcorner \omega) + g \lrcorner (d\omega).$$

由定义 2.40, Lie 导数具有如下性质.

定理 2.54　(1) $L_g(c_1 \omega + c_2 \eta) = c_1 L_g \omega + c_2 L_g \eta$;

(2) $L_{(c_1 g + c_2 f)} \omega = c_1 L_g \omega + c_2 L_f \omega$;

(3) $L_g(\omega \wedge \eta) = (L_g \omega) \wedge \eta + \omega \wedge (L_g \eta)$;

(4) $d(L_g \omega) = L_g(d\omega)$;

(5) $g \lrcorner (L_g \omega) = L_g(g \lrcorner \omega)$.

接下来, 根据 Lie 导数的概念给出散度的概念, 在给出此概念之前, 先回顾一下体积元素.

定义 2.41　若

$$* : \bigwedge^k V \to \bigwedge^{n-k} V$$

满足

$$*(e^1 \wedge \cdots \wedge e^k) = e^{k+1} \wedge \cdots \wedge e^n,$$

则称 $*$ 为Hodge 算子.

定义 2.42　称 $\mathrm{dvol} = *1$ 为 V 的体积元素.

设 $e_1, e_2, \cdots, e_n$ 是 V 的标准正交基, $e^1, e^2, \cdots, e^n$ 是 V^* 的标准正交基, 则由体积元素的定义可知 $\mathrm{dvol} = e_1^1 \wedge \cdots \wedge e_n^n$, 因而 $\mathrm{dvol}(e_1, \cdots, e_n) = 1$.

更一般地, 若 $\{e_i\}, \{e^i\}$ $(i = 1, 2, \cdots, n)$ 是一般的基向量, 此时

$$\mathrm{dvol} = \sqrt{\det(g_{ij})} e^1 \wedge \cdots \wedge e^n,$$

其中 $g_{ij} = (e_i, e_j)$.

若令 $\omega = \mathrm{dvol} = \sqrt{\det(g_{ij})} dx_1 \wedge \cdots \wedge dx_n$, $x_j = \sum\limits_{j=i}^{n} x_{ij} \partial_i$, $g_{ij} = (\partial_i, \partial_j)$, $X(x) = (X_1(x), X_2(x), \cdots, X_n(x))$, $x = (x_1, x_2, \cdots, x_n) \in \mathbf{R}^n$, 由 $\lrcorner$ 的定义

$$X \lrcorner \mathrm{dvol} = \sum_{i=1}^{n} (-1)^{i+1} X_i(x) \sqrt{\det(g_{ij})} dx_1 \wedge \cdots \wedge d^\circ x_i \wedge \cdots \wedge dx_n,$$

故

$$d(X \lrcorner \mathrm{dvol}) = \sum_{i=1}^{n} \frac{\partial}{\partial x_i} \left(\sqrt{\det(g_{ij})} X_i(x) \right) dx_1 \wedge \cdots \wedge dx_n.$$

又

$$
\begin{aligned}
X \lrcorner d\omega &= d\omega(X) \\
&= \sum_{i=1}^{n} \frac{\partial}{\partial x_i} \left(\sqrt{\det(g_{ij})} \right) dx_1 \wedge \cdots \wedge dx_n(X) \\
&= \left(\sum_{i=1}^{n} \frac{\partial}{\partial x_i} \sqrt{\det(g_{ij})} dx_1 \wedge \cdots \wedge dx_n \right) \left(\sum_{i=1}^{n} x_i \partial_i \right) \\
&= 0.
\end{aligned}
$$

因此, 由Lie 导数定义

$$L_g \omega = d(g \lrcorner \omega) + g \lrcorner d\omega,$$

若记 $\mu = \mathrm{dvol}$,

$$L_X \mathrm{dvol} = \left[\sum_{i=1}^{n} \frac{\partial}{\partial x_i} \left(\sqrt{\det(g_{ij})} X_i(x) \right) \frac{1}{\sqrt{\det(g_{ij})}} \right] \triangleq \mathrm{div}_\mu X \mathrm{dvol}.$$

此时

$$
\begin{aligned}
\mathrm{div}_\mu X &= \frac{1}{\sqrt{\det(g_{ij})}} \left[\sum_{i=1}^{n} \frac{\partial}{\partial x_i} \left(\sqrt{\det(g_{ij})} X_i(x) \right) \right] \\
&= \frac{1}{\sqrt{g}} \sum_{i=1}^{n} \left[\frac{\partial(\sqrt{g} X_i(x))}{\partial x_i} \right].
\end{aligned}
$$

其中 $\sqrt{g} = \sqrt{\det(g_{ij})}$, $g_{ij} = (\partial_i, \partial_j)$, 而 $\partial_1, \cdots, \partial_n$ 是切空间的基.

因此, 散度的计算取决于坐标的选择. 如对三维系统而言, 取 Descartes 坐标系, 则

$$\mu = \mathrm{dvol} = dx_1 \wedge dx_2 \wedge dx_3.$$

此时, $\sqrt{g} = 1$. 因此

$$\mathrm{div}_\mu f = \frac{\partial f}{\partial x_1} + \frac{\partial f}{\partial x_2} + \frac{\partial f}{\partial x_3}.$$

取球坐标 (r, θ, φ), 由于

$$x = r \cos\theta \cos\varphi, \quad y = r \cos\theta \sin\varphi, \quad z = r \sin\theta,$$

因此 $\mathrm{dvol} = dx \wedge dy \wedge dz = r^2 \sin\theta dr \wedge d\theta \wedge d\varphi$, 此时

$$\sqrt{g} = r^2 \sin\theta.$$

故而

$$\mathrm{div}_\mu f = \frac{1}{r^2 \sin\theta}\left(\frac{\partial[(r^2\sin\theta)f]}{\partial r} + \frac{\partial[(r^2\sin\theta)f]}{\partial\theta} + \frac{\partial[(r^2\sin\theta)f]}{\partial\varphi}\right).$$

2.6.4 k-形式上的积分

设 M 是光滑流形, ω 是 k-形式. 下面, 首先说明

$$\int_M \omega$$

的意义.

例 2.29 设 C 是 $\mathbf{R}^3$ 上光滑曲线, 其参数化映射 $\sigma : \mathbf{R} \to \mathbf{R}^3$ 定义为

$$\sigma(t) = (3t, t^2, 5-t), \quad t \in [0,2],$$

则 $\omega = 2x_2 dx_1 - x_1 x_3 dx_2 + dx_3$ 是 1-形式.

回顾一下曲线积分的概念

$$\int_C 2x_2 dx_1 = \int_0^2 2x_2(t)\cdot\dot{x}_1(t)dt = \int_0^2 2t^2\cdot 3dt = 6\cdot\frac{t^3}{3}\Big|_0^2 = 16.$$

类似地,

$$\int_C -x_1 x_3 dx_2 = \int_0^2 -x_1(t)x_3(t)\dot{x}_2(t)dt = \int_0^2 -(3t)\cdot(5-t)\cdot 2tdt.$$

故而

$$\int_C dx_3 = \int_0^2 \dot{x}_3(t)dt = -\int_0^2 dt = 2.$$

令 $D\sigma = (\dot{x}_1(t), \dot{x}_2(t), \dot{x}_3(t))$, 则

$$dx_1(D\sigma) = \dot{x}_1(t), \quad dx_2(D\sigma) = \dot{x}_2(t), \quad dx_3(D\sigma) = \dot{x}_3(t).$$

因而

$$\int_C 2x_2 dx_1 - x_1 x_3 dx_2 + dx_3$$
$$= \int_0^2 [2x_2(t)dx_1(D\sigma) - x_1(t)x_3(t)dx_2(D\sigma) + dx_3(D\sigma)]dt.$$

故用微分形式的记号为

$$\int_C \omega = \int_0^2 \omega(D\sigma)dt.$$

若记 $D = [0, 2]$, 曲线可记为 $C = \varphi(D)$. 一般地, 按照上述法则定义符号 $\int_C \omega$.

定义 2.43　设 M 是 $\mathbf{R}^n$ 中 k 维有向可微流形, 其参数化映射为 $\varphi(u) : B \to M$. φ 与 M 的方向一致. ω 是 $\mathbf{R}^n$ 上可微的 k-形式. 定义 $\int_M \omega$ 如下:

$$\int_M \omega = \int_{\varphi(B)} \omega = \int_B \omega(\varphi)(D\varphi)du_1 \cdots du_k,$$

其中 $\varphi(B) = M$.

回顾一下拉回的定义

$$\varphi^*(\omega) = \omega(\varphi),$$

则有如下定理.

定理 2.55　$\displaystyle\int_{\varphi(B)} \omega = \int_B \varphi^* \omega.$

证明　若记 $\omega = \sum_I f_{i_1 i_2 \cdots i_k}(x)dx_{i_1} \wedge \cdots \wedge dx_{i_k}$, 则

$$\begin{aligned}
\varphi^* \omega(u) &= \sum f_{i_1 i_2 \cdots i_k}(\varphi(u))d\varphi_{i_1} \wedge \cdots \wedge d\varphi_{i_k} \\
&= \sum f_{i_1 i_2 \cdots i_k}(\varphi(u)) \frac{\partial(\varphi_{i_1} \cdots \varphi_{i_k})}{\partial(u_1, \cdots, u_k)} du_1 \wedge \cdots \wedge du_k,
\end{aligned}$$

而

$$\begin{aligned}
\omega(\varphi)\left(\frac{\partial \varphi}{\partial u_1}, \cdots, \frac{\partial \varphi}{\partial u_k}\right) &= \sum f_{i_1 i_2 \cdots i_k}(\varphi)dx_{i_1} \wedge \cdots \wedge dx_{i_k}\left(\frac{\partial \varphi}{\partial u_1}, \cdots, \frac{\partial \varphi}{\partial u_k}\right) \\
&= \sum f_{i_1 i_2 \cdots i_k}(\varphi) \frac{\partial(\varphi_{i_1} \cdots \varphi_{i_k})}{\partial(u_1, \cdots, u_k)} du_1 \wedge \cdots \wedge du_k.
\end{aligned}$$

命题得证. ∎

例 2.30　设 M 是 $\mathbf{R}^4$ 上的 2 维流形, 其参数化曲线

$$\begin{aligned}
\varphi(u) &= (u_1, u_1 - u_2, 3 - u_1 + u_1 u_2, -3u_2) \\
&\triangleq (\varphi_1(u), \varphi_2(u), \varphi_3(u), \varphi_4(u)),
\end{aligned}$$

其中 $u_1^2 + u_2^2 \leqslant 1$.

取 $\omega = x_2 dx_1 \wedge dx_3 - x_4 dx_3 \wedge dx_4$, 记 $B = \{(u_1, u_2)|u_1^2 + u_2^2 < 1\}$, 故

$$
\begin{aligned}
\int_M \omega &= \int_B \varphi^*(\omega) \\
&= \int_B x_2(\varphi)\frac{\partial(\varphi_1, \varphi_3)}{\partial(u_1, u_2)} du_1 \wedge du_2 - \int_B x_4(\varphi)\frac{\partial(\varphi_3, \varphi_4)}{\partial(u_1, u_2)} du_1 \wedge du_2 \\
&= \int_B \left[x_2(\varphi)\frac{\partial(\varphi_1, \varphi_3)}{\partial(u_1, u_2)} - x_4(\varphi)\frac{\partial(\varphi_3, \varphi_4)}{\partial(u_1, u_2)} \right] du_1 \wedge du_2 \\
&= \int_B (u_1^2 - u_1 u_2 - 9u_2^2 + 9u_2) du_1 du_2 = -2\pi.
\end{aligned}
$$

2.6.5 外微分的应用

首先观察一下微积分学中一些常用的公式.

Newton-Leibniz 公式

$$\int_a^b df = f(b) - f(a);$$

Green 公式

$$\oint_{\partial D} Pdx + Qdy = \iint_D \frac{\partial Q}{\partial x} - \frac{\partial P}{\partial y} dxdy;$$

Gauss 公式

$$\iint_{\partial D} F \cdot ds = \iiint_D \nabla \cdot FdV;$$

Stokes 公式

$$\oint_{\partial D} F \cdot dl = \iint_D (\nabla \times F)ds.$$

上述四个常用公式反映出一个规律, 函数的 "微分" 在区域上的 "积分" 可以用函数在区域边界的 "积分" 表示, 基于上述规律, 可以将这四个公式统一起来. 在统一之前, 我们需要搞清楚一个问题, 那就是在积分 $\iint_D f(x,y)dxdy$ 中, 这里的 $dxdy$ 怎么理解, 若对其作变量代换

$$x = x(u,v), \quad y = y(u,v), \quad (u,v) \in \tilde{D},$$

dx, dy 为 x, y 的微分.

在此代换下

$$dx = \frac{\partial x}{\partial u}du + \frac{\partial x}{\partial v}dv,$$
$$dy = \frac{\partial y}{\partial u}du + \frac{\partial y}{\partial v}dv.$$

若将 dx, dy 相乘, 显然无法得到有意义的结果. 故无法将 $dxdy$ 简单地看成 dx 乘以 dy, 从几何直观上来讲, $dxdy$ 是面积元素. 回顾楔积的几何意义, $dxdy$ 应该理解为 $dx \wedge dy$, 它表示由 dx, dy 张成的平行四边形的有向面积, 而其体积为 $\|dx \wedge dy\| = dxdy$. 此时, 若将面积元素 $dxdy$ 理解为 $dx \wedge dy$, 则

$$dx \wedge dy = \frac{\partial(x, y)}{\partial(u, v)}du \wedge dv.$$

这正是在坐标变换下面积元素的表达式, 它通过形式上的外积运算获得. 基于此, 可以利用此思想来统一上述公式.

先看 Green 公式, 公式左边被积表达式为 1-形式, 可写成

$$\omega = Pdx + Qdy,$$

而

$$d\omega = \left(\frac{\partial Q}{\partial x} - \frac{\partial P}{\partial y}\right) dx \wedge dy$$

刚好是右边的被积表达式.

因此

$$\int_{\partial D} \omega = \int_D d\omega.$$

对 Gauss 公式中, 公式左边的被积表达式可以看成 2-微分形式, 可写成

$$\omega = Pdy \wedge dz + Qdz \wedge dx + Rdx \wedge dy,$$

而

$$d\omega = \left(\frac{\partial P}{\partial x} + \frac{\partial Q}{\partial y} + \frac{\partial R}{\partial z}\right) dx \wedge dy \wedge dz,$$

故 Gauss 公式可写成

$$\int_{\partial D} \omega = \int_D d\omega.$$

类似地, 对 Newton-Leibniz 公式及 Stokes 公式, 有

$$\int_{\partial D} f = \int_D df,$$

这里 $D = [a, b], \partial D = [a, b]$ 及

$$\int_{\partial \Sigma} \omega = \int_\Sigma d\omega,$$

这里

$$\omega = Pdx + Qdy + Rdz,$$

以及

$$d\omega = \left(\frac{\partial P}{\partial y} - \frac{\partial Q}{\partial z}\right) dy \wedge dz + \left(\frac{\partial Q}{\partial z} - \frac{\partial R}{\partial x}\right) dz \wedge dx + \left(\frac{\partial R}{\partial x} - \frac{\partial P}{\partial y}\right) dx \wedge dy.$$

基于此, 可得到如下的Stokes 定理.

定理 2.56 令 M 是 $\mathbf{R}^n$ 内有向 k-维流形, 其边界为 ∂M, 它是有向 $(k-1)$-维流形, 方向由 M 诱导, 则

$$\int_M d\omega = \int_{\partial M} \omega,$$

其中 ω 是 $(k-1)$-形式.

2.7 复合矩阵及其性质

定义 2.44 设 $T : \mathbf{R}^n \to \mathbf{R}^n$ 是有界线性算子.

(1) 定义算子 $T^{(k)} : \Lambda^k \mathbf{R}^n \to \Lambda^k \mathbf{R}^n$ 如下:

$$T^{(k)}(u_1 \wedge u_2 \wedge \cdots \wedge u_k) = Tu_1 \wedge Tu_2 \wedge \cdots \wedge Tu_k, \quad u_i \in \mathbf{R}^n.$$

称算子 $T^{(k)}$ 为 $\bigwedge^k \mathbf{R}^n$ 上的 k 阶可乘性复合算子.

(2) 定义算子 $T^{[k]} : \bigwedge^k \mathbf{R}^n \to \bigwedge^k R^n$ 如下:

$$T^{[k]}(u_1 \wedge u_2 \wedge \cdots \wedge u_k) = \sum_{i=1}^k Tu_1 \wedge Tu_2 \wedge \cdots \wedge Tu_i \wedge \cdots \wedge Tu_k, \quad u_i \in \mathbf{R}^n.$$

称算子 $T^{[k]}$ 为 $\bigwedge^k \mathbf{R}^n$ 上的 k 阶**可加性复合算子**.

根据定义可知, 它们具有如下性质.

定理 2.57 设 T_1, T_2 是定义在 R^n 上的有界线性算子.

(1) $(T_1 T_2)^{(k)} = (T_1)^{(k)} (T_2)^{(k)}$;

(2) $(T_1 + T_2)^{[k]} = (T_1)^{[k]} + (T_2)^{[k]}$;

(3) $T^{[k]} = \dfrac{d}{dt}\bigg|_{t=0} (I + hT)^{(k)} = \lim\limits_{h \to 0} \dfrac{(I + hT)^{(k)} - I}{h}$.

证明 对任意的 $u_i \in \mathbf{R}^n$, $i = 1, 2, \cdots, k$,

(1) $(T_1 T_2)^{(k)} (u_1 \wedge u_2 \wedge \cdots \wedge u_k)$

$= T_1 T_2 u_1 \wedge T_1 T_2 u_2 \wedge \cdots \wedge T_1 T_2 u_k$

$= T_1(T_2 u_1) \wedge T_1(T_2 u_2) \wedge \cdots \wedge T_1(T_2 u_k)$

$= T_1^{(k)}(T_2 u_1 \wedge T_2 u_2 \wedge \cdots \wedge T_2 u_k)$

$= T_1^{(k)} T_2^{(k)}(u_1 \wedge u_2 \wedge \cdots \wedge u_k)$.

(2) $(T_1 + T_2)^{[k]} (u_1 \wedge u_2 \wedge \cdots \wedge u_k)$

$= \displaystyle\sum_{i=1}^{k} u_1 \wedge u_2 \wedge \cdots \wedge (T_1 + T_2) u_i \wedge \cdots \wedge u_k$

$= \displaystyle\sum_{i=1}^{k} u_1 \wedge u_2 \wedge \cdots \wedge T_1 u_i \wedge \cdots \wedge u_k + \sum_{i=1}^{k} u_1 \wedge u_2 \wedge \cdots \wedge T_2 u_i \wedge \cdots \wedge u_k$

$= T_1^{[k]}(u_1 \wedge u_2 \wedge \cdots \wedge u_k) + T_2^{[k]}(u_1 \wedge u_2 \wedge \cdots \wedge u_k)$

$= \left(T_1^{[k]} + T_2^{[k]}\right)(u_1 \wedge u_2 \wedge \cdots \wedge u_k)$.

(3) $[(I + hT)^{(k)} - I](u_1 \wedge u_2 \wedge \cdots \wedge u_k)$

$= [(I + hT)^{(k)}](u_1 \wedge u_2 \wedge \cdots \wedge u_k) - u_1 \wedge u_2 \wedge \cdots \wedge u_k$

$= ((I + hT) u_1 \wedge (I + T) u_2 \wedge \cdots \wedge (I + T) u_k) - u_1 \wedge u_2 \wedge \cdots \wedge u_k$

$= ((hT) u_1 \wedge u_2 \wedge \cdots \wedge u_k) + \cdots + (u_1 \wedge u_2 \wedge \cdots \wedge (hT) u_i \wedge \cdots \wedge u_k) + o(h^2)$

$= hT^{[k]}(u_1 \wedge u_2 \wedge \cdots \wedge u_k) + o(h^2)$.

因此

$$\lim_{h \to 0} \left[\frac{(I + hT)^{(k)} - I}{h}\right](u_1 \wedge u_2 \wedge \cdots \wedge u_k) = T^{[k]}(u_1 \wedge u_2 \wedge \cdots \wedge u_k). \quad \blacksquare$$

记 $\{e_i\}_{i=1}^{n}$ 为 $\mathbf{R}^n$ 的一组基, 线性算子 $T: \mathbf{R}^n \to \mathbf{R}^n$ 对应的矩阵 $A = (a_i^j)_{n \times n}$, 即

$$Te_i = \sum_{j=1}^{n} a_i^j e_j, \quad i = 1, 2, \cdots, n.$$

令 $A^{(k)}$ 以及 $A^{[k]}$ 为定义在 $\Lambda^k R^n$ 上的 k 阶算子 $T^{(k)}$ 与 $T^{[k]}$ 的矩阵, 即

$$T^{(k)}(e_{i_1} \wedge \cdots \wedge e_{i_k}) = A^{(k)}(e_{i_1} \wedge \cdots \wedge e_{i_k}),$$
$$T^{[k]}(e_{i_1} \wedge \cdots \wedge e_{i_k}) = A^{[k]}(e_{i_1} \wedge \cdots \wedge e_{i_k}),$$

称 $A^{(k)}$ 以及 $A^{[k]}$ 分别为 k 阶可乘性复合矩阵以及可加性复合矩阵.

显然, $A^{(k)}$ 以及 $A^{[k]}$ 为 $N \times N$ $\left(N = \begin{pmatrix} n \\ k \end{pmatrix} \right)$ 矩阵, 接下来, 我们来确定矩阵的组成.

对任意的 $i = 1, 2, \cdots, N$, 令 $(i) = (i_1, i_2, \cdots, i_k)$ 是按照字典序排列的 k 元数组, 使得

$$1 \leqslant i_1 \leqslant i_2 \leqslant \cdots \leqslant i_k \leqslant n.$$

对 $(i) = (i_1, i_2, \cdots, i_k)$, $(j) = (j_1, j_2, \cdots, j_k)$, 记 $a_{(i)}^{(j)}$ 为 A 的 k 阶行列式, 对应的行为 $(i_1, i_2, \cdots, i_k)$, 列为 $(j_1, j_2, \cdots, j_k)$.

定理 2.58 令 $Y = A^{(k)}$, 则对任意的 $1 \leqslant i, j \leqslant N$, $N = \begin{pmatrix} n \\ k \end{pmatrix}$, Y 中的项 b_i^j 为

$$b_i^j = a_{(i)}^{(j)}.$$

证明 根据定义,

$$\begin{aligned} b_i^j &= ((T^{(k)}(e_{i_1} \wedge \cdots \wedge e_{i_k}), e_{j_1} \wedge \cdots \wedge e_{j_k}) \\ &= ((Te_{i_1} \wedge \cdots \wedge Te_{i_k}), e_{j_1} \wedge \cdots \wedge e_{j_k}) \\ &= \det(Te_{i_s}, e_{j_t}) = \det(a_{i_s}^{j_t})_{1 \leqslant s, t \leqslant k} \triangleq a_{(i)}^{(j)}. \end{aligned}$$ ∎

定理 2.59 令 $C = A^{[k]}$, 则对任意的 $1 \leqslant i, j \leqslant N$, $N = \begin{pmatrix} n \\ k \end{pmatrix}$, C 中的项 c_i^j 为

$$c_i^j = \begin{cases} a_{i_1}^{i_1} + a_{i_2}^{i_2} + \cdots + a_{i_k}^{i_k}, & (i) = (j), \\ (-1)^{s+t} a_{i_s}^{j_t}, & (i) \text{ 与 } (j) \text{ 各恰有一个元素 } i_s, j_t \text{ 且} \\ & i_s \text{ 不在 } (j) \text{ 中}, j_t \text{ 不在 } (i) \text{ 中}, \\ 0, & (i) \text{ 与 } (j) \text{ 至少有两个元素不同}. \end{cases}$$

证明 根据定义,

$$c_i^j = (T^{[k]}(e_{i_1} \wedge \cdots \wedge e_{i_k}), e_{j_1} \wedge \cdots \wedge e_{j_k})$$

$$= \sum_{s=1}^k (e_{i_1} \wedge \cdots \wedge T e_{i_s} \wedge \cdots \wedge e_{i_k}, e_{j_1} \wedge \cdots \wedge e_{j_k})$$

$$= \sum_{s=1}^k \begin{vmatrix} (e_{i_1}, e_{j_1}) & \cdots & (e_{i_1}, e_{j_k}) \\ \vdots & & \vdots \\ (T e_{i_s}, e_{j_1}) & \cdots & (T e_{i_s}, e_{j_k}) \\ \vdots & & \vdots \\ (e_{i_k}, e_{j_1}) & \cdots & (e_{i_k}, e_{j_k}) \end{vmatrix} = \sum_{s=1}^k \begin{vmatrix} \delta_{i_1}^{j_1} & \cdots & \delta_{i_1}^{j_k} \\ \vdots & & \vdots \\ \delta_{i_s}^{j_1} & \cdots & \delta_{i_s}^{j_k} \\ \vdots & & \vdots \\ \delta_{i_k}^{j_1} & \cdots & \delta_{i_k}^{j_k} \end{vmatrix}.$$

若 (i) 与 (j) 至少有两个元素不同, 则每个行列式至少有一行为 0, 故 $c_i^j = 0$. 若 $(i) = (j)$ 在第 s 个行列式中, 第 s 行为

$$(\cdots, a_{i_s}^{j_s}, \cdots),$$

其余的位于在对角的元素为 1, 非对角元素为 0. 因此, 此行列式的值为 $a_{i_s}^{i_s}$, 故而

$$c_i^i = a_{i_1}^{i_1} + a_{i_2}^{i_2} + \cdots + a_{i_k}^{i_k}.$$

若 $i_s \neq (j), j_t \neq (i)$, 此时, 所有的行列式除了第 s 个行列式外, 皆为零, 而此 s 个行列式中, 第 i_s 列为

$$(0, \cdots, a_{i_s}^{j_t}, \cdots, 0).$$

按照第 i_s 列展开, 其值为 $(-1)^{s+t} a_{i_s}^{j_t}$, 故此时

$$c_i^j = (-1)^{s+t} a_{i_s}^{j_t}. \qquad \blacksquare$$

根据 $A^{(k)}$ 以及 $A^{[k]}$ 的组成, 可得 $A^{(k)}$ 以及 $A^{[k]}$ 的如下性质.

定理 2.60

(1) $(AB)^{(k)} = A^{(k)} B^{(k)}$, $(A+B)^{[k]} = A^{[k]} + B^{[k]}$;

(2) $I_{n \times n}$ 是单位阵, $I^{(k)} = I_{N \times N}$ 且 $I^{[k]} = k I_{N \times N}$;

(3) $(A^{(k)})^{\mathrm{T}} = (A^{\mathrm{T}})^{(k)}$, $(A^{[k]})^{\mathrm{T}} = (A^{\mathrm{T}})^{[k]}$;

(4) $A^{(1)} = A$, $A^{(n)} = \det A$, $A^{[1]} = A$, $A^{[n]} = \mathrm{tr} A$.

定理 2.61 设 $\lambda_1, \cdots, \lambda_n$ 是 n 阶矩阵 A 的特征值, 则

(1) $A^{(k)}$ 的所有特征值具有如下形式:

$$\lambda_{i_1} \lambda_{i_2} \cdots \lambda_{i_k}, \quad 1 \leqslant i_1 \leqslant \cdots \leqslant i_k \leqslant n.$$

(2) $A^{[k]}$ 的所有特征值具有如下形式:

$$\lambda_{i_1} + \lambda_{i_2} + \cdots + \lambda_{i_k}, \quad 1 \leqslant i_1 \leqslant \cdots \leqslant i_k \leqslant n.$$

(3) 设 $e_{i_1}, \cdots, e_{i_k}$ 是矩阵 A 对应特征值 $\lambda_{i_1}, \lambda_{i_2}, \cdots, \lambda_{i_k}$ 的特征向量, 则 $e_{i_1} \wedge \cdots \wedge e_{i_k}$ 是 $A^{(k)}$ 以及 $A^{[k]}$ 特征向量, 其对应的特征值分别为

$$\lambda_{i_1}\lambda_{i_2}\cdots\lambda_{i_k}, \quad \lambda_{i_1} + \lambda_{i_2} + \cdots + \lambda_{i_k}, \quad 1 \leqslant i_1 \leqslant \cdots \leqslant i_k \leqslant n.$$

令 $t \mapsto A(t)$ 是 $n \times n$ 连续实矩阵值函数. 考虑如下的线性系统

$$\dot{x} = A(t)x, \tag{2.89}$$

令 $X(t)$ 是系统 (2.89) 满足 $X(0) = I$ 的基础解矩阵 (基础矩阵, 基本解矩阵), $X(t)x_0, \cdots, X(t)x_k$ 是系统 (2.89) 的 k 个解, 由外积的性质, 我们知道

$$y(t) = X(t)x_0 \wedge \cdots \wedge X(t)x_k,$$

满足

$$\begin{aligned}
\dot{y} &= \sum_{i=1}^{k} X(t)x_0 \wedge \cdots \wedge \frac{d}{dt}X(t)x_i \wedge X(t)x_k \\
&= \sum_{i=1}^{k} X(t)x_0 \wedge \cdots \wedge A(t)X(t)x_i \wedge X(t)x_k \\
&= A^{[k]}X(t)x_0 \wedge \cdots \wedge X(t)x_i \wedge X(t)x_k = A^{[k]}y(t).
\end{aligned} \tag{2.90}$$

故我们有如下结论.

定理 2.62 设 $x_1(t), x_2(t), \cdots, x_k(t)$ 是线性系统 (2.89) 的解, 则

$$y(t) = x_1(t) \wedge x_2(t) \wedge \cdots \wedge x_k(t)$$

是线性系统

$$\dot{x} = A^{[k]}(t)x \tag{2.91}$$

的解.

称方程 (2.91) 为方程 (2.89) 的 k 阶复合方程, 显然方程 (2.91) 由 $\binom{n}{k}$ 个方程构成, 注意到 $X(t)x_0 \wedge \cdots \wedge X(t)x_i \wedge X(t)x_k = X^{(k)}(t)x_0 \wedge \cdots \wedge x_i \wedge x_k$, 故有如下结论.

定理 2.63 若 $X(t)$ 是线性系统 (2.89) 的基础解, 则 $X^{[k]}(t)$ 是方程 (2.91) 的基础解矩阵.

基于二阶可加性复合矩阵的定义, 这里列出几个低阶矩阵的 2 阶复合阵. 记 $A = (a_{ij})$ 是 $n \times n$ 矩阵, 当 $n = 3$ 时,

$$A^{[1]} = \begin{pmatrix} a_{11} & a_{12} & a_{13} \\ a_{21} & a_{22} & a_{23} \\ a_{31} & a_{32} & a_{33} \end{pmatrix}, \quad A^{[2]} = \begin{pmatrix} a_{11}+a_{22} & a_{23} & -a_{13} \\ a_{32} & a_{11}+a_{33} & a_{12} \\ -a_{31} & a_{21} & a_{22}+a_{33} \end{pmatrix} \begin{matrix} (1)=(12), \\ (2)=(13), \\ (3)=(23). \end{matrix}$$

$$A^{[3]} = a_{11} + a_{22} + a_{33}.$$

当 $n = 4$ 时,

$$A^{[1]} = \begin{pmatrix} a_{11} & a_{12} & a_{13} & a_{14} \\ a_{21} & a_{22} & a_{23} & a_{24} \\ a_{31} & a_{32} & a_{33} & a_{34} \\ a_{41} & a_{42} & a_{43} & a_{44} \end{pmatrix} = A,$$

$$A^{[2]} = \begin{pmatrix} a_{11}+a_{22} & a_{23} & a_{24} & -a_{13} & -a_{14} & 0 \\ a_{32} & a_{11}+a_{33} & a_{34} & a_{12} & 0 & -a_{14} \\ a_{42} & a_{43} & a_{11}+a_{44} & 0 & a_{12} & a_{13} \\ -a_{31} & a_{21} & 0 & a_{22}+a_{33} & a_{34} & -a_{24} \\ -a_{41} & 0 & a_{21} & a_{43} & a_{22}+a_{44} & a_{23} \\ 0 & -a_{41} & a_{31} & -a_{42} & a_{32} & a_{33}+a_{44} \end{pmatrix},$$

$(1) = (12), (2) = (13), (3) = (14), (4) = (23), (5) = (24), (6) = (34).$

$$A^{[3]} = \begin{pmatrix} a_{11}+a_{22}+a_{33} & a_{34} & -a_{24} & a_{14} \\ a_{43} & a_{11}+a_{22}+a_{44} & a_{23} & -a_{13} \\ -a_{42} & a_{32} & a_{11}+a_{33}+a_{44} & a_{12} \\ a_{41} & -a_{31} & a_{21} & a_{22}+a_{33}+a_{44} \end{pmatrix}.$$

$$A^{[4]} = a_{11} + a_{22} + a_{33} + a_{44}.$$

第 3 章　线性系统的稳定性

考虑系统

$$\dot{x}(t) = A(t)x(t), \tag{3.1}$$

其中 $x(t) \in \mathbf{R}^n$. $A(t)$ 是 $n \times n$ 矩阵. 其元素为 $a_{ij}(t), i,j = 1,2,\cdots,n$. 故 (3.1) 可以写成形式

$$\begin{pmatrix} \dot{x}_1 \\ \dot{x}_2 \\ \vdots \\ \dot{x}_n \end{pmatrix} = \begin{pmatrix} a_{11}(t) & a_{12}(t) & \cdots & a_{1n}(t) \\ a_{21}(t) & a_{22}(t) & \cdots & a_{2n}(t) \\ \vdots & \vdots & & \vdots \\ a_{n1}(t) & a_{n2}(t) & \cdots & a_{nn}(t) \end{pmatrix} \begin{pmatrix} x_1 \\ x_2 \\ \vdots \\ x_n \end{pmatrix} \tag{3.2}$$

或

$$\dot{x}_i = \sum_{j=1}^{n} a_{ij}(t)x_j, \quad i,j = 1,2,\cdots,n. \tag{3.3}$$

与 (3.1) 对应的非齐次线性系统为

$$\dot{x} = A(t)x + f(t), \tag{3.4}$$

其中 $f(t)$ 是列向量函数.

本节主要探讨线性系统 (3.1) 解的稳定性.

3.1　解 的 结 构

记 $x(t,t_0,x_0)$ 为满足初值条件 $x(t_0,t_0,x_0) = x_0$ 的解, 关于方程 (3.1) 的解的存在唯一性有如下结论.

定理 3.1　设 $a_{ij}(t) \in C[t_0,+\infty)$, 则 (3.1) 具有唯一、连续可微的过初值 $x(t_0,t_0,x_0) = x_0$ 的解 $x(t,t_0,x_0)$.

设 $x_1(t), x_2(t), \cdots, x_m(t)$ 是 (3.1) 的实的或复的解, 则

$$\alpha_1 x_1 + \alpha_2 x_2 + \cdots + \alpha_m x_m$$

也是实的或复的解, 这里 $\alpha_i (i = 1,2,\cdots,m)$ 为常数.

　　一个自然的问题是系统 (3.1) 解空间的维数是多少? 若系统 (3.1) 的每一个解都可以用 (3.1) 的解的线性组合来表示, 则构成线性组合最小解的个数是多少?

　　为回答这个问题, 我们引入向量函数线性相关的概念.

　　定义 3.1　设 $\varphi_1(t), \varphi_2(t), \cdots, \varphi_m(t)$ 是定义在 $\mathbf{R}$ 上的非零连续向量函数, 若存在不全为零的常数 $\alpha_1, \alpha_2, \cdots, \alpha_m$, 使得对任意的 $t \in \mathbf{R}$,

$$\alpha_1 \varphi_1(t) + \cdots + \alpha_m \varphi_m(t) = 0,$$

则称 $\varphi_1(t), \varphi_2(t), \cdots, \varphi_m(t)$ 是线性相关的, 否则称线性无关的.

　　例 3.1　函数 $\cos t$ 与 $\sin t$ 在 R 上是线性无关的.

　　解　因为 $\alpha_1 \cos t + \alpha_2 \sin t = \sqrt{\alpha_1^2 + \alpha_2^2} \sin(t + \beta)$, 其中 β 满足

$$\alpha_1 = \sqrt{\alpha_1^2 + \alpha_2^2} \sin \beta, \quad \alpha_2 = \sqrt{\alpha_1^2 + \alpha_2^2} \cos \beta,$$

要使 $\alpha_1 \cos t + \alpha_2 \sin t = 0$, 只能有

$$\alpha_1^2 + \alpha_2^2 = 0,$$

亦即 $\alpha_1 = \alpha_2 = 0$, 故 $\cos t, \sin t$ 是线性无关的.　∎

　　基于函数线性相关性的概念, 有如下结论.

　　定理 3.2　系统 (3.1) 的任意 $n+1$ 个解是线性相关的.

　　证明　设 $\phi_1(t), \phi_2(t), \cdots, \phi_{n+1}(t)$ 是 (3.1) 的 $n+1$ 个解.

　　取 $t = t_0$, 则 $\phi_1(t_0), \cdots, \phi_{n+1}(t_0)$ 是 $n+1$ 个 n 维向量, 因而是线性相关的, 故存在不全为零的 $\alpha_1, \alpha_2, \cdots, \alpha_{n+1}$ 使得 $\sum\limits_{j=1}^{n+1} \alpha_j \phi_j(t_0) = 0$.

　　令 $x(t) = \sum\limits_{j=1}^{n+1} \alpha_j \phi_j(t)$, 则 $x(t_0) = 0$.

　　又 $x(t)$ 是 (3.1) 的解, 因此由唯一性知 $x(t) \equiv 0$. 因而

$$\phi_j(t), \quad j = 1, 2, \cdots, n+1$$

线性相关.　∎

　　定理 3.3　系统 (3.1) 存在 n 个线性无关解.

　　证明　利用解的存在定理, 系统 (3.1) 有 n 个解, $\varphi_1(t), \varphi_2(t), \cdots, \varphi_n(t)$ 构成的解矩阵

$$\varphi(t) = (\varphi_1(t), \varphi_2(t), \cdots, \varphi_n(t))$$

满足 $\varphi(0) = I$ (I 是单位矩阵).

　　因为 $\varphi(0)$ 的列向量

$$\varphi_1(0), \varphi_2(0), \cdots, \varphi_n(0)$$

是线性无关的, 即 $\det(\varphi(0)) = 1 \neq 0$. 因而

$$\varphi_1(t), \varphi_2(t), \cdots, \varphi_n(t)$$

也是线性无关的.

上述定理解答了解空间的维数, 由定理 3.2 可知, 系统 (3.1) 的每一个解都是解 $\varphi_j(t), j = 1, 2, \cdots, n$ 的线性组合. 进一步, 有如下定理.

定理 3.4 令 $\varphi_1(t), \varphi_2(t), \cdots, \varphi_n(t)$ 是系统 (3.1) 的线性无关的解, 则系统 (3.1) 的每一个解都是这些无关解的线性组合.

定义 3.2 令 $\varphi_1(t), \varphi_2(t), \cdots, \varphi_n(t)$ 是 (3.1) 的线性无关解, 称矩阵

$$\Phi(t) = (\varphi_1(t), \varphi_2(t), \cdots, \varphi_n(t))$$

$$= \begin{pmatrix} \varphi_{11} & \varphi_{12} & \cdots & \varphi_{1n} \\ \varphi_{21} & \varphi_{22} & \cdots & \varphi_{2n} \\ \vdots & \vdots & & \vdots \\ \varphi_{n1} & \varphi_{n2} & \cdots & \varphi_{nn} \end{pmatrix} \tag{3.5}$$

是系统 (3.1) 的基础解矩阵.

利用定理 3.4, 有如下推论.

推论 3.1 若 $\Phi_1(t)$ 及 $\Phi_2(t)$ 是 (3.1) 的两个基础解矩阵, 则存在非奇异矩阵 C, 使

$$\Phi_2(t) = \Phi_1(t)C.$$

进一步有如下结论.

定理 3.5 给定 (3.1) 的任意解矩阵 $\Phi(t) = (\varphi_1(t), \cdots, \varphi_n(t))$, 则如下之一成立:

(1) 对于任意的 t, $\det(\Phi(t)) = 0$;

(2) 对于任意的 t, $\det(\Phi(t)) \neq 0$.

进一步, (1) 成立的充分必要条件是上述解 $\varphi_j(t) (j = 1, 2, \cdots, n)$ 线性相关, (2) 蕴含 $\Phi(t)$ 是一基解矩阵.

定理 3.6 系统 (3.1) 满足初值 $x(t_0) = x_0$ 的解 $x(t)$ 可以表示成

$$x(t) = \Phi(t)\Phi^{-1}(t_0)x_0,$$

其中 $\Phi(t)$ 是系统的基解矩阵.

证明 根据定理 3.4 易知, 系统解 $x(t)$ 具有形式 $x(t) = \Phi(t)a$, 其中 a 是常数向量. 由题设条件得, 初值 $x_0 = \Phi(t_0)a$. 根据定理 3.5, $\Phi(t_0)$ 的列是无关的, 则 $\Phi(t_0)$ 具有逆 $\Phi^{-1}(t_0)$. 因此 $a = \Phi^{-1}(t_0)x_0$. 命题得证.

基于定理 3.6, 给出更一般的结论.

定理 3.7　若条件 $A(t) \in C[t_0, \infty)$, 则系统 (3.1) 具有唯一、连续可微的解

$$x(t, t_0, x_0) = \Phi(t, t_0)x_0, \tag{3.6}$$

其中 $\Phi(t, \tau)$ 为 Peano-Baker 级数且

$$\Phi(t, \tau) = I + \int_\tau^t A(\sigma_1)d\sigma_1 + \int_\tau^t A(\sigma_1) \int_\tau^{\sigma_1} A(\sigma_2)d\sigma_2 d\sigma_1 + \cdots$$
$$+ \int_\tau^t A(\sigma_1) \int_\tau^{\sigma_1} A(\sigma_2) \cdots \int_\tau^{\sigma_{k-1}} A(\sigma_k)d\sigma_k \cdots d\sigma_1 + \cdots$$

是绝对一致收敛的.

此 Peano-Baker 级数 $\Phi(t, \tau)$ 又称为转移矩阵, 也称为 Cauchy 矩阵, 它具有如下性质.

性质 3.1　(P_1) 若 $X(t)$ 是系统 (3.1) 的基本解且 $X(t_0) = I$, 则

$$X(t) = \Phi(t, t_0);$$

(P_2) 对任意的 t, τ, σ, $\Phi(t, \tau) = \Phi(t, \sigma)\Phi(\sigma, \tau)$;

(P_3) 对任意的 t, τ, $\det(\Phi(t, \tau)) = \exp\left(\int_\tau^t \text{tr}[A(s)]ds\right)$.

设矩阵值函数 $P(t)$ 关于 t 可逆且连续可微, 作变换

$$z(t) = P^{-1}(t)x(t) \quad \text{或} \quad x(t) = P(t)z(t),$$

则系统 (3.1) 化为

$$\dot{z}(t) = \left[P^{-1}(t)A(t)P(t) - P^{-1}(t)\dot{P}(t)\right]z(t), \tag{3.7}$$

初值条件为 $z(t_0) = P^{-1}(t_0)x_0$.

性质 3.2　对上述的矩阵值函数 $P(t)$, $F(t) = P^{-1}(t)A(t)P(t) - P^{-1}(t)\dot{P}(t)$ 的状态转移矩阵为

$$\Phi_F(t) = P^{-1}(t)\Phi_A(t, \tau)P(\tau).$$

证明　令 $X(t) = P^{-1}(t)\Phi_A(t, \tau)P(\tau)$, 可知

$$X(\tau) = I.$$

由于 $P^{-1}(t)P(t) = I$, 故

$$\dot{P}^{-1}(t)P(t) + P^{-1}(t)\dot{P}(t) = 0,$$

所以
$$\dot{P}^{-1}(t) = P^{-1}(t)\dot{P}(t)P^{-1}(t).$$

故
$$
\begin{aligned}
\dot{X}(t) &= -P^{-1}(t)\dot{P}(t)P^{-1}(t)\Phi_A(t,\tau)P(\tau) + P^{-1}(t)A(t)\Phi_A(t,\tau)P(\tau) \\
&= \left[P^{-1}(t)A(t)P(t) - P^{-1}(t)\dot{P}(t) \right] P^{-1}(t)\Phi_A(t,\tau)P(\tau) \\
&= F(t)X(t).
\end{aligned}
$$

命题得证. ■

3.2　线性系统稳定性的概念

现在回到线性系统 (3.1), 其对应的非齐次线性系统为

$$\dot{x} = A(t)x(t) + f(t), \tag{3.8}$$

其中 $f(t)$ 是向量函数且

$$x(t) \in \mathbf{R}^n, \quad f(t), A(t) \in C[t_0, +\infty), \quad \sup_{t \geqslant t_0} \|A(t)\| < \infty.$$

对于系统 (3.8), 如下性质显然成立.

性质 3.3　(1) 设 $x = x_p(t)$ 是系统 (3.8) 的特解, $x = x_c(t)$ 是 (3.1) 的任一解 (也称为系统的余函数), 则 $x_p(t) + x_c(t)$ 是系统 (3.8) 的解.

(2) 设 $x_{p_1}(t)$ 与 $x_{p_2}(t)$ 是系统 (3.8) 的解, 则 $x_{p_1}(t) - x_{p_2}(t)$ 是系统 (3.1) 的解, 即余函数.

定理 3.8　设 $x_p(t)$ 是系统 (3.8) 的特解, 则系统 (3.8) 任一解具有形式

$$x(t) = x_p(t) + x_c(t),$$

其中 $x_c(t)$ 是 (3.1) 的余函数, 反知亦然.

定理 3.9　系统 (3.8) 满足初值条件 $x(t_0) = x_0$ 的解 $x(t)$ 可写成

$$x(t) = \Phi(t,t_0)x_0 + \Phi(t)\int_{t_0}^{t} \Phi^{-1}(s)f(s)ds, \tag{3.9}$$

其中 $\Phi(t)$ 是相应齐次系统 (3.1) 的基础解矩阵.

证明　假设 $x(t)$ 具有如下形式

$$x(t) = \Phi(t,t_0)[x_0 + \varphi(t)], \tag{3.10}$$

其中 $\varphi(t)$ 待定. 由定理 3.5 知, $\Phi(t)$ 是非奇异的, 因而 $\Phi^{-1}(t)$ 存在. 由于 $x(t)$ 是过 $x(t_0) = x_0$ 的解, 又由 (3.10) 知 $x(t_0) = x_0 + \varphi(t_0)$, 因而 $\varphi(t_0) = 0$.

为寻找 $\varphi(t)$ 满足的方程, 将 (3.10) 代入方程, 得

$$\dot\Phi(t)\Phi^{-1}(t_0)\{x_0 + \varphi(t)\} + \Phi(t,t_0)\dot\varphi(t) = A(t)\Phi(t,t_0)\{x_0 + \varphi(t)\} + f(t).$$

因为 $\Phi(t,t_0)$ 是系统 (3.1) 的基础解, 而

$$\Phi'(t,t_0) = A(t)\Phi(t,t_0),$$

故

$$\Phi(t,t_0)\varphi'(t) = f(t),$$

因而

$$\dot\varphi(t) = \Phi^{-1}(t,t_0)f(t) = \Phi(t_0,t)f(t).$$

故

$$\varphi(t) = \Phi(t_0)\int_{t_0}^t \Phi^{-1}(s)f(s)ds.$$

因而由 (3.10) 可知

$$\begin{aligned}x(t) &= \Phi(t,t_0)x_0 + \Phi(t)\int_{t_0}^t \Phi^{-1}(s)f(s)ds \\ &= \Phi(t,t_0)x_0 + \int_{t_0}^t \Phi(t,s)f(s)ds.\end{aligned}$$

命题得证.

关于线性齐次系统 (3.1) 和其对应的线性非齐次系统 (3.8) 的稳定性, 有如下结论.

定理 3.10[1]　线性非齐次系统 (3.8) 的解是稳定的 (渐近稳定的) 充分必要条件是其对应齐次系统的平凡解是稳定的 (渐近稳定的).

证明　只证明充分性, 必要性类似可得.

设系统 (3.8) 的解 $x(t,t_0,x_0)$ 是稳定的, 由定义 1.2 知, 对任意的 $\varepsilon > 0$, 存在 $\delta > 0$, 当 $\|x_0 - \eta\| < \delta$ 时, 有

$$\|x(t,t_0,x_0) - x(t,t_0,\eta)\| < \varepsilon.$$

根据公式 (3.9)

$$x(t,t_0,x_0) = \Phi(t,t_0)x_0 + \Phi(t)\int_{t_0}^t \Phi^{-1}(s)f(s)ds,$$

$$x(t,t_0,\eta) = \Phi(t,t_0)\eta + \Phi(t)\int_{t_0}^t \Phi^{-1}(s)f(s)ds.$$

令

$$z(t) = x(t, t_0, x_0) - x(t, t_0, \eta),$$

则

$$z(t) = \Phi(t, t_0)(x_0 - \eta) = \Phi(t, t_0)z(t_0),$$

则 $z(t)$ 是系统 (3.1) 过初值 $z(t_0) = x_0 - \eta$ 的解.

这样, 对任意的 $\varepsilon > 0$, 存在 $\delta > 0$, 当 $\|z(t_0)\| < \delta$ 时, 有

$$\|z(t)\| < \varepsilon.$$

故对应的齐次系统是局部稳定的. ∎

定理 3.11[1]　系统 (3.1) 的平凡解稳定的充分必要条件是对于任意的 $t \geqslant t_0$, $x(t, t_0, x_0)$ 是有界的.

证明　首先证明系统解的稳定性蕴含着系统解的有界性.

利用反证法. 假设系统 (3.1) 存在一个解 $z(t)$ 在 $[t_0, +\infty)$ 上是无界的. 显然,

$$z(t_0) \neq 0.$$

任取 $\varepsilon > 0$, 存在 $\delta > 0$ (依赖于平凡解的稳定性), 记

$$x(t) = \frac{z(t)}{\|z(t_0)\|} \frac{\delta}{2}.$$

由上式易知

$$\|x(t_0)\| = \frac{\delta}{2} < \delta.$$

由稳定性, 对任意的 $t \geqslant t_0$, $\|x(t)\| < \varepsilon$, 这与 $z(t)$ 的无界性矛盾.

又假设 $X(t, t_0)$ 是系统 (3.1) 的基本解, 其列为系统的解且有界. 因此, 存在常数 C, 使得对任意的 $t \geqslant t_0$, 有

$$\|X(t, t_0)\| \leqslant C.$$

又系统 (3.1) 的任意解可以写成 $x(t) = X(t, t_0)x(t_0)$, 因此

$$\|x(t)\| \leqslant \|X(t, t_0)\| \|x(t_0)\| \leqslant C\|x(t_0)\|.$$

对任意的 $\varepsilon > 0$, 取 $\delta = \dfrac{\varepsilon}{C}$, 则当 $\|x(t_0)\| < \delta$, 对所有的 $t \geqslant t_0$, $\|x(t)\| < \varepsilon$.

因此, 系统 (3.1) 的平凡解是稳定的. ∎

定理 3.12[1]　系统 (3.1) 的解渐近稳定的充分必要条件为

$$\lim_{t \to \infty} \|x(t)\| = 0.$$

证明　(⇒) 若平凡解是渐近稳定的, 即存在 $\delta > 0$, 使得当 $\|x(t_0)\| < \delta$ 时, 有

$$\lim_{t \to \infty} \|x(t, t_0, x_0)\| = 0.$$

任意取系统 (3.1) 的解 $x(t)$, 它可以写成

$$x(t) = \frac{x(t)}{\|x(t_0)\|} \frac{\|x(t_0)\|}{\delta/2} \frac{\delta}{2} \triangleq z(t) \frac{\|x(t_0)\|}{\delta/2}.$$

显然 $\|z(t_0)\| = \dfrac{\delta}{2} < \delta$, 根据渐近稳定性的定义, $\lim\limits_{t \to +\infty} \|z(t)\| = 0$, 从而有

$$\lim_{t \to +\infty} \|x(t)\| = 0.$$

(⇐) 反过来, 若对任意的解 $x(t)$, 有

$$\|x(t)\| \to 0 \quad (t \to \infty).$$

则对系统 (3.1) 的每一个解, 存在 $T > t_0$, 使得 $t \geqslant T$,

$$\|x(t)\| < 1.$$

在区间 $[t_0, T]$ 上, 由连续性知, $\|x(t)\|$ 是有界的. 根据定理 3.11, 系统 (3.1) 的平凡解是稳定的. 然而任意取 $\|x(t_0)\| < \infty$. 根据我们的条件有

$$\lim_{t \to +\infty} \|x(t)\| = 0.$$

因此, 系统 (3.1) 是渐近稳定的. ∎

推论 3.2　若系统 (3.1) 的解渐近稳定, 则必全局渐近稳定.

证明　由于系统 (3.1) 是渐近稳定的, 则存在 $\delta > 0$, 当 $\|x(t_0)\| < \delta$ 时,

$$\lim_{t \to \infty} \|x(t, x_0)\| = 0.$$

对任意的 $\eta \in \mathbf{R}_+^n$, 存在 $r > 0$, 使得 $\eta = rx(t_0)$, 由于

$$x(t, \eta) = \Phi(t, t_0)\eta = r\Phi(t, t_0)x(t_0) = rx(t, x_0). \tag{3.11}$$

故有

$$\lim_{t \to +\infty} \|x(t, \eta)\| = 0.$$

命题得证. ∎

定理 3.13[1]　(3.1) 的解 $x(t, t_0, x_0)$ *一致稳定的充分必要条件是: 存在 $D > 0$,* 使得 $0 \leqslant s \leqslant t \leqslant +\infty$ 时, 有

$$\|\Phi(t, s)\| \triangleq \|\Phi(t)\Phi^{-1}(s)\| \leqslant D.$$

证明 只证平凡解的情形.

设 $x(t)$ 为系统 (3.1) 的任意解, $\Phi(t, t_0)$ 是基本解矩阵且 $\Phi(t_0, t_0) = I$, 则

$$x(t) = \Phi(t, t_0) x(t_0).$$

故由题设条件, 有

$$\|x(t)\| \leqslant D \|x(t_0)\|.$$

因此, 对任意的 $\varepsilon > 0$, 取 $\delta = \dfrac{\varepsilon}{D}$, 当 $\|x(t_0)\| < \delta$ 且当 $t \geqslant t_0$ 时,

$$\|x(t)\| \leqslant D\delta = \varepsilon.$$

假设 $x = 0$ 一致稳定, 故对任意的 $\varepsilon > 0$, 可取 $\delta = \delta(\varepsilon)$, 使得对初值 $x(t_0) = \left(\dfrac{\delta}{2}, 0, \cdots, 0\right)^{\mathrm{T}}$, 有

$$\|x(t)\| = \|\Phi(t, t_0) x(t_0)\| \leqslant \varepsilon.$$

由此可知 $\|\Phi(t, t_0)\|$ 的第一列的每一个元素的范数不超过 $\dfrac{2\varepsilon}{\delta}$. 如果 $x(t)$ 的初值选择如下

$$x_i(t_0) = \frac{\delta}{2}, \quad x_j(t_0) = 0, \quad i \neq j.$$

则可得 $\|\Phi(t, t_0)\|$ 的第 i 列的每一个元素的范数不超过 $\dfrac{2\varepsilon}{\delta}$. 故结论成立. ∎

定理 3.14[1] (3.1) 的解 $x(t, t_0, x_0)$ 一致渐近稳定的充分必要条件为: 存在 $K, \alpha > 0$, 当 $0 \leqslant s \leqslant t \leqslant +\infty$ 时,

$$\|\Phi(t, s)\| \leqslant K \exp\left(-\alpha(t - s)\right). \tag{3.12}$$

证明 若 (3.12) 成立, 将说明平凡解 $x = 0$ 是一致渐近稳定的. 设 $x(t)$ 是系统 (3.1) 的任意解, $\Phi(t, t_0)$ 是基本解矩阵且 $\Phi(t_0, t_0) = I$, 则

$$x(t) = \Phi(t, t_0) x(t_0).$$

借助于不等式 (3.12) 得到, 对任意的 $t \geqslant t_0 \geqslant 0$,

$$
\begin{aligned}
\|x(t)\| &= \|\Phi(t, t_0) x(t_0)\| \leqslant \|\Phi(t, t_0)\| \|x(t_0)\| \\
&\leqslant K \|x(t_0)\| \exp\left(-\alpha(t - t_0)\right) \\
&\leqslant K \|x(t_0)\|.
\end{aligned}
\tag{3.13}
$$

故

$$\frac{\|\Phi(t, t_0) x(t_0)\|}{\|x(t_0)\|} \leqslant K. \tag{3.14}$$

因此

$$\|\Phi(t, t_0)\| \leqslant K. \tag{3.15}$$

根据定理 3.13, 系统是一致稳定的. 若取 $\delta_0 = \dfrac{1}{K}$, 记 $T(\varepsilon) = -\dfrac{1}{\alpha}\ln(\varepsilon)$, 根据 $\varepsilon > 0$ 以及 (3.13), 对任意的 $t \geqslant t_0 + T(\varepsilon)$,

$$\begin{aligned}
\|x(t)\| &\leqslant K\|x(t_0)\|\exp\left(-\alpha(t - t_0)\right) \\
&\leqslant K\|x(t_0)\|\exp\left(-\alpha T(\varepsilon)\right) \\
&\leqslant K\|x(t_0)\|\varepsilon \\
&\leqslant \varepsilon.
\end{aligned} \tag{3.16}$$

故系统是一致渐近稳定的.

假设系统 (3.1) 是一致渐近稳定的. 这意味着存在 δ_0, 对任意的 $\varepsilon > 0$, 存在 $T(\varepsilon) > 0$ 且 $\|x(s)\| < \delta_0$, 当 $t \geqslant s + T(\varepsilon)$ 时,

$$\|x(t)\| = \|\Phi(t, s)x(s)\| < \varepsilon.$$

类似定理 3.14 的证明, 可得当 $t - s \to +\infty$ 时,

$$\|\Phi(t, s)\| \to 0.$$

固定 $T > 0$, 使得

$$\|\Phi(s + T, s)\| \leqslant \theta < 1, \quad s \in \mathbf{R}, \quad \tau \in [0, T].$$

令 $t = s + nT + \tau$, $n \in Z_+$, $\tau \in [0, T]$. 利用 Cauchy 矩阵的性质, 得到

$$\begin{aligned}
\|\Phi(t, s)\| &= \|\Phi(s + nT + \tau, s)\| \\
&= \left\|\prod_{k=1}^{n}\Phi(s + kT + \tau, s + (k-1)T + \tau)\cdot\Phi(s + \tau, s)\right\| \\
&\leqslant \prod_{k=1}^{n}\|\Phi(s + kT + \tau, s + (k-1)T + \tau)\|\cdot\|\Phi(s + \tau, s)\| \\
&\leqslant M\theta^{\frac{t-s-\tau}{T}} \leqslant M\exp\left(\frac{t-s-\tau}{T}\ln\theta\right) \\
&= M\exp\left(-\frac{\tau}{T}\ln\theta\right)\exp\left(\frac{\ln\theta}{T}(t-s)\right) \\
&\leqslant M\exp\left(\frac{\ln\theta}{T}(t-s)\right). \tag{3.17}
\end{aligned}$$

若取 $\alpha = -\dfrac{1}{T}\ln\theta$, $K = M\exp\left(-\dfrac{\tau}{T}\ln\theta\right)$, 则可得

$$\|\Phi(t,s)\| \leqslant K\exp(-\alpha(t-s)). \tag{3.18}$$

命题得证. ∎

3.3 Lappo-Danilevskiĭ 系统的稳定性

若 (3.1) 的系数矩阵 $A(t)$ 满足如下的 Lappo-Danilevskiĭ 条件:

$$A(t)\int_s^t A(\tau)d\tau = \int_s^t A(\tau)d\tau A(t), \quad \forall\, t,s \in [t_0,\infty), \tag{3.19}$$

则称系统 (3.1) 为 Lappo-Danilevskiĭ 系统.

对于 Lappo-Danilevskiĭ 系统, 有如下定理.

定理 3.15[1]　　若 (3.1) 是 Lappo-Danilevskiĭ 系统, 则其基础解矩阵为

$$X(t) = \exp\left(\int_{t_0}^t A(s)ds\right). \tag{3.20}$$

证明　　证明 (3.20) 满足方程

$$\dot{x}(t) = A(t)x(t), \quad x(t_0) = I.$$

利用矩阵指数的定义, 对任意的 $t \in (t_0,\infty)$,

$$e^{\int_{t_0}^t A(\tau)d\tau} = I + \int_{t_0}^t A(\tau)d\tau + \cdots + \frac{\left[\int_{t_0}^t A(\tau)d\tau\right]^k}{k!} + \cdots. \tag{3.21}$$

级数 (3.21) 收敛且在 $[t_0,T]$ 是一致收敛的, 对级数 (3.21) 逐项求导得

$$\begin{aligned}
\frac{d}{dt}\frac{\left[\int_{t_0}^t A(\tau)d\tau\right]^k}{k!} &= \frac{1}{k!}\left[A(t)\underbrace{\int_{t_0}^t A(\tau)d\tau \cdots \int_{t_0}^t A(\tau)d\tau}_{k-1}\right.\\
&\quad + \int_{t_0}^t A(\tau)d\tau A(t)\underbrace{\int_{t_0}^t A(\tau)d\tau \cdots \int_{t_0}^t A(\tau)d\tau}_{k-2} + \cdots\\
&\quad \left.+ \underbrace{\int_{t_0}^t A(\tau)d\tau \cdots \int_{t_0}^t A(\tau)d\tau}_{k-1} A(t)\right].
\end{aligned}$$

利用条件 (3.19), 有

$$\frac{d}{dt}\frac{\left[\int_{t_0}^{t}A(\tau)d\tau\right]^k}{k!}=\frac{1}{(k-1)!}A(t)\left[\int_{t_0}^{t}A(\tau)d\tau\right]^{k-1}.$$

故

$$\frac{d}{dt}\left[\exp\left(\int_{t_0}^{t}A(\tau)d\tau\right)\right]=A(t)\exp\left(\int_{t_0}^{t}A(\tau)d\tau\right).$$

因而

$$\dot{x}=A(t)x(t).$$

命题得证. ∎

若 $A(t)$ 是常数矩阵, 即 $A(t)\equiv A$, 则系统 (3.1) 化为

$$\dot{x}=Ax, \tag{3.22}$$

根据定理 3.15, 有如下定理.

定理 3.16　系统 (3.22) 的解可以表示为 $x(t)=e^{At}x_0$, 这里 e^{At} 为矩阵指数, 且为系统 (3.22) 的基础解矩阵.

令 S 为矩阵 A 的变换矩阵使得 $S^{-1}AS=B=\mathrm{diag}\{J_{\rho_1}(\lambda_1),\cdots,J_{\rho_k}(\lambda_k)\}$, 其中 $k\leqslant n,\sum_{i=1}^{n}\rho_i=n$.

设 λ_i 为矩阵 A 的特征值 (计其重数) 且 $J_\upsilon(\lambda)$ 是一个 $\upsilon\times\upsilon$ 的 Jordan 矩阵

$$J_\upsilon(\lambda)=\begin{pmatrix}\lambda&0&\cdots&0\\1&\lambda&\cdots&0\\0&1&\cdots&0\\\vdots&\vdots&&\vdots\\0&\cdots&1&\lambda\end{pmatrix}.$$

根据矩阵指数的性质, 有 $e^{At}=e^{SBS^{-1}t}=Se^{Bt}S^{-1}$ 且

$$e^{Bt}=\mathrm{diag}\{e^{tJ_{\rho_1}(\lambda_1)},\cdots,e^{tJ_{\rho_k}(\lambda_k)}\}$$

和

$$e^{J_\upsilon(\lambda t)}=e^{I_\upsilon\lambda t+tJ_\upsilon(0)}=e^{\lambda t}e^{tJ_\upsilon(0)}=e^{\lambda t}\sum_{k=0}^{\nu-1}\frac{1}{k!}J_\upsilon^k(0)t^k. \tag{3.23}$$

故

$$\|e^{At}\|\leqslant\|S\|\|e^{Bt}\|\|S^{-1}\|\leqslant Ke^{-\beta t},$$

其中 $0<\beta<\min_i\{-\mathrm{Re}\lambda_i\}$ 和 $K>0$.

进一步, 有如下定理.

定理 3.17 (1) 若 $\operatorname{Re}\lambda_i(A) < 0$, 则存在 $\alpha > 0$ 和 $K > 0$, 使系统 (3.22) 的解有如下估计:

$$\|x(t)\| \leqslant K\|x_0\|e^{-\beta t}.$$

(2) 若 $\operatorname{Re}\lambda_i(A) \leqslant 0$ 且零实部特征值仅有单初等因子, 则存在 $M > 0$, 使系统 (3.22) 的解满足

$$\|x(t)\| \leqslant M\|x_0\|, \quad t \geqslant 0.$$

定理 3.18[1] 若系统 (3.1) 是 Lappo-Danilevskiĭ 系统且满足

(LD$_1$) $\displaystyle\lim_{t\to+\infty}\frac{1}{t}\int_{t_0}^{t} A(s)ds = \Lambda$;

(LD$_2$) Λ 的所有特征值具有负实部,

则 (3.1) 是渐近稳定的.

证明 对于条件 (3.19) 两边关于 s 求导, 得

$$A(t)(-A(s)) = -A(s)A(t),$$

则有

$$\begin{aligned}
\int_{t_0}^{t} A(t_1)dt_1 \frac{1}{s}\int_{t_0}^{s} A(t_2)dt_2 &= \frac{1}{s}\int_{t_0}^{t} dt_1 \int_{t_0}^{s} A(t_1)A(t_2)dt_2 \\
&= \frac{1}{s}\int_{t_0}^{t} dt_1 \int_{t_0}^{s} A(t_2)A(t_1)dt_2 \\
&= \frac{1}{s}\int_{t_0}^{s} A(t_2)dt_2 \int_{t_0}^{t} A(t_1)dt_1.
\end{aligned}$$

令 $s \to +\infty$, 可得

$$\int_{t_0}^{t} A(\tau)d\tau \Lambda = \Lambda \int_{t_0}^{t} A(\tau)d\tau.$$

由条件 (LD$_1$) 知, 有

$$\frac{1}{t}\int_{t_0}^{t} A(\tau)d\tau = \Lambda + B(t),$$

其中

$$\lim_{t\to+\infty} \|B(t)\| = 0.$$

接下来证明

$$\Lambda B(t) = B(t)\Lambda.$$

$$\begin{aligned}
\Lambda B(t) &= \Lambda\left[\frac{1}{t}\int_{t_0}^{t} A(\tau)d\tau - \Lambda\right] \\
&= \left[\frac{1}{t}\int_{t_0}^{t} A(\tau)d\tau - \Lambda\right]\Lambda \\
&= B(t)\Lambda.
\end{aligned}$$

对于系统 (3.1) 的解 $x(t)$, 利用定理 3.15, 有

$$x(t) = e^{\int_{t_0}^{t} A(\tau)d\tau} x(t_0) = e^{\Lambda t + B(t)t} x(t_0) = e^{\Lambda t} e^{B(t)t} x(t_0).$$

由条件 (LD$_2$) 知, 存在 $\alpha < 0$, 使得 $\mathrm{Re}\lambda(\Lambda) < \alpha$. 任取 $\varepsilon > 0$, 使得 $\alpha + 2\varepsilon < 0$. 取充分大 $T > t_0$, 对任意的 $t \geqslant T$,

$$\|B(t)\| < \varepsilon.$$

为估计 $\|x(t)\|$, 利用估计

$$\|e^{tB(t)}\| \leqslant e^{\|B(t)\|t}.$$

根据矩阵指数级数形式以及定理 3.17, 对任意的 $t \geqslant T$, 有

$$\begin{aligned}
\|x(t)\| &\leqslant \|e^{\Lambda t}\| \|e^{B(t)t}\| \|x(t_0)\| \\
&\leqslant M_\varepsilon e^{(\alpha+\varepsilon)t} e^{\|B(t)\|t} \|x(t_0)\| \\
&\leqslant M_\varepsilon e^{(\alpha+2\varepsilon)t} \|x(t_0)\|.
\end{aligned} \tag{3.24}$$

因此, 借助于 $\alpha + 2\varepsilon < 0$, 可得

$$\lim_{t \to +\infty} \|x(t)\| = 0,$$

即系统 (3.1) 的零解是一致吸引的.

另一方面, 根据 (3.24), 系统 (3.1) 的零解是一致稳定的. 故而可知, 系统 (3.1) 的零解是一致渐近稳定的. 命题得证. ∎

3.4　扰动系统的稳定性

本节主要讨论 (3.1) 的扰动系统

$$\dot{x} = [A(t) + B(t)] x, \tag{3.25}$$

其中 $A(t), B(t) \in C[t_0, +\infty)$.

接下来, 讨论 (3.25) 的稳定性.

若 $A(t)$ 是常数矩阵, 即 $A(t) \equiv A$, 则系统 (3.25) 化为

$$\dot{x} = [A + B(t)] x. \tag{3.26}$$

定理 3.19[1]　若系统 (3.22) 稳定且 $\int_{t_0}^{t} \|B(\tau)\| d\tau < \infty$, 则 (3.26) 是稳定的.

证明 记 $X(t, t_0) = \exp(A(t - t_0))$ 为系统 (3.22) 的基础解矩阵. 利用常数变易公式, 对于系统 (3.26) 的任意解 $y(t)$, 有

$$y(t) = X(t, t_0)y(t_0) + \int_{t_0}^{t} X(t, \tau)B(\tau)y(\tau)d\tau \tag{3.27}$$

或

$$\|y(t)\| \leqslant \|X(t, t_0)\|\|y(t_0)\| + \int_{t_0}^{t} \|X(t, \tau)\|\|B(\tau)\|\|(y(\tau)\|d\tau. \tag{3.28}$$

由于 (3.22) 的稳定性, 利用定理 3.11, 存在 $K > 0$, 使得对任意的 $t \geqslant \tau \geqslant t_0$,

$$\|X(t, \tau)\| \leqslant K.$$

因此

$$\|y(t)\| \leqslant K\|y(t_0)\| + K \int_{t_0}^{t} \|B(\tau)\|\|y(\tau)\|d\tau.$$

利用 Gronwall-Bellman 引理, 有

$$\|y(t)\| \leqslant K\|y(t_0)\| \exp\left(K \int_{t_0}^{t} \|B(\tau)\|d\tau\right) < \infty.$$

根据定理 3.11 以及 (3.22) 解的有界性, 可得稳定性. ∎

定理 3.20[1] 若系统 (3.22) 渐近稳定且

$$\lim_{t \to \infty} \|B(t)\| = 0,$$

则系统 (3.26) 是渐近稳定的.

证明 线性常系数自治系统为渐近稳定的充分必要条件是系数矩阵的特征根均具有负实部. 令 $\alpha = \max_j\{\mathrm{Re}\lambda_j\}$, 其中 $\lambda_j(j = 1, \cdots, n)$ 是矩阵 A 的特征根, 则由定理 3.17 知

$$\|e^{A(t-\tau)}\| \leqslant C_\varepsilon \exp[(\alpha + \varepsilon)(t - \tau)], \quad t \geqslant \tau. \tag{3.29}$$

利用 (3.29) 及不等式 (3.28), 得到如下估计

$$\|y(t)\| \leqslant C_\varepsilon e^{(\alpha+\varepsilon)(t-t_0)}\|y(t_0)\| + \int_{t_0}^{t} C_\varepsilon \|B(\tau)\|e^{(\alpha+\varepsilon)(t-\tau)}\|y(\tau)\|d\tau.$$

取 $\varepsilon > 0$, 使

$$\alpha + 2\varepsilon < 0, \tag{3.30}$$

因此

$$\|y(t)\| \exp\left(-(\alpha + \varepsilon)t\right) \leqslant C_\varepsilon \|y(t_0)\| \exp\left(-(\alpha + \varepsilon)t_0\right)$$
$$+ \int_{t_0}^{t} C_\varepsilon \|B(\tau)\| e^{-(\alpha+\varepsilon)\tau} \|y(\tau)\| d\tau.$$

进一步, 利用 Gronwall-Bellman 引理 (定理 2.22)

$$\|y(t)\| \exp\left(-(\alpha + \varepsilon)t\right) \leqslant C_\varepsilon \|y(t_0)\| \exp\left(-(\alpha + \varepsilon)t_0\right) \exp\left(\int_{t_0}^{t} C_\varepsilon \|B(\tau)\| d\tau\right). \quad (3.31)$$

根据推广的 L'Hospital 法则及条件 $\lim\limits_{t\to\infty} \|B(t)\| = 0$, 可得

$$\lim_{t\to+\infty} \frac{C_\varepsilon \displaystyle\int_{t_0}^{t} \|B(\tau)\| d\tau}{t - t_0} = \lim_{t\to+\infty} \frac{C_\varepsilon \|B(t)\|}{1} = 0$$

且当 $t \geqslant T$ 时, 有

$$C_\varepsilon \int_{t_0}^{t} \|B(\tau)\| d\tau < \varepsilon(t - t_0).$$

由 (3.31) 当 $t \geqslant T$ 时, 有

$$\|y(t)\| e^{-(\alpha+\varepsilon)t} \leqslant C_\varepsilon \|y(t_0)\| \exp\left(-(\alpha + \varepsilon)t_0\right) \exp\left(\varepsilon(t + t_0)\right),$$

最后

$$\|y(t)\| \leqslant C_\varepsilon \|y(t_0)\| \exp\left((\alpha + 2\varepsilon)(t - t_0)\right).$$

由条件 $\alpha + 2\varepsilon < 0$, 命题得证.　　　　　　　　　　　　　　　　　■

　　类似地, 有如下结论.

　　定理 3.21[1]　　若系统 (3.22) 渐近稳定, $\alpha < 0$ 是矩阵 A 的特征值最大实部且

$$\|B(t)\| \leqslant C_1 < \frac{-\alpha - \varepsilon}{C_\varepsilon},$$

其中 $\varepsilon > 0$ 使得 $\alpha + \varepsilon < 0$, 则系统 (3.26) 是渐近稳定的.

　　例 3.2　考虑系统

$$\begin{aligned}
\dot{x}_1 &= -3x_1 + 2x_2, \\
\dot{x}_2 &= x_1 - 4x_2,
\end{aligned} \quad (3.32)$$

以及其摄动系统

$$\begin{aligned}
\dot{x}_1 &= -3x_1 + \left(2 + \frac{1}{t}\right)x_2, \\
\dot{x}_2 &= x_1 - 4x_2.
\end{aligned} \quad (3.33)$$

记

$$A = \begin{pmatrix} -3 & 2 \\ 1 & -4 \end{pmatrix}, \tag{3.34}$$

以及

$$B(t) = \begin{pmatrix} 0 & \dfrac{1}{t} \\ 0 & 0 \end{pmatrix}, \tag{3.35}$$

则系统可写成如下形式:

$$\dot{x} = Ax + B(t)x. \tag{3.36}$$

又因为系统 (3.32) 的解为

$$X(t) = e^{At} = \frac{1}{3}\begin{pmatrix} e^{-5t} + 2e^{-2t} & -2e^{-5t} + 2e^{-2t} \\ -e^{-5t} + e^{-2t} & 2e^{-5t} + e^{-2t} \end{pmatrix}, \tag{3.37}$$

因而, 对任意的 $t \geqslant 0$,

$$\|e^{At}\|_\infty \leqslant \frac{5}{3}e^{-2t}. \tag{3.38}$$

又因为当 $t \to \infty$ 时,

$$\|B(t)\|_\infty = \left\|\begin{pmatrix} 0 & \dfrac{1}{t} \\ 0 & 0 \end{pmatrix}\right\| = \frac{1}{t} \to 0, \tag{3.39}$$

根据定理 3.20, 可知系统 (3.33) 渐近稳定.

定理 3.22[1] 若系统 (3.25) 满足如下条件:

(1) 系统 (3.1) 是一致稳定的;

(2) $\displaystyle\int_{t_0}^{\infty} \|B(\tau)\|d\tau \leqslant \beta < \infty$,

则系统 (3.25) 也是一致稳定的.

证明 将 (3.25) 的解 $y(t)$ 写成 Cauchy 矩阵形式

$$y(t) = X(t, t_0)y(t_0) + \int_{t_0}^t X(t, \tau)B(\tau)y(\tau)d\tau, \quad t \geqslant t_0 \geqslant 0.$$

利用定理的第一个条件, 对 $X(t, t_0)$, 存在 $D > 0$, 使 $\|X(t, t_0)\| \leqslant D$, 因而

$$\|y(t)\| \leqslant D\|y(t_0)\| + D\int_{t_0}^t \|B(\tau)\|\|y(\tau)\|d\tau.$$

利用 Gronwall-Bellman 不等式

$$\|y(t)\| \leqslant D\|y(t_0)\|e^{D\int_{t_0}^{t}\|B(\tau)\|d\tau} \leqslant D\|y(t_0)\|e^{D\beta}.$$

接下来, 验证 (3.25) 的平凡解是一致稳定的.

对任意的 $\varepsilon > 0$, 选取 $\delta = \dfrac{\varepsilon}{[D\exp(D\beta)]}$, 当 $\|y(t_0)\| < \delta$ 时,

$$\|y(t)\| \leqslant D\|y(t_0)\|e^{D\beta} \leqslant \varepsilon, \quad t \geqslant t_0 > 0.$$

命题得证. ∎

定理 3.23[1]　　若

(1) 系统 (3.1) 是一致渐近稳定的, 即

$$\|X(t,s)\| \leqslant ke^{-\alpha(t-s)}, \quad t \geqslant s \geqslant 0, \ k > 0, \ \alpha > 0;$$

(2) $\|B(t)\| \leqslant \delta, t \geqslant 0,$

则系统 (3.25) 的 Cauchy 矩阵 $Y(t,s)$, 满足不等式

$$\|Y(t,s)\| \leqslant ke^{-\beta(t-s)}, \quad t \geqslant s \geqslant 0,$$

其中 $\beta = \alpha - \delta k$. 进一步, 若 $\beta > 0$, 则 (3.25) 是一致渐近稳定的.

证明　　由常数变易公式, 系统 (3.25) 的解 $y(t)$ 可写成

$$y(t) = X(t,s)y(s) + \int_{s}^{t} X(t,\tau)B(\tau)y(\tau)d\tau.$$

因此, 由条件 (1) 得

$$\|y(t)\| \leqslant ke^{-\alpha(t-s)}\|y(s)\| + k\int_{s}^{t} e^{-\alpha(t-\tau)}\|B(\tau)\|\|y(\tau)\|d\tau.$$

两边同时乘以 $e^{\alpha t}$ 且令 $u(t) = e^{\alpha t}\|y(t)\|$, 有

$$u(t) \leqslant u(s)k + k\int_{s}^{t} \|B(\tau)\|u(\tau)d\tau.$$

由 Gronwall-Bellman 不等式,

$$u(t) \leqslant ku(s)e^{k\delta(t-s)},$$

即

$$\|y(t)\| \leqslant k\|y(s)\|e^{(-\alpha+k\delta)(t-s)}.$$

由于 $y(t) = Y(t, s)y(s)$, 所以

$$\|Y(t, s)y(s)\| \leqslant k\|y(s)\|e^{-(\alpha - k\delta)(t-s)}.$$

故

$$\left\|Y(t, s)\frac{y(s)}{\|y(s)\|}\right\| \leqslant ke^{-(\alpha - k\delta)(t-s)}.$$

命题成立. ∎

3.5 解的指数估计

本节考虑系统 (3.1), 即

$$\dot{x} = A(t)x, \quad x \in \mathbf{R}^n \tag{3.40}$$

解的性态.

由前面的分析知道, 如果 $A(t) \in C[t_0, \infty)$, 则系统 (3.40) 存在唯一、连续可微的解.

主要问题如下.

问题 3.1 系统 (3.40) 在什么情况下是渐近稳定的? 能否给出解的指数增长估计?

定理 3.24 (Lyapunov) (3.40) 的任意解 $x(t)$ 满足

$$\|x(t_0)\| \exp\left(-\int_{t_0}^{t} \|A(\tau)\|d\tau\right) \leqslant \|x(t)\| \leqslant \|x(t_0)\| \exp\left(\int_{t_0}^{t} \|A(\tau)\|d\tau\right). \tag{3.41}$$

证明 系统 (3.40) 的解的积分形式

$$x(t) = x(t_0) + \int_{t_0}^{t} A(\tau)x(\tau)d\tau,$$

故而

$$\|x(t)\| \leqslant \|x(t_0)\| + \int_{t_0}^{t} \|A(\tau)\|\|x(\tau)\|d\tau.$$

由 Gronwall-Bellman 不等式, 不等式 (3.41) 成立. ∎

定理 3.25 (Bogdanov) 系统 (3.40) 的解 $x(t)$ 满足

$$\|x(0)\| \exp\left(-\frac{1}{2}\int_{0}^{t} \tilde{a}(\tau)d\tau\right) \leqslant \|x(t)\| \leqslant \|x(0)\| \exp\left(\frac{1}{2}\int_{0}^{t} \tilde{a}(\tau)d\tau\right),$$

其中 $\tilde{a}(t) = \sum_{i,j=1}^{n} |a_{ij}(t) + a_{ji}(t)|$, $\|\cdot\|$ 是欧几里得范数, 且 $\mathrm{Im} A(t) \equiv 0, t \in \mathbf{R}^+$.

证明　取系统 (3.40) 的非平凡解

$$x(t) = (x_1(t), \cdots, x_n(t))^{\mathrm{T}},$$

即

$$\frac{dx_i}{dt} = \sum_{j=1}^{n} a_{ij}(t)x_j, \quad i = 1, 2, \cdots, n$$

或

$$x_i\dot{x}_i = \sum_{j=1}^{n} a_{ij}(t)x_i x_j.$$

因而

$$\frac{d}{dt}\left(\sum_{i=1}^{n} x_i^2\right) = 2\sum_{i,j=1}^{n} a_{ij}(t)x_i x_j$$

$$= \sum_{i,j=1}^{n} [a_{ij}(t) + a_{ji}(t)]x_i x_j.$$

进一步地

$$\left|\frac{d}{dt}\|x\|^2\right| \leqslant \sum_{i,j=1}^{n} |\, a_{ij}(t) + a_{ji}(t)\,|\, \frac{x_i^2 + x_j^2}{2}$$

$$= \sum_{i=1}^{n}\left(\sum_{j=1}^{n} |\, a_{ij}(t) + a_{ji}(t)\,|\, x_i^2\right)$$

$$\leqslant \left(\sum_{i=1}^{n} x_i^2\right)\sum_{l,s=1}^{n} |\, a_{ls}(t) + a_{sl}(t)\,|,$$

即

$$-\sum_{l,s=1}^{n} |\, a_{ls}(t) + a_{sl}(t)\,|\,\|x\|^2 \leqslant \frac{d\|x\|^2}{dt}$$

$$\leqslant \sum_{l,s=1}^{n} |\, a_{ls}(t) + a_{sl}(t)\,|\,\|x\|^2.$$

积分上式, 可得

$$-\int_0^t \sum_{l,s=1}^{n} |\, a_{ls}(\tau) + a_{sl}(\tau)\,|\, d\tau \leqslant 2(\ln\|x(t)\| - \ln\|x(0)\|)$$

$$\leqslant \int_0^t \sum_{l,s=1}^{n} |\, a_{ls}(\tau) + a_{sl}(\tau)\,|\, d\tau,$$

简单计算, 即可得到结论.

定理 3.26 (Vazhevskiĭ)　系统 (3.40) 的解 $x(t)$ 满足如下估计:

$$\|x(t)\| \exp\left(\int_0^t \lambda(\tau)d\tau\right) \leqslant \|x(t)\| \leqslant \|x(0)\| \exp\left(\int_0^t \Lambda(\tau)d\tau\right),$$

其中 $\|\cdot\|$ 是欧几里得范数, 且 $\lambda(t)$ 与 $\Lambda(t)$ 是

$$\frac{1}{2}[A(t) + A^{\mathrm{T}}(t)]$$

的最小与最大特征根.

证明　取 (3.40) 的非平凡解 $x(t)$, 则 $\|x\|^2 = x^{\mathrm{T}}x$. 同时, 有

$$\begin{aligned}
\frac{d\|x(t)\|^2}{dt} &= x^{\mathrm{T}}\frac{dx}{dt} + \frac{dx^{\mathrm{T}}}{dt}x \\
&= x^{\mathrm{T}}A(t)x + x^{\mathrm{T}}A^{\mathrm{T}}x \\
&= 2x^{\mathrm{T}}\left[\frac{A(t) + A^{\mathrm{T}}(t)}{2}\right]x.
\end{aligned}$$

因为 $\dfrac{A(t) + A^{\mathrm{T}}(t)}{2}$ 是 Hermitian 的, 故其相似于一个对角矩阵

$$D = \mathrm{diag}(\lambda_1(t), \cdots, \lambda_n(t)).$$

假设 $U(t)$ 满足 $U^{\mathrm{T}}(t)U(t) = I$, 且

$$\frac{A^{\mathrm{T}}(t) + A(t)}{2} = U^{\mathrm{T}}(t)D(t)U(t).$$

同时

$$x^{\mathrm{T}}\frac{A^{\mathrm{T}}(t) + A(t)}{2}x = x^{\mathrm{T}}U^{\mathrm{T}}DUx = y^{\mathrm{T}}Dy = \sum_{j=1}^n \lambda_j y_j^2,$$

其中 $y = U(t)x$. 因此 $\|y\| = \|x\|$, 令

$$\lambda(t) = \min_i\{\lambda_i(t)\}, \quad \Lambda(t) = \max_i\{\lambda_i(t)\},$$

则有

$$\lambda(t)\|x\|^2 \leqslant x^{\mathrm{T}}\frac{A^{\mathrm{T}} + A}{2}x \leqslant \Lambda(t)\|x\|^2$$

或

$$2\lambda(t)\|x\|^2 \leqslant \frac{d\|x\|^2}{dt} \leqslant 2\Lambda(t)\|x\|^2,$$

两边积分即得结论.

例 3.3 考虑系统 (3.40), 其系数矩阵为

$$A(t) = \begin{pmatrix} -1 & t \\ -t & -4 \end{pmatrix},$$

这样, 有

$$\frac{1}{2}(A + A^{\mathrm{T}}) = \begin{pmatrix} -1 & 0 \\ 0 & -4 \end{pmatrix}.$$

因此 $\Lambda = -1$, $\lambda = -4$. 故系统

$$\dot{x_1} = -x_1 + tx_2,$$
$$\dot{x_2} = -tx_1 - 4x_2$$

的解有如下估计

$$e^{-4t}\|x(0)\| \leqslant \|x(t)\| \leqslant \|x(0)\|e^{-t}.$$

定理 3.27 (Lozinskiǐ) 系统 (3.40) 的解 $x(t)$ 满足

$$\|x(t)\| \leqslant \|x(t_0)\| \exp\left(\int_{t_0}^{t} \mu(A(\tau))d\tau\right). \tag{3.42}$$

证明 根据 Taylor 公式

$$x(t + h) = x(t) + h\dot{x}(t) + o(h) \quad (h > 0),$$

故

$$\begin{aligned}
\|x(t + h)\| &= \|x(t) + h\dot{x}(t) + o(h)\| \\
&\leqslant \|x(t) + h\dot{x}(t)\| + \|o(h)\|,
\end{aligned} \tag{3.43}$$

于是

$$\begin{aligned}
\|x(t + h)\| - \|x(t)\| &\leqslant \|x(t) + h\dot{x}(t)\| - \|x(t)\| + \|o(h)\| \\
&\leqslant \|I + hA(t)\|\|x(t)\| - \|x(t)\| + \|o(h)\|, \\
&\leqslant (\|I + hA(t)\| - 1)\|x(t)\| + \|o(h)\|,
\end{aligned} \tag{3.44}$$

所以

$$\frac{\|x(t + h)\| - \|x(t)\|}{h} \leqslant \frac{\|I + hA(t)\| - 1}{h}\|x(t)\| + \frac{\|o(h)\|}{h}. \tag{3.45}$$

令 $h \to 0^+$, 可得

$$
\begin{aligned}
D_+\|x(t)\| &\leqslant \lim_{h \to 0^+} \frac{\|I + hA(t)\| - 1}{h}\|x(t)\| \\
&= \mu(A(t))\|x(t)\|.
\end{aligned}
\tag{3.46}
$$

因此

$$
\frac{D_+\|x(t)\|}{\|x(t)\|} \leqslant \mu(A(t)).
$$

不等式两边同时作用从 t_0 到 t 的积分, 可得

$$
\|x(t)\| \leqslant \|x(t_0)\| \exp\left(\int_{t_0}^t \mu(A(\tau))d\tau\right). \qquad ∎
$$

例 3.4 考虑系统

$$
\dot{x}_1 = -\frac{2}{t}x_1 + \frac{2}{t}x_2, \quad \dot{x}_2 = \frac{1}{t}x_1 - 2x_2,
$$

其系数矩阵为

$$
A(t) = \begin{pmatrix} -\dfrac{2}{t} & \dfrac{2}{t} \\ \dfrac{2}{t} & -2 \end{pmatrix}.
$$

取范数 $\|(u,v)\| = \max\{|u|, |v|\}$, 则对应的矩阵测度为

$$
\mu_\infty(A(t)) = 0.
$$

因此, 由定理 3.27 知, 系统是稳定的.

例 3.5 考虑系统

$$
\dot{x}_1 = \left(-1 - \cos\frac{t}{2}\right)x_1 + \left(\frac{1}{2} + \sin\frac{1}{2}t\right)x_2, \quad \dot{x}_2 = -\frac{1}{2}x_1 - x_2,
$$

其系数矩阵为

$$
A(t) = \begin{pmatrix} -1 - \cos\dfrac{t}{2} & \dfrac{1}{2} + \sin\dfrac{t}{2} \\ -\dfrac{1}{2} & -1 \end{pmatrix}.
$$

此时

$$
\mu_1(A) = \max\left\{-\frac{1}{2} - \cos\frac{t}{2} + \left|\sin\frac{t}{2}\right|, -\frac{1}{2}\right\},
$$

$$
\mu_2(A) = \max\left\{-\frac{1}{2} - \cos\frac{t}{2}, -\frac{1}{2} + \left|\sin\frac{t}{2}\right|\right\}.
$$

这样, 无法得出系统解的估计. 进一步,

$$\mu_3(A) = -\frac{1}{2} - \frac{1}{2}\cos t$$

且

$$\int_0^t \mu_3(A)d\tau = -\frac{1}{2}t - \frac{1}{2}(1 - \cos t)$$
$$= -\frac{1}{2}t - \frac{1}{2} + \frac{1}{2}\cos t$$
$$\leqslant -\frac{1}{2}t.$$

显然, 当 $t \to \infty$ 时,

$$\int_0^t \mu_3(A(\tau))d\tau \to -\infty.$$

因此, 上述系统是渐近稳定的, 且

$$\|x(t)\| \leqslant \|x(t_0)\|e^{-\frac{1}{2}t}.$$

事实上, 上述系统的解为

$$x(t) = \left(e^{-t}\sin\frac{t}{2}, e^{-t}\cos\frac{t}{2}\right).$$

　　重新回到系统 (3.40), 由定理 3.24—定理 3.27 知, 系统的稳定性取决于系数矩阵 $A(t)$ 的性态. 若 $A(t)$ 是常数矩阵, 则系统 (3.40) 的稳定性取决于系数矩阵的特征值实部. 若 $A(t)$ 是变系数矩阵, 那么系统 (3.40) 解的稳定性是否也取决于系数矩阵 $A(t)$ 的特征值呢?

　　例 3.6　考虑系统

$$\dot{x} = A(t)x,$$

其中

$$A(t) = \begin{pmatrix} -1 - 2\cos 4t & 2(1 + \sin 4t) \\ 2(\sin 4t - 1) & -1 + 2\cos 4t \end{pmatrix}.$$

显然 $A(t)$ 的特征值为 $\lambda_1 = \lambda_2 = -1$, 但系统是不稳定的, 因为其解为

$$x(t) = (e^t\sin 2t, e^t\cos 2t)^{\mathrm{T}}.$$

　　由上述例子易知, $A(t)$ 的特征值并没有直接和解的性态发生联系, 然而当 $A(t)$ 满足一些特别限制时, 可以获得某种关联. 这种方法被称为 "冻结系数法".

固定 $t_1 \in \mathbf{R}_+$, 将系统 (3.40) 化成

$$\dot{x} = [A(t_1) + [A(t) - A(t_1)]]x, \tag{3.47}$$

(3.47) 的解可写成

$$x(t) = e^{tA(t_1)}x(0) + \int_0^t e^{A(t_1)(t-\tau)}[A(\tau) - A(t_1)]x(\tau)d\tau.$$

因此

$$\|x(t)\| \leqslant \|e^{tA(t_1)}\|\|x(0)\| + \int_0^t \|e^{A(t_1)(t-\tau)}\|\|A(\tau) - A(t_1)\|\|x(\tau)\|d\tau.$$

上述不等式对任意 t 都成立, 包括 $t = t_1$. 令 $t = t_1$, 省略下标, 即将 t_1 记为 t. 则

$$\|x(t)\| \leqslant \|e^{tA(t)}\|\|x(0)\| + \int_0^t \|e^{A(t)(t-\tau)}\|\|A(\tau) - A(t)\|\|x(\tau)\|d\tau.$$

对 $A(t)$ 引入限制

$$\|A(t) - A(\tau)\| \leqslant \delta(t - \tau),$$

其中 $\delta = \sup_{\tau \geqslant 0}\|\dot{A}(t)\|$. 对 $e^{A(t)t}$ 作估计, 利用文献 [1] 中的公式 (1.3.11), 有

$$\|e^{tA(t)}\| \leqslant D(1 + t)^{n-1}e^{\gamma t}, \tag{3.48}$$

这里 D 如 [1] 所定义. 注意到

$$\begin{aligned}
\delta(1 + t - \tau)^{n-1}(t - \tau) &\leqslant \delta^{\frac{1}{n+1}}\delta^{\frac{n}{n+1}}(1 + t - \tau)^n \\
&= \delta^{\frac{1}{n+1}}e^{n\ln\left[\delta^{\frac{1}{n+1}}(1+t-\tau)\right]} \leqslant \delta^{\frac{1}{n+1}}e^{n\delta^{\frac{1}{n+1}}(1+t-\tau)}.
\end{aligned}$$

因此, 借助于 (3.48), 有

$$\|x(t)\| \leqslant D(1 + t)^{n-1}e^{\gamma t}\|x(0)\| + \int_0^t De^{\gamma(t-\tau)}\delta^{\frac{1}{n+1}}e^{n\delta^{\frac{1}{n+1}}(1+t-\tau)}\|x(\tau)\|d\tau. \tag{3.49}$$

令 $\varphi(t) = (1 + t)^{n-1}e^{\left(\gamma + n\delta^{\frac{1}{n+1}}\right)t} > 0$, 不等式 (3.49) 两边同时除以 $\varphi(t)$, 则有

$$\frac{\|x(t)\|}{\varphi(t)} \leqslant De^{-n\delta^{\frac{1}{n+1}}t}\|x(0)\| + \int_0^t \frac{D\delta^{\frac{1}{n+1}}}{(1+t)^{n-1}}e^{n\delta^{\frac{1}{n+1}}}e^{-\left(\gamma + n\delta^{\frac{1}{n+1}}\right)\tau}\|x(\tau)\|d\tau.$$

因此

$$\frac{\|x(t)\|}{\varphi(t)} \leqslant D\|x(0)\| + \int_0^t D\delta^{\frac{1}{n+1}}e^{n\delta^{\frac{1}{n+1}}}\frac{\|x(t)\|}{\varphi(\tau)}d\tau.$$

利用 Gronwall-Bellman 不等式

$$\frac{\|x(t)\|}{\varphi(t)} \leqslant D\|x(0)\| \exp\left(\int_0^t D_1 \delta^{\frac{1}{n+1}} d\tau\right),$$

其中 $D_1 = De^{n\delta^{\frac{1}{n+1}}}$. 故

$$\|x(t)\| \leqslant D\|x(0)\|(1+t)^{n-1}\exp\left(\left(\gamma + n\delta^{\frac{1}{n+1}}\right)t\right)\exp\left(\left(D_1\delta^{\frac{1}{n+1}}\right)t\right).$$

因此, 有如下结论.

定理 3.28[1]　　记 $\lambda_k(t)$ 是矩阵 $A(t)$ 的特征根. 若系数矩阵 $A(t)$ 满足 $\|A(t)\| \leqslant D$, $\delta = \sup\limits_{t\geqslant 0}\|A(t)\|$ 及 $\mathrm{Re}\lambda_k(t) \leqslant \gamma$, 则系统 (3.40) 的解 $x(t)$ 满足

$$\|x(t)\| \leqslant D\|x(0)\|(1+t)^{n-1}\exp\left(\left(\gamma + n\delta^{\frac{1}{n+1}}\right)t\right)\exp\left(\left(D_1\delta^{\frac{1}{n+1}}\right)t\right).$$

下面根据系数矩阵的测度来估计微分方程解的性态.

比如 $n = 2$ 时, 取范数 $\|(u,v)\| = \max\{|u|,|v|\}$, 则此时对应的矩阵测度为

$$\mu(A(t)) = \max\{a_{11}(t) + |a_{12}(t)|, |a_{21}(t)| + a_{22}(t)\}.$$

在很多实际问题中, 需要对系统 (3.40) 有更好的估计. 考虑 $n = 2$ 的情形. 此时, 系统 (3.40) 化为

$$\begin{cases} \dot{x}_1(t) = a_{11}(t)x_1(t) + a_{12}(t)x_2(t), \\ \dot{x}_2(t) = a_{21}(t)x_1(t) + a_{22}(t)x_2(t). \end{cases} \tag{3.50}$$

其作用矩阵为

$$A(t) = \begin{pmatrix} a_{11}(t) & a_{12}(t) \\ a_{21}(t) & a_{22}(t) \end{pmatrix}.$$

引入记号

$$a_{11}^+ = a_{11}, \quad a_{22}^+ = a_{22}, \quad a_{12}^+ = |a_{12}|, \quad a_{21}^+ = |a_{21}|.$$

并进一步, 假设如下条件.

$$(\mathrm{C}_0)\ \lim_{t\to\infty}\frac{1}{t}\int_{t_0}^t a_{ij}^+(\tau)d\tau = \Lambda_{ij}, \quad \Lambda_{11} + |\Lambda_{12}| < 0, \quad \Lambda_{22} + |\Lambda_{21}| < 0.$$

则有如下定理.

定理 3.29 若条件(C₀)成立, 且

$$\Lambda_{11} + |\Lambda_{12}| \neq \Lambda_{22} + |\Lambda_{21}|,$$

则系统 (3.50) 满足

对任意的 $\varepsilon > 0$, 存在充分大的 T, 使得当 $t > T$ 时, 有

$$\|x(t)\| \leqslant \|x(0)\| \exp\left(\frac{\mu(\Lambda)}{2}t\right). \tag{3.51}$$

证明 不失一般性, 设

$$\Lambda_{11} + |\Lambda_{12}| < \Lambda_{22} + |\Lambda_{21}| < 0.$$

引入记号

$$\lambda(t) = \int_{t_0}^t [(a_{22}(\tau) + |a_{21}(\tau)|) - (|a_{12}(\tau)| + a_{11}(\tau))]d\tau. \tag{3.52}$$

由条件 (C₀), 得

$$\lambda(t) = [(\Lambda_{22} + |\Lambda_{21}|) - (\Lambda_{11} + |\Lambda_{12}|)]t + \Theta_1(t)t, \tag{3.53}$$

其中 $\Theta_1(t) \to 0\,(t \to \infty)$.

故存在 $T_0 > 0$, 使得当 $t > T_0$ 时, $\lambda(t) > 0$, 进而 $\exp(\lambda(t)) > 0$.

构造如下函数:

$$V(t) = \begin{cases} \exp(\lambda(t))|x_1(t)|, & |x_1(t)| > |x_2(t)|, \\ |x_2(t)|, & |x_1(t)| \leqslant |x_2(t)|. \end{cases} \tag{3.54}$$

根据定理 2.7, 当 $t > T_0$ 时,$V(t)$ 是下半连续函数.

当 $|x_1(t)| > |x_2(t)|$ 时,

$$\begin{aligned} D_+V(t) &= D_+\left(\exp(\lambda(t))|x_1(t)|\right) \\ &\leqslant \exp(\lambda(t))\dot\lambda(t)|x_1(t)| + \exp(\lambda(t))D_+|x_1(t)| \\ &\leqslant \exp(\lambda(t))|x_1(t)|\left(\dot\lambda(t) + a_{11}(t) + |a_{12}(t)|\right) \\ &\leqslant \exp(\lambda(t))|x_1(t)|\left(a_{22}(t) + |a_{21}(t)|\right) \\ &\leqslant \left(a_{22}(t) + |a_{21}(t)|\right)V(t). \end{aligned} \tag{3.55}$$

同理当 $|x_2(t)| \geqslant |x_1(t)|$ 时,

$$D_+V(t) = D_+|x_2(t)| \leqslant \left(a_{22}(t) + |a_{21}(t)|\right)V(t). \tag{3.56}$$

由 (3.55) 和 (3.56) 得

$$D_+V(t) \leqslant (a_{22}(t) + |a_{21}(t)|)\,V(t). \tag{3.57}$$

由引理 2.5 得

$$V(t) \leqslant V(T_0) \exp\left(\int_{T_0}^t a_{22}(\tau) + |a_{21}(\tau)|d\tau \right). \tag{3.58}$$

根据条件 (C$_0$),

$$\lim_{t\to\infty} \frac{1}{t} \int_{T_0}^t [a_{22}(\tau) + |a_{21}(\tau)|]d\tau$$

$$= \lim_{t\to\infty} \frac{1}{t} \int_{t_0}^t [a_{22}(\tau) + |a_{21}(\tau)|]d\tau - \lim_{t\to\infty} \frac{1}{t} \int_{t_0}^{T_0} [a_{22}(\tau) + |a_{21}(\tau)|]d\tau$$

$$= \Lambda_{22} + |\Lambda_{21}|, \tag{3.59}$$

以及

$$\int_{T_0}^t a_{22}(\tau) + |a_{21}(\tau)|d\tau = (\Lambda_{22} + |\Lambda_{21}|)t + \Theta_2(t)t, \tag{3.60}$$

这里 $\Theta_2(t) \to 0\,(t \to \infty)$. 根据矩阵 Lozinskiĭ 测度性质, 有

$$V(T_0) \leqslant \|x(T_0)\| \left\| \exp\begin{pmatrix} -\lambda(T_0) & 0 \\ 0 & 0 \end{pmatrix} \right\|$$

$$\leqslant \|x(0)\| \left\| \exp\begin{pmatrix} -\lambda(T_0) & 0 \\ 0 & 0 \end{pmatrix} \right\| \exp\int_0^{T_0} \mu(A(s))ds. \tag{3.61}$$

因此, 对任意的 $\varepsilon > 0$, 存在 $T > T_0$, 当 $t > T$ 时,

$$V(t) \leqslant V(T_0) \exp\left((\Lambda_{22} + |\Lambda_{21}|)t + \varepsilon t\right)$$

$$\leqslant \|x(0)\| \left\| \exp\begin{pmatrix} -\lambda(T_0) & 0 \\ 0 & 0 \end{pmatrix} \right\| \exp\int_0^{T_0} \mu(A(s))ds$$

$$\cdot \exp\left((\Lambda_{22} + |\Lambda_{21}|)t + \varepsilon t\right). \tag{3.62}$$

因为

$$\left\| \exp\begin{pmatrix} \lambda(t) & 0 \\ 0 & 0 \end{pmatrix} x(t) \right\| \geqslant \left\| \exp\begin{pmatrix} -\lambda(t) & 0 \\ 0 & 0 \end{pmatrix} \right\|^{-1} \|x(t)\|,$$

因此, 对任意的 $\varepsilon > 0$, 存在 $T > T_0$, 当 $t > T$ 时,

$$\|x(t)\| = \|x(0)\| \left\| \exp \begin{pmatrix} -\lambda(T_0) & 0 \\ 0 & 0 \end{pmatrix} \right\| \exp \int_0^{T_0} \mu(A(s))ds$$

$$\cdot \left\| \exp \begin{pmatrix} -\lambda(t) & 0 \\ 0 & 0 \end{pmatrix} \right\| \exp\left((\Lambda_{22} + |\Lambda_{21}|)t + \varepsilon t\right)$$

$$\leqslant \|x(0)\| \exp\left(\frac{\Lambda_{22} + |\Lambda_{21}|}{2} t\right). \tag{3.63}$$

命题得证. ∎

证明的关键在于构造合适的半连续的泛函 (3.54). 一个自然的问题是, 若 (C_0) 对一般的 $n \geqslant 3$ 成立, 能不能将定理 3.29 在 $n = 2$ 的情形推广到 $n \geqslant 3$?

定理 3.30 假设系统 (3.40) 满足

(C) 对于系数矩阵 $A(t)$, 存在矩阵 $C(t)$ 以及充分大的 $T_1 > 0$ 和 $\alpha_1, \alpha_2, \cdots, \alpha_n$ 使得对所有的 $t \geqslant T_1$,

$$a_{ii}(t) + \sum_{i \neq j} \frac{\alpha_j}{\alpha_i} |a_{ij}(t)| \leqslant c_{ii}(t) + \sum_{i \neq j} \frac{\alpha_j}{\alpha_i} |c_{ij}(t)|$$

和

$$\lim_{t \to +\infty} \frac{1}{t} \int_0^t c_{ii}(s) + \sum_{i \neq j} \frac{\alpha_j}{\alpha_i} |c_{ij}(s)| ds = \delta_i < 0, \tag{3.64}$$

其中 $a_{ij}(t)$ 和 $c_{ij}(t)$ 分别代表矩阵 $A(t)$ 与 $C(t)$ 的元素. 则存在 $g > 0$ 和 $T > T_1$ 使得对所有的 $t \geqslant T$ 以及所有的 $z(0) \in R^{\binom{n}{m+1}}$, 如下估计成立:

$$\|z(t)\| \leqslant \|z(0)\| \exp(-gt), \quad t \geqslant T,$$

其中 $\|\cdot\|$ 是向量范数定义如下 $\|(u_1, u_2, \cdots, u_n)\| = \max_i \{|u_1|, |u_2|, \cdots, |u_n|\}$.

证明 令 $\delta_i(t) = c_{ii}(t) + \sum_{i \neq j} \frac{\alpha_j}{\alpha_i} |c_{ij}(t)|$. 由 (3.64) 得

$$\lim_{t \to +\infty} \frac{1}{t} \int_0^t \delta_i(\tau)d\tau = \delta_i < 0. \tag{3.65}$$

取 $\delta_{\max} = \max_{1 \leqslant i \leqslant n} \{\delta_i\}$. 不失一般性, 我们只证明如下的情形:

$$\delta_{\max} = \delta_n, \quad \delta_1 \leqslant \delta_2 \leqslant \cdots \leqslant \delta_n.$$

此时, 显然有 $\varrho_i > 0 \, (i = 1, 2, \cdots, n)$ 使得

$$\delta_1 + \varrho_1 < \delta_2 + \varrho_2 < \cdots < \delta_n + \varrho_n,$$

其中 $\varrho_1 < \varrho_2 < \cdots < \varrho_n$ 与 $\varrho_n - \varrho_1 < -\dfrac{\delta_n}{8}$. 令

$$\Omega(t) = Lz(t), \tag{3.66}$$

其中 $L = \mathrm{diag}(\alpha_1, \alpha_2, \cdots, \alpha_n)$. 系统 (3.40) 化为

$$\dot{\Omega}(t) = L^{-1}B(x(t, x_0))L\Omega(t). \tag{3.67}$$

构造泛函

$$V(t) = \begin{cases} \left| \exp\left(-\int_0^t d_1(\tau)d\tau \right) \Omega_1(t) \right|, & t \in \tilde{\mathcal{O}}_1, \\[2mm] \left| \exp\left(-\int_0^t d_2(\tau)d\tau \right) \Omega_2(t) \right|, & t \in \tilde{\mathcal{O}}_2, \\[2mm] \quad\vdots & \quad\vdots \\[2mm] \left| \exp\left(-\int_0^t d_n(\tau)d\tau \right) \Omega_n(t) \right|, & t \in \tilde{\mathcal{O}}_n, \end{cases} \tag{3.68}$$

其中 $d_i(t) = (\delta_i(t) + \varrho_i) - (\delta_n(t) + \varrho_n)$, 以及

$$\mathcal{O}_i = \left\{ t \,\big|\, |\Omega_i(t)| \geqslant \max_{j<i} |\Omega_j(t)| \right\},$$

$$\bar{\mathcal{O}}_i = \left\{ t \,\big|\, |\Omega_i(t)| < \max_{j<i} |\Omega_j(t)| \right\},$$

$$\tilde{\mathcal{O}}_1 = \bar{\mathcal{O}}_n \cap \bar{\mathcal{O}}_{n-1} \cap \cdots \cap \bar{\mathcal{O}}_2,$$

$$\tilde{\mathcal{O}}_i = \bar{\mathcal{O}}_n \cap \bar{\mathcal{O}}_{n-1} \cap \cdots \cap \mathcal{O}_i \quad (i = 2, 3, \cdots, n-2),$$

$$\tilde{\mathcal{O}}_{n-1} = \bar{\mathcal{O}}_n \cap \mathcal{O}_{n-1},$$

$$\tilde{\mathcal{O}}_n = \mathcal{O}_n.$$

根据 (3.65), 得到

$$\lim_{t \to +\infty} \frac{1}{t} \int_0^t d_i(\tau)d\tau \triangleq d_i \quad (i = 1, 2, \cdots, n).$$

其中 $d_i = (\delta_i + \varrho_i) - (\delta_n + \varrho_n)$.

因为

$$\delta_1 + \varrho_1 < \delta_2 + \varrho_2 < \cdots < \delta_n + \varrho_n,$$

故

$$d_1 < d_2 < \cdots < d_n = 0$$

且

$$\int_0^t d_i(\tau)d\tau = (d_i + \Theta_i(t))t,$$

其中

$$\lim_{t \to \infty} |\Theta_i(t)| = 0 \quad (i = 1, 2, \cdots, n-1),$$

以及

$$\Theta_n(t) = d_n(t) = d_n = 0.$$

易知, 存在充分大的 $T_0 > T_1$, 使得对 $t \geqslant T_0$,

$$d_i - d_j > \Theta_j(t) - \Theta_i(t) \quad (i > j),$$

以及

$$(d_1 + \Theta_1(t))t < (d_2 + \Theta_2(t))t < \cdots < (d_n + \Theta_n(t))t = 0. \tag{3.69}$$

当 $t \geqslant T_0$ 时,

$$\exp\left(-\int_0^t d_1(\tau)d\tau\right) > \cdots > \exp\left(-\int_0^t d_n(\tau)d\tau\right).$$

根据定理 2.8, 当 $t \geqslant T_0$ 时, (3.68) 是下半连续的函数. 当 $t \in \tilde{\mathcal{O}}_i$ 时, 沿着系统 (3.67) 计算函数 $V(t)$ 的导数, 再利用引理 2.11, 可得

$$\begin{aligned}
D_+V(t) &= D_+ \left| \exp\left(-\int_0^t d_i(\tau)d\tau\right) \Omega_i(t) \right| \\
&= D_+ |\Omega_i(t)| \exp\left(-\int_0^t d_i(\tau)d\tau\right) \\
&= \frac{d}{dt}\left[\exp\left(-\int_0^t d_i(\tau)d\tau\right)\right] \times |\Omega_i(t)| + \exp\left(-\int_0^t d_i(\tau)d\tau\right) D_+|\Omega_i(t)| \\
&\leqslant \exp\left(-\int_0^t d_i(\tau)d\tau\right) (-d_i(t)|\Omega_i(t)| + D_+|\Omega_i(t)|) \\
&\leqslant \exp\left(-\int_0^t d_i(\tau)d\tau\right) |\Omega_i(t)| \left(-d_i(t) + b_{ii}(t) + \sum_{i \neq j} \frac{\alpha_j}{\alpha_i} |b_{ij}(t)|\right).
\end{aligned}$$

根据条件 (C$_0$), 得到对所有的 $t \geqslant T_1$,

$$
\begin{aligned}
D_+V(t) &\leqslant \exp\left(-\int_0^t d_i(\tau)d\tau\right)|\Omega_i(t)|\left(-d_i(t)+c_{ii}(t)+\sum_{i \neq j}\frac{\alpha_j}{\alpha_i}|c_{ij}(t)|\right)\\
&= \exp\left(-\int_0^t d_i(\tau)d\tau\right)|\Omega_i(t)|\left(-[(\delta_i(t)+\varrho_i)-(\delta_n(t)+\varrho_n)]+\delta_i(t)\right)\\
&\leqslant \exp\left(-\int_0^t d_i(\tau)d\tau\right)|\Omega_i(t)|\,(\delta_n(t)+\varrho_n-\varrho_1)\\
&= \left|\exp\left(-\int_0^t d_i(\tau)d\tau\right)\Omega_i(t)\right|(\delta_n(t)+\varrho_n-\varrho_1)\,.
\end{aligned}
\tag{3.70}
$$

因此, 当 $t \geqslant T_0 > T_1$ 时,

$$
D_+V(t) \leqslant (\delta_n(t)+\varrho_n-\varrho_1)\,V(t). \tag{3.71}
$$

定义如下函数:

$$
\tilde{V}(t) = V(t)\exp\left(-\int_0^t \delta_n(\tau)+\varrho_n-\varrho_1\,d\tau\right). \tag{3.72}
$$

因为 $V(t)$ 在 $t \geqslant T_0$ 时是下半连续的, 所以当 $t \geqslant T_0$ 时 $\tilde{V}(t)$ 也是下半连续的.

根据引理 2.1 得, 对 $t \geqslant T_0$,

$$
\begin{aligned}
D_+\tilde{V}(t) &= D_+\left[V(t)\exp\left(-\int_0^t \delta_n(\tau)+\varrho_n-\varrho_1\,d\tau\right)\right]\\
&= \exp\left(-\int_0^t \delta_n(\tau)+\varrho_n-\varrho_1\,d\tau\right)[D_+V(t)-(\delta_n(t)+\varrho_n-\varrho_1)\,V(t)]\\
&\leqslant 0.
\end{aligned}
\tag{3.73}
$$

根据文献 [4] 中的引理 6.3, 我们知道 $\tilde{V}(t)$ 是单调非增的, 等价地,

$$
\tilde{V}(t) \leqslant \tilde{V}(T_0)
$$

和

$$
V(t)\exp\left(-\int_0^t \delta_n(\tau)+\varrho_n-\varrho_1\,d\tau\right) \leqslant V(T_0)\exp\left(-\int_0^{T_0} \delta_n(\tau)+\varrho_n-\varrho_1\,d\tau\right).
$$

因此,

$$
V(t) \leqslant V(T_0)\exp\left(\int_{T_0}^t \delta_n(\tau)+\varrho_n-\varrho_1\,d\tau\right). \tag{3.74}
$$

根据 (3.74), 得到 $t \in \tilde{\mathcal{O}}_i$, 以及当 $t \geqslant T_0$ 时,

$$\left| \exp\left(-\int_0^t d_i(\tau)d\tau \right) \Omega_i(t) \right| \leqslant V(T_0) \exp\left(\int_{T_0}^t \delta_n(\tau) + \varrho_n - \varrho_1 d\tau \right) \qquad (3.75)$$

和

$$|\Omega_i(t)| \leqslant V(T_0) \exp\left(\int_0^t d_i(\tau)d\tau \right) \exp\left(\int_{T_0}^t \delta_n(\tau) + \varrho_n - \varrho_1 d\tau \right). \qquad (3.76)$$

因此, 当 $t \geqslant T_0$ 时,

$$\|\Omega(t)\| \leqslant V(T_0) \left\| \exp\left(\int_0^t D(\tau)d\tau \right) \right\| \exp\left(\int_{T_0}^t (\delta_n(\tau) + \varrho_n - \varrho_1)d\tau \right), \qquad (3.77)$$

其中 $D(t) = (d_1(t), d_2(t), \cdots, d_n(t))$. 利用 (3.66), 得到

$$\|z(t)\| \leqslant \frac{V(T_0)}{\|L^{-1}\|} \left\| \exp\left(\int_0^t D(\tau)d\tau \right) \right\| \exp\left(\int_{T_0}^t (\delta_n(\tau) + \varrho_n - \varrho_1)d\tau \right). \qquad (3.78)$$

根据 (3.65), 有

$$\begin{aligned}
\lim_{t \to +\infty} \frac{1}{t} \int_{T_0}^t \delta_n(\tau)d\tau &= \lim_{t \to +\infty} \frac{1}{t} \int_0^t \delta_n(\tau)d\tau - \lim_{t \to +\infty} \frac{1}{t} \int_0^{T_0} \delta_n(\tau)d\tau \\
&= \lim_{t \to +\infty} \frac{1}{t} \int_0^t \delta_n(\tau)d\tau \\
&= \delta_n < 0.
\end{aligned} \qquad (3.79)$$

显然,

$$\int_{T_0}^t \delta_n(\tau)d\tau = (\delta_n + \Delta(t))t, \qquad (3.80)$$

其中 $\lim_{t \to \infty} |\Delta(t)| = 0$.

根据 (3.72) 以及 Lozinskiĭ 测度的性质, 有

$$\begin{aligned}
V(T_0) &\leqslant \|z(T_0)\| \|L\| \left\| \exp\left(-\int_0^{T_0} D(\tau)d\tau \right) \right\| \\
&\leqslant \|z(0)\| \|L\| \left\| \exp\left(-\int_0^{T_0} D(\tau)d\tau \right) \right\| \exp\left(\int_0^{T_0} \mu(B(x(s, x_0)))ds \right). \quad (3.81)
\end{aligned}$$

因此, 对任意的 $\varepsilon > 0$, 存在 $T > T_0 > 0$, 使得对所有的 $t \geqslant T$,

$$\int_{T_0}^t \delta_n(\tau)d\tau \leqslant (\delta_n + \varepsilon)t, \quad \left\| \exp\left(\int_0^t D(\tau)d\tau \right) \right\| \leqslant 1,$$

以及

$$\|L\| \left\| \exp\left(-\int_0^{T_0} D(\tau)d\tau \right) \right\| \|L^{-1}\|^{-1} \left(\exp\int_0^{T_0} \mu(B(x(s, x_0)))ds \right) \exp\left(\frac{\delta_n t}{4} \right) \leqslant 1.$$

易得当 $t \geqslant T$ 时,

$$\|z(t)\| \leqslant \|z(0)\| \|L^{-1}\|^{-1} \left(\exp\int_0^{T_0} \mu(B(x(s, x_0)))ds \right)$$

$$\cdot \|L\| \left\| \exp\left(-\int_0^{T_0} D(\tau)d\tau \right) \right\| \exp(\delta_n t + \varrho_n t - \varrho_1 t + \varepsilon t)$$

$$< \|z(0)\| \exp\left(\frac{\delta_n}{4} t \right). \tag{3.82}$$

结论得证. ∎

3.6　线性周期系数系统

考虑如下系统:

$$\dot{x} = A(t)x, \tag{3.83}$$

其中 $A(t) = A(t + \omega)$. 首先描述系统 (3.83) 的解的一般结构.

引理 3.1[57]　若 C 是 n 阶方阵且 $\det C \neq 0$, 则存在矩阵 B, 使 $C = \exp(B)$.

证明　令 $C = PJP^{-1}$, 这里 J 为矩阵 B 的若尔当标准形, $J = \mathrm{diag}(J_1, \cdots, J_s)$ 满足

$$J_k = \begin{pmatrix} \lambda_k & 1 & 0 & \cdots & 0 \\ 0 & \lambda_k & 1 & \cdots & 0 \\ \vdots & \vdots & \vdots & & \vdots \\ 0 & 0 & 0 & \cdots & 1 \\ 0 & 0 & 0 & \cdots & \lambda_k \end{pmatrix},$$

上式是对应矩阵 B 的初等因子 $(\lambda - \lambda_k)^{n_k}$ 的 n_k 阶若尔当块, $\lambda_k(k = 1, \cdots, s)$ 是 B 的特征值且 $n_1 + n_2 + \cdots + n_s = n$.

因为 C 是非奇异矩阵, 所以对任意的 i, $\lambda_i \neq 0$. 若对某些 $\tilde{B} \in C^{n \times n}$, $J = \exp(\tilde{B})$, 则

$$C = P\exp(\tilde{B})P^{-1} = \exp(P\tilde{B}P^{-1}) \triangleq \exp(B).$$

因此, 只需说明定理对每一个若尔当块 J_i, $i = 1, 2, \cdots, s$ 成立即可. 记

$$C_j = \lambda_j I + R_j,$$

其中

$$R_j = \begin{pmatrix} 0 & 1 & 0 & \cdots & 0 \\ 0 & 0 & 1 & \cdots & 0 \\ \vdots & \vdots & \vdots & & \vdots \\ 0 & 0 & 0 & \cdots & 1 \\ 0 & 0 & 0 & \cdots & 0 \end{pmatrix},$$

则对所有的 $m \geqslant n_j$, $R_j^m = 0$. 根据 $\ln(1 + x) = \sum_{k=1}^{\infty} \frac{(-1)^{k+1}}{k} x^k$, $|x| < 1$ 以及 $e^{\ln(1+x)} = 1 + x$. 这样

$$\begin{aligned} \ln J_j &= \ln(\lambda_j)I + \ln\left(I + \frac{1}{\lambda_j} R_j\right) \\ &= \ln(\lambda_j)I + \sum_{k=1}^{\infty} \frac{(-1)^{k+1}}{k} \left(\frac{R_j}{\lambda_j}\right)^k \\ &= \ln(\lambda_j)I + \sum_{k=1}^{n_j-1} \frac{(-1)^{k+1}}{k} \left(\frac{R_j}{\lambda_j}\right)^k \\ &\triangleq B_j, \end{aligned}$$

则

$$e^{B_j} = \exp(\ln(\lambda_j)I) \exp\left(\sum_{k=1}^{n_j-1} \frac{(-1)^{k+1}}{k} \left(\frac{R_j}{\lambda_j}\right)^k\right) = \lambda_i \left(I + \frac{R_j}{\lambda_j}\right) \triangleq J_j. \qquad \blacksquare$$

定理 3.31 设系统 (3.83) 的基本解矩阵为 $\Phi(t)$, 则 $\Phi(t + \omega)$ 也是 (3.83) 的基本解矩阵, 且存在常数矩阵 B, 使得

$$\Phi(t + \omega) = \Phi(t)B. \tag{3.84}$$

证明 由于 $\Phi(t)$ 是基解矩阵, 因此,

$$\det \Phi(t) \neq 0.$$

故

$$\det \Phi(t + \omega) \neq 0.$$

又

$$\Phi'(t+\omega) = A(t+\omega)\Phi(t+\omega) = A(t)\Phi(t+\omega),$$

故 $\Phi(t+\omega)$ 是基解矩阵. 由基解矩阵性质, 存在 B, 使得

$$\Phi(t+\omega) = \Phi(t)B. \qquad \blacksquare$$

注 3.1   令 $t = 0$, 则由 (3.84) 以及 $\Phi(0) = I$, 得 $\Phi(\omega) = B$, 故

$$\Phi(t+\omega) = \Phi(t)\Phi(\omega). \tag{3.85}$$

定理 3.32 (Floquet 定理)   设系统 (3.83) 的基本解矩阵为 $\Phi(t)$, 则存在一个可微的周期为 ω 的非奇异矩阵值函数 $P(t)$, 以及一个常数值矩阵 B, 使得

$$\Phi(t) = P(t)\exp(tB).$$

证明   假设 $\Phi(t)$ 是基解矩阵. 由于 $A(t) = A(t+\omega)$, 由定理 3.31, $\Phi(t+\omega)$ 也是基解矩阵. 因此存在非奇异矩阵 C, 使

$$\Phi(t+\omega) = \Phi(t)C.$$

又由引理 3.1, 存在矩阵 B, 使 $C = e^{B\omega}$, 对此矩阵 B, 令 $P(t) = \Phi(t)e^{-Bt}$, 则

$$P(t+\omega) = \Phi(t+\omega)e^{-B(t+\omega)} = \Phi(t)e^{B\omega}e^{-B(t+\omega)} = P(t).$$

定理证毕. $\blacksquare$

令 $x = P(t)y$, 则 $\dot{x} = \dot{P}(t)y + P(t)\dot{y}$, 所以 $A(t)x = A(t)P(t)y$, 进而得到

$$\dot{y} = [P^{-1}(t)A(t)P(t) - P^{-1}(t)\dot{P}(t)]y,$$

根据 Floquet 定理, $P(t) = \Phi(t)e^{-Bt}$, 所以 $\dot{P}(t) = A(t)P(t) - P(t)B$, 因此,

$$\dot{y} = By,$$

因此有如下结论.

定理 3.33   系统 (3.83) 在变换 $x = P(t)y$ 下可化成一个线性齐次常系数系统

$$\dot{y} = By.$$

定义 3.3   矩阵 $C = \exp(B\omega)$ 的特征值 $\rho_1, \rho_2, \cdots, \rho_n$ 称为系统 (3.83) 的特征乘数. 矩阵 B 的特征值 $\lambda_1, \lambda_2, \cdots, \lambda_n$ 称为系统 (3.83) 的特征指数.

定理 3.34 令 $\lambda_1, \lambda_2, \cdots, \lambda_n$ 称为系统 (3.83) 的特征指数, 则 (3.83) 的特征乘数为 $\exp(\lambda_1\omega), \exp(\lambda_2\omega), \cdots, \exp(\lambda_n\omega)$.

证明 由题设, 矩阵 B 的特征值为 $\lambda_1, \lambda_2, \cdots, \lambda_n$, 故矩阵 $B\omega$ 的特征值为

$$\lambda_1\omega, \lambda_2\omega, \cdots, \lambda_n\omega.$$

令

$$P^{-1}BP = J = \mathrm{diag}(J_1, J_2, \cdots, J_s),$$

则

$$C = \exp(B\omega) = P\exp(J\omega)P^{-1},$$

其中 $\exp(J\omega) = \mathrm{diag}(\exp(J_1\omega, J_2\omega, \cdots, J_s\omega))$. ∎

注 3.2 矩阵 B 一般被称为是单值矩阵, 特征指数满足方程

$$f(\rho) = \det(\rho I - \phi(\omega)) = \det(\rho I - B) = 0, \tag{3.86}$$

也称 $f(\rho) = 0$ 为系统 (3.83) 的**特征方程**.

特征指数并不是由系数矩阵 $A(t)$ 唯一确定的, 而特征指数的实部和特征乘数却是唯一确定的.

定理 3.35 特征乘数由系统 (3.83) 唯一确定且非零.

证明 令 $\Phi(t), \Phi_1(t)$ 是系统 (3.83) 的基解矩阵, 则由定理 3.31 知, 存在非奇异矩阵 C_1, 使得

$$\Phi(t) = \Phi_1(t)C_1.$$

因此,

$$\Phi_1(t+\omega)C_1 = \Phi(t+\omega) = \Phi(t)C = \Phi(t)\exp(B\omega) = \Phi_1(t)C_1\exp(B\omega)$$

或者

$$\Phi_1(t+\omega) = \Phi_1(t)C_1\exp(B\omega)C_1^{-1} = \Phi_1(t)\exp(B'\omega).$$

则 $\exp(B'\omega) = C_1\exp(B\omega)C_1^{-1}$, $\exp(B\omega)$ 和 $\exp(B'\omega)$ 具有相同的特征值. 因此, 特征乘数 $\rho_1, \rho_2, \cdots, \rho_n$ 可以由系统 (3.83) 唯一确定.

进一步, 由

$$\rho_1\rho_2\cdots\rho_n = \det(\exp(B\omega)) \neq 0$$

知, 定理得证. ∎

定理 3.36 ρ 是系统 (3.83) 的特征乘数的充分必要条件是系统存在一个非平凡解 $x(t)$, 使

$$x(t+\omega) = \rho x(t). \tag{3.87}$$

证明 令 ρ 是系统 (3.83) 的特征乘数, 即 ρ 是单位矩阵 $\Phi(\omega)$ 的特征根. 设 ν 是关于 ρ 的特征向量, 则

$$\Phi(\omega)\nu = \rho\nu.$$

所以,

$$x(t+\omega) = \Phi(t+\omega)\nu = \Phi(t)\Phi(\omega)\nu = \Phi(t)\rho\nu = \rho\Phi(t)\nu = \rho x(t).$$

反之, 若 (3.87) 成立, 则对于满足 (3.87) 的解 $x(t)$, 有

$$x(\omega) = \rho x(0).$$

将 $x(t)$ 重写成

$$x(t) = \Phi(t)x(0),$$

则

$$x(\omega) = \Phi(\omega)x(0) = \rho x(0).$$

又 $\|x(0)\| \neq 0$, 故 ρ 是特征乘子. 命题得证. ∎

定理 3.37 λ 是系统 (3.83) 的特征指数的充分必要条件是 (3.83) 具有形如 $e^{\lambda t}p(t)$ 的非平凡解, 特别地, 当 (3.83) 有周期为 ω (或 2ω) 的周期解当且仅当 (3.83) 有特征乘数 $+1$ (或 -1).

证明 若 $e^{\lambda t}p(t)(p(t) = p(t+\omega) \neq 0)$ 满足 (3.83), 由 Floquet 定理 (定理 3.32) 可知, 存在 $x_0 \neq 0$, 使得

$$e^{\lambda t}p(t) = P(t)e^{Bt}x_0.$$

又

$$\begin{aligned}
e^{\lambda(t+\omega)}p(t+\omega) &= e^{\lambda t}e^{\lambda\omega}p(t) = e^{\lambda t}p(t)e^{\lambda\omega} \\
&= p(t)e^{\lambda t}e^{\lambda\omega} = P(t)e^{Bt}x_0 e^{\lambda\omega},
\end{aligned}$$

故

$$e^{\lambda(t+\omega)}p(t+\omega) = P(t+\omega)e^{B(t+\omega)}x_0 = p(t)e^{Bt}e^{B\omega}x_0.$$

所以

$$P(t)e^{Bt}(e^{\lambda\omega}I - e^{B\omega})x_0 = 0.$$

因而

$$\det(e^{\lambda\omega}I - e^{B\omega}) = 0.$$

因此, λ 是特征指数.

反之, 若存在 λ, 使

$$\det(e^{B\omega} - e^{\lambda\omega}I) = 0,$$

则可取 $x_0 \neq 0$, 使得

$$(e^{B\omega} - e^{\lambda\omega}I)x_0 = 0.$$

因而可选取表达式, 使 λ 确实为 B 的特征根, 则对任意 t, $e^{Bt}x_0 = e^{\lambda t}x_0$, 且

$$P(t)e^{Bt}x_0 = P(t)x_0 e^{\lambda t}$$

为所要求的解. 最后一个断言显然成立. ■

命题 3.1 (刘维尔公式) 设系统 (3.83) 的基本解矩阵为 $\Phi(t)$, 则

$$\det(\Phi(t)) = \det(\Phi(t_0)) \exp\left(\int_0^\omega \mathrm{tr}(A(s))ds\right).$$

注 3.3 刘维尔公式对非周期系数的线性系统仍然成立.

定理 3.38 若 $\rho_j = e^{\lambda_j \omega}(j = 1, 2, \cdots, n)$ 是 (3.83) 的特征乘数, 则

$$\prod_{j=1}^n \rho_j = \exp\left(\int_0^\omega \mathrm{tr}(A(t))dt\right), \tag{3.88}$$

$$\sum_{j=1}^n \lambda_j = \frac{1}{\omega}\left(\int_0^\omega \mathrm{tr}(A(t))dt\right) \mod \frac{2\pi i}{\omega}. \tag{3.89}$$

证明 假设 C 是 (3.83) 矩阵解 $\Phi(t)(\Phi(0) = I)$ 的单位矩阵. 由命题 3.1 得

$$\det C = \det(\Phi(\omega)) = \exp\left(\int_0^\omega \mathrm{tr}A(s)\right)ds,$$

由定义 3.3, 结论成立. ■

定理 3.39 线性齐次系统 (3.83) 存在周期为 ω 的非平凡周期解的充分必要条件是 (3.83) 至少有一个特征乘数为 $1\left($特征指数为$0\left(\mod\frac{2\pi i}{\omega}\right)\right)$.

对于周期系数的系统 (3.83), 我们更关心的是系统零解的稳定性和常系数的情形类似, 这里, 可以用特征乘数和特征指数来判断.

定理 3.40   (1) 线性齐次系统 (3.83) 稳定的充分必要条件是 (3.83) 所有特征乘数的模 $|\rho_j| \leqslant 1$(特征指数的实部小于等于 0) 且模 $|\rho_j| = 1$(特征指数的实部等于 0) 的所有特征乘数, 其代数重数和几何重数相等, 只有单初等因子.

(2) 线性齐次系统 (3.83) 渐近稳定的充分必要条件是 (3.83) 所有特征乘数的模 $|\rho_j| < 1$(特征指数的实部小于 0).

(3) 线性齐次系统 (3.83) 不稳定的充分必要条件是 (3.83) 的特征方程 (3.86) 特征乘数中至少有一个的模大于 1 或有对应于 $\Phi(\omega)$ 的多重初等因子的模为 1 的特征乘数.

证明   设 $t \in [n\omega, (n+1)\omega)$, 不妨设 $t = n\omega + t_1, t_1 \in [0, \omega)$.

$$
\begin{aligned}
\Phi(t) &= \Phi(n\omega + t_1) = \Phi((n-1)\omega + t_1 + \omega) \\
&= \Phi((n-1)\omega + t_1)\Phi(\omega) \\
&= \cdots = \Phi(t_1)\Phi^n(\omega),
\end{aligned}
\tag{3.90}
$$

其中 $\Phi(t_1) \neq 0$ 且有界.

(1) 因为系统 (3.83) 平凡解稳定, 故由定理 3.11 知, $\Phi(t)$ 有界. 结合公式 (3.90), 得 $\Phi^n(t)$ 有界, 因而 $|\rho| \leqslant 1$. 反之也成立.

(2) 因为系统 (3.83) 平凡解渐近稳定, 所以根据定理 3.12 知, $\lim\limits_{t\to\infty} \Phi(t) = 0$. 由 (3.90),

$$
\lim_{n\to\infty} \Phi^n(\omega) = 0.
$$

因而, $\Phi(\omega)$ 特征根 $|\rho| < 1$.   ∎

(3) 由 (1) 即可推出.

关于周期系数的稳定性和一致稳定性, 文献 [129] 中定理 4.1 和定理 4.2 给出了二者之间的关系.

定理 3.41   (1) 线性齐次系统 (3.83) 一致稳定的充分必要条件是 (3.83) 所有特征乘数的模 $|\rho_j| \leqslant 1$ (特征指数的实部小于等于 0) 且对所有特征乘数的模 $|\rho_j| = 1$ (特征指数的实部等于 0), 其代数重数和几何重数相等, 只有单初等因子.

(2) 线性齐次系统 (3.83) 一致渐近稳定的充分必要条件是 (3.83) 所有特征乘数的模 $|\rho_j| < 1$ (特征指数的实部小于 0).

基于上述结论, 人们可能会有一种错觉, 似乎线性周期系数方程与常系数线性方程的稳定性是相同的, 然而它们之间有本质的差别. 只有确定 (3.83) 的解之后, 才能确定特征指数, 而在特征指数与矩阵 $A(t)$ 之间没有直接的关系. 下面以 Markus 与 Yamabe 的例子来说明.

例 3.7 若

$$A(t) = \begin{pmatrix} -1 + \dfrac{3}{2}\cos^2 t & 1 - \dfrac{3}{2}\cos t \sin t \\ -1 - \dfrac{3}{2}\cos t \sin t & -1 + \dfrac{3}{2}\sin^2 t \end{pmatrix},$$

简单计算可得

$$\lambda_{1,2}(t) = -\frac{1}{4} \pm \frac{\sqrt{7}}{4}.$$

另一方面, 此时 $A(t)$ 所对应线性方程的解为

$$(-\cos t, \sin t)\exp\left(\frac{t}{2}\right).$$

易知, 此解当 $t \to \infty$ 时无界. 而其特征乘数为 e^π 及 $e^{-2\pi}$.

确定线性周期系数系统的特征乘数或特征指数是一个非常困难的问题, 接下来将从另一个方面来确定系统 (3.83) 解的性态.

引理 3.2 设 $a(t) = a(t + \omega)$, 则

$$\lim_{t\to\infty} \frac{1}{t}\int_0^t a(\tau)d\tau = \frac{1}{\omega}\int_0^\omega a(t)dt.$$

证明 令 $t = n\omega + t_0, t_0 \in [0, \omega]$. 由周期函数性质,

$$\int_0^{n\omega+t_0} a(\tau)d\tau = \int_0^{t_0} a(\tau)d\tau + \int_{t_0}^{n\omega+t_0} a(\tau)d\tau$$

$$= \int_0^{t_0} a(\tau)d\tau + n\int_0^\omega a(\tau)d\tau.$$

因此,

$$\lim_{t\to\infty} \frac{1}{t}\int_0^t a(\tau)d\tau = \lim_{n\to\infty} \frac{1}{n\omega+t_0}\left(\int_0^{t_0} a(\tau)d\tau + n\int_0^\omega a(\tau)d\tau\right)$$

$$= \lim_{n\to\infty} \frac{1}{n\omega+t_0}\int_0^{t_0} a(\tau)d\tau + \lim_{n\to\infty} \frac{n}{n\omega+t_0}\int_0^\omega a(\tau)d\tau$$

$$= \frac{1}{\omega}\int_0^\omega a(\tau)d\tau.$$

命题得证. ∎

类似定理 3.30, 可得如下定理.

定理 3.42   若对系统 (3.83) 的矩阵 $A(t)$, 存在周期矩阵 $C(t)$, 满足 $C(t) = C(t + \omega)$, 使得

$$a_{ii}(t) + \sum_{i \neq j} \frac{\alpha_i}{\alpha_j} |a_{ij}(t)| \leqslant c_{ii}(t) + \sum_{i \neq j} \frac{\alpha_i}{\alpha_j} |c_{ij}(t)|$$

与

$$\int_0^\omega c_{ii}(\tau) + \sum_{i \neq j} \frac{\alpha_i}{\alpha_j} |c_{ij}(\tau)| d\tau < 0,$$

则存在 $g > 0, T > 0$, 当 $t > T$ 时, 有

$$\|x(t)\| \leqslant \|x(t_0)\| e^{-gt}.$$

注 3.4   若 $A(t)$ 满足

$$\frac{1}{\omega} \int_0^\omega a_{ii}(t) + \sum_{i \neq j} \frac{\alpha_i}{\alpha_j} |a_{ij}(t)| dt < 0,$$

则定理 3.42 成立.

例 3.8   考虑微分方程

$$\begin{pmatrix} \dot{x}_1 \\ \dot{x}_2 \end{pmatrix} = \begin{pmatrix} 1 & 1 \\ 0 & h(t) \end{pmatrix} \begin{pmatrix} x_1 \\ x_2 \end{pmatrix} \triangleq A(t)x, \tag{3.91}$$

其中

$$h(t) = (\cos t + \sin t)(2 + \sin t - \cos t).$$

由 (3.91) 可得

$$(2 + \sin t - \cos t)\dot{x}_2 = (\cos t + \sin t)x_2.$$

故 $x_2 = b(2 + \sin t - \cos t)$, 其中 b 为任意常数.

而 x_1 满足 $\dot{x}_1 - x_1 = x_2 = b(2 + \sin t - \cos t)$. 因此

$$x_1 = ae^t - b(2 + \sin t),$$

其中 a 为任意常数.

因而基解矩阵 $\Phi(t)$ 可当 $a = 0, b = 1$ 或 $a = 1, b = 1$ 时取得

$$\Phi(t) = \begin{pmatrix} -2 - \sin t & e^t \\ 2 + \sin t - \cos t & 0 \end{pmatrix}.$$

由于 $A(t)$ 具有最小正周期 2π, 因此, B 满足

$$\Phi(t+2\pi) = \Phi(t)B \Rightarrow \Phi(2\pi) = \Phi(0)B.$$

故

$$B = \Phi^{-1}(0)\Phi(2\pi) = \begin{pmatrix} 1 & 0 \\ 0 & e^{2\pi} \end{pmatrix}.$$

B 的特征根 ρ 满足

$$f(\rho) = \begin{vmatrix} 1-\rho & 0 \\ 0 & e^{2\pi}-\rho \end{vmatrix}.$$

因此, 特征乘子 $\rho = 1$ 或 $\rho = e^{2\pi}$. 由于 $\rho = 1$, 故存在解 $x(t)$, 使得 $x(t+2\pi) = x(t)$. 事实上, 可以求得系统的通解为

$$\begin{pmatrix} x_1 \\ x_2 \end{pmatrix} = ap_1(t)e^0 + bp_2(t)e^t,$$

其中

$$p_1(t) = \begin{pmatrix} -2-\sin t \\ -2+\sin t - \cos t \end{pmatrix} \quad p_2(t) = \begin{pmatrix} 1 \\ 0 \end{pmatrix}.$$

而 a, b 为任意常数.

第 4 章   Lyapunov-LaSalle 稳定性定理

动力系统的稳定性是通过分析系统初值的扰动对这个系统的影响来刻画的. 1892 年, 俄国数学家亚历山大·米哈伊维奇·李雅普诺夫 (A. M. Lyapunov) 在其博士学位论文《运动稳定性的一般问题》中给出了这种稳定性的精确定义, 并创立了 Lyapunov 稳定性的理论. 其理论主要包括两种方法: Lyapuonv 稳定性的直接法和间接法. Lyapuonv 稳定性的直接法宣称若对一个给定的动力系统, 可以构造一个连续可微的正定泛函, 且保证其导数负定或半负定, 则系统的平衡点是局部稳定的, 或等价地, 称为 Lyapunov 稳定的, 该方法也被称为 Lyapunov 第二方法[86]. 若正定函数随时间的变化率是严格负的, 则系统的平衡点是渐近稳定的. 进一步, 还可以用于判定系统的全局渐近稳定性. 同 Lyapunov 直接法不同, Lyapunov 间接方法宣称非线性系统在平衡点处的局部稳定性可以通过其对应的线性系统在该平衡点处的稳定性来获得, 故也称为 Lyapunov 的线性化方法[80].

考虑如下的自治系统

$$\dot{x} = f(x), \quad x \in \mathbf{R}^n, \tag{4.1}$$

其中 $f(x) \in C^1(D)$, $D \subset \mathbf{R}^n$, 记过初值 $x(0) = x_0$ 的解为 $x = x(t, x_0)$. 进一步, 假设系统 (4.1) 存在唯一平衡点 $\bar{x}$ 满足 $f(\bar{x}) = 0$. 前面已经介绍过, 本书的主要课题是研究系统 (4.1) 的全局稳定性问题, 即寻找 $f(x)$ 满足的条件使得系统的局部稳定性蕴含系统的全局稳定性. 首先需要考虑的是如下问题.

问题 4.1   在什么条件下, 系统 (4.1) 的平衡点 $\bar{x}$ 是局部稳定的?

对于问题 4.1, Lyapuonv 的直接法与间接法都为该问题的解答提供了有效的手段. 我们首先介绍 Lyapunov 间接法 (线性化方法), 进一步考虑 Lyapunov 直接法在非线性系统局部稳定和全局渐近稳定中的应用. 最后, 介绍 LaSalle 的不变集原理.

4.1   线性化方法——Lyapunov 间接法

这里, 利用 Hartman 定理来说明判断平衡点稳定性的线性化方法. 对于系统 (4.1), 作变换 $y = x - \bar{x}$, 将 $\bar{x}$ 移到原点, 此时有

$$\dot{y} = Df(\bar{x})y + o(\|y\|), \tag{4.2}$$

其中 $Df(\bar{x})$ 为 $f(x)$ 在 $\bar{x}$ 处的雅可比矩阵. 去掉高阶项, 即得到系统 (4.1) 的线性化系统

$$\dot{y} = Df(\bar{x})y. \tag{4.3}$$

为了说明系统 (4.1) 与 (4.3) 的稳定性的关系, 首先引入 Hartman 定理.

定义 4.1 若 $f(\bar{x}) = 0$ 且 $Df(\bar{x})$ 的特征值实部全部不为零, 则称 $\bar{x}$ 为系统 (4.1) 的双曲平衡点.

定义 4.2 假设 G_1 和 G_2 为 $G \in R^n$ 的开子集, $h: G_1 \to G_2$ 称为同胚的, 如果 h 为连续双射且 $h^{-1}: G_2 \to G_1$ 连续.

定理 4.1 (Hartman 定理) 假如 $\bar{x}$ 为 (4.1) 的双曲平衡点, 则存在包含 $\bar{x}$ 的开集 G_x 的同胚 $h: G_x \to G_y$, 使得对 $x(t) \in G_x$, 都有

$$y(t) = h(x(t)) \quad (\forall t \geqslant 0),$$

这里 $x(t)$ 是 (4.1) 满足初值 $x(0) = x_0$ 的解, $y(t)$ 是 (4.3) 满足初值 $y(0) = y_0$ 的解.

更一般地, 有如下定理.

定理 4.2 假设 $f(x)$ 是可微的向量场, 它有双曲平衡点 $x = 0$, 满足 $f(0) = 0$, 记 $\Phi_t(x) = \Phi(t, x)$ 为其对应的流. $A = Df$ 为 f 在原点处的雅可比矩阵, 则存在同胚 $\varphi(x) = x + h(x)$, h 有界使得在原点处的充分小邻域内有

$$\varphi \circ e^{tA} = \Phi_t \circ \varphi.$$

根据定理 4.1 和定理 4.2, 有如下结论.

定理 4.3 双曲平衡点 $\bar{x}$ 附近非线性系统 (4.1) 与线性系统 (4.3) 具有相同的定性结构.

非线性系统 (4.1) 的稳定性可以转化为线性系统 (4.3) 的稳定性, 而对线性系统 (4.3), 记 $A = Df(\bar{x})$, 则 (4.3) 为

$$\dot{y} = Ay. \tag{4.4}$$

定理 4.4 线性系统 (4.4) 是稳定的当且仅当, 矩阵 A 的所有特征值 α 满足 $\mathrm{Re}(\alpha) \leqslant 0$, 且满足 $\mathrm{Re}(\alpha) = 0$ 的特征值代数重数与几何重数相等.

推论 4.1 线性系统 (4.4) 是渐近稳定的充要条件为矩阵 A 的所有特征值 α 满足 $\mathrm{Re}(\alpha) < 0$.

由上面的分析可知, 系统 (4.1) 的局部渐近稳定性的问题, 可以转化为其在平衡点 $\bar{x}$ 处雅可比矩阵的特征值问题, 而对于矩阵的特征值问题, 我们有如下著名的 Routh-Hurwitz 判据. 考虑矩阵 A 的特征方程

$$\det(\lambda I - A) = \lambda^n + a_1\lambda^{n-1} + \cdots + a_{n-1}\lambda + a_n = 0. \tag{4.5}$$

记 $D_1 = a_1$, 且

$$D_k = \det \begin{pmatrix} a_1 & 1 & 0 & \cdots & 0 \\ a_3 & a_2 & a_1 & \cdots & 0 \\ a_5 & a_4 & a_3 & \cdots & 0 \\ \vdots & \vdots & \vdots & & \vdots \\ a_{2k-1} & a_{2k-2} & a_{2k-3} & \cdots & a_k \end{pmatrix},$$

其中, 当 $i > n$ 时, $a_i = 0$.

定理 4.5　矩阵 A 的所有特征值都具有负实部当且仅当 $D_k > 0\,(k = 1, \cdots, n)$. Khalil[79, 80] 给出了如下结论.

定理 4.6　设 $x = 0$ 是系统 (4.1) 的一个平衡点, 其中 $f(x)$ 在原点的一个邻域内连续可微, 设

$$A = \left. \frac{\partial f}{\partial x}(x) \right|_{x=0},$$

记其特征值为 $\lambda_1, \lambda_2, \cdots, \lambda_n$, 那么,

(1) 当且仅当所有特征值满足 $\mathrm{Re}[\lambda_i] < 0$, 则原点是指数稳定的;

(2) 如果至少有一个特征值满足 $\mathrm{Re}[\lambda_i] > 0$, 则原点是不稳定的.

例 4.1　考虑系统

$$\begin{cases} \dot{x}_1 = x_1(2 - x_1 - x_2), \\ \dot{x}_2 = x_2(1 - 2x_1 + x_2) \end{cases} \tag{4.6}$$

在平衡点 $(1, 1)$ 处的稳定性.

解　令 $x = (x_1, x_2)$, $f_1(x_1, x_2) = x_1(2 - x_1 - x_2)$, $f_2(x_1, x_2) = x_2(1 - 2x_1 + x_2)$, $f(x) = (f_1(x), f_2(x))$, $f(x)$ 在平衡点 $(1, 1)$ 处的雅可比矩阵为

$$Df(x)|_{x=(1,1)} = \begin{pmatrix} 2 - 2x_1 - x_2 & -x_1 \\ -2x_2 & 1 - 2x_1 + 2x_2 \end{pmatrix}_{(1,1)} = \begin{pmatrix} -1 & -1 \\ -2 & 1 \end{pmatrix},$$

对应的特征根为 $\lambda_{1,2} = \pm\sqrt{3}$. 由定理 4.4 知, 系统 (4.6) 在平衡点 $(1, 1)$ 处是不稳定的. ■

虽然我们给出了判断一个非线性系统平衡点稳定性的线性化方法, 即将一个非线性系统平衡点的稳定性问题, 转化为一个矩阵的特征值问题, 然而, 对有些系统这套方法却无从施展.

例 4.2　考虑系统

$$\begin{cases} \dot{x}_1 = -x_2 - 2x_1^3, \\ \dot{x}_2 = x_1 - 2x_2^3 \end{cases} \tag{4.7}$$

在平衡点 $(0,0)$ 处的稳定性.

解　系统 (4.7) 的平衡点 $(0,0)$ 处的雅可比矩阵为

$$\begin{pmatrix} -6x_1^2 & -1 \\ 1 & -6x_2^2 \end{pmatrix}_{(0,0)} = \begin{pmatrix} 0 & -1 \\ 1 & 0 \end{pmatrix},$$

其特征值为 $\lambda = \pm i$, 满足 $\mathrm{Re}(\lambda) = 0$. 显然, 仅仅由线性化方法, 我们无法得到系统 (4.7) 的平衡点 $(0,0)$ 的稳定性. 为此, 为了确定 $(0,0)$ 处的稳定性, 需要寻找新的方法. 事实上, 由下节的 Lyapuonv 稳定性定理可知, 它的零解是渐近稳定的 (图 4.1(a)).

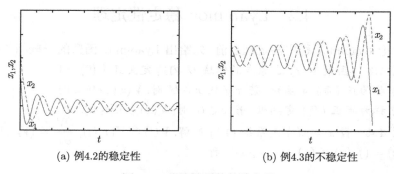

(a) 例4.2的稳定性　　　　　　　　(b) 例4.3的不稳定性

图 4.1　非线性系统的稳定性

例 4.3　考虑系统

$$\begin{cases} \dot{x}_1 = -x_2 + x_1^3, \\ \dot{x}_2 = x_1 + x_2^3 \end{cases} \tag{4.8}$$

在平衡点 $(0,0)$ 处的稳定性.

解　同例 4.2, 线性化方法不再适用. 由下节的 Lyapuonv 稳定性定理知, 它的零解是不稳定的 (图 4.1(b)).

对于例 4.2 与 4.3, 它们所对应的线性系统为

$$\begin{cases} \dot{x}_1 = -x_2, \\ \dot{x}_2 = x_1. \end{cases} \tag{4.9}$$

易知系统 (4.9) 的通解为

$$\begin{cases} x_1(t) = x_1(0)\cos(t) - x_2(0)\sin(t), \\ x_2(t) = x_1(0)\sin(t) + x_2(0)\cos(t). \end{cases} \tag{4.10}$$

此时

$$\|x(t)\|_2 = \sqrt{x_1^2(t) + x_2^2(t)} = \sqrt{x_1^2(0) + x_2^2(0)} = \|x(0)\|_2.$$

所以对任意的 $\varepsilon > 0$, 取 $\delta = \varepsilon$, 当 $\|x(0)\|_2 < \varepsilon$ 时, 有 $\|x(t)\|_2 < \varepsilon$.

由稳定性的定义知, (4.10) 的零解是稳定的, 但 $\lim\limits_{t\to\infty} x(t) \neq 0$, 故零解不是吸引的, 因此它不是渐近稳定的.

由例 4.2 与例 4.3 知, 即使线性系统 (4.10) 局部稳定, 也无法得到其对应非线性系统零解的稳定性, 因为非线性系统零解可以是稳定的 (例 4.2), 也可以是不稳定的 (例 4.3).

4.2　Lyapunov 稳定性定理

在讨论 Lyapunov 稳定性定理之前, 先给出 Lyapunov 函数的一些相关概念.

定义 4.3　函数 $V(x)$ 在原点的邻域 U 内有定义且 $V(0) = 0$,

$V(x)$ 称为正 (负) 定函数, 若 $x \neq 0$, $x \in U$ 时, $V(x) > 0(< 0)$.

$V(x)$ 称为半正 (负) 定函数, 若 $x \in U$ 时, $V(x) \geqslant 0(\leqslant 0)$.

定义 4.4　设 $x = x(t)$ 是系统 (4.1) 的解, $V(t) \triangleq V(x(t))$, $\dfrac{\partial V}{\partial x} = (V_{x_1}, V_{x_2}, \cdots, V_{x_n})$, $f(x) = (f_1(x), f_2(x), \cdots, f_n(x))$, 称

$$\left.\frac{dV}{dt}\right|_{(4.1)} = \sum_{k=1}^{n} \frac{\partial V}{\partial x_k} \cdot \frac{\partial x_k}{\partial t} = \frac{\partial V}{\partial x} \cdot \frac{\partial x}{\partial t} = \frac{\partial V}{\partial x} \cdot f \tag{4.11}$$

为 $V(x)$ 沿系统 (4.1) 的解轨线关于 t 的**全导数**, 简记为 $\dot{V}(x)$.

令 $B_\varepsilon = \{x \in R^n | \|x\| \leqslant \varepsilon\}$, $\partial B_\varepsilon = \{x \in R^n | \|x\| = \varepsilon\}$, 由于 ∂B_ε 紧且 $V(x)$ 连续, 故由文献 [55] 中的命题 2.14 知, $V(\partial B_\varepsilon)$ 也是紧的. 于是, 根据文献 [55] 中的定理 2.13 以及 $V(x)$ 的正定性有如下命题.

命题 4.1

$$\alpha = \min_{x \in \partial B_\varepsilon} V(x) > 0.$$

若 $V(x)$ 正定, 对充分小的 $c > 0$, 由关系式

$$V(x) = c \tag{4.12}$$

确定的曲线是一条包围原点的封闭曲线且当 $c \to 0$ 时, 由 (4.12) 确定的闭曲线收缩于原点.

事实上, 取 $\beta \in (0, \alpha)$ 以及点 $P \in \partial B_\varepsilon$, 连接 OP, 得线段 $\overline{OP}$, 由于

$$V(0) = 0, \quad V(P) \geqslant \alpha > 0$$

且 $V(x)$ 沿线段 $\overline{OP}$ 连续变化, 故 V 必在线段 $\overline{OP}$ 的某点 M 处达到 α. 由于 $\overline{OP}$ 是任意的, 故 $V(x) = \beta$ 是包含原点在内的封闭曲线. 当 $\beta \to 0$ 时, $V(x) = \beta$ 收缩于原点.

若把 β 的值由零逐渐增加到某个足够小的正数, 就可以得到一簇封闭的, 彼此不交的等值曲线簇, 它们包围原点且对任意的 $0 < c_1 < c_2 < \beta$, 则 $V(x) = c_1, V(x) = c_2$ 完全位于 $V(x) = \beta$ 的内部, 且 $V(x) = c_1$ 完全位于 $V(x) = c_2$ 的内部 (对二维的情形, 图 4.2 所示).

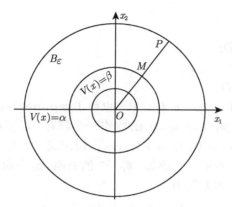

图 4.2 正定函数的几何意义

命题 4.2 如果函数 $V(x)$ 在球 B_r 中连续且 $V(0) = 0$, 则对任意的 $l > 0$, 存在 $\alpha > 0$, 只要 $V(x) \geqslant l$, 就有 $\|x\| \geqslant \alpha$.

证明 因为 $V(x)$ 在 $x = 0$ 是连续的, 即 $\lim\limits_{x \to 0} V(x) = V(0) = 0$, 所以对任意的 $l > 0$, 存在 $\alpha > 0$, 当 $\|x\| < \alpha$ 时, $\|V(x)\| = \|V(x) - V(0)\| < l$. 因此, 若 $V(x) \geqslant l$, 则 $\|x\| \geqslant \alpha$. ∎

命题 4.3 如果函数 $V(x)$ 在球 B_r 中连续且正定, 则对任意的 $0 < \alpha < r$, 存在 $m > 0$, 当 $\alpha < \|x\| \leqslant r$ 时, 有 $V(x) \geqslant m$.

命题 4.4 如果函数 $V(x)$ 是正定的连续函数, 且对连续有界函数 $x(t)$ 有

$$\lim_{t \to \infty} V(x(t)) = 0,$$

则

$$\lim_{t \to \infty} x(t) = 0.$$

证明 假设 $\lim\limits_{t \to \infty} x(t) \neq 0$, 则存在 $\varepsilon_0 > 0$ 以及序列 $\{t_n\}$:

$$t_1 < t_2 < t_3 < \cdots < t_k < \cdots, \quad k \to \infty,$$

使得

$$0 < \varepsilon_0 \leqslant \|x(t_k)\| < h.$$

由命题 4.3, 存在 $m > 0$,

$$V(x(t_k)) \geqslant m,$$

与

$$\lim_{t \to \infty} V(x) = 0$$

矛盾. ∎

定义 4.5　如果

(1) $V(0) = 0$, $0 \in D$;

(2) $V(x) > 0$, $x \neq 0$, $x \in D$;

(3) $\dot{V}(x) \leqslant 0$, $x \in D$,

称函数 $V(x)$ 为系统 (4.1) 在 $x \in D \subset \mathbf{R}^n$ 中的 **Lyapunov** 函数.

接下来, 从几何上对 Lyapunov 函数作一个解释, 以平面情形为例, 即 $x = (x_1, x_2) \in \mathbf{R}^2$. 此时, $V = V(x) = V(x_1, x_2)$. 由定义 4.5 中的条件 (1) 与 (2) 可知, $V = V(x)$ 在空间中表示一个形如 "杯子" 的曲面. 这个曲面被平面 $V(x) = c$ (c 为常数) 所截得曲线 L 的方程为

$$\begin{cases} V = V(x_1, x_2), \\ V = c. \end{cases}$$

这条曲线 L 在平面 x_1-x_2 面上的投影是一条平面曲线 L^*, 它在 x_1-x_2 面上的方程为

$$L^* : V(x_1, x_2) = c.$$

称 L^* 为函数 $V = V(x)$ 的等位线, 也称为能量曲线 (图 4.3).

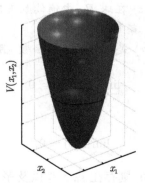

图 4.3　等位线 $V(x_1, x_2) = c$

进一步, 考虑如下系统:

$$\begin{cases} \dot{x}_1 = f_1(x_1, x_2), \\ \dot{x}_2 = f_2(x_1, x_2). \end{cases} \tag{4.13}$$

假设 $V(x_1, x_2)$ 是正定函数, 而

$$\frac{dV}{dt}\bigg|_{(4.13)} = \frac{\partial V}{\partial x_1} \cdot \frac{\partial x_1}{\partial t} + \frac{\partial V}{\partial x_2} \cdot \frac{\partial x_2}{\partial t}. \tag{4.14}$$

向量 $\nabla V = \left(\dfrac{\partial V}{\partial x_1}, \dfrac{\partial V}{\partial x_2}\right)$ 的方向是沿着函数 $V(x_1, x_2)$ 等位面 $V(x_1, x_2) = c$ 的法线方向指向 $V(x_1, x_2)$ 增加的一方.

$$\begin{aligned} \frac{dV}{dt}\bigg|_{(4.13)} &= \nabla V \cdot (\dot{x}_1, \dot{x}_2) \\ &= \nabla V \cdot f \\ &= \|\nabla V\| \sqrt{f_1^2 + f_2^2} \cdot \cos\theta, \end{aligned} \tag{4.15}$$

其中 θ 是等位面 $V = c$ 的外法线 n 与积分曲线 $x = (x_1(t), x_2(t))$ 的切线方向之间的夹角, 即 ∇V 与 $f = (f_1, f_2)$ 的夹角 (图 4.4).

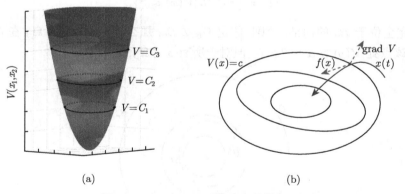

$V(x_1, x_2)$

$V = C_3$

$V = C_2$

$V = C_1$

$V(x) = c$　　grad V　　$f(x)$　　$x(t)$

(a)　　　　　　(b)

图 4.4　Lyapunov 函数确定的等位面

若 $\dfrac{dV}{dt} \leqslant 0$, 表示 θ 不是锐角, 因此不会自内向外穿出等值面, 说明零解是稳定的.

若 $\dfrac{dV}{dt} < 0$, 则 $\theta > \dfrac{\pi}{2}$, 意味着积分曲线自外向内穿过所有等值面且渐近地趋于原点, 这表明系统的零解为渐近稳定.

由此, 结合 [56, 79, 80] 可以确定系统 (4.1) 零解的稳定性与渐近稳定性.

定理 4.7　对系统 (4.1), 若存在 Lyapunov 函数 $V : D \to R$, 使

(1) $V(0) = 0, 0 \in D$;

(2) $V(x) > 0, x \neq 0, x \in D$;

(3) $\dot{V}(x) \leqslant 0, x \in D$,

则系统 (4.1) 的零解是 Lyapunov 稳定的.

此外, 若

$$\dot{V}(x) < 0, \quad x \in D, x \neq 0,$$

则系统 (4.1) 的零解是渐近稳定的.

证明　(1) 先证零解的稳定性.

对任意的 $\varepsilon > 0$, 取 $r \in (0, \varepsilon]$, 使得

$$B_r = \{x \in R^n \mid \|x\| \leqslant r\} \subset D.$$

由于 ∂B_r 是有界闭集及 $V(x)$ 的连续性, 根据命题 4.1, 有

$$\alpha = \min_{x \in \partial B_r} V(x)$$

存在且 $\alpha > 0$.

取 $\beta \in (0, \alpha)$, 并构造区域

$$\Omega_\beta = \{x \in B_r | V(x) \leqslant \beta\},$$

则 Ω_β 完全位于 B_r 的内部. 否则, 假定 $\Omega_\beta \not\subseteq B_r$, 那么存在一点 $p \in \Omega_\beta$ 在 ∂B_r 上, 使得在该点处 $V(p) \geqslant \alpha > \beta > 0$. 但对于所有 $x \in \Omega_\beta$, 矛盾 (图 4.5).

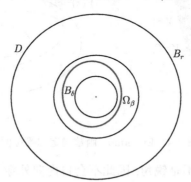

图 4.5　集合的几何表示

又对任意的 $x \in \Omega_\beta$, $\dot{V}(x) \leqslant 0$, 故 $V(x)$ 是单调递减函数.

于是, 对任意的 $t \geqslant 0$ 以及 $x(0) \in \Omega_\beta$,

$$V(x(t)) \leqslant V(x(0)) \leqslant \beta.$$

因此, Ω_β 关于系统 (4.1) 是正不变的.

又 Ω_β 是紧的, 故由文献 [55] 中的命题 2.5, 系统 (4.1) 具有唯一过 $x(0) \in \Omega_\beta$ 的解.

又 $V(x)$ 连续且 $V(0) = 0$, 即 $\lim\limits_{x \to 0} V(x) = V(0)$. 记 $B_\delta = \{x | \|x\| < \delta\}$, 则对上述的 $\varepsilon > 0$, 存在 $\delta > 0$, 当 $\|x\| < \delta$ 时,

$$V(x) < \beta,$$

则

$$B_\delta \subset \Omega_\beta \subset B_r.$$

所以,

$$x(0) \in B_\delta \Rightarrow x(0) \in \Omega_\beta \Rightarrow x(t) \in \Omega_\beta \Rightarrow x(t) \in B_r.$$

因此, 对任意的 $t \geqslant 0$,

$$x(0) \in B_\delta \Rightarrow \|x(t)\| < r \leqslant \varepsilon.$$

于是, 系统 (4.1) 的零解是稳定的.

(2) 再证零解的渐近稳定性.

由于 $\dot{V} < 0$, 故 (4.1) 的零解稳定, 即对任意的 $\varepsilon > 0$, 存在 $\delta > 0$, 当 $\|x_0\| < \delta$ 时, 有 $\|x(t, x_0)\| < \varepsilon$. 下只需证 $\lim\limits_{t \to \infty} x(t) = 0$ 即可.

由于 $\dot{V} < 0$, $V(x)$ 严格单调递减. 又 $V(x)$ 正定, 故

$$\lim\limits_{t \to \infty} V(x) = a \geqslant 0.$$

且对任意的 $t > 0$, $V(x) \geqslant a$.

下证 $a = 0$. 否则由 $V(x) \geqslant a > 0$ 以及命题 4.2, 存在 $\alpha > 0$,

$$\alpha \leqslant \|x\| \leqslant r.$$

又 $\dot{V}$ 连续且 $\{\alpha \leqslant \|x\| \leqslant r\}$ 紧, 则

$$\gamma = \max\limits_{d \leqslant \|x\| \leqslant r} \{\dot{V}(x)\} < 0.$$

所以

$$V(x(t)) = V(x(0)) + \int_0^t \dot{V}(x(\tau)) d\tau \leqslant V(x(0)) + \gamma t.$$

这样, $\lim\limits_{t \to \infty} V(x) = -\infty$ 与 $\lim\limits_{t \to \infty} V(x) = a > 0$ 矛盾. 故 $\lim\limits_{t \to \infty} V(x) = 0$. 于是, 由命题 4.4,

$$\lim\limits_{t \to \infty} x(t) = 0.$$

故零解是渐近稳定的. ∎

例 4.4　考虑线性系统

$$\begin{cases} \dot{x}_1 = x_2, \\ \dot{x}_2 = -2x_1 - 2x_2 \end{cases} \tag{4.16}$$

零解的稳定性与渐近稳定性.

解　令 $V(x) = V(x_1, x_2) = 10x_1^2 + 4x_1x_2 + 3x_2^2$, 易知, $V(x) > 0$, $x \neq 0$, $V(0) = 0$,

$$\dot{V}(x) = -8(x_1^2 + x_2^2) < 0, \quad \forall x \neq 0.$$

则由定理 4.7, 零解渐近稳定.　　　■

零解的稳定性和渐近稳定性研究的是 $\mathbf{R}^n$ 中原点的邻域内轨线的变化, 即初值在原点附近有微小的扰动时, 这个解是否停留在原点充分小的邻域内或趋于原点. 而在实际应用中, 还要研究初始值离原点较远的解是否趋于原点, 这就需要讨论零解的全局渐近稳定性.

定义 4.6　称函数 $V(x)$ 是径向无界的, 若当 $\|x\| \to \infty$ 时,

$$V(x) \to \infty,$$

即对任意的 $M > 0$, 存在 $R > 0$, 当 $\|x\| > R$ 时, $V(x) > M$, 也称函数 $V(x)$ 具无穷大性质.

注 4.1　具有径向无界的正定函数 $V(x)$ 在等值面 $V(x) = C$ 上是有界的. 事实上, 对任意给定的等值面, 总存在半径为 R 的球使当 $\|x\| > R$ (在球外) 时, 有 $V(x) > C$. 因此, 超曲面 $V(x) = C$ 位于 $\|x\| < R$ 内.

注 4.2　具有径向无界性正定函数 $V(x)$ 通常与其导数的负 (半负) 定相结合进行使用, 而保证动力系统所有解的有界性, 进而判断系统零解的稳定性.

定理 4.8　若对系统 (4.1), 存在一个连续可微函数 $V : D \to R$ 使

(1) $V(0) = 0$, $0 \in D$;

(2) $V(x) > 0$, $x \neq 0$, $x \in D$;

(3) $\dot{V}(x) < 0$, $x \neq 0$, $x \in D$;

(4) $V(x) \to \infty$, 当 $\|x\| \to \infty$ 时,

则系统 (4.1) 的零解是全局渐近稳定的.

证明　令 $x(0) \in \mathbf{R}^n$, 以及 $V(x_0) \triangleq \beta$, 由径向无界条件 (4) 知, 对任意的 $M > 0$, 存在 $r > 0$, 当 $\|x\| \geqslant r$ 时, $V(x(t)) \geqslant M$.

又由条件 (3) 知, 对任意的 $t \geqslant 0$, $V(x(t)) \leqslant V(x_0) = \beta$, 因此, 若取 $M = \beta$, 则存在 $r > 0$, 使得 $\|x(t)\| < r$. 类似定理 4.7 可知, 零解是全局渐近稳定的.　　　■

由径向无界性条件以及注 4.2, 有如下推论.

推论 4.2 *若对系统* (4.1), *存在一个连续可微函数* $V : D \to R$ *使*

(1) $V(0) = 0$, $0 \in D$;

(2) $V(x) > 0$, $x \neq 0$, $x \in D$;

(3) $\dot{V}(x) < 0$, $x \neq 0$, $x \in D$;

(4) *系统* (4.1) *所有解是有界的*,

则系统 (4.1) 的零解是全局渐近稳定的.

例 4.5 *考虑如下的捕食系统*

$$\begin{cases} \dot{x}_1 = b(x_1) - f(x_1)a(x_2), \\ \dot{x}_2 = g(x_1)h(x_2) + d(x_2), \end{cases} \tag{4.17}$$

假设系统 (4.17) 存在平衡点 (x_1^*, x_2^*). 构造如下函数:

$$V(x_1, x_2) = \int_{x_1^*}^{x_1} \frac{g(s) - g(x_1^*)}{f(s)} ds + \int_{x_2^*}^{x_2} \frac{a(s) - a(x_2^*)}{h(s)} ds, \tag{4.18}$$

沿着系统 (4.17) 计算全导数

$$\begin{aligned} \dot{V}(x_1, x_2) = & [g(x_1) - g(x_1^*)][b(x_1)/f(x_1) - b(x_1^*)/f(x_1^*)] \\ & + [a(x_2) - a(x_2^*)][d(x_2)/h(x_2) - d(x_2^*)/h(x_2^*)]. \end{aligned} \tag{4.19}$$

若

$$\dot{V}(x_1, x_2) \leqslant 0,$$

则 $V(x_1, x_2)$ 是 Lyapunov 函数, 进而可得零解的稳定性. 上述函数的构造过程, 可以一般化, 如下的 Lotka-Volterra-Autocatalator 系统

$$\begin{cases} \dot{x} = x(x - x^2) - xy, \\ \dot{y} = kxy - kLy \end{cases} \tag{4.20}$$

存在平衡点 $(0, 0), (1, 0), (L, L - L^2)$. 若 $L \geqslant 1$, 类似上述函数, 令

$$d(y) = -kLy, \quad g(x) = kx, \quad h(y) = y,$$

$$f(x) = x, \quad a(y) = y, \quad b(x) = x(x - x^2),$$

在 $(1, 0)$ 处对应的辅助函数为

$$\begin{aligned} V(x, y) = & \int_1^x \frac{kx - k}{x} dx + \int_0^y \frac{y - 0}{y} dy \\ = & k(x - 1) + y - k \ln x, \end{aligned} \tag{4.21}$$

进而, 沿系统 (4.20) 的全导数为

$$\dot{V}(x,y) = \frac{k}{x}\dot{x} + \dot{y} = k(x-1)[(x-x^2)-y] + kxy - kLy$$
$$= -kx(x-1)^2 + ky(1-L), \tag{4.22}$$

若 $L \geqslant 1, \dot{V} \leqslant 0$, 故而 $(1,0)$ 全局渐近稳定.

定理 4.9　若 $x = 0$ 是系统 (4.1) 的平衡点以及存在连续可微函数 $V : D \to \mathbf{R}$, 满足

(1) $V(0) = 0, 0 \in D$;

(2) 在原点的任一邻域内, $V(x)$ 不恒负 (恒正);

(3) $\dot{V}(x) < 0(> 0)$,

则系统 (4.1) 的零解是不稳定的.

证明　记 U 为原点的邻域, 任取 $\varepsilon > 0$, 使得 $B_\varepsilon = \{x \in \mathbf{R}^n \mid \|x\| < \varepsilon\} \subset U$. 由 (2) 知, 任取 $\delta > 0(\delta < \varepsilon)$, 存在 $x_0 \in \mathbf{R}^n$, 当 $\|x_0\| < \delta$ 时,

$$V(x_0) > 0.$$

我们将证明, 当函数 $\dot{V}$ 在 B_ε 中正定时, 对系统 (4.1) 在 $t = 0$ 时取值 x_0 的解 $x(t, x_0)$, 在 $t > 0$ 的某个时刻越出 B_ε.

利用反证法, 假设轨线 $x = x(t)$ 在 $t > 0$ 时始终停留在区域 B_ε 中.

因为, 当 $x \in B_\varepsilon$ 时,

$$\dot{V} > 0.$$

所以, 函数 $V(x(t))$ 单调递增, 即对任意 $t > 0$,

$$V(x(t)) \geqslant V(x(0)) = V(x_0) > 0.$$

由命题 4.2, 必存在 $\alpha > 0$, 使得

$$\alpha \leqslant \|x(t, x_0)\| \leqslant \varepsilon.$$

根据命题 4.3, 存在 $\gamma > 0$, 使得

$$\frac{d}{dt}V(x(t, x_0)) \geqslant \gamma > 0.$$

在区间 $[0, t]$ 上积分, 从而

$$V(x(t, x_0)) \geqslant V(x_0) + Mt.$$

故

$$\lim_{t \to +\infty} V(x(t, x_0)) = +\infty. \tag{4.23}$$

然而, $V(x) \in C(\bar{B}_\varepsilon)$, 从而 $V(x)$ 有界, 这与 (4.23) 矛盾. 故轨线 $x(t, x_0)$ 不能永远停留在区域 B_ε 之中, 因而系统 (4.1) 的零解是不稳定的. ∎

定理 4.10 若 $x = 0$ 是系统 (4.1) 的平衡点且存在连续可微函数 $V : D \to \mathbf{R}$, 满足

(1) $V(0) = 0, 0 \in D$;

(2) 在原点的任一邻域内, $V(x)$ 不恒负 (恒正);

(3) $\dot{V} \geqslant \lambda V + W(x)$, 其中 $\lambda > 0$, 而 $W(x)$ 等于零或恒正 (恒负),

则系统 (4.1) 的零解是不稳定的.

证明 仅证 $W(x) > 0$ 以及 $V(x)$ 在原点的任意邻域内总取得正值情形. 记 U 为原点的邻域, 任取 $\varepsilon > 0$, 使得

$$B_\varepsilon = \{x \in \mathbf{R}^n \mid \|x\| < \varepsilon\} \subset U.$$

由 (2) 知, 任取 $\delta > 0(\delta < \varepsilon)$, 存在 $x_0 \in \mathbf{R}^n$, 当 $\|x_0\| < \delta$ 时,

$$V(x_0) > 0.$$

现在证明系统 (4.1) 的过点 $x(0) = x_0$ 轨线 $x(t, x_0)$ 不能永远停留在区域 B_ε 中. 假设不然, 由条件 (3) 知

$$\dot{V} \geqslant \lambda V.$$

于是有

$$e^{-\lambda t}(\dot{V} - \lambda V) \geqslant 0,$$

从而

$$\frac{d}{dt}[e^{-\lambda t} V(x(t, x_0))] \geqslant 0,$$

从 0 到 t 积分上式, 得

$$e^{-\lambda t} V(x(t, x_0)) - V(x_0) \geqslant 0,$$

即

$$V(x(t, x_0)) \geqslant V(x_0) e^{\lambda t},$$

故

$$\lim_{t \to \infty} V(x(t, x_0)) = +\infty.$$

这与假设矛盾. 因此, 系统 (4.1) 的零解是不稳定的. ∎

例 4.6 *考虑系统*

$$\begin{cases} \dot{x}_1 = -x_2 - ax_1^3, \\ \dot{x}_2 = x_1 - ax_2^3. \end{cases} \tag{4.24}$$

解 构造 Lyapunov 函数

$$V(x) = V(x_1, x_2) = \frac{1}{2}(x_1^2 + x_2^2).$$

易知 $V(x) \geqslant 0$ 且 $V(0,0) = 0$, 沿着系统 (4.24) 计算全导数, 得

$$\left.\frac{dV}{dt}\right|_{(4.24)} = -a(x_1^4 + x_2^4).$$

根据定理 4.8 以及定理 4.9,

当 $a > 0$ 时, 零解渐近稳定且全局渐近稳定.

当 $a < 0$ 时, 零解不稳定. ■

例 4.7 *考虑系统*

$$\begin{cases} \dot{x}_1 = x_1 + x_1 x_2, \\ \dot{x}_2 = -2x_2 + x_2^2. \end{cases} \tag{4.25}$$

解 构造如下辅助函数:

$$V(x) = V(x_1, x_2) = \frac{1}{2}(x_1^2 - x_2^2).$$

由于当 $|x| > |y|$ 时, 有

$$V(x) \geqslant 0, \quad \forall x_1, x_2 \in R,$$

故 V 可在原点的任意小的邻域内取到正值. 沿着系统 (4.25) 计算全导数, 得

$$\left.\frac{dV}{dt}\right|_{(4.25)} = (x_1^2 + x_2^2) > 0.$$

由定理 4.9 知, 零解是不稳定的. ■

例 4.8 *考虑系统*

$$\begin{cases} \dot{x}_1 = x_1 + x_2^2 + x_1 x_2^2, \\ \dot{x}_2 = x_2 + x_1 x_2 - x_1^2 x_2. \end{cases} \tag{4.26}$$

解 构造如下辅助函数

$$V(x) = V(x_1, x_2) = x_1^2 - x_2^2.$$

此时 $V(0) = 0$, 且 V 可在原点的任意小的邻域内取到正值. 沿着系统 (4.26) 计算全导数, 得

$$\left.\frac{dV}{dt}\right|_{(4.26)} = 2(x_1^2 - x_2^2) + 4x_1^2 x_2^2 = 2V + W,$$

其中

$$W(x_1, x_2) = 4x_1^2 x_2^2 \geqslant 0.$$

由定理 4.10 知, 零解是不稳定的. ∎

4.3　LaSalle 不变性原理

在动力系统的研究中, 对一个极限集位置的确定实际就是考察运动的渐近行为, 而 Lyapunov 函数刚好可以体现运动的渐近行为. 结合不变集的不变性特征, 在 Lyapunov 函数与不变集建立一个 "桥梁", 进而可以确定极限集的结构, 确定运动的渐近行为. 最早将二者结合的思想出现在 Krasovskii 与 Barlbasin 的工作中. 1960 年前后, 美国数学家 LaSalle 对 Lyapunov 函数与 Birkhoff 极限集之间的关系作了更进一步地探讨, 将 Lyapunov 稳定性定理极大地推广而建立了 LaSalle 不变性原理.

4.3.1　极限集及其性质

由第 3 章知, 对于如下的线性系统:

$$\dot{x} = Ax,$$

其基础解矩阵为 e^{At}, 对所有的 $x \in \mathbf{R}^n$, 定义映射 $\varphi_t : \mathbf{R}^n \to \mathbf{R}^n$,

$$\varphi_t(x) = e^{At}x,$$

显然可知, φ_t 满足

(1) $\varphi_0(x) = x$;

(2) $\varphi_s(\varphi_t(x)) = \varphi_t(\varphi_s(x))$, 对所有的 $s, t \in \mathbf{R}$;　　　　(4.27)

(3) $\varphi_{-t}(\varphi_t(x)) = \varphi_t(\varphi_{-t}(x)) = x$, 对所有的 $t \in \mathbf{R}$.

对非线性系统 (4.1), 假设 $f : D \to \mathbf{R}^n$ 连续可微, $D \subset \mathbf{R}^n$ 为开子集.

设系统 (4.1) 解的最大存在区间为 I, 且用 $\phi(t, x)$, $t \in I$ 表示系统 (4.1) 过初值 x 的解. 类似线性系统, 也可定义上述映射.

定义 4.7   定义映射 $\varphi_t : D \to D$ 如下:

$$\varphi_t(x) = \phi(t, x). \tag{4.28}$$

映射 $\varphi_t : D \to D$ 称为系统 (4.1) 的**流**, 也称为向量场 $f(x)$ 的**流**.

由文献 [174] 知, 流 $\varphi_t(x)$ 满足条件 (4.27), 这样,

$$\{\varphi_t(x),\, t \in I\}$$

就构成了一个动力系统.

定义 4.8   设 $\varphi_t : D \to D$ 为系统 (4.1) 所定义的流. 若对所有的 $t \in R$, 有

$$\varphi_t(S) \subset S,$$

则集合 $S \subset D$ 称为关于流 φ_t 是不变的; 若对所有的 $t \geqslant 0 (\leqslant 0)$, 有

$$\varphi_t(S) \subset S,$$

则集合 $S \subset D$ 称为关于流 φ_t 是正 (负) 不变的.

关于不变集, 也可以从系统 (4.1) 解的角度来定义.

定义 4.9   若 $x \in S$, 则

$$\phi(t, x) \in S, \quad t \in \mathbf{R},$$

称集合 S 关于系统 (4.1) 是不变的;

若 $x \in S$, 则

$$\phi(t, x) \in S, \quad t \geqslant 0 (\leqslant 0),$$

称集合 S 关于系统 (4.1) 是正 (负) 不变的.

定理 4.11   不变集 (正向、负向或者双向) 的闭包也是相同类型的不变集.

证明   记 M 是一个不变集, 根据不变集 M 的类型, 取时间区间 $\mathcal{I}$ 为 $[0, \infty)$, $(-\infty, 0]$ 或 $(-\infty, \infty)$.

若 $x \in M$, 则对任意的 $t \in \mathcal{I}$, 有 $\phi(t, x) \in M$.

若 $x \in \partial M$ 且 $x \neq M$, 令 $\{x_n\}_{n=1}^{\infty} \in M$ 满足 $x_n \to x (n \to \infty)$.

考虑满足 $\phi(0, x_n) = x_n$ 的解 $\phi(t, x_n)$, 固定 $t \in \mathcal{I}$, 利用初值的连续依赖性, 得

$$\lim_{n \to \infty} \phi(t, x_n) = \phi(t, x).$$

因此, 对任意的 $t \in \mathcal{I}$,

$$\phi(t, x) \in \bar{M}.$$

命题得证.

定理 4.12 系统 (4.1) 渐近稳定平衡点的吸引盆是不变开集, 因而其边界的吸引盆由整轨道构成.

证明 假设 $\bar{x}$ 是系统 (4.1) 的渐近稳定的平衡点. 吸引盆 M 显然是正不变集, 因而, 只要证明 M 是开集即可.

利用渐近稳定的定义, 存在 $\delta > 0$, 使得 $B_\delta(\bar{x}) \in M$. 假设 $x \in M$, 记 $\phi(t, x)$ 是 x 的正向轨道. 因而, 存在充分大的 $T > 0$, 当 $t \geqslant T$ 时, 有

$$\|\phi(t, x) - \bar{x}\| < \frac{\delta}{2}. \tag{4.29}$$

根据解对初值的连续依赖性, 存在 $\delta_1 > 0$, 当 $\|y - x\| < \delta_1$ 时, 有

$$\|\phi(T, x) - \phi(T, y)\| < \frac{\delta}{2}. \tag{4.30}$$

由三角不等式, 可知

$$\phi(T, y) \in B_\delta(\bar{x}) \subset M. \tag{4.31}$$

结合 $\phi(t, \phi(T, y)) = \phi(t + T, y)$, 得

$$\lim_{t \to \infty} \phi(t + T, y) = \bar{x}. \tag{4.32}$$

因此, $y \in M$. 由 y 的任意性知 $B_{\delta_1}(x) \subset M$.

根据 x 的任意性知, M 是开集. ∎

定义 4.10 若存在序列 $\{t_k\}_{k=1}^\infty$, 当 $t_k \to +\infty (k \to \infty)$ 时, 有

$$\lim_{k \to \infty} \phi(t_k, x) = q,$$

则称点 q 为 $\phi(t, x)$ 的 ω 极限点.

若存在序列 $\{t_k\}_{k=1}^\infty$, 当 $t_k \to -\infty (k \to \infty)$ 时, 有

$$\lim_{k \to \infty} \phi(t_k, x) = q,$$

则称点 q 为 $\phi(t, x)$ 的 α 极限点.

定义 4.11 $\phi(t, x)$ 所有的 ω 极限点的集合, 称为 x 的 ω 极限集, 记为 $\omega(\phi(t, x))$ 或简记为 $\omega(x)$. $\phi(t, x)$ 所有的 α 极限点的集合, 称为 x 的 α 极限集, 记为 $\alpha(\phi(t, x))$ 或简记为 $\alpha(x)$.

关于 ω 极限点, 有如下经典的结果.

引理 4.1 设 $\phi(t, x_0)$ 为系统 (4.1) 过初值 $x(0) = x_0$ 的正向解且 $\omega(\phi) = \omega(x_0)$ 是其 ω 极限集, 则

(a) $\omega(x_0)$ 关于系统 (4.1) 是不变的;

(b) $\omega(x_0)$ 是闭集;

(c) 若 $y_0 \in \omega(x_0)$, 则 $\omega(y_0) \subset \omega(x_0)$.

证明　(a) 对任意的 $q \in \omega(x_0)$, 存在 $t_k \to \infty(k \to \infty)$, 使

$$\lim_{k\to\infty} \phi(t_k, x_0) = q.$$

由于 $\phi(t + t_k, x_0) = \phi(t, \phi(t_k, x_0))$, 以及对固定的 t, $\phi(t, \cdot)$ 关于第二个变量是连续的, 所以

$$\lim_{k\to\infty} \phi(t + t_k, x_0) = \phi(t, q).$$

因此, 对任意的 $t \in R$,

$$\phi(t, q) \in \omega(x_0).$$

故 $\omega(x_0)$ 是不变的.

(b) 任取 $\{q_k\} \subset \omega(x_0)$, 使

$$\lim_{k\to\infty} q_k = q.$$

故对任意的 $\varepsilon > 0$, 存在 k_0, 使

$$\|q_{k_0} - q\| < \frac{\varepsilon}{2}.$$

又 $q_{k_0} \in \omega(x_0)$, 故存在 $\{t_k\}$, $t_k \to \infty(k \to \infty)$, 使当 k 充分大时, 有

$$\|\phi(t_k, x_0) - q_{k_0}\| < \frac{\varepsilon}{2},$$

故

$$\|\phi(t_k, x_0) - q\| \leqslant \|\phi(t_k, x_0) - q_{k_0}\| + \|q_{k_0} - q\| < \varepsilon.$$

由 ε 的任意性, 得 $q \in \omega(x_0)$, 从而 $\omega(x_0)$ 是闭集.

(c) 设 $z_0 \in \omega(x_0)$ 与 $y \in \omega(z_0)$, 则存在时间序列 $\{t_n\}_{n=1}^{\infty}$, 当 $t_n \to \infty(n \to \infty)$ 时, 有

$$\lim_{n\to\infty} \phi(t_n, z_0) = y. \tag{4.33}$$

由 (a) 知, 对所有的 n, $\phi(t_n, z_0) \in \omega(x_0)$, 而由 (b) 知, $\omega(x_0)$ 是闭集. 考虑到 (4.33), 从而

$$y \in \omega(x_0).$$

由 z_0 的任意性,

$$\omega(z_0) \subset \omega(x_0).$$

结论得证. ∎

引理 4.2 若系统 (4.1) 的解 $\phi(t, x_0)$ 有界, 则

(1) $\omega(x_0)$ 非空、紧;

(2) $\lim\limits_{t \to \infty} \phi(t, x_0) = \omega(x_0)$;

(3) $\omega(x_0)$ 是连通的, 即它不能由多块区域组成.

证明 (1) 由 Weierstrass 聚点定理知, 存在 $t_k \to \infty (k \to \infty)$, 使

$$\lim_{k \to \infty} \phi(t_k, x_0) = x^* \in \omega(x_0),$$

故 $\omega(x_0)$ 非空. 由引理 4.1 知, $\omega(x_0)$ 是有界闭集, 从而是紧的.

(2) 利用反证法. 若结论不成立, 则

$$\lim_{t \to \infty} \phi(t, x_0) \neq \omega(x_0).$$

这样, 存在 $\varepsilon_0 > 0$, 对任意的 T, 存在 $\bar{t} > T$, 使对任意的 $q \in \omega(x_0)$, 有

$$\|\phi(\bar{t}, x_0) - q\| \geqslant \varepsilon_0,$$

故存在 $\{t_k\}$, $t_k \to \infty$, $k \to \infty$, 使对所有的 $q \in \omega(x_0)$, 有

$$\|\phi(t_k, x_0) - q\| \geqslant \varepsilon_0.$$

又当 $t \geqslant 0$, ϕ 有界, 从而 $\{\phi(t_k, x_0)\}$ 有聚点 $x^* \in \omega(x_0)$, 且

$$\phi(t_{k_i}) \to x^*,$$

矛盾.

(3) 反证法. 假设 $\omega(x_0)$ 不是连通的且可分为两部分, 则存在不相交的两个开集 U_1 和 U_2, 使得

$$\omega(x_0) \subset U_1 \cup U_2 \quad \text{且} \quad \omega(x_0) \cap U_i \neq \varnothing, \quad j = 1, 2,$$

则对充分大的时间, $\phi(t, x_0)$ 既要靠近 U_1 中的点又要靠近 U_2 中的点, 从而存在序列 $\{t_n\}_{n=1}^{\infty}$, $t_n \to \infty$, $n \to \infty$, 使得 $\phi(t_n, x_0)$ 既不属于 U_1 又不属于 U_2. 因为轨线有界, 所以存在序列 $\{t_{n_k}\}_{k=1}^{\infty}$, $t_{n_k} \to \infty (k \to \infty)$, 使得

$$\phi(t_{n_k}, x_0) \to z, \quad k \to \infty.$$

它既不属于 U_1 又不属于 U_2, 这与 $\omega(x_0) \subset U_1 \cup U_2$ 矛盾. ∎

对于 ω 极限集, 在平面情形有如下的 Poincaré-Bendixson 定理.

定理 4.13 (Poincaré-Bendixson 定理) 设 $\dot{x} = f(x)$ 为开集 $G \subset \mathbf{R}^2$ 上的常微分方程以及 $\omega(x)$ 为非空的紧不变集. 如果 $\omega(x)$ 不含平衡点, 则必为一闭轨.

由 Poincaré-Bendixson 定理知, 若 $K \subset G$ 非空、紧、正不变, 则 K 必含一个平衡点或周期轨. 如果周期轨 γ 及其内部 $\Gamma \subset G$, 则 Γ 包含一个平衡点.

4.3.2　半动力系统的持久生存

为接下来讨论的方便, 这里给出持久生存的相关概念和判定, 为探讨利用 LaSalle 不变集原理并揭示非线性系统的全局稳定性提供理论支撑.

持久性问题最初出现在生态系统的研究中, 设系统 (4.1) 为同一自然环境中生存的多个物种所控制的微分模型, 与其相对应的还有比较经典的 Kolmogorov 系统

$$\dot{x} = \mathrm{diag}(x)f(x), \quad x \in \mathbf{R}^n, \tag{4.34}$$

其对应的坐标形式为

$$\dot{x}_i = x_i f_i(x_1, \cdots, x_n), \quad i = 1, 2, \cdots, n. \tag{4.35}$$

持久性的概念由 Freedman 与 Waltman 在研究三种群捕食系统动力学行为时首先引入, 与持久性相关的是永久生存性, 它最早由 Sigmund 等在研究超环时引入, 只是在文献中叫法不同, 如 "Cooperativeness"[65], "Permanent Coexistence"[72], "Permanence"[69, 73] 等. 当然它和持久性有一定的联系, 从直观上来讲, 永久性等价于一致持久性与耗散性同时满足. 在判定一致持久性时, 往往需要耗散条件成立. 因此, 也把永久性与一致持久性不加区分.

关于持久性判定的理论, Butler 等[17, 18] 给出了持久性理论判定两个连续性的开创工作, 随后动力系统的持久性理论在大量文献中出现, 如 Dunbar 等[33], Fonda[37], Garay[47], Hofbuuer 等[67–70], Hale, Freedman 和 So[42], Waltman[58], Freedman 和 Moson[39] 等. Waltman[155], Hutson 和 Schmitt[73] 关于持久性理论的研究进展作了一些综述.

从已有文献来看, 关于持久性判定主要采用边界流分析方法和平均 Lyapunov 泛函方法两种方法. 边界流分析最初由 Freedman 和 Waltman[43] 在研究三维捕食-被捕食模型的持久性时使用. 随后, Butler 等[17, 18] 将其推广至半动力系统的持久性判定, 通过引入非循环覆盖条件, 给出了局部紧空间上的持久性的判定准则, 进一步地, Hale 和 Waltman[58] 考虑了完备空间上无穷维动力系统上的持久性. Garay[47] 通过引入 Morse 分解, 结合 Conley 指标理论, 也给出了持久性的判定准则, 并利用该准则研究了一类扩散系统的持久性. Hofbauer 和 So 也通过考虑 Morse 分解, 并借助于链传递性, 给出了一般度量空间上持久性判定准则, 同 Hale 和 Waltman[58] 准则类似, 他们的方法可用于研究离散动力系统、时滞动力系统等相关系统中涉及的持久性问题. Garay[47] 说明 Morse 分解和 Butler 等提出非循环覆盖的条件是等价的, Hirsch, Smith 与 Zhao[64] 也对非循环覆盖和 Morse 分解做了类似的考虑, 通过链传递性, 给出了一般度量空间上强持久性判定准则. Freedman, Ruan 和 Tang[40] 通过引入边界邻域的耗散性条件, 对 Butler 等的关于一致持久

性的工作也作了推广, 他们将文献 [17, 18] 中的局部紧空间推广到了一般的度量空间中来. 平均 Lyapunov 泛函方法较早是由 Hofbauer[65] 在研究复制方程的永久性时提出的, 他通过限制在一个不变单型上给出了永久性的判定准则, 随后又由 Hutson[72] 等推广至一般紧度量空间中, 而去掉了关于不变单型的限制. Fonda[37] 借助于排斥子的概念进行了推广, 此外, Hofbauer[66] 在紧度量空间上揭示了平均 Lyapunov 方法可由边界流分析的方法推出.

除了上面两种经典的方法外, 还有一些基于比较定理的微分不等式也可以用于判定持久性, 如在文献 [108-110] 中利用微分不等式的技巧考虑时滞系统的一致持久性以及利用作用映射的方法考虑差分方程的非持久性[113].

4.3.2.1 半动力系统与持久性的概念

设 X 是一个度量空间, 其度量为 d, 记为 (X, d). 记 $U \subset X$ 是 X 的子集及

$$d(x, V) = \inf_{v \in V} d(x, v),$$

$$d(U, V) = \inf_{x \in U} d(x, V)$$

和

$$B(U, \varepsilon) = \{x \mid x \in X, d(x, U) < \varepsilon\}$$

为 U 的 ε-邻域, 用 $U^C, \bar{U}$(或 ClU), $\mathring{U}$(或 int$U$), ∂U 分别表示 U 在 X 中的余集、闭包、内部和边界, 用 D 表示 R, Z, R^+ 或 Z^+ 等.

定义 4.12 若 $\pi : X \times D_+ \to X$ 满足

(1) 对任意的 $x \in X$, $\pi(0, x) = x$;

(2) $\pi(s, \pi(t, x)) = \pi(t + s, x), \forall x \in X, s, t \in D_+$;

(3) π 是连续的,

则称三元组 $\mathcal{F} = (X, \pi, D_+)$ 为半动力系统 (半流).

易知, 自治系统的解轨线满足定义中的三个条件, 故可用 (4.1) 的解来定义一个半动力系统.

设 $x(t, x_0)$ 为系统 (4.1) 过初值 $x(0) = x_0$ 的解, 则易知

$$\pi(t, x_0) = x(t, x_0).$$

定义在 R_+^n 上的一个半动力系统, 此外, 通常将 $\pi(t, x_0)$ 写成

$$\pi(t, x_0) = \pi^t(x_0).$$

定义 4.13 若

$$\gamma^+(x_0) = \{x \in X \mid x = \pi^t(x_0),\ 对任意的\ t \in D_+\} = \bigcup_{t>0}\{\pi^t(x_0)\},$$

则称 $\gamma^+(x_0)$ 为过 x_0 的正轨道.

定义 4.14 定义 ω 极限集如下:

$$\omega(x) = \bigcap_{s \geqslant 0} \overline{\bigcup_{t>s}\{\pi^t(x)\}}.$$

由定义 4.14 知, 若 $B \subset X$, 则可定义一个集合 ω 极限集如下.

定义 4.15

$$\omega(B) = \bigcap_{s \geqslant 0} \overline{\bigcup_{t \geqslant s} \pi^t(B)} = \bigcup_{x \in B} \omega(x),$$

其中

$$\pi^t B = \bigcup_{x \in B}\{\pi^t(x)\}.$$

由定义知, $\omega(B)$ 也可写成

$$\omega(B) = \bigcup_{x \in B} \omega(x).$$

注 4.3 若 x 及集合 B 存在负半轨线, 可类似定义关于 x 的 α 极限集 $\alpha(x)$ 及关于 B 的 α 极限集 $\alpha(B)$. 此外, 如果将上述定义限制在系统 (4.1) 上, 上述定义和定义 (4.10), (4.11) 是一致的.

定义 4.16 设 $\mathcal{F} = \{X, \pi^t, T\}$ 是定义在 X 上的连续动力系统, $B \subset X$.

若对任意的 $x_0 \in B$, 当 $t \in T$ 时, $\pi^t x_0 \in B$, 则称 B 为流 $\mathcal{F}$ 的不变集.

若 $T = R^+$, 则称 B 是正不变的; 若 $T = R^-$, 则称 B 是负不变的; 若 $T = R$, 则称 B 是双向不变的或不变集.

定义 4.17 设 $M \subset U \subset X$ 是非空集合, 若其满足

(1) M 是流 $\mathcal{F}$ 的不变集;

(2) 如果 $K \subset U$ 是流 $\mathcal{F}$ 的不变集, 则 $K \subset M$,

则称 M 是 U 中的最大不变集.

注 4.4 关于一般度量空间上的不变集, 也有类似于定理 4.11 与定理 4.12 的性质.

(1) 若对 $t \geqslant 0$, $\pi^t(B) = B$, 则称 B 为流 $\mathcal{F}$, 是正不变的;

(2) 不变集 (正向、负向、双向) 的闭包也是相同类型的不变集;

(3) 系统 (4.1) 的渐近稳定的平衡点的吸引盒是不变开集, 因而其边界有整轨线构成.

定义 4.18 设 M 是 X 的非空不变子集, 若存在 M 的邻域 $B(M, \varepsilon)$, 使得 M 是

$$B(M, \varepsilon) \cap X$$

的最大不变集, 则称 M 是孤立不变集, 而 $B(M, \varepsilon)$ 称为 M 的孤立邻域.

等价地,

$$M = \mathrm{Inv}(N, \pi) \subset \mathrm{int} N,$$

其中 $\mathrm{Inv}(N, \pi) = \{ x \in N \mid \pi(R, x) \subset N \}$ 且 $N = B(M, \varepsilon)$.

注 4.5 由定义 4.18 知, 若闭包 $\bar{N} \subset X$ 且对任意的 $x \in N$, 存在 $t_1 \in \mathbf{R}$, 使得 $\pi^{t_1}(x) \notin N$, 则称 N 是流不变集 M 的孤立邻域.

由定理 4.11 知, 不变集的闭包也是不变集, 因而孤立不变集 M 必是闭的, 若它是紧的, 则可定义紧孤立不变集.

例 4.9 考虑如下系统

$$\dot{x}_1 = -3x_1 - \frac{3}{2} x_2, \quad \dot{x}_2 = \frac{1}{2} x_2, \tag{4.36}$$

系统 (4.36) 具有平衡点 $M(0, 0)$, 易知, 若令 $X = \mathbf{R}_+^2$, 系统的解可以定义一个动力系统 $\pi^t : X \to \mathbf{R}^+$:

$$\pi^t(x_0) = (x_1(t, x_0), x_2(t, x_0)).$$

由于对任意的 $t \in \mathbf{R}$, $\pi^t(M) = M$, 故 M 是不变集.

取 $N = \{ x \in X \mid x_1^2 + x_2^2 \leqslant \varepsilon^2 \} \subset X$, 则任取 $x(0) = (x_1(0), x_2(0)) \in \partial N$, 即 $x_1^2(0) + x_2^2(0) = \varepsilon^2$,

(1) 若 $x_2(0) > 0$, 则 $x_2(t) = x_2(0) \exp \left(\frac{1}{2} t \right)$ 且 $\lim\limits_{t \to +\infty} x_2(t) = \infty$, 故 $x(t) \notin \mathrm{int} N$;

(2) 若 $x_2(0) = 0$, 则 $x_2(t) = 0$, 此时系统 (4.36) 化为 $\dot{x}_1 = -2x_1$, 因而 $x_1(t) = x_1(0) \exp(-3t)$ 且 $\lim\limits_{t \to -\infty} x_1(t) = \infty$, 故对任意的 $t \in R$, $x(t) \notin \mathrm{int} N$;

由 (1) 和 (2) 可知, N 是 M 的孤立邻域.

进一步, 若取 $x(0) \in N/M$, 类似可得 $x(t) \notin N$, 所以 M 是 N 中的最大不变集, 进而 M 是孤立不变集.

关于系统 (4.1) 孤立不变集的确定, 由 Mischaikow[128] 给出.

定理 4.14 令 M 是同胚 $f : \mathbf{R}^n \to \mathbf{R}^n$ 的孤立不变集, 若存在 $\varepsilon > 0$, 使得对任意的 $x \in \mathbf{R}^n$,

$$\| f(x) - g(x) \| < \varepsilon,$$

则 M 也是 $g(x)$ 的孤立不变集.

Conley[28] 通过平衡点的双曲性给出了判定孤立不变集的简单方法, 它可以看作定理 4.14 的一个简单推论.

定理 4.15　若 x^* 是系统 (4.1) 的双曲平衡点, 则它是孤立不变集.

定义 4.19　设 $A \subset X$ 的孤立不变集, 定义稳定不变集 $W^s(A)$ 如下:

$$W^s(A) = \{x | x \in X, \omega(x) \neq \varnothing, \omega(x) \subset A\}$$

及不稳定集 $W^u(A)$ 为

$$W^u(A) = \{x | x \in X, \alpha(x) \neq \varnothing, \alpha(x) \subset A\}.$$

称 $W_w^s(A)$ 与 $W_w^u(A)$ 分别为 A 的弱稳定集与弱不稳定集, 若

$$W_w^s(A) = \{x | x \in X, \omega(x) \neq \varnothing, \omega(x) \cap A \neq \varnothing\},$$

$$W_w^u(A) = \{x | x \in X, \alpha(x) \neq \varnothing, \alpha(x) \cap A \neq \varnothing\}.$$

定义 4.20　设 $A \subset X$ 为不变集, 若 A 的任一邻域包含 U 的前向不变邻域, 则称 A 是稳定的; 若 $W^s(A)$ 包含 A 的邻域, 则称 U 是渐近稳定的.

例 4.10　考虑如下系统:

$$\begin{aligned}\dot{x}_1 &= -x_1,\\ \dot{x}_2 &= -x_2 + x_1^2,\\ \dot{x}_3 &= x_3 + x_1^2,\end{aligned} \tag{4.37}$$

满足初值条件

$$x(0) = x^0 = (x_1^0, x_2^0, x_3^0), \tag{4.38}$$

其解为

$$\begin{aligned}x_1(t, x^0) &= x_1^0 e^{-t},\\ x_2(t, x^0) &= ((x_1^0)^2 + x_2^0)e^{-t} - (x_1^0)^2 e^{-2t},\\ x_3(t, x^0) &= \left(x_3^0 + \frac{(x_1^0)^2}{3}\right)e^t + \frac{(x_1^0)^2}{3}e^{-2t}.\end{aligned} \tag{4.39}$$

系统 (4.37) 的平衡点是 $\mathcal{O}(0,0,0)$ 且它是孤立不变集, 其稳定集为

$$W^s(\mathcal{O}) = \left\{x = (x_1, x_2, x_3) \left| x_3 + \frac{x_1^2}{3} = 0\right.\right\},$$

不稳定集为

$$W^u(\mathcal{O}) = \{x = (x_1, x_2, x_3) \mid x_1 = x_2 = 0\}.$$

定义 4.21 设 $M \subset X$ 是非空的, 若存在紧集 $N \subset X$, 使对任意的 $y \in M$, 存在 $t(y) > 0$, 当 $t \geqslant t(y)$ 时, $\pi^t(y) \in \mathring{N}$, 则称流 $\mathcal{F}$ 在 M 上是点耗散的.

若 X 是局部紧度量空间, Butler 和 Waltman[17] 也引入如下类似的定义.

定义 4.22 设 X 是局部紧度度量空间, 若对任意的 $x \in X, \omega(x) \neq \varnothing$ 且不变集 $\omega(\mathcal{F}) = \bigcup_{x \in X} \omega(x)$ 具有紧闭包, 则称 $\mathcal{F}$ 是耗散的.

设 (X, d) 是一个度量空间, $\mathcal{F} = \{X, \pi^t, \mathbf{R}^+\}$ 是定义在 X 上的流, $E \subset X$ 是闭子集, 且其边界 ∂E 与内部 $\mathring{E}$ 非空.

定义 4.23 设 $\mathcal{F}$ 是定义在 X 上的连续流.

(1) 若 $\forall x \in \mathring{E}$,

$$\limsup_{t \to +\infty} d(\pi^t(x), \partial E) > 0,$$

则称流 $\mathcal{F}$ 关于 $(\mathring{E}, \partial E)$ 是弱持久生存的 (WP).

(2) 若 $\forall x \in \mathring{E}$,

$$\liminf_{t \to +\infty} d(\pi^t(x), \partial E) > 0,$$

则称流 $\mathcal{F}$ 关于 $(\mathring{E}, \partial E)$ 是持久生存的 (P).

(3) 若存在 $\delta > 0$, 使得 $\forall x \in \mathring{E}$, 有

$$\limsup_{t \to +\infty} d(\pi^t(x), \partial E) > \delta,$$

则称流 $\mathcal{F}$ 关于 $(\mathring{E}, \partial E)$ 是弱一致持久生存的 (WUP).

(4) 若存在 $\delta > 0$, 使得 $\forall x \in \mathring{E}$, 有

$$\liminf_{t \to +\infty} d(\pi^t(x), \partial E) > \delta,$$

则称流 $\mathcal{F}$ 关于 $(\mathring{E}, \partial E)$ 是一致持久生存的 (UP).

此外, 对于系统 (4.34), 结合定义 4.23 给出一致持久生存性的相应定义.

设

$$R_+^n = \{x | x = (x_1, x_2, \cdots, x_n) \in R^n, x_i \geqslant 0\}.$$

将系统 (4.34) 限制在正锥 $\mathbf{R}_+^n$ 上. 假设向量场 f 在 $\mathbf{R}_+^n$ 上满足解的存在唯一性条件.

系统 (4.34) 过初值

$$x(0) = x_0$$

的解

$$x = x(t, x_0).$$

定义 4.24　若对任意的 $x_0 \in \mathrm{int}\mathbf{R}_+^n$ 和所有的 $i \in \{1,2,\cdots,n\}$, 有

$$\limsup_{t \to +\infty} x_i(t, x_0) > 0,$$

则称系统 (4.34) 是**弱持久生存**的.

　　若对任意的 $x_0 \in \mathrm{int}\mathbf{R}_+^n$ 及对任意的 $i \in \{1,2,\cdots,n\}$,

$$\liminf_{t \to +\infty} x_i(t, x_0) > 0,$$

则称系统 (4.34) 是**持久生存**的.

　　若存在 $\delta > 0$, 使对任意的 $x_0 \in \mathrm{int}\mathbf{R}_+^n$ 及任意的 $i \in \{1,2,\cdots,n\}$,

$$\limsup_{t \to +\infty} x_i(t, x_0) > \delta,$$

则称系统 (4.34) 是**弱一致持久生存**的.

　　若存在 $\delta > 0$, 使对任意的 $x_0 \in \mathrm{int}\mathbf{R}_+^n$ 及任意的 $i \in \{1,2,\cdots,n\}$,

$$\liminf_{t \to +\infty} x_i(t, x_0) > \delta,$$

则称系统 (4.34) 是**一致持久生存**的.

　　若系统 (4.34) 一致持久生存且它的所有解有界, 即存在 $m, M > 0$, 对任意的 $x_0 \in \mathrm{int}R_+^n$ 以及对任意的 $i \in \{1,2,\cdots,n\}$, 有

$$m \leqslant \liminf_{t \to +\infty} x_i(t, x_0) \leqslant \limsup_{t \to +\infty} x_i(t, x_0) \leqslant M,$$

则称系统 (4.34) 是**永久生存**的.

　　关于永久生存性的定义也可用如下形式来定义.

　　定义 4.25　若存在位于 $\mathbf{R}_+^n$ 内部的紧集 E, 使得 R_+^n 内部的所有解最终进入 E, 则系统 (4.34) 称为**永久生存**的.

　　永久生存的概念最早由 Schuster, Sigmand 和 Wolf[139] 在研究超环的渐近行为时引入, 它与一致持久性在耗散条件下是一致的. Hofbauer[65], Gard[46] 等在文献中指出若解轨道是一致有界的, 即存在 $M > 0$, 使对任意的 $x_0 \in \mathbf{R}_+^n$, 有

$$\limsup_{t \to +\infty} \|x_i(t)\| \leqslant M,$$

则系统 (4.34) 的解轨道是耗散的. 因此, 若系统 (4.34) 是一致持久生存且耗散的, 则称系统 (4.34) 永久生存. 然而, 要判定系统 (4.34) 的一致持久生存性, 往往要求系统的耗散性. 因此, 在耗散意义下得到的一致持久生存性, 就可以理解为永久生存. 此外, 如果系统 (4.34) 不是持久生存的, 则称其为灭绝的.

定义 4.26 若存在系统 (4.34) 的一个解 $x(t, x_0)\,(x_0 \in \mathbf{R}_+^n)$, 使得对某个 $i \in \{1, 2, \cdots, n\}$, 有

$$\limsup_{t \to +\infty} x_i(t, x_0) = 0,$$

则称系统 (4.34) 是灭绝的.

下面将详尽探讨持久性的一些判定准则.

4.3.2.2 边界流分析与非环条件

在给出此准则之前, 首先介绍非循环覆盖等相关的一些概念.

定义 4.27 令 M, N 是孤立不变集. 若存在 $x \in M \cup N$, 使 $x \in W^u(M) \cap W^s(N)$, 则称集合 M 与集合 N 链 (或键) 连接, 记为 $M \to N$.

例 4.11 (Lotka-Volterra 模型) 考虑如下二维 Lotka-Volterra 模型:

$$\begin{aligned}
\dot{x}_1 &= x_1(1 - x_1 - 0.5x_2), \\
\dot{x}_2 &= x_2(1 - 4x_1 - x_2),
\end{aligned} \tag{4.40}$$

系统 (4.40) 存在三个常数平衡解 $(0, 0), (1, 0), (0, 1)$ 且 $(1, 0), (0, 1)$ 是孤立不变集, 又 $(1, 0)$ 是结点, $(0, 1)$ 是鞍点, 它们构成了一条异宿轨道, 故它们之间存在一个链连接 (图 4.6).

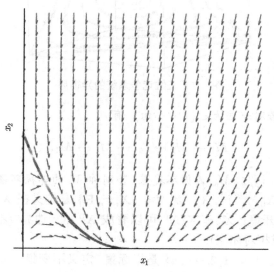

图 4.6 二维竞争系统的异宿轨

定义 4.28   令 $M_1, M_2, \cdots, M_k$ 是孤立不变集, 若 $M_1 \to M_2 \to \cdots \to M_k(M_1 \to M_1, k = 1)$, 则称 $\{M_1, M_2, \cdots, M_k\}$ 是一个链. 若 $M_k = M_1$, 则称此链为环.

关于环的最简单的例子是由鞍–结点构成的环.

例 4.12 (May-Leonard 模型)

$$
\begin{aligned}
\dot{x}_1 &= x_1(1 - x_1 - \alpha x_2 - \beta x_3), \\
\dot{x}_2 &= x_2(1 - \beta x_1 - x_2 - \alpha x_3), \\
\dot{x}_3 &= x_3(1 - \alpha x_1 - \beta x_2 - x_3).
\end{aligned}
\tag{4.41}
$$

May 与 Leonard 结合数值模拟发现系统 (4.41), 当 $0 < \beta < 1 < \alpha$ 且 $\alpha + \beta > 2$ 时, 存在异宿环 (图 4.7), 它是由轴平衡点结合鞍点的结构构成. 显然 May-Leonard 发现的异宿环生成了一个由 $\{(1,0,0), (0,1,0), (0,0,0)\}$ 构成的循环覆盖.

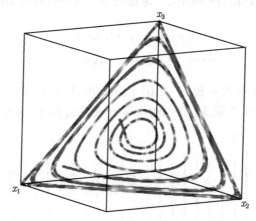

图 4.7   三维竞争系统的异宿环

定义 4.29   若对一些 $k \in \{1, \cdots, m\}$, 有

$$M_1 \mapsto M_2 \mapsto \cdots \mapsto M_k \mapsto M_1,$$

则称有限覆盖 $M = \bigcup_{k=1}^{n} M_k$ 为循环覆盖, 否则称 M 为非循环覆盖.

设 $X = X^0 \cup X_0$, $X^0 \cap X_0 = \varnothing$, $\mathcal{F} = \{X, \pi^t, \mathbf{R}\}$ 是定义在 X 上的流, X^0 是 X 中的开集 (或相对开集), $X_0 = X/X^0$ 可以看成 X^0 的 "边界"(不一定是边界), 它是 X 中的闭集 (或相对闭集).

设 $\partial\mathcal{F} = \mathcal{F}|_{X_0}$, $I = \{1, 2, \cdots, n\}$ 是指标集. 定义不变集

$$\tilde{A}_\partial = \bigcup_{x \in A_\partial} \omega(x),$$

其中 A_∂ 是边界流 $\partial\mathcal{F}$ 在 X_0 上的全局吸引子.

定义 4.30 若存在 $\tilde{A}_\partial$ 的一个覆盖 $M = \bigcup_{k=1}^n M_k$, $\{M_i\}_{i\in I}$ 是互不相交的紧集且对 $\partial\mathcal{F}$ 和 $\mathcal{F}$ 是孤立不变集, 则称 $\tilde{A}_\partial$ 是孤立的, 此时称 M 为孤立覆盖. 若 $M = \bigcup_{k=1}^n M_k$, $\{M_i\}_{i\in I}$ 的任意一个子集都不构成环, 则称 M 是非循环覆盖, 否则称为循环覆盖.

定义 4.31 若存在 $\Omega(\partial\mathcal{F}) = \bigcup_{x\in X}\omega(x)$ 的一个覆盖 $\mathcal{U} = \bigcup_{i=1}^n M_i$, $\{M_i\}_{i\in I}$ 是互不相交的紧集且对 $\partial\mathcal{F}$ 和 $\mathcal{F}$ 是孤立不变集, 则称 $\partial\mathcal{F}$ 是孤立的, 此时称 $\mathcal{U}$ 是孤立覆盖.

定义 4.32 若存在 $\Omega(\partial\mathcal{F})$ 的某些孤立覆盖 $\mathcal{U} = \bigcup_{i=1}^k M_i$, 使 $\{M_i | i\in I\}$ 中的任意一个子集都不构成环, 则称 $\partial\mathcal{F}$ 为非循环的, 否则称为循环的.

定义 4.33 设 M 是紧的不变集, $M_i\,(i\in I)$ 是 M 的紧的不变子集. 称 $\{M_i | i\in I\}$ 是 Morse 分解, 如果 $M_i\,(i\in I)$ 是互不相交的, 且对任意的 $x\in M/\bigcup_{i=1}^n M_i$, 存在 i, 使 $\omega(x)\subset M_i$ 及对任意过 x 的负轨道 γ^-, 存在 $j > i$, 满足 $\alpha(\gamma^-)\subset M_j$.

为了叙述的方便, 给出如下一些引理.

引理 4.3 (Butler-McGehee 引理) 令 X 是局部紧度量空间, $E\subset X$ 是孤立双曲平衡点且 $E\in\omega(x)$, 则如下条件只能有一个成立:

(i) $\omega(x) = \{E\}$;

(ii) 存在 $q_1, q_2\in\omega(x)$, 使得 $q_1\in W^s(E)/\{E\}, q_2\in W^u(E)/\{E\}$.

定理 4.16 (Ura-Kimura-Bhatia 定理) 设 X 是局部紧度量空间. $E\subset X$ 是 X 的紧不变集, 则如下结论之一成立:

(i) E 不是孤立的;

(ii) 存在 $y\notin E$ 及 $z\notin E$, 使 $\varnothing \neq \omega(y)\subset E$ 及 $\varnothing = \alpha(z)\subset E$;

(iii) E 是正 (负) 渐近稳定的, 即 E 的任意邻域 $\mathcal{U}$ 包含一个正 (负) 不变 E 的邻域 $\mathcal{U}$, 使对任意的 $x\in\mathcal{U}, \varnothing\neq\omega(x)\subset E$ 或 $\varnothing = \alpha(z)\subset E$.

定理 4.17 (Freedman-Ruan-Tang 定理) 设 (X,d) 是度量空间, $\mathcal{F} = \{X, \pi^t, R^+\}$ 是定义在 X 上的连续流, E 是关于流 $\mathcal{F}$ 的闭的正不变集. 假设存在 $\alpha > 0$, 使 $\mathcal{F}$ 在 $\bar{B}(E, \alpha)/E$ 是点耗散的, 则如下条件之一成立:

(i) E 是不孤立的, 即对任意的 $\varepsilon > 0$, 存在不变集 $K\subset\bar{B}(E, \varepsilon)$ 且 $K\nsubseteq E$;

(ii) 存在 $y\in\bar{B}(E, \alpha)/E$, 使 $\omega(y)\subset E$;

(iii) 存在 $\varepsilon > 0$, 使对任意 $x\in\bar{B}(E, \alpha)/E$, 有

$$\lim_{t\to+\infty} d(\pi^t(x), E) \geqslant \varepsilon.$$

Butler-McGehee 引理是限制在局部紧度空间的, Butler 和 Waltman 在文献 [17] 中将 Butler-McGehee 引理推广至局部紧度量空间中的紧孤立不变集及连续流上. 进一步, 通过引入非循环覆盖, Butler 等给出了持久生存的判定准则.

定理 4.18 (Butler-Waltman 定理)　设 X 是一个局部紧度量空间, ∂X 是不变的, $\mathcal{F}$ 是 X 上的连续流. 若流 $\mathcal{F}$ 是耗散的, 边界流 $\partial\mathcal{F}$ 是孤立非循环的, 且存在一个非循环覆盖 $\mathcal{U}$, 则 $\mathcal{F}$ 是一致持久的当且仅当

(H) 对任意的 $M_i \in \mathcal{U}$,

$$W^s(M_i) \cap \mathring{X} = \varnothing.$$

借助非循环边界条件, Bulter 等在文献 [18] 中给出.

定理 4.19 (Butler-Freedman-Waltman 定理)　令 X 是局部紧度量空间, $\mathcal{F}$ 是定义在 X 上的连续流, ∂X 关于流 $\mathcal{F}$ 是不变的. 若

(H$_1$) $\mathcal{F}$ 是耗散的;

(H$_2$) $\mathcal{F}$ 是弱持久的;

(H$_3$) $\partial\mathcal{F}$ 是孤立的;

(H$_4$) $\partial\mathcal{F}$ 是非循环的,

则 $\mathcal{F}$ 是一致持久的.

该定理给出弱持久保证一致持久的条件, 即 $\partial\mathcal{F}$ 耗散、孤立且非循环. 关于持久性的非循环条件自然会联想到 Morse 分解, 如 Hofbuar 和 So[68], Garay[47] 等.

Garay [47] 通过引入 Morse 分解, 利用 Conley 理论及在局部紧空间的 UraKimura-Bhatia 定理, 对 Butler-Waltman 持久性准则也进行了推广.

定理 4.20　设 X 是局部紧度量空间, E 是 X 的闭子集, $\mathcal{F}$ 是定义在 E 上的耗散动力系统且 ∂E 是不变的. $M = \{M_1, M_2, \cdots, M_n\}$ 是 $\mathcal{F}_{S \cap \partial E}$ 的 Morse 分解, 其中 S 是 E 的最大紧不变子集, $\mathcal{F}_{S \cap \partial E} = \mathcal{F}\mid_{S \cap \partial E}$.

若对任意的 $i \in N = \{1, 2, \cdots, n\}$,

(i) 存在 $\gamma > 0$, 使 $\{x \in \mathring{E} \mid d(x, M) < \gamma\}$ 包含非整轨道;

(ii) $\mathring{E} \cap W^s(M_i) = \varnothing$,

则 $\mathcal{F}$ 是一致持久的.

Hale 和 Waltman[58] 将局部紧度量空间推广至完备的度量空间, 给出无穷维动力系统一致持久生存的判定准则.

设 (X, d) 是完备的度量空间, $\mathcal{F} = \{X, \pi^t, \mathbf{R}_+\}$ 是定义在 X 上的流.

Hale 和 Waltman[58] 给出如下结论.

定理 4.21　若流 $\mathcal{F}$ 满足

(i) $\mathcal{F}: X^0 \to X^0$, $\partial\mathcal{F}: X_0 \to X_0$;

(ii) 存在 $t_0 \geqslant 0$, 使当 $t \geqslant t_0$ 时, 流 $\mathcal{F}$ 是紧的;

(iii) 流 $\mathcal{F}$ 在 X 上是点耗散的;

(iv) $\tilde{A}_\partial$ 是孤立的且存在非循环覆盖 $M = \{M_1, \cdots, M_n\}$,

则 $\mathcal{F}$ 是一致持久的当且仅当对任意的 $M_i \subset M$,

$$W^s(M_i) \cap X^0 = \varnothing.$$

Thieme[149] 对 Hale 和 Waltman[58] 的紧条件作了进一步的改进, 他们得到如下定理.

定理 4.22 设 X^0 是 X 中的开集 (或相对开集) 且关于流 $\mathcal{F} = \{X, \pi^t, R^+\}$ 是正不变的. 记 $Y_2 = \{x \in X_0 \mid \pi(t, x) \in X_0\}$, 且

$$\Omega_2 = \bigcup_{y \in Y_2} \omega(y).$$

若流 $\mathcal{F}$ 满足

(i) 存在 $\delta > 0$ 以及 $\mathcal{S} \subset X$, 使得

(i$_a$) 若 $x \in X$ 且 $d(x, X_0) < \delta$, 则 $\lim_{t \to \infty} d(\pi(t, x), \mathcal{S}) = 0$,

(i$_b$) $\mathcal{S} \cap B(X_0, \delta)$ 存在紧闭包;

(ii) Ω_2 存在非循环覆盖 $M = \{M_1, \cdots, M_n\}$;

(iii) $M_i (i \in I)$ 关于 X_0 是弱排斥的,

则 $\mathcal{F}$ 是一致持久的.

通过考虑 Morse 分解, 并借助于链传递性, Hofbauer 和 So[68] 给出了一般度量空间上持久性判定准则,

定理 4.23[68] 设 $f : X \to X$ 是定义在 X 上的连续映射, X_0 是 X 中的闭子集 (或相对闭集) 且 $f(X/X_0) \subset X/X_0$. 若 f 满足

(1) X 存在一个全局吸引子 $\mathcal{A}$, 即 $\mathcal{A}$ 是 X 中的最大紧不变集满足

$$\lim_{n \to \infty} d(f^n(x), \mathcal{A}) = 0;$$

(2) M 是 X_0 中的最大不变集且 $M \in \mathcal{A}$,

则 f 是一致持久的当且仅当 M 在 $\mathcal{A}$ 中是孤立的且

$$W^s(M) \subset X_0.$$

定理 4.24[68] 设 $f : X \to X$ 是定义在 X 上的连续映射, X_0 是 X 中的闭子集 (或相对闭集) 且 $f(X/X_0) \subset X/X_0$. 若 f 满足

(1) X 存在一个全局吸引子 $\mathcal{A}$, 即 $\mathcal{A}$ 是 X 中的最大紧不变集满足

$$\lim_{n \to \infty} d(f^n(x), \mathcal{A}) = 0;$$

(2) 设 $\{M_1, M_2, \cdots, M_n\}$ 是 $\mathcal{M}$ 关于流 $\partial \mathcal{F}$ 的 Morse 分解,

则 f 是一致持久的当且仅当 M_i 在 $\mathcal{A}$ 中是孤立的且对任意的 $i \in I$,

$$W^s(M_i) \subset X_0.$$

　　Hirsch, Smith 和 Zhao[64] 说明, Morse 分解与非循环是等价的. 记 $\partial X^0 = X/X^0$, 且 $M_\partial = \{x \in \partial X^0 \mid f^n(x) \in \partial X^0, n \geqslant 0\}$.

　　定理 4.25　*若在 ∂X^0 上存在映射 f 的最大紧不变集 $\mathcal{B}_\partial$, 即 $\mathcal{B}_\partial$ 是紧不变的、包含 ∂X^0 上的任意一个不变集, 则 $\{M_1, M_2, \cdots, M_n\}$ 是 $\Omega(M_\partial)$ 的孤立覆盖当且仅当它是 $\mathcal{B}_\partial$ 的 Morse 分解, 这里 $M_i, (i \in I)$ 是 ∂X^0 上互不相交、紧不变的且是孤立的.*

　　类似于 Hofbauer 和 So[68], Hirsch, Smith 和 Zhao[64] 给出如下准则.

　　定理 4.26[64]　*假设如下条件成立:*

　　(C$_1$) *$f(X^0) \subset X^0$ 且 f 存在一个全局吸引子 $\mathcal{A}$;*

　　(C$_2$) *f 在 ∂X_0 上的最大不变集 $A_\partial = \mathcal{A} \cap M_\partial$ 存在一个 Morse 分解满足*

　　　　(1) M_i 在 X 中是孤立的,

　　　　(2) 对任意的 $i \in I$, $W^s(M_i) \cap X^0 = \varnothing$,

则存在 $\delta > 0$, 使得对任意紧的内链传递集 $L \not\subseteq M_i (i \in I)$,

$$\inf_{x \in L} d(x, \partial X^0) > \delta,$$

即映射 $f : X \to X$ 关于 $(X^0, \partial X^0)$ 是一致持久的.

　　定理 4.27[64]　*假设如下条件成立:*

　　(C$_1$) *$f(X^0) \subset X^0$ 且 f 存在一个全局吸引子 $\mathcal{A}$;*

　　(C$_2$) *存在 $\mathcal{M} = \{M_1, M_2, \cdots, M_n\}$ (M_i 是 ∂X^0 上的互不相交、紧孤立不变集) 使得*

　　　　(a) $\Omega(M_\partial) \subset \bigcup_{i=1}^n M_i$;

　　　　(b) $\mathcal{M}$ 中没有子集形成环;

　　　　(c) M_i 在 X 中是孤立的;

　　　　(d) 对任意的 $i \in I$,

$$W^s(M_i) \cap X^0 = \varnothing,$$

则映射 $f : X \to X$ 关于 $(X^0, \partial X^0)$ 是一致持久的, 即存在 $\eta > 0$, 使得

$$\liminf_{n \to \infty} d(f^n(x), \partial X^0) > \eta.$$

　　上述定理被 Zhao[162] 成功用于考虑周期半流的一致持久问题.

　　定义 4.34　*令 (X, d) 是完备度量空间, $\omega > 0$, 称 $T(t) : X \to X, t \geqslant 0$ 为 X 上的 ω 周期半流, 如果它满足*

　　　　(a) $T(0) = I$, 其中 I 是 X 上的单位映射;

　　　　(b) 对任意 $t \geqslant 0$, $T(t + \omega) = T(t) \circ T(\omega)$;

　　　　(c) $T(t)x$ 在点 $(t, x) \in [0, \infty) \times X$ 处连续.

定理 4.28[162]　令 $T(t)$ 是定义在 X 上的 ω 周期半流, 满足对任意的 $t \geqslant 0$, $T(t)X^0 \subset X^0$, 并假设 $S = T(\omega)$ 在 X 上是点耗散的且是紧的, 则若 S 关于 $(X^0, \partial X^0)$ 是一致持久的, 则 $T(t): X \to X$ 也是一致持久的.

通过减弱对耗散性的限制, Freedman 等在文献 [40] 中, 基于定理 4.17 以及采取类似于 Hofbauer 和 So[68] 的方法, 给出更一般的持久生存性判据.

定理 4.29　若流 $\mathcal{F} = \{X, \pi^t, R\}$ 满足

(a) 存在 $\alpha > 0$, 使 $\mathcal{F}$ 在 $\overline{B(\partial X_1, \alpha)} \cap X_1^0$ 上是点耗散的, 其中 $X_1 \subset X$ 是闭子集 (或相对闭集) 且关于 $\mathcal{F}$ 是正向不变的;

(b) 对于 $\mathcal{F}$ 在 ∂X_1 上的最大不变集 N, 存在非循环覆盖 $\mathcal{U} = \{M_i\}_{i \in I}$ 使得 $N \subset \mathcal{U} \subset \partial X_1$;

(c) $\partial \mathcal{F}$ 的任一紧子集包含覆盖 $\mathcal{U} = \{M_i\}_{i \in I}$ 中至多有限个子集,

则流 $\mathcal{F}$ 关于 $(X_1^0, \partial X_1)$ 是一致持久的当且仅当对任意的 $i \in I$,

$$W^s(M_i) \cap \overline{B(\partial X_1, \alpha)} \cap X_1^0 = \varnothing.$$

4.3.2.3　平均 Lyapunov 函数方法

基于平均 Lyapunov 方法判定持久性的准则, 最初由 Hofbauer[65] 在研究超环的渐近行为时引入, Hofbauer 称该方法是对稳定性中 Lyapunov 方法的推广. 此外, Schuster, Sigmund 和 Wolff 在文献 [139] 中研究超环时也包含类似的思想.

对系统 (4.35), 若令

$$f_i(x) = g_i(x) - \phi(x), \quad \phi(x) = \sum_{i=1}^{n} x_i g_i(x),$$

则系统 (4.35) 化为

$$\dot{x}_i = x_i[g_i(x) - \phi(x)], \quad i = 1, 2, \cdots, n. \tag{4.42}$$

且 $x \in \mathbf{R}^n$ 定义在 S_n 上, 其中

$$S_n = \left\{ x \in R^n \,\middle|\, \text{对任意的} \, i, x_i \geqslant 0, \sum_{i=1}^{n} x_i = 1 \right\}.$$

上述方程称为复制方程, 它由 Eigen 和 Schuster[34] 所引入.

Hofbauer[65] 通过平均 Lyapunov 函数给出了系统 (4.42) 的永久性.

定理 4.30[65]　若系统 (4.42) 存在函数 $P: S_n \to R$ 满足

(1) 对任意的 $x \in \partial S_n$, $P(x) = 0$;

(2) 对任意的 $x \in \text{int} S_n$, $P(x) > 0$;

(3) 对任意的 $x \in \mathrm{int} S_n$,

$$\frac{\dot{P}(x)}{P(x)} = \psi(x);$$

(4) 对任意的 $x \in \omega(\partial S_n)$ 或 ∂S_n, 存在 $T > 0$, 使得

$$\frac{1}{T} \int_0^T \psi[x(t)]dt > 0,$$

则系统 (4.42) 是永久生存 (一致持久) 的.

定理 4.31 就是最早判定持久性的平均 Lyapunov 方法, Gard 和 Hallam[45, 46] 称其为持久性函数. Hofbauer 进一步指出, 若系统 (4.1) 的解轨道是一致有界的, 上述定理还可以推广至更一般的自治系统中. 利用统一性方法, Hofbauer[66] 借助于边界流的分析, 给出如下结论.

定理 4.31　设 X 是一个紧致度量空间, M 是 X 中的闭不变子集且 X/M 也是闭不变的, 存在连续可微函数 $P : X \to \mathbf{R}$ 满足

(1) 对任意的 $x \in M$, $P(x) = 0$;

(2) 对任意的 $x \in X/M$, $P(x) > 0$;

(3) 对任意的 $x \in X$,

$$\frac{\dot{P}(x)}{P(x)} = \psi(x);$$

(4) 对任意的 $x \in M$ 或 $x \in \omega(M)$, 存在 $T > 0$, 使得

$$\frac{1}{T} \int_0^T \psi[x(t)]dt > 0,$$

则系统 (4.42) 是永久生存 (一致持久) 的.

Huston[72], Jansen[75] 对 Hofbauer[65] 的结果作了进一步的改进.

定理 4.32　设 $\mathcal{F} = \{X, \pi^t, \mathbf{R}^+\}$ 是定义在度量空间 (X, d) 上的半动力系统, X 是紧的, $S \subset X$ 是紧的、内部为空的子集且 S 与 $X \backslash S$ 是正向不变的.

若存在连续可微的函数 $P : X \to \mathbf{R}_+$ 满足

(1) $P(x) = 0 \Leftrightarrow x \in S$;

(2) 对任意的 $x \in \overline{X}$,

$$\alpha(t, x) = \liminf_{y \to x, y \in X \backslash S} \frac{P(\pi(t, y))}{P(y)}; \tag{4.43}$$

(3) 当 $x \in \overline{\omega(S)}$ 时, $\sup_{t \geqslant 0} \alpha(t, x) > 1$, 当 $x \in S$ 时, $\sup_{t \geqslant 0} \alpha(t, x) > 0$, 则存在一个紧的正向不变集 $M \subset X$, 满足 $d(M, S) > 0$ 且使得任意从 $X \backslash S$ 出发的半轨道最终进入 M, 即 $\mathcal{F}$ 是永久生存的.

在 Hofbauer[65] 与 Hutson[72] 等的基础上, Fonda[37] 通过引入排斥子的概念, 对平均 Lyapunov 函数方法也进行了推广.

定义 4.35 设 (X, d) 是一个度量空间, $\mathcal{F} = \{X, \pi^t, R^+\}$ 是定义在 X 上的动力系统, S 是 X 的子集, 如果存在 $\eta > 0$, 使对任意的 $x \in X \setminus S$,

$$\liminf_{t \to +\infty} d(\pi(t, x), S) > \delta,$$

则称集合 S 是一致排斥的. 若 $\delta = 0$ 时, 则称集合 S 是排斥的.

由 Butler 等的结果知道, 在一定条件下一致排斥就是一致持久的.

定理 4.33 设 X 是局部紧度量空间, $\mathcal{F}$ 是定义在 X 上的连续流, 若 $\mathcal{F}$ 是排斥的, 则流 $\mathcal{F}$ 是持久的; 若 $\mathcal{F}$ 是一致排斥的, 则它是一致持久的.

定理 4.34[37] 令 (X, d) 是紧度量空间, $\mathcal{F} = \{X, \pi^t, \mathbf{R}^+\}$ 是定义 X 上的流. 设 $S \subset X$ 是紧子集使得 $X \setminus S$ 是正不变的.

若存在 S 的邻域 U 与连续函数 $P : X \to \mathbf{R}^+$ 满足

(a) 对任意的 $x \in S$, $P(x) = 0$;

(b) 对任意的 $x \in U \setminus S$, 存在 $T_x > 0$, 使

$$P(\pi(T_x, x)) > P(x),$$

则 S 是一致排斥的.

进一步, Fonda[37] 给出如下结论.

定理 4.35 设 $X, \mathcal{F}$ 如定理 4.34 所定义, 若存在函数 $P(x) \in C(X, \mathbf{R}^+) \cap C^1(X \setminus S, \mathbf{R})$ 满足

(1) $P(x) = 0 \Leftrightarrow x \in S$;

(2) 存在下半连续函数 $\psi : X \to \mathbf{R}^+$, 有下界且存在 $\alpha \in [0, 1]$ 满足

(2$_a$) 对任意的 $x \in X \setminus S$, $\dot{P}(x) \geqslant [P(x)]^\alpha \psi(x)$,

(2$_b$) 对任意的 $x \in \Sigma$, $\displaystyle\sup_{\tau \geqslant 0} \int_0^\tau \psi(\pi(s, x)) ds > 0$,

其中 Σ 是 S 或 $\overline{\Omega(S)}$ (当 S 是正不变时), 则 S 是一致排斥子, 进而 $\mathcal{F}$ 是一致持久生存的.

若 X 是紧度量空间, Hofbauer[66] 对持久性判定平均 Lyapunov 方法和边界流分析的方法做了统一的讨论, 平均 Lyapunov 方法判定持久性的准则可以由边界流分析理论给出. 借助于 Hofbauer 和 So[68] 的思想, Rebelo 等[136] 将 Fonda[37] 的结果在紧度量空间的情形推广到一般度量空间.

定理 4.36 设 $\mathcal{F} = \{X, \pi^t, \mathbf{R}^+\}$ 是定义在度量空间 X 的流, S 是 X 中闭子集, 使得 X/S 是正不变的. 如果

(1) X 存在一个紧的全局吸引子 A;

(2) 存在连续可微函数 $P : X \to \mathbf{R}^+$ 满足

(2$_a$) $P(x) = 0$ 当且仅当 $x \in S$,

(2$_b$) 对任意的 $x \in X/S$, 存在 $T_x > 0$, 使得 $P(\pi(T_x, x)) > P(x)$,

则 $\mathcal{F}$ 关于 S 是正不变的.

对于系统 (4.1), Iwami 等[74] 也给出类似 Fonda[37] 的结果.

定理 4.37　设 X 是 $\mathbf{R}_+^n$ 的紧子集, S 是 X 的紧子集, 且 X 是正不变的, 若存在连续可微函数 $P : X \to \mathbf{R}^+$ 满足

(1) $P(x) = 0$ 当且仅当 $x \in S$;

(2) 对任意的 $x \in S$, $\dot{P}(x) > 0$,

则存在 $\delta > 0$, 使对任意的 $x_0 \in X \backslash S$, 系统 (4.1) 的解满足

$$\liminf_{t \to +\infty} P(x(t, x_0)) > \delta.$$

若 X 是一般度量空间, Teng 与 Duan[148], Freedman 等 [40] 对 Fonda 和 Hofbeaur 等的结论作了改进, 此外, 他们 [41] 利用平均 Lyapunov 方法研究了泛函微分方程的持久性.

定理 4.38　设 $\mathcal{F} = \{X, \pi^t, R^+\}$ 是定义在度量空间 X 上的流, $E \subset X$ 是闭的、正不变集.

若流 $\mathcal{F}$ 满足:

(1) 存在 $\alpha > 0$, $\mathcal{F}$ 在 $\overline{B(\partial E, \alpha)} \cap \mathring{E}$ 是耗散的;

(2) 存在 $\delta \in (0, \alpha)$ 及函数 $P : \overline{B(\partial E, \alpha)} \to \mathbf{R}^+$ 满足

(2$_a$) $P(x) = 0 \Leftrightarrow x \in \partial E$,

(2$_b$) 对任意的 $x \in \overline{B(\partial E, \alpha)} \cap \mathring{E}$, 存在 $T_x > 0$, 使

$$P(\pi(T_x, x)) > P(x),$$

则 $\mathcal{F}$ 是一致持久生存的.

例 4.13　考虑如下 SI 型传染病模型

$$\begin{aligned} S' &= A - \beta SI - \mu S, \\ I' &= \beta SI - (\mu + \alpha)I. \end{aligned} \tag{4.44}$$

系统 (4.44) 的可行域为

$$\Gamma = \left\{ x = (S, I) \in R_+^2 \,\middle|\, 0 \leqslant S + I \leqslant \frac{A}{\mu} \right\}.$$

定义阈值 R_0 如下:

$$R_0 = \frac{\beta A}{\mu(\mu + \alpha)}, \tag{4.45}$$

它是基本再生数, 设 $R_0 > 1$, 此时系统 (4.44) 存在无病平衡点 $P_0\left(\dfrac{A}{\mu}, 0\right)$ 以及地方病平衡点 $P^*(S^*, I^*)$ 满足

$$A - \beta S^* I^* - \mu S^* = 0, \quad \beta S^* I^* - (\mu + \alpha)I^* = 0. \tag{4.46}$$

一般地, 有如下定理.

定理 4.39 若 $R_0 > 1$, 则系统 (4.44) 是一致持久生存的.

为了说明上述定理的应用, 我们分别采用边界流方法和平均 Lyapunov 方法分别给出证明.

证明 边界流分析——Freedman-Ruan-Tang 定理

取 $X = R_+^2$, $X_1 = \Gamma$, 以及

$$X_1^0 = \{(S, I) \in X_1 \mid I > 0\},$$
$$\partial X_1 = \{(S, I) \in X_1 \mid I = 0\},$$

则

$$X_1 = X_1^0 \cup \partial X_1.$$

断言 1 若 $S(0) > 0$, 则对任意的 $t \geqslant 0$, $S(t) > 0$.

假设存在 $t_1 > 0$, 使得 $S(t_1) \leqslant 0$, 则定义

$$t_1^* = \inf\{t \mid S(t) \leqslant 0\},$$

易知, 当 $t \in (0, t_1^*)$ 时, $S(t) > 0$, $S(t_1^*) = 0$, 进而 $\dot{S}(t_1^*) \leqslant 0$. 而 $\dot{S}(t_1^*) = A > 0$, 矛盾.

断言 2 若 $S(0) = 0$, 则对任意的 $t > 0$, $S(t) > 0$.

由于 $\dot{S}(0) = A > 0$, 所以存在 $t_2 > 0$, 使得当 $t \in (0, t_2)$ 时, $S(t) > 0$, 接下来可类似断言 1 的证明, 可得断言 2 成立.

断言 3 若 $I(0) = 0$, 则对任意的 $t > 0$, $I(t) = 0$.

由于系统存在常数解 $I = 0$, 所以由解的存在唯一性知, 结论成立.

断言 4 若 $I(0) > 0$, 则对任意的 $t \geqslant 0$, $I(t) > 0$.

由于

$$I(t) = I(0)\exp\left(\int_0^t (\beta S(\tau) - \mu - \alpha)d\tau\right),$$

故而 $I(t) > 0$.

断言 5

$$\limsup_{t \to +\infty}(S(t) + I(t)) \leqslant \frac{A}{\mu}.$$

构造函数

$$V = S + I,$$

则沿着系统求解, 得

$$
\begin{aligned}
V' &= A - \mu S - (\mu + \alpha)I \\
&\leqslant A - \mu(S + I) \\
&= A - \mu V,
\end{aligned}
\tag{4.47}
$$

根据比较定理, 断言成立.

断言 6　令 M 是 ∂X_1 的最大紧不变集, 则 $M = \{P_0\}$.

定义集合

$$
M_\partial = \{(S(0), I(0)) \in \partial X_1 \mid (S(t), I(t)) \in \partial X_1\},
$$

由断言 3 可知

$$
M_\partial = \{(S(t), 0)\}.
$$

假设断言不成立, 则存在初值 $(S(0), I(0)) \in M$, 属如下两种情形之一:

(1) $(S(0), I(0)) \in X_1/M_\partial$;

(2) $(S(0), I(0)) \in M_\partial/\{P_0\}$.

记 $(S(t), I(t))$ 为过此初值 $(S(0), I(0))$ 的解.

若 (1) 成立, 由断言 1, 2, 4 知, $(S(t), I(t)) \in X_1^0$, 这与 $M \subset \partial X_1$ 矛盾.

若 (2) 成立, 则 $(S(t), I(t))$ 满足

$$
S' = A - \mu S, \quad I = 0,
\tag{4.48}
$$

即

$$
S(t) = \frac{A}{\mu} - \left(S(0) - \frac{A}{\mu}\right) \exp(-\mu t), \quad I(t) = 0.
\tag{4.49}
$$

显然当 $t \to -\infty$ 时, $S(t) \to +\infty$, 故存在 $\bar{t} < 0$, 当 $t < \bar{t}$ 时,

$$
(S(t), I(t)) \notin X_1,
$$

这与 M 的不变性矛盾.

由断言 1—断言 5 知, X_1 关于系统是正不变的. 又平衡点 P_0 是双曲的, 故它是孤立不变集, 且由此可知最大不变集 M 是一个单点集且存在一个孤立覆盖, 因而定理 4.29 中 (a), (b), (c) 成立, 接下来只需验证

$$
W^s(M_i) \cap \overline{B(\partial X_1, \alpha)} \cap X_1^0 = \varnothing
$$

成立. 否则系统存在正解使得

$$\lim_{t \to +\infty}(S(t), I(t)) = \left(\frac{A}{\mu}, 0\right).$$

由 $R_0 > 1$ 条件, 取 ε 充分小使得

$$\rho = (R_0 - 1)(\mu + \alpha) - \beta\varepsilon > 0,$$

则存在 $T > 0$, 当 $t > T$ 时, 有

$$S(t) > \frac{A}{\mu} - \varepsilon,$$

此时

$$
\begin{aligned}
I(t) &> I(t)\left(\beta\frac{A}{\mu} - \mu - \alpha - \beta\varepsilon\right) \\
&= (\mu + \alpha)I(t)\left(\frac{\beta\dfrac{A}{\mu}}{\mu + \alpha} - 1 - \frac{\beta\varepsilon}{\mu + \alpha}\right) \\
&= (\mu + \alpha)I(t)\left(R_0 - 1 - \frac{\beta\varepsilon}{\mu + \alpha}\right) \\
&= (\mu + \alpha)\rho I(t).
\end{aligned}
\tag{4.50}
$$

此时当 $t \to +\infty$, $I(t) \to +\infty$, 矛盾. 故由定理 4.29 知, 系统关于 $(X_1^0, \partial X_1)$ 是一致持久的.

平均 Lyapunov 方法——Fonda 理论:

定义 $S = \{x \in \Gamma \mid I = 0\}$, 容易知道 S 以及 $\Gamma \backslash S$ 关于系统 (4.44) 是正不变的. 在 Γ 上定义函数 $P : \Gamma \to R^+$ 如下:

$$P(S, I) = I. \tag{4.51}$$

取

$$U_\delta = \{x \in \Gamma \mid P(x) < \delta\},$$

其中 $\delta = \dfrac{\mu}{4\beta}(R_0 - 1)$.

假设存在 $\bar{x} \in U_\delta$, 使得

$$P(\pi(t, \bar{x})) < P(\bar{x}) < \delta,$$

即当 $t > 0$ 时,

$$I(t, \bar{x}) < \delta.$$

由第一个方程, 得

$$S' \geqslant A - \beta\delta S - \mu S, \tag{4.52}$$

由比较定理

$$\liminf_{t\to\infty} S \geqslant \frac{A}{\beta\delta + \mu}. \tag{4.53}$$

因此, 存在 $T > 0$ 充分大, 当 $t \geqslant T$ 时,

$$S(t, \bar{x}) \geqslant \frac{A}{2\beta\delta + \mu}. \tag{4.54}$$

所以

$$\begin{aligned}
P' &= I[\beta S - (\mu + \alpha)] \\
&\geqslant P\left(\frac{\beta A}{\mu + 2\beta\delta} - \mu - \alpha\right) \\
&\geqslant (\mu + \alpha)\frac{R_0 - 1}{R_0 + 1}P.
\end{aligned} \tag{4.55}$$

因而

$$\lim_{t\to\infty} P(t) = \infty, \tag{4.56}$$

这与假设矛盾, 因而当 $R_0 > 1$ 时, 根据定理 4.34, 系统 (4.44) 是一致持久生存的. ∎

4.3.3   Krasovskii-Barbasin 定理

在例 4.4 中, 若取

$$V(x) = x_1^2 + \frac{1}{2}x_2^2, \tag{4.57}$$

则

$$\dot{V}(x) = -2x_2^2 \leqslant 0, \tag{4.58}$$

由此, 只能说明零解的稳定性, 而无法说明零解的渐近稳定性. 这表明要说明系统零解的稳定性问题需要构造合适的 Lyapunov 函数. 比如, 要证明零解的渐近稳定性, 在无法构造出全导数负定而仅仅得到其导数是半负定条件下, 如何判定零解的渐近稳定性呢?

定理 4.40 设 D 是包含原点的区域, 若在区域 D 上存在一个连续可微函数 $V : D \to R$, 使

(1) $V(0) = 0$, $0 \in D$;

(2) $V(x) > 0$, $x \neq 0, x \in D$;

(3) $\dot{V}(x) \leqslant 0$, $x \in D$;

(4) $M = \{x | \dot{V}(x) \equiv 0, x \in D\}$ 除原点外, 不包含系统 (4.1) 的其他整轨线, 则系统 (4.1) 的零解是渐近稳定的.

证明 条件 (1)—(3) 保证了零解是稳定的, 即对任意的 $\varepsilon > 0$, 存在 $\delta > 0$, 当 $\|x_0\| < \delta$ 时,

$$\|x(t, x_0)\| < \varepsilon,$$

也即正半轨线 $x(t, x_0)$ 有界. 由引理 4.2, 它的 ω 极限集 $\omega(x_0)$ 非空且

$$x(t, x_0) \to \omega(x_0) \quad (t \to \infty).$$

由 $\dot{V} \leqslant 0$ 知, $V(x(t))$ 关于 t 单调非增, 故由 $V(x)$ 的正定性知

$$\lim_{t \to \infty} V(x(t, x_0)) = V^*.$$

若任取 $q \in \omega(x_0)$, 则存在 $\{t_n\}_{n=1}^{\infty}$, 当 $t_n \to \infty(n \to \infty)$ 时,

$$\lim_{t \to \infty} x(t_n, x_0) = q.$$

因而, 结合 V 的连续性,

$$\lim_{n \to \infty} V(x(t_n, x_0)) = V(q) = V^*.$$

故 $\dot{V}(q) = 0$. 因此, $q \in M$. 由 q 的任意性知,

$$\omega(x_0) \subset M.$$

又 $\omega(x_0)$ 是由 (4.1) 的整条轨线构成的, 而在 M 中除 $x = 0$ 外, 不再包含其他整轨线, 故

$$\omega(x_0) = \{0\}.$$

于是

$$\lim_{t \to \infty} x(t, t_0, x_0) = 0.$$

命题得证.

注 4.6　对于例 4.4, 若取 Lyapunov 函数为 (4.57), 此时

$$M = \{(x_1, x_2) \mid \dot{V} = 0\} = \{(x_1, x_2) \mid x_2 = 0\} = \{(x_1, 0)\}.$$

它不含除 $x_1 = x_2 = 0$ 外的整轨线 ($x_2 = 0$ 不是解), 因而由定理 4.40 知, 零解是渐近稳定的.

例 4.14　考虑非线性系统

$$\begin{cases} \dot{x}_1 = x_2, \\ \dot{x}_2 = -\sin x_1 - x_2 \end{cases} \tag{4.59}$$

零解的稳定性与渐近稳定性, 其中 $x_1 \in \left(-\dfrac{\pi}{2}, \dfrac{\pi}{2}\right)$.

解　构造函数

$$V(x_1, x_2) = \frac{1}{2}x_2^2 + (1 - \cos x_1),$$

易知, $V(0) = 0$ 且当 $x \neq 0$ 时, $V(x) > 0$. 沿着系统 (4.59) 计算全导数

$$\dot{V} = -x_2^2 \leqslant 0.$$

因此,

$$\mathcal{S} \equiv \{x \mid \dot{V} = 0\} = \{(x_1, 0)\}.$$

设 $\mathcal{M}$ 是 $\mathcal{S}$ 中的最大不变集, 我们声称如下断言成立.

断言　$M = \{(0, 0)\}.$

否则, 设 $x(0) = (x_1(0), x_2(0)) \in \mathcal{S}/\mathcal{M}$, 则 $x_1(0) \neq 0, x_2(0) = 0$. 代入系统的第二个方程, 得

$$\dot{x}_2(0) = -\sin x_1(0) - x_2(0) = -\sin x_1(0) \neq 0.$$

根据导数的性质, 存在 $\delta > 0$, 使得当 $0 < |t| < \delta$ 时, $|x_2(t)| \neq 0$, 这与 $\mathcal{S}$ 是不变集矛盾.

由断言以及定理 4.40 可知, 系统的零解是渐近稳定的.　■

定理 4.41　若定理 4.40 的条件成立且 $V(x)$ 径向无界, 则系统 (4.1) 的零解是全局渐近稳定的.

下面给出 (Krasovskii) 不稳定性定理.

定理 4.42　若存在连续可微函数 $V : D \subset \mathbf{R}^n \to \mathbf{R}$ 满足

(1) $V(0) = 0$, 在原点任意小的邻域内存在 x_0, 使 $V(x_0) > 0$;

(2) $\dot{V}(x) \geqslant 0, x \in D$;

(3) $M = \{x \mid \dot{V}(x) \equiv 0, x \in D\}$ 除原点外, 不包含系统 (4.1) 的其他整轨线, 则系统 (4.1) 的零解是不稳定的.

证明 若结论不成立, 则对任意的 $\varepsilon > 0$, 存在 $\delta > 0$, 当 $\|x_0\| < \delta$ 时, 有

$$\|x(t, t_0)\| < \varepsilon. \tag{4.60}$$

此时, 轨线 $x(t, x_0)$ 正向有界, 由引理 4.2 知,

$$\omega(x_0) \neq \varnothing. \tag{4.61}$$

由 (1) 知, 对固定的 $\varepsilon_0 > 0$, 任取 $\delta_0 \in (0, \varepsilon_0)$, 存在 $x_0 \in B_{\delta_0}$, 使

$$V(x_0) \triangleq V_0 > 0. \tag{4.62}$$

另一方面, 由 (2) 知, $V(x(t, x_0))$ 关于 t 单调非增, 故而

$$V(x(t)) \geqslant V_0 > 0. \tag{4.63}$$

故由命题 4.2, 沿着解轨线 $x(t, x_0)$, 存在 $\eta \in (0, \delta_0)$, 使

$$\|x(t)\| \geqslant \eta > 0. \tag{4.64}$$

所以

$$0 \notin \omega(x_0). \tag{4.65}$$

任取 $q \in \omega(x_0)$, 存在 $\{t_n\}_{n=1}^{\infty}$, 当 $t_n \to \infty (n \to \infty)$ 时, 有

$$\lim_{n \to \infty} x(t_n, x_0) = q. \tag{4.66}$$

结合 (2) 与 (4.60), $V(x(t))$ 单调有界, 故

$$V(q) = \lim_{n \to \infty} V(x(t_n, x_0)) = \lim_{n \to \infty} V(x(t, x_0)) = V^* > 0. \tag{4.67}$$

由于 $q \in \omega(x_0)$ 是任意的, $0 \notin \omega(x_0)$ 且 $\omega(x_0)$ 由整条轨线构成, 所以 $\dot{V} = 0$. 故 $\omega(x_0)$ 由非平凡的整轨线构成且

$$\omega(x_0) \subset M,$$

这与 (3) 矛盾, 故假设不成立. 命题得证. ∎

例 4.15 考虑非线性系统

$$\begin{cases} \dot{x}_1 = x_2 + x_1(\beta^2 - x_1^2 - x_2^2), \\ \dot{x}_2 = -x_1 + x_2(\beta^2 - x_1^2 - x_2^2) \end{cases} \tag{4.68}$$

零解的稳定性.

解　构造辅助函数 $V(x) = \frac{1}{2}(x_1^2 + x_2^2)$, 则 $V(0) = 0$, 且对任意的 $x \in R^2, x \neq 0$, $V(x) > 0$, 故 $V(x)$ 是正定函数. 又因为

$$\dot{V} = (x_1, x_2) \cdot f(x_1, x_2) = (x_1^2 + x_2^2)(\beta^2 - x_1^2 - x_2^2), \tag{4.69}$$

定义区域 $\mathcal{U} = \{x \in R^2 | \|x\| < \varepsilon, 0 < \varepsilon < \beta\}$, 则

$$\begin{aligned} V &= V(x_1, x_2) > 0, \quad x \in \mathcal{U}, \ x \neq 0, \\ \dot{V} &> 0, \quad x \in \mathcal{U}, \ x \neq 0, \end{aligned} \tag{4.70}$$

且 $\{x|\dot{V}(x) = 0\}$ 在 $\mathcal{U}$ 内除 $x = 0$ 外, 不包含系统 (4.68) 的其他非平凡解. 故原点是不稳定的. ∎

4.3.4　LaSalle 不变性原理

LaSalle 基于极限集与 Lyapunov 函数之间的关系, 给出了如下的不变性原理.

定理 4.43[87] (LaSalle 不变性原理)　设 $\mathcal{D}$ 是 R^n 中的有界闭集且关于系统 (4.1) 是正不变的, 若存在连续可微函数 $V : \mathcal{D} \to R$ 使得

$$\left.\frac{dV}{dt}\right|_{(4.1)} \leqslant 0, \quad x \in \mathcal{D}. \tag{4.71}$$

记 $\mathcal{S} = \left\{ x \left| \left.\dfrac{dV}{dt}\right|_{(4.1)} \equiv 0, x \in \mathcal{D} \right. \right\}$, 令 $\mathcal{M}$ 是 $\mathcal{S}$ 内最大不变集, 则

$$x(t, x_0) \to \mathcal{M}. \tag{4.72}$$

特别地, 若 $\mathcal{M} = \{0\}$, 则系统 (4.1) 的零解是吸引的.

证明　令 $x(t) = x(t, x_0)$ 是 (4.1) 从 $\mathcal{D}$ 内出发的解.

由 (4.71) 知, $V(x(t))$ 关于 t 单调不增, 又 $V(x(t)) \in C(\mathcal{D})$ 且 $\mathcal{D}$ 是有界闭集, 故 $V(x(t))$ 下有界, 因此

$$\lim_{t \to \infty} V(x(t)) = V^*. \tag{4.73}$$

由于 $\mathcal{D}$ 有界, 所以 $x(t)$ 的 ω 极限集

$$\omega(x_0) \subset \mathcal{D}.$$

对任意的 $p \in \omega(x_0)$, 存在 $\{t_n\}_{n=1}^{\infty}$, 当 $t_n \to \infty (n \to \infty)$ 时, 有

$$\lim_{n \to \infty} x(t_n) = p. \tag{4.74}$$

由 $V(x)$ 的连续性,

$$V(p) = \lim_{n \to \infty} V(t_n) = V^*. \tag{4.75}$$

因此, 由 p 的任意性, 在 $\omega(x_0)$ 上, 有

$$V(x) \equiv V^*. \tag{4.76}$$

由引理 4.2, $\omega(x_0)$ 是不变集, 故对任意的 $\tilde{x}(t) \in \omega(x_0)$,

$$\dot{V}(\tilde{x}(t)) = 0. \tag{4.77}$$

故

$$\omega(x_0) \subset \mathcal{M} \subset \mathcal{S} \subset \mathcal{D}. \tag{4.78}$$

因为 $x(t)$ 有界, 故由引理 4.2,

$$x(t) \to \omega(x_0), \tag{4.79}$$

所以

$$x(t) \equiv x(t, x_0) \to \mathcal{M}. \tag{4.80}$$

命题得证. ∎

注 4.7 LaSalle 原理比起 Lyapunov 稳定性定理以及 Krasovskii-Barbasin 定理有如下特点:

(1) 不再要求 $V(x)$ 是正定函数, 只要求其连续可微即可;

(2) 其适用于任何吸引子, 不仅仅是平衡解, 如它可以用来去确定极限环的吸引性.

进一步, LaSalle 基于上述不变性原理, 给出了判定系统 (4.1) 稳定性的准则.

定理 4.44[87] 设 $\mathcal{D}$ 是 $\mathbf{R}^n$ 中的有界开集, 关于系统 (4.1) 是正不变的且在边界上没有正的极限点, 若

(i) 存在连续可微函数 $V : \mathcal{D} \to \mathbf{R}$ 使得

$$\left. \frac{dV}{dt} \right|_{(4.1)} \leqslant 0, \quad x \in \mathcal{D}; \tag{4.81}$$

(ii) $\mathcal{M}^0 = \overline{\mathcal{S} \cap G} \subset G$, 其中 $\mathcal{M}$ 是

$$\mathcal{S} = \left\{ x \left| \left. \frac{dV}{dt} \right|_{(4.1)} \equiv 0, x \in \mathcal{D} \right. \right\}$$

的最大不变集;

(iii) $\mathcal{M}^0$ 是紧集;

(iv) 在 $\mathcal{M}^0$ 的边界上, V 是常数,

则 $\mathcal{M}^0$ 是渐近稳定的.

例 4.16　对上述例 4.15, 考虑系统 (4.68) 周期解的稳定性.

解　易知

$$\mathcal{D} = \{x \in R^2 \mid x_1^2 + x_2^2 = \beta^2\}$$

是不变集且 $\mathcal{D}$ 是系统 (4.68) 的周期解.

构造函数

$$V(x) = \frac{1}{4}(x_1^2 + x_2^2 - \beta^2)^2,$$

故

$$
\begin{aligned}
\dot{V} &= (x_1, x_2) \cdot f(x_1, x_2) \\
&= -(x_1^2 + x_2^2)(\beta^2 - x_1^2 - x_2^2)^2 \\
&\leqslant 0.
\end{aligned}
\tag{4.82}
$$

取 $c \in \left(0, \dfrac{\beta^2}{2}\right)$ 与 $\mathcal{M} = \{x \in R^2 \mid V(x) \leqslant c\}$, 则 $\mathcal{M}$ 不包含 0 而包含了周期解. 故

$$x \in D, \quad \dot{V} \leqslant 0,$$

于是

$$\mathcal{S} = \{x \in \mathcal{M} \mid \dot{V} = 0\},$$

而

$$\mathcal{D} = \{x \in R^2 \mid x_1^2 + x_2^2 = \beta^2\}$$

是 $\mathcal{S}$ 的最大不变集. 这样, 在 $\mathcal{U}$ 内除 $x_1^2 + x_2^2 = \beta^2$ 外, $\mathcal{S}$ 不包含系统 (4.68) 的其他非平凡解, 故不变集 $\mathcal{D}$ 是吸引的 (图 4.8(a)). ■

例 4.17　在例 4.5 中, 对于 Lotka-Volterra-Autocatalator 系统

$$
\begin{cases}
\dot{x} = x(x - x^2) - xy, \\
\dot{y} = kxy - kLy,
\end{cases}
\tag{4.83}
$$

易知, 若 $0 < L < 1$ 时, 系统 (4.83) 存在正平衡点 $(L, L - L^2)$. 类似例 4.5 中, 在 $(x^*, y^*) = (L, L - L^2)$ 处对应的辅助函数为

$$
\begin{aligned}
V(x, y) &= \int_{x^*}^{x} \frac{kx - k}{x} dx + \int_{y^*}^{y} \frac{y - y^*}{y} dy \\
&= k(x - x^*) - kx^*(\ln x - \ln x^*) + (y - y^*) - y^*(\ln y - \ln y^*),
\end{aligned}
\tag{4.84}
$$

进而, 沿系统 (4.20) 的全导数为

$$\dot{V}(x, y) = k(x - x^*)^2[1 - (x + x^*)]$$
$$= k(x - L)^2(1 - L - x). \tag{4.85}$$

若 $x \geqslant 1 - L$, 则 $\dot{V} \geqslant 0$. 若 $x \leqslant 1 - L$, 则 $\dot{V} \leqslant 0$. 令 K 是与直线 $x = 1 - L$ 处相切的等位线 $V(x, y)$ 对应的值. 如果 $L > \dfrac{1}{2}$, (x^*, y^*) 是稳定的, 且它的吸引域位于集合

$$\{(x, y) \in R^2 \mid V(x, y) \leqslant K\}.$$

因此, 若存在一个周期解, 则它与直线 $x = 1 - L$ 相交 (图 4.8(b)).

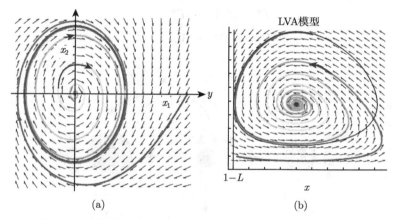

图 4.8 周期解与 Lotka-Volterra-Autocatalator 系统不变集

若对定理 4.43, 如果当 $M = \{0\}$ 且加上径向无界 (的条件), 根据 LaSalle 不变性原理 (定理 4.4.3), 则可以得到系统零解的全局稳定性.

定理 4.45 在定理 4.43 的条件下, 如果 $V(x)$ 是径向无界的且最大不变集 $\mathcal{M} = \{0\}$, 则系统 (4.1) 的零解是全局渐近稳定的.

证明 这里也可以利用如下方式证明渐近稳定.

由 LaSalle 不变性原理 (定理 4.43) 知, 原点是吸引的. 由于 $V(x)$ 在 D 上有界且满足导数负定, 故 $V(x)$ 在 $\bar{D}$ 取最小值, 则可以取适当的 K, 使得 $V(x) + K$ 在原点附近正定, 因而, 原点渐近稳定.

基于生态学的意义, 假设系统 (4.1) 存在唯一正平衡点 $\bar{x}$, 使得 $f(\bar{x}) = 0$, 则有如下定理. ∎

定理 4.46 设 $\mathcal{D}$ 是 $\mathbf{R}^n$ 中的有界闭集且关于系统 (4.1) 是正不变的, 若存在连续可微函数 $V : \mathcal{D} \subset \mathbf{R}^n \to \mathbf{R}$, 使得 (4.81) 成立. 记

$$\mathcal{S} = \left\{ x \left| \left. \frac{dV}{dt} \right|_{(4.1)} \equiv 0, x \in \mathcal{D} \right. \right\}. \tag{4.86}$$

令 $\mathcal{M} = \{\bar{x}\}$ 是 $\mathcal{S}$ 内最大不变集. 若系统 (4.1) 是永久生存的, 则 $\bar{x}$ 关于系统 (4.1) 全局渐近稳定.

例 4.18   1997 年, Bonhoeffer 等[5] 考虑了 HIV 和 CD4$^+$ T 细胞数学模型. 他们将 CD4$^+$ T 细胞分成了两类: 健康的 CD4$^+$ T 细胞和被感染的 CD4$^+$ T 细胞 (图 4.9). 设 T, T^* 和 V 分别表示 t 时刻健康的 CD4$^+$ T 细胞, 感染的 CD4$^+$ T 细胞以及自由病毒的浓度. 基于感染过程 (图 4.9), 可以建立如下的 HIV 病毒动力学模型

$$
\begin{aligned}
\dot{T} &= \lambda - dT - \beta TV, \\
\dot{T}^* &= \beta TV - \delta T^*, \\
\dot{V} &= N\delta T^* - cV,
\end{aligned}
\tag{4.87}
$$

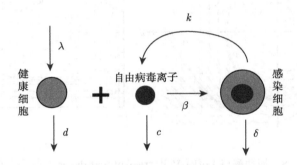

图 4.9   HIV 病毒感染过程图

其中 $\lambda > 0$ 为人体内产生的 CD4$^+$ T 细胞的速率, $d > 0$ 是健康的 CD4$^+$ T 细胞死亡率, $\delta > 0$ 为感染细胞的死亡率, $N > 0$ 是每个感染细胞死亡后裂解成病毒离子的裂解量, $c > 0$ 是自由病毒的死亡率, $\beta > 0$ 为病毒感染健康细胞的感染率. 定义基本再生数

$$
R_0 = \frac{\beta \lambda N}{dc}.
$$

当 $R_0 > 1$, 模型 (4.87) 存在地方病平衡点

$$
\bar{T} = \frac{c}{\beta N}, \quad \bar{T}^* = (R_0 - 1)\frac{dc}{\beta N \delta}, \quad \bar{V} = (R_0 - 1)\frac{d}{\beta}.
$$

当 $R_0 \leqslant 1$, 模型 (4.87) 存在无病平衡点 $\left(\dfrac{\lambda}{d}, 0, 0\right)$. 若选取如下辅助函数:

$$
W(T, T^*, V) = \bar{T}\left(\frac{T}{\bar{T}} - \ln\frac{T}{\bar{T}}\right) + \bar{T}^*\left(\frac{T^*}{\bar{T}^*} - \ln\frac{T^*}{\bar{T}^*}\right) + \frac{\bar{V}}{N}\left(\frac{V}{\bar{V}} - \ln\frac{V}{\bar{V}}\right),
$$

在地方病平衡点 $(\bar{T}, \bar{T}^*, \bar{V})$ 处沿着模型 (4.87) 计算全导数

$$
\begin{aligned}
\dot{W}(T, T^*, V)\mid_{(4.87)} &= \lambda - \beta TV - dT - \lambda\frac{\bar{T}}{T} + \beta\bar{T}V + d\bar{T} \\
&\quad + \beta TV - \delta T^* - \beta\frac{TV\bar{T}^*}{T^*} + \delta\bar{T}^* \\
&\quad + \delta T^* - \frac{c}{N}V - \delta\frac{T^*\bar{V}}{V} + \frac{c}{N}\bar{V} \\
&= d\bar{T}\left(2 - \frac{T}{\bar{T}^*} - \frac{\bar{T}^*}{T}\right) + \delta\bar{T}^*\left(3 - \frac{\bar{T}^*}{T} - \frac{TV\bar{T}^*}{\bar{T}\bar{V}T^*} - \frac{T^*\bar{V}}{\bar{T}^*V}\right) \\
&\leqslant 0,
\end{aligned}
$$

令 $\dot{W} = 0$, 得到最大不变集为 $\mathcal{M} = \{T = \bar{T}, T^* = \bar{T}^*, V = \bar{V}\}$, 永久生存性容易验证, 因而由定理 4.46 知,

当 $R_0 > 1$ 时, $(\bar{T}, \bar{T}^*, \bar{V})$ 关于系统 (4.87) 是全局渐近稳定的.

当 $R_0 \leqslant 1$ 时, 记 $T_0 = \dfrac{\lambda}{d}$, 若选取如下辅助函数:

$$
\tilde{W}(T, T^*, V) = T_0\left(\frac{T}{T_0} - \ln\frac{T}{T_0}\right) + T^* + \frac{1}{N}V,
$$

在地方病平衡点 $(\bar{T}, \bar{T}^*, \bar{V})$ 处沿着模型 (4.87) 计算全导数

$$
\dot{\tilde{W}}(T, T^*, V)\mid_{(4.87)} = \lambda\left(2 - \frac{T}{T_0} - \frac{T_0}{T}\right) + \frac{c}{N}(R_0 - 1)V \leqslant 0,
$$

类似地, 当 $R_0 \leqslant 1$ 时, $\dot{\tilde{W}}(T, T^*, V) \leqslant 0$, 因而由定理 4.46 知, 无病平衡点是全局渐近稳定的.

另一方面, 可以通过应用半连续的 Lyapunov 函数, 对 LaSalle 不变性原理进行推广, 即有如下定理.

定理 4.47 假设系统 (4.1) 存在唯一正平衡点 $\bar{x}$, $\mathcal{D}$ 是 $\mathbf{R}^n$ 中的有界闭集且关于系统 (4.1) 是正不变的, 又存在下半连续函数 $V : \mathcal{D} \to \mathbf{R}$ 使得

$$
D_+V(t) = \liminf_{h\to 0^+}\frac{V(t+h) - V(t)}{h} \leqslant 0,
$$

记 $\mathcal{S} = \{x \mid D_+V(t)\mid_{(4.1)} \equiv 0, x \in \mathcal{D}\}$, 令 $\mathcal{M}$ 是 $\mathcal{S}$ 内最大不变集, 则

$$
x(t, x_0) \to \mathcal{M} \quad (t \to \infty). \tag{4.88}
$$

特别地, 若 $\mathcal{M} = \{\bar{x}\}$, 则 $\bar{x}$ 关于系统 (4.1) 是渐近稳定的.

证明   令 $x(t) = x(t, x_0)$ 是系统 (4.1) 从区域 D 出发的一个解. 因为 $D_+V(t) \leqslant 0$, 故 $V(x(t))$ 关于 t 是单调递减的. 又因为 $V(x(t))$ 在紧集合 D 是下半连续的, 所以存在 β, 使得 $V(x) \geqslant \beta$. 从而

$$\lim_{t \to \infty} V(x(t)) = a.$$

由于 D 是 R^n 中的有界闭集且关于系统 (4.1) 是正不变的, 故对任意的 $x(t) \in D$,

$$V(x(t)) \geqslant a. \tag{4.89}$$

对任意的 $p \in \Omega(x_0) \subset D$, 存在数列 $\{t_n\}_{n=1}^{\infty}$, 当 $t_n \to \infty \, (n \to \infty)$ 时,

$$\lim_{n \to \infty} x(t_n) = p. \tag{4.90}$$

故根据 (4.89) 得

$$V(p) \geqslant a. \tag{4.91}$$

又由 $V(x(t))$ 的下半连续性, 有

$$V(p) \leqslant \liminf_{n \to \infty} V(x(t_n)) = \lim_{t \to \infty} V(x(t_n)) = a. \tag{4.92}$$

根据 (4.91) 和 (4.92), 又有 $V(p) = a$. 因为 $\omega(x_0)$ 是正不变集, 于是当 $x(t) \in \omega(x_0)$ 时, $V(x(t)) = a$. 因此, 对任意的 $x(t) \in \omega(x_0)$, $D_+V(x(t)) = 0$. 故

$$\omega(x_0) \subset \mathcal{M} \subset \mathcal{S} \subset D.$$

因为 $x(t)$ 有界, 故由引理 4.2, $x(t) \to \omega(x_0)(t \to \infty)$, 所以 $x(t) \equiv x(t, t_0, x_0) \to \mathcal{M}(t \to \infty)$. ■

类似定理 4.46, 我们有如下结论.

定理 4.48   在定理 4.47 的条件下, 若 $\mathcal{M} = \{\bar{x}\}$ 且系统 (4.1) 是永久生存的, 则 $\bar{x}$ 关于系统 (4.1) 是全局渐近稳定的.

例 4.19[23]   考虑系统

$$\dot{x} = x(1 - x)(x + 2), \tag{4.93}$$

显然可知, 系统 (4.93) 存在平衡点

$$x = 0, \quad x = 1, \quad x = -2.$$

构造函数

$$V = \begin{cases} (x+2)^2, & x < 0, \\ (x-1)^2, & x \geqslant 0. \end{cases} \tag{4.94}$$

注意到

$$\begin{aligned} \dot{V} &\triangleq D_+ V(x)[x(1-x)(x+2)] \\ &= \begin{cases} -2(x-1)(x+2)^2, & x < 0, \\ -2x(x-1)^2(x+2), & x \geqslant 0 \end{cases} \\ &\leqslant 0, \end{aligned} \tag{4.95}$$

易知, $\mathcal{M} = \{0, 1, -2\}$, 由定理 4.47 知,

$$x(t) \to \mathcal{M}, \quad t \to \infty.$$

4.4 经典 Lyapunov 函数的构造

前面给出了 LaSalle 不变性原理以及 Lyapunov 稳定性定理. 由定理的条件可知, 要判定零解的稳定性, 需要构造合适的 Lyapunov 函数. 迄今为止, 对一般的非线性系统而言, 没有通用有效的方法. 本节将综述几类构造 Lyapunov 函数的经典方法.

4.4.1 常系数线性系统的 Barbasin 分式

考虑如下的常系数线性系统:

$$\dot{X} = AX, \tag{4.96}$$

其中 A 是 $n \times n$ 矩阵.

由矩阵理论可知, 当 A 稳定时, 对任何正定对称矩阵 C, 存在唯一正定对称矩阵 B, 使如下矩阵方程成立:

$$A^{\mathrm{T}} B + BA = -C.$$

即当矩阵 A 稳定时, (4.96) 可以确定一个正定二次型 $V(x) = X^{\mathrm{T}} BX$, 使其全导数

$$\dot{V} = X^{\mathrm{T}}(A^{\mathrm{T}} B + BA)X = -X^{\mathrm{T}} CX,$$

其中 C 是一给定的正定矩阵.

这样就把构造 Lyapunov 函数的过程转化为如下问题.

问题 4.2　给定 $W(x) = X^{\mathrm{T}}CX$, 寻求二次型 $V = X^{\mathrm{T}}BX$, 使

$$\dot{V}|_{(4.96)} = 2W.$$

下面就 $n = 2$ 的情况加以说明. 考虑二维系统

$$\begin{pmatrix} \dot{x}_1 \\ \dot{x}_2 \end{pmatrix} = \begin{pmatrix} a_{11} & a_{12} \\ a_{21} & a_{22} \end{pmatrix} \begin{pmatrix} x_1 \\ x_2 \end{pmatrix}.$$

事先给定二次型 $W = w_{11}x_1^2 + 2w_{12}x_1x_2 + w_{22}x_2^2$, 要求二次型

$$V = V_{11}x_1^2 + 2V_{12}x_1x_2 + V_{22}x_2^2,$$

使

$$\dot{V} = \frac{\partial V}{\partial x_1}\dot{x}_1 + \frac{\partial V}{\partial x_2}\dot{x}_2 = 2W,$$

即

$$2V_{11}x_1(a_{11}x_1 + a_{12}x_2) + 2V_{12}x_2(a_{11}x_1 + a_{12}x_2)$$
$$+ 2V_{12}x_1(a_{21}x_1 + a_{22}x_2) + 2V_{22}x_2(a_{21}x_1 + a_{22}x_2),$$
$$= 2(w_{11}x_1^2 + 2w_{12}x_1x_2 + w_{22}x_2^2).$$

比较系数得

$$a_{11}V_{11} + a_{21}V_{12} = w_{11}, \quad a_{12}V_{12} + a_{22}V_{22} = w_{22},$$
$$a_{12}V_{11} + (a_{11} + a_{22})V_{12} + a_{21}V_{22} = 2w_{12},$$

即

$$\begin{pmatrix} a_{11} & a_{21} & 0 \\ a_{12} & a_{11} + a_{22} & a_{21} \\ 0 & a_{12} & a_{22} \end{pmatrix} \begin{pmatrix} V_{11} \\ V_{12} \\ V_{22} \end{pmatrix} = \begin{pmatrix} w_{11} \\ 2w_{12} \\ w_{22} \end{pmatrix}.$$

当 A 稳定时, 有 $a_{11}a_{22} - a_{21}a_{12} > 0, a_{11} + a_{22} < 0$. 进而可知系数行列式小于 0, 故由克拉默法则

$$V_{11} = \frac{1}{\Delta} \begin{vmatrix} w_{11} & a_{21} & 0 \\ 2w_{12} & a_{11} + a_{22} & a_{21} \\ w_{22} & a_{12} & a_{22} \end{vmatrix},$$

$$V_{12} = \frac{1}{\Delta} \begin{vmatrix} a_{11} & w_{11} & 0 \\ a_{12} & 2w_{12} & a_{21} \\ 0 & w_{22} & a_{12} \end{vmatrix},$$

$$V_{22} = \frac{1}{\Delta} \begin{vmatrix} a_{11} & a_{21} & w_{11} \\ a_{12} & a_{11} + a_{22} & 2w_{12} \\ 0 & a_{12} & a_{22} \end{vmatrix},$$

其中

$$\Delta = \begin{vmatrix} a_{11} & a_{21} & 0 \\ a_{12} & a_{11} + a_{22} & a_{21} \\ 0 & a_{12} & a_{22} \end{vmatrix}.$$

代入 $V(x_1, x_2)$ 可得

$$V(x_1, x_2) = -\frac{1}{\Delta} \begin{vmatrix} 0 & x_1^2 & 2x_1 x_2 & x_2^2 \\ w_{11} & a_{11} & a_{21} & 0 \\ 2w_{12} & a_{12} & a_{11} + a_{22} & a_{21} \\ w_{22} & 0 & a_{12} & a_{22} \end{vmatrix},$$

同理, 对于三维常系数系统

$$\begin{pmatrix} \dot{x}_1 \\ \dot{x}_2 \\ \dot{x}_3 \end{pmatrix} = \begin{pmatrix} a_{11} & a_{12} & a_{13} \\ a_{21} & a_{22} & a_{23} \\ a_{31} & a_{32} & a_{33} \end{pmatrix} \begin{pmatrix} x_1 \\ x_2 \\ x_3 \end{pmatrix},$$

其对应的 Barbasin 分式为

$$V(x_1, x_2, x_3) = -\frac{1}{\Delta_3} \begin{vmatrix} 0 & x_1^2 & 2x_1 x_2 & 2x_1 x_3 & x_2^2 & 2x_2 x_3 & x_3^2 \\ w_{11} & a_{11} & a_{21} & a_{31} & 0 & 0 & 0 \\ 2w_{12} & a_{12} & a_{11} + a_{22} & a_{32} & a_{21} & a_{31} & 0 \\ 2w_{13} & a_{13} & a_{23} & a_{11} + a_{33} & 0 & a_{21} & a_{31} \\ w_{22} & 0 & a_{12} & 0 & a_{22} & a_{32} & 0 \\ 2w_{23} & 0 & a_{13} & a_{12} & a_{23} & a_{22} + a_{33} & a_{32} \\ w_{33} & 0 & 0 & a_{13} & 0 & a_{23} & a_{33} \end{vmatrix}.$$

其中 Δ_3 为上述行列式去掉第一行和第一列余下的 6 阶行列式的值.

例 4.20 试用 Barbasin 分式给出系统

$$\dot{X} = AX$$

的 Lyapunov 函数, 其中

$$A = \begin{pmatrix} -4 & 4 \\ 2 & -6 \end{pmatrix}.$$

解 由于 A 是稳定的, 由公式可取

$$W(x_1, x_2) = -x_1^2 - x_2^2,$$

则

$$V(x_1, x_2) = \frac{1}{20}(7x_1^2 + 8x_1 x_2 + 6x_2^2).$$

4.4.2   二次型方法的推广

考虑系统

$$\dot{X} = A(t)X. \tag{4.97}$$

取二次型 $V(t,x) = X^{\mathrm{T}}B(t)X$, 这里 $B(t)$ 是连续可微的, 对 (4.97) 计算全导数为

$$\dot{V}(t,x) = X^{\mathrm{T}}\left(\frac{dB(t)}{dt} + A^{\mathrm{T}}B + BA\right)X.$$

为判定 (4.97) 平凡解的稳定性可以类比 Barbasin 分式, 事前给定矩阵 $C(t)$ 求解微分方程

$$\frac{dB(t)}{dt} + A^{\mathrm{T}}(t)B(t) + B(t)A(t) = C(t). \tag{4.98}$$

通过合适的 $C(t)$ 来求出 $B(t)$, 进而确定 Lyapunov 函数, 从而判定平凡解的稳定性.

例 4.21   **考虑系统**

$$\dot{x}_1 = \sin^2 tx_1 + e^t x_2, \quad , \dot{x}_2 = e^t x_1 + \cos^2 tx_2$$

零解的稳定性.

解   令 $C(t) = \mathrm{diag}(-1,-1)$, $B(t) = (b_{ij}(t))_{2\times 2}$. 由矩阵方程 (4.98), $b_{ij}(t)$ 满足

$$\begin{cases} \dfrac{db_{11}(t)}{dt} + 2b_{11}(t)\sin^2 t + 2b_{12}(t)e^t = -1, \\[3mm] \dfrac{db_{12}(t)}{dt} + b_{12}(t) + (b_{11}(t) + b_{22}(t))e^t = 0, \\[3mm] \dfrac{db_{22}(t)}{dt} + 2b_{12}(t)e^t + 2b_{22}(t)\cos^2 t = -1. \end{cases} \tag{4.99}$$

(4.99) 是关于 $b_{ij}(t)$ 的非齐次方程组, 要求通解并不容易, 我们的目的只是寻找一个适合的 Lyapunov 函数, 因而只需取一些特殊的满足方程组的解即可.

如取

$$b_{11}(t) = b_{22}(t) = 0, \quad b_{12}(t) = -\frac{1}{2}e^{-t},$$

此时,

$$V(t,x_1,x_2) = -e^{-t}x_1 x_2$$

且

$$\dot{V} = -(x_1^2 + x_2^2) \leqslant 0,$$

因此, $\dot{V}$ 负定, 由 Lyapunov 稳定性定理知, 零解不稳定.   ∎

4.4.3 变梯度法

考虑如下的非线性自治系统:

$$\dot{x} = f(x), \tag{4.100}$$

其中 $x \in R^n, f(0) = 0$, 以及

$$f(x) = (f_1(x_1, \cdots, x_n), \cdots, f_n(x_1, \cdots, x_n)).$$

所谓变梯度法是假设一个未知 Lyapunov 函数的梯度具备某种特定形式, 然后通过对假定的梯度进行积分, 进而得到所要求的 Lyapunov 函数.

为此, 令 $V = V(x) : D \to R$ 是连续可微函数且设

$$g(x) = \left(\frac{\partial V}{\partial x}\right)^{\mathrm{T}}.$$

现在计算 $V(x)$ 沿着系统 (4.100) 轨线的全导数, 得

$$\begin{aligned}
\dot{V}(x) &= \sum_{i=1}^{n} \frac{\partial V}{\partial x_i} \dot{x}_i = \sum_{i=1}^{n} \frac{\partial V}{\partial x_i} \cdot f_i(x) \\
&= \frac{\partial V}{\partial x} \cdot f(x) = g^{\mathrm{T}}(x) \cdot f(x).
\end{aligned} \tag{4.101}$$

这样, 要寻找系统 (4.100) 的 Lyapunov 函数问题, 就转化为构造函数 $g(x)$, 使 $g(x)$ 是某个正定函数的梯度, 且满足

$$\dot{V}(x) = g^{\mathrm{T}}(x) \cdot f(x) < 0, \quad x \in D, \ x \neq 0.$$

特别地, 由 (4.101) 知函数 $V(x)$ 可通过对 $g(x)$ 计算线积分获得, 即

$$V(x) = \int_0^x g^{\mathrm{T}}(s)ds = \int_0^x \sum_{i=1}^{n} g_i(s)ds_i. \tag{4.102}$$

线积分有一个非常重要的性质是其与路径无关. 因此, 可以沿着从 0 到 $x \in \mathbf{R}^n$ 的任意路径来计算, 这样可以取一个垂直于坐标轴线段所构成的路径. 因而 (4.102) 化为

$$\begin{aligned}
V(x) = &\int_0^{x_1} g(s_1, 0, \cdots, 0)ds_1 + \int_0^{x_2} g(x_1, s_2, 0, \cdots, 0)ds_2 \\
&+ \cdots + \int_0^{x_n} g(x_1, \cdots, x_{n-1}, s_n)ds_n,
\end{aligned} \tag{4.103}$$

或者利用变换 $s = \sigma x$, 其中 $\sigma \in (0, 1]$, 则 (4.103) 可重新写成

$$V(x) = \int_0^1 g^{\mathrm{T}}(\sigma x)x d\sigma = \int_0^1 \sum_{i=1}^n g_i(\sigma x)x_i d\sigma. \tag{4.104}$$

如下结构显示 $g(x)$ 是一个实函数的梯度充分必要条件是其雅可比矩阵 $\dfrac{\partial g}{\partial x}$ 是对称的.

　　命题 4.5　函数 $g(x): \mathbf{R}^n \to \mathbf{R}^n$ 是纯量函数 $V: \mathbf{R}^n \to \mathbf{R}$ 的梯度向量的充分必要条件是

$$\frac{\partial g_i}{\partial x_j} = \frac{\partial g_j}{\partial x_i}, \quad i, j = 1, 2, \cdots, n. \tag{4.105}$$

　　证明　若 $g^{\mathrm{T}}(x) = \dfrac{\partial V}{\partial x}$, 则 $g_i(x) = \dfrac{\partial V}{\partial x_i}$. 由 (4.105) 知, 必要性显然成立.

为证充分性, 假设条件 (4.105) 成立. 定义 $V(x)$ 为如下线积分形式:

$$V(x) = \int_0^1 g^{\mathrm{T}}(\sigma x)x d\sigma = \int_0^1 \sum_{j=1}^n g_j(\sigma x)x_j d\sigma.$$

因此

$$\begin{aligned}
\frac{\partial V}{\partial x_i} &= \int_0^1 \sum_{j=1}^n \frac{\partial g_j}{\partial x_i}(\sigma x)x_j \sigma d\sigma + \int_0^1 g_i(\sigma x) d\sigma \\
&= \int_0^1 \sum_{j=1}^n \frac{\partial g_i}{\partial x_j}(\sigma x)x_j \sigma d\sigma + \int_0^1 g_i(\sigma x) d\sigma \\
&= \int_0^1 \frac{d(\sigma g_i(\sigma x))}{d\sigma} d\sigma = \sigma g_i(\sigma x) \mid_0^1 = g_i(x).
\end{aligned}$$

即 $g^{\mathrm{T}}(x) = \dfrac{\partial V}{\partial x}$. 取 $g(x)$, 当 $x \in D, x \neq 0$ 时, $g^{\mathrm{T}}(x) \cdot f(x) < 0$. 定理得证.　　■

　　我们已经得到函数 $V(x)$ 的表达式. 接下来的一个重要工作是检查 $V(x)$ 是否正定.

　　例 4.22　考虑系统

$$\dot{x}_1 = x_2, \quad \dot{x}_2 = -x_1^3 - x_2.$$

　　解　取待定的 $g(x_1, x_2)$ 为

$$g_1(x_1, x_2) = a_{11}x_1 + a_{12}x_2, \quad g_2(x_1, x_2) = a_{21}x_1 + a_{22}x_2.$$

由 $\dfrac{\partial g_1}{\partial x_2} = \dfrac{\partial g_2}{\partial x_1}$ 知, $a_{12} = a_{21}$. 此时, 不妨设 $a_{12} = a_{21} = 1$. 因而

$$\dot{V} = g \cdot f = (a_{11} - 1 - a_{22}x_1^2)x_1 x_2 + (1 - a_{22})x_2^2 - x_1^4.$$

要使 $g \cdot f < 0$, 取 $a_{11} - 1 - a_{22}x_1^2 = 0, a_{22} = 2$, 则 $a_{11} = 1 + 2x_1^2, a_{22} = 2$. 故

$$g = (x_1 + 2x_1^3, x_1 + 2x_2).$$

因此

$$
\begin{aligned}
V(x_1, x_2) &= \int_0^{x_1} g(x_1, 0)dx_1 + \int_0^{x_2} g(x_1, x_2)dx_2 \\
&= \int_0^{x_1} (x_1 + 2x_1^3)dx_1 + \int_0^{x_2} (x_1 + 2x_2)dx_2 \\
&= \frac{x_1^2}{2} + \frac{1}{2}x_1^4 + x_1x_2 + x_2^2.
\end{aligned}
$$

此即为系统对应的 Lyapunov 函数. ∎

例 4.23　考虑如下 Lotka-Volterra 模型:

$$
\begin{cases}
\dot{x}_1 = x_1(3 - 2x_1 - x_2), \\
\dot{x}_2 = x_2(3 - x_1 - 2x_2),
\end{cases}
\tag{4.106}
$$

易知, 系统存在唯一正平衡点为 $(1, 1)$, 构造对应的 Lyapunov 函数.

解　取待定的 $g(x_1, x_2) = (g_1(x_1, x_2), g_2(x_1, x_2))^{\mathrm{T}}$ 为

$$g_1(x_1, x_2) = \frac{C_1}{x_1}(x_1 - 1), \quad g_2(x_1, x_2) = \frac{C_2}{x_2}(x_2 - 1).$$

显然有 $\dfrac{\partial g_1}{\partial x_2} = \dfrac{\partial g_2}{\partial x_1}$, 则

$$
\begin{aligned}
\dot{V} =& g(x_1, x_2) \cdot f(x_1, x_2) \\
=& -2C_1(x_1 - 1)^2 - C_1(x_1 - 1)(x_2 - 1) \\
& -2C_2(x_2 - 1)^2 - C_2(x_1 - 1)(x_2 - 1) \\
=& -2C_1(x_1 - 1)^2 - (C_1 + C_2)(x_1 - 1)(x_2 - 1) - 2C_2(x_2 - 1)^2.
\end{aligned}
$$

要使 $\dot{V} \leqslant 0$, 只要

$$\Delta = (C_1 + C_2)^2 - 16C_1C_2 = (C_1 - C_2)^2 - 12C_1C_2 < 0.$$

因此, 可取 $C_1 = C_2 = 1$, 故得

$$g(x_1, x_2) = \left(\frac{1}{x_1}(x_1 - 1), \frac{1}{x_2}(x_2 - 1) \right) = \left(1 - \frac{1}{x_1}, 1 - \frac{1}{x_2} \right).$$

故

$$V(x_1, x_2) = \int_1^{x_1} 1 - \frac{1}{x_1} dx_1 + \int_1^{x_2} 1 - \frac{1}{x_2} dx_2$$
$$= x_1 - 1 - \ln x_1 + x_2 - 1 - \ln x_2$$
$$= \sum_{i=1}^2 (x_i - 1 - \ln x_i).$$

此即为对应的 Lyapunov 函数. ∎

例 4.24　考虑如下 S-I 传染病模型

$$\begin{aligned} \dot{S} &= \mu - \beta SI - \mu S, \\ \dot{I} &= \beta SI - \mu I. \end{aligned} \tag{4.107}$$

易知, 当且仅当

$$R_0 = \frac{\beta}{\mu} > 1,$$

系统 (4.107) 存在唯一正平衡点为 $\left(\dfrac{\mu}{\beta}, 1 - \dfrac{\mu}{\beta} \right)$.

解　记 $S^* = \dfrac{\mu}{\beta}$, $I^* = 1 - S^*$, 则上述方程可变形为

$$\begin{cases} \dot{S} = -\beta(S - S^*) - \beta S(I - I^*) \triangleq f_1(S, I), \\ \dot{I} = \beta I(S - S^*) \triangleq f_2(S, I). \end{cases}$$

取待定的 $g(S, I) = (g_1(S, I), g_2(S, I))^{\mathrm{T}}$ 如下

$$g_1(S, I) = \frac{C_1}{S}(S - S^*), \quad g_2(S, I) = \frac{C_2}{I}(I - I^*).$$

显然有 $\dfrac{\partial g_1}{\partial I} = \dfrac{\partial g_2}{\partial S}$, 则

$$\begin{aligned} \dot{V} &= g(S, I) \cdot f(S, I) \\ &= g_1(S, I) f_1(S, I) + g_2(S, I) f_2(S, I) \\ &= \frac{C_1}{S}(S - S^*)[-\beta(S - S^*) - \beta S(I - I^*)] + \frac{C_2}{I}(I - I^*)[\beta I(S - S^*)] \\ &= -\frac{\beta C_1}{S}(S - S^*)^2 - \beta C_1(S - S^*)(I - I^*) + \beta C_2(S - S^*)(I - I^*) \\ &= -\frac{\beta}{S} C_1(S - S^*)^2 + \beta(C_2 - C_1)(S - S^*)(I - I^*). \end{aligned}$$

取 $C_1 = C_2 = 1$, 又存在 $\varepsilon > 0$, 使

$$0 < \varepsilon \leqslant S \leqslant 1, \quad 0 < \varepsilon \leqslant I < 1.$$

故 $\dot{V} \leqslant -\beta(S - S^*)^2 \leqslant 0$. 因而, 取

$$g_1(S, I) = \frac{1}{S}(S - S^*),$$
$$g_2(S, I) = \frac{1}{I}(I - I^*).$$

故而

$$V(S, I) = \int_{S^*}^{S} \frac{1}{S}(S - S^*)dS + \int_{I^*}^{I} \frac{1}{I}(I - I^*)dI$$
$$= S - S^* - S^* \ln \frac{S}{S^*} + I - I^* - I^* \ln \frac{I}{I^*}.$$

由于 $V(S^*, I^*) = 0$, 且

$$\frac{\partial v}{\partial I}(S^*, I^*) = \frac{\partial v}{\partial S}(S^*, I^*) = 0,$$
$$\frac{\partial^2 v}{\partial I^2} = \frac{I^*}{I^2} > 0, \quad \frac{\partial^2 v}{\partial S^2} = \frac{S^*}{S^2} > 0.$$

因而, $V(S, I)$ 在 (S^*, I^*) 取极小值, 故

$$V(S, I) \geqslant V(S^*, I^*).$$

即 $V(S, I)$ 是 Lyapunov 函数.

第5章 轨道渐近稳定与全局渐近稳定

考虑如下的 Cauchy 问题:

$$\begin{aligned} \dot{x}(t) &= f(x(t)), \\ x(0) &= x_0, \end{aligned} \tag{5.1}$$

其中 $f: D \subset R^n \to R^n$ 是 n 维向量函数, D 为开集, 且 f 满足条件使得 (5.1) 的解具有存在、唯一以及连续依赖性.

记系统 (5.1) 的解如下:

$$x(t) = x(t, x_0). \tag{5.2}$$

对于初值问题 (5.1), 上一章中, 我们利用 Lyapunov-LaSalle 稳定性定理给出了局部渐近稳定蕴含全局渐近稳定的条件, 其主要思路是构造一个合适的 Lyapunov 函数, 来验证 Lyapunov-LaSalle 稳定性定理的条件. 然而, 构造 Lyapunov 函数并不简单, 它没有一般的规律可循. Li 和 Muldowney 在文献 [93] 中推广了二维 Poincaré 稳定性条件, 借助于 Poincaré-Bendixson 定理给出了判定初值问题 (5.1) 全局渐近稳定性的条件.

5.1 轨道稳定性概念

由前面的准备工作, 现在考虑系统 (5.1) 周期解的稳定性问题.

设 $x = p(t)$ 是 (5.1) 的一个周期解, 周期为 ω. 作变换 $y = x - p(t)$, 将系统 (5.1) 化为

$$\dot{y} = f(y + p(t)) - f(p(t)) = Df(p(t))y + g(t, y), \tag{5.3}$$

其中 $g(t, y) = f(y + p(t)) - f(p(t)) - Df(p(t))$ 以及 $Df(p(t)) = \left[\dfrac{\partial f_i}{\partial x_j}(p(t)) \right]_{n \times n}$.

$Df(p(t))$ 是关于 t 的周期为 ω 的矩阵值函数, $g(t, y)$ 是关于 t 的周期为 ω 的向量函数.

于是, 系统 (5.1) 周期解的稳定性问题就转化为 (5.3) 零解的稳定性问题. 取系统 (5.3) 的一次近似系统

$$\dot{y} = Df(p(t))y. \tag{5.4}$$

系统 (5.4) 是周期系数的线性系统, 其系数的周期为 ω. 周期系数的线性系统零解的稳定性, 在 3.6 节中进行了深入的讨论.

现在的问题是, 能否够像 3.6 节一样, 通过讨论系统 (5.4) 的特征乘数或特征指数, 进而确定原系统 (5.1) 的周期解的稳定性呢?

由于 $x = p(t)$ 是系统 (5.1) 的周期解, 代入 (5.1) 中, 并关于时间 t 求导, 得到第 i 个分量的方程为

$$\frac{d}{dt}[\dot{p}_i(t)] = \sum_{j=1}^{n} \frac{\partial f_i}{\partial x_j}(p(t))\dot{p}_j(t), \tag{5.5}$$

对应的向量形式为

$$\frac{d}{dt}[\dot{p}(t)] = Df(p(t))\dot{p}(t). \tag{5.6}$$

由 (5.6) 知, $\dot{p}(t)$ 是 (5.4) 周期为 ω 的周期解.

根据定理 3.40, 可得如下结论.

定理 5.1 线性齐次系统 (5.4) 至少有一个特征乘数为 1.

由定理 5.1, 系统 (5.4) 有一个特征乘数为 1. 因此, 无法根据近似方法去判定周期解的稳定性.

事实上, 系统 (5.4) 在 Lyapunov 的意义下, 不存在渐近稳定的非平凡周期解.

例 5.1 考虑系统

$$\begin{aligned}
\dot{x}_1 &= -x_2 - x_1(x_1^2 + x_2^2 - 1),\\
\dot{x}_2 &= x_1 - x_2(x_1^2 + x_2^2 - 1)
\end{aligned} \tag{5.7}$$

周期轨道的稳定性.

令 $x = (x_1, x_2)$, 构造函数

$$V(x) = x_1^2 + x_2^2.$$

沿着系统 (5.7) 计算关于 t 的全导数

$$\begin{aligned}
\dot{V} &= \frac{\partial V}{\partial x_1}\dot{x}_1 + \frac{\partial V}{\partial x_2}\dot{x}_2\\
&= -2(x_1^2 + x_2^2)(x_1^2 + x_2^2 - 1)\\
&= 2V(1 - V).
\end{aligned} \tag{5.8}$$

因此, 在圆周 $\Gamma : x_1^2 + x_2^2 = 1$ 上,

$$\dot{V} = 0.$$

取圆周 $\Gamma_1 : x_1^2 + x_2^2 = \dfrac{1}{4}$ 以及圆周 $\Gamma_2 : x_1^2 + x_2^2 = 4$.

在圆周 Γ 与 Γ_1 之间, 即当 $\dfrac{1}{4} < x_1^2 + x_2^2 < 1$ 时, $\dot{V} > 0$. 因此, 在圆周 Γ_1 处, 轨线皆从圆内走向圆外.

在圆周 Γ 与 Γ_2 之间, 即当 $1 < x_1^2 + x_2^2 < 4$ 时, $\dot{V} < 0$. 此时, 在圆周 Γ_2 处, 轨线皆从圆外走向圆内.

进一步, 系统在圆周 Γ_1 与 Γ_2 之间的环域 G 内没有奇点, 由环域定理知, 在 G 内至少存在一个稳定的极限环 (图 5.1), 事实上, 该极限环就是 Γ. 对于 Γ, 我们有如下定理.

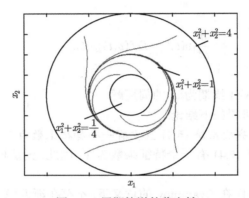

图 5.1 周期轨道的稳定性

定理 5.2 系统 (5.7) 的周期解 Γ 不可能在 Lyapunov 意义下渐近稳定.

证明 假设 $\varphi(t) = (x_1(t), x_2(t))$ 在 Lyapunov 意义下是渐近稳定的, 于是存在 $\delta(t_0) > 0$, 使当 $\|x_0 - \varphi(t_0)\| < \delta$ 时, 满足初值 (t_0, x_0) 的解 $x = x(t)$ 都有

$$\lim_{t \to \infty} \|x(t) - \varphi(t)\| = 0. \tag{5.9}$$

取 τ ($|\tau|$ 充分小), 使得

$$0 < r = \|\varphi(t_0 + \tau) - \varphi(t_0)\| < \delta.$$

故过初值 $(t_0, \varphi(t_0 + \tau))$ 所确定的解为 $x = \varphi(t + \tau)$. 由式 (5.9) 知,

$$\lim_{t \to \infty} \|x(t + \tau) - \varphi(t)\| = 0. \tag{5.10}$$

然而, 由于 $\varphi(t)$ 的周期为 2π, 令 $t_n = t_0 + 2n\pi$, 故对任意的 n, 有

$$\|\varphi(t_n + \tau) - \varphi(t_n)\| = \|\varphi(t_0 + \tau) - \varphi(t_0)\| = r > 0. \tag{5.11}$$

与式 (5.10) 矛盾, 即 $x = \varphi(t)$ 在 Lyapunov 意义下不是渐近稳定的. ∎

此外, 定理 5.2 可以推广至一般情形. 一般地, 有如下定理.

定理 5.3 若 $x = p(t)$ 是系统 (5.4) 的一个非平凡周期解, 则它不可能在 Lyapunov 的意义下渐近稳定.

由定理 5.3 可知, 要讨论原系统 (5.1) 的周期解的稳定性, 需要引入更一般的稳定性概念.

定义 5.1 设 $x = p(t)$ 是 (5.1) 的一个非平凡 ω 周期解, 其确定的闭轨道为 Γ, 即

$$\Gamma = \{x | x = p(t), t \in [0, \omega)\}.$$

若对任意的 $\varepsilon > 0$, 存在 $\delta = \delta(\varepsilon) > 0$, 使得对适合 $d(x_0, \Gamma) \triangleq \inf\limits_{y \in \Gamma} \|x_0 - y\| < \delta$ 的一切 x_0, 以 x_0 为初值的初值问题 (5.1) 的解 $x(t)$ 满足

$$d(x(t), \Gamma) < \varepsilon,$$

则称周期轨道 Γ 是轨道稳定的.

定义 5.2 称系统 (5.1) 的周期解 $x = p(t)$ 所确定的轨道 Γ 是轨道渐近稳定的, 如果它是轨道稳定的且存在 $\eta > 0$, 使得对适合 $d(x_0, \Gamma) \triangleq \inf_{y \in \Gamma} \|x_0 - y\| < \eta$ 的一切 x_0, 以 x_0 为初值的初值问题 (5.1) 的解 $x(t)$ 满足

$$\lim_{t \to +\infty} d(x(t), \Gamma) = 0.$$

定义 5.3 称系统 (5.1) 的周期解 $x = p(t)$ 所确定的轨道 Γ 是相位渐近稳定的, 如果它是轨道渐近稳定的且对每一个趋于 Γ 的解 $x(t)$, 存在常数 $\bar{t} \in [0, \omega)$, 满足

$$\lim_{t \to +\infty} \|x(t) - p(t + \bar{t})\| = 0.$$

此时, 称 Γ 是周期吸引子, $\bar{t}$ 为渐近相位.

下面给出系统 (5.1) 轨道稳定性的判定定理. 在此之前, 首先给出一些准备工作.

考虑如下的差分方程

$$x_{n+1} = f(x_n). \tag{5.12}$$

对系统 (5.12), 我们也有如下稳定性的概念.

定义 5.4 若 $f(\bar{x}) = \bar{x}$, 则称 $\bar{x}$ 为系统 (5.12) 的平衡点 (不动点).

定义 5.5 若对任意的 $\varepsilon > 0$, 存在 $\delta > 0$, 使得对任意的 x_0, 当 $\|x_0 - \bar{x}\| < \delta$ 时, 有

$$\|x_n - \bar{x}\| < \varepsilon,$$

则称 $\bar{x}$ 是稳定的.

进一步, 若对充分接近 $\bar{x}$ 的初值 x_0, 满足

$$\lim_{n\to\infty} x_n = \bar{x}, \tag{5.13}$$

则称 $\bar{x}$ 是渐近稳定的.

对系统 (5.12) 在 $\bar{x}$ 处进行线性化,

$$x_{n+1} - \bar{x} = f(x_n) - f(\bar{x}) = Df(\bar{x})(x_n - \bar{x}) + g(x_n - \bar{x}), \tag{5.14}$$

其中 g 满足 $\lim_{y\to 0} \dfrac{g(y)}{y} = 0$.

令 $y_n = x_n - \bar{x}$, 则系统 (5.12) 的线性化系统为

$$y_{n+1} = Df(\bar{x})y_n. \tag{5.15}$$

记 $A = Df(\bar{x})$, 由 (5.15) 知, $y_n = A^n y_0$.

因而, 我们有如下引理.

引理 5.1   若 $Df(\bar{x})$ 的所有特征值 λ 满足 $|\lambda| < 1$, 则 $\bar{x}$ 是渐近稳定的.

进一步, 若 $\|x_0 - \bar{x}\|$ 充分小, 则存在 $\alpha > 0$, 对任意的 $n \geqslant 0$, 使得

$$\|x_n - \bar{x}\| \leqslant \|x_0 - \bar{x}\| \exp(-\alpha n).$$

设 $\phi_t(x_0) = x(t, x_0)$, 它是由系统 (5.1) 的向量场 $f(x)$ 生成的流.

定义 5.6   设 $\Sigma \subset R^n$ 是 $n-1$ 维超曲面, 对任意的 $x \in \Sigma$, $f(x)$ 与 Σ 不相切, 即 $f(x) \cdot n(x) \neq 0$, 其中 $n(x)$ 为 Σ 在 x 处的法向量, 则称 Σ 为 ϕ_t 的一个截面.

注 5.1   在截面 Σ 上, ϕ_t 处处与 Σ 的横截相交, 只要 x 不是平衡点, 总可以作过点 x 的截面.

设 Γ 是 ϕ_t 的一条闭轨, 周期为 ω, 即 $\phi(t, x_0) = \phi(t+\omega, x_0)$. Σ 是 Γ 的横截, 且 Γ 在 p^* 处与 Σ 相交. 由于 $\phi^\omega(p^*) = p^*$, 根据流的连续性, 存在 p^* 的邻域 $U \subset \Sigma$, 使从任意点 $q \in U$ 出发的点都可以再次回到 Σ 上.

定义 5.7   设 $V = \Sigma \cap U$, 定义**首次回归映射**(或称 Poincaré映射)$P : V \to \Sigma$ 为

$$P(x) = \phi(\tau, x),$$

其中 $\phi(t, x) \notin \Sigma$, $0 < t < \tau$, 以及 τ 是从 $x \in V$ 出发的轨线首次回到 Σ 的所需时间 (图 5.2).

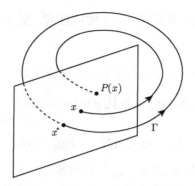

图 5.2 Poincaré 回归映射

例 5.2 考虑平面系统

$$\dot{x} = x - y - x(x^2 + y^2),$$
$$\dot{y} = x + y - y(x^2 + y^2),$$

(5.16)

其对应的极坐标系统为

$$\dot{r} = r(1 - r^2),$$
$$\dot{\theta} = 1.$$

(5.17)

取正半 x 轴为截面 Σ, 即

$$\Sigma = \{(r, \theta) \mid r > 0, \theta = 0\}.$$

由初等积分法可得

$$t = \int_{r_0}^{r} \frac{dr}{r(1 - r^2)} = \frac{1}{2} \int_{r_0}^{r} \frac{dr^2}{r^2(1 - r^2)}$$

$$= \frac{1}{2} \int_{r_0}^{r} \left(\frac{1}{r^2} - \frac{1}{r^2 - 1} \right) dr^2 = \frac{1}{2} \ln \left(\frac{r^2}{r^2 - 1} \frac{r_0^2 - 1}{r_0^2} \right).$$

(5.18)

因此,

$$r = \left(1 + \frac{1 - r_0^2}{r_0^2} e^{-2t} \right)^{-\frac{1}{2}}.$$

(5.19)

由此可知, 对任意 $q \in \Sigma$, 首次回归时间为 $\tau(q) = 2\pi$, 因此可定义 Poincaré 映射为

$$P(r_0) = \left(1 + \frac{1 - r_0^2}{r_0^2} e^{-4\pi} \right)^{-\frac{1}{2}}.$$

(5.20)

设 $x = p(t) = p(t + \omega)$ 是系统 (5.1) 的周期解. 若 $p^* = p(0)$, 则可知 p^* 是 P 的不动点, 即

$$P(p^*) = \phi_{\tau(p^*)}(p^*) = \phi_\omega(p^*) = p^*. \tag{5.21}$$

不失一般性, 假设 $p^* = 0$, 则 $p(0) = 0$ 且 $p'(0) = 0$.

令

$$\Pi = \{x \in R^n \mid x \cdot f(0) = 0\},$$

以及 $\phi(t, \xi)$ 是系统 (5.1) 过初值 $\phi(0, \xi) = \xi$ 的解.

引理 5.2   对 $\xi \in R^n$ 且 $|\xi|$ 充分小, 存在唯一的实值函数 $t = \tau(\xi)$, 满足

$$\tau(0) = \omega, \quad \phi(\tau(\xi), \xi) \in \Pi.$$

证明   令 $F(t, \xi) = \phi(t, \xi) \cdot f(0)$. 考虑方程

$$F(t, \xi) = 0.$$

因为 $F(\omega, 0) = \phi(\omega, 0) \cdot f(0) = 0$, 所以

$$\left.\frac{\partial F}{\partial t}\right|_{t=\omega, \xi=0} = f(\phi(\omega, 0)) \cdot f(0) = \|f(0)\|^2 > 0. \tag{5.22}$$

由隐函数定理, 存在 $\xi = 0$ 的邻域 U, 当 $\xi \in U$ 时,

$$t = \tau(\xi), \quad \omega = \tau(0), \quad F(\tau(\xi), \xi) = 0.$$

故 $\phi(\tau(\xi), \xi) \cdot f(0) = 0$, 进而

$$\phi(\tau(\xi), \xi) \in \Pi.$$

引理得证. ∎

引理 5.3 $DP(p^*)$ 的特征值

$$\lambda_1, \lambda_2, \cdots, \lambda_{n-1}$$

是系统 (5.4) 的特征乘数

$$\mu_2, \mu_3, \cdots, \mu_n.$$

证明   易知, Poincaré 映射 $P : U \subset \Pi \to \Pi$ 满足

$$P(\xi) = \phi(\tau(\xi), \xi),$$

其中 $P(0) = \phi(\omega, 0) = p(\omega) = 0$.

不失一般性, 假设 $f(0) = (0, \cdots, 0, 1)^{\mathrm{T}}$, 因而
$$\Pi = \{x = (x_1, x_2, \cdots, x_n) \mid x_n = 0\}.$$
因为
$$\frac{d}{dt}\phi(t, \xi) = f(\phi(t, \xi)),$$
其中
$$\phi(0, \xi) = \xi,$$
若记 $\Phi(t, \xi) = \phi_\xi(t, \xi)$, 则
$$\Phi'(t, \xi) = Df(\phi(t, \xi))\Phi(t, \xi),$$
其中
$$\Phi(0, \xi) = I,$$
令 $\xi = 0$, 则上式为
$$\Phi'(t, 0) = Df(p(t))\Phi(t, 0),$$
这里
$$\Phi(0, 0) = I.$$
因而 $\Phi(t, 0)$ 是系统 (5.4) 的基解矩阵, 其特征乘数为 $\mu_1 = 0, \mu_2, \cdots, \mu_n$ 是 $\Phi(\omega, 0)$ 的特征值.

因为 $p'(0) = f(0)$, 以及 $\Phi(\omega, 0)p'(0) = \exp(\omega\mu_1)p'(0) = p'(0)$, 所以
$$f(0) = \Phi(\omega, 0)f(0).$$

根据 $f(0) = (0, \cdots, 0, 1)^{\mathrm{T}}$ 可知, $\Phi(\omega, 0)$ 的最后一列为 $(0, \cdots, 0, 1)^{\mathrm{T}}$. 又 $D_\xi P(\xi) = \phi'(\tau(\xi), \xi)\dfrac{d}{d\xi}\tau(\xi) + \phi_\xi(\tau(\xi), \xi)$, 取 $\xi = 0$, 则

$$DP(0) = \phi'(\omega, 0)\frac{d\tau(\xi)}{d\xi}\bigg|_{\xi=0} + \Phi(\omega, 0) = f(0)\frac{d\tau(\xi)}{d\xi}\bigg|_{\xi=0} + \Phi(\omega, 0)$$

$$= (0, \cdots, 0, 1)^{\mathrm{T}}\left(\frac{\partial\tau}{\partial x_1}, \cdots, \frac{\partial\tau}{\partial x_n}\right)\bigg|_{\xi=0} + \Phi(\omega, 0)$$

$$= \begin{pmatrix} 0 & \cdots & 0 \\ \vdots & & \vdots \\ \dfrac{\partial\tau}{\partial x_1}(0) & \cdots & \dfrac{\partial\tau}{\partial x_n}(0) \end{pmatrix} + \begin{pmatrix} * & \cdots & * & 0 \\ \vdots & & \vdots & \vdots \\ * & \cdots & * & 0 \\ * & \cdots & * & 1 \end{pmatrix}$$

$$= \begin{pmatrix} * & \cdots & * & 0 \\ \vdots & & \vdots & \vdots \\ * & \cdots & * & 0 \\ * & \cdots & * & * \end{pmatrix}. \tag{5.23}$$

因此, $DP(0)$ 特征值是系统 (5.4) 的特征乘数. ■

定理 5.4[71]   设 $f \in C^1(D)$, 若线性系统 (5.4) 的 $n-1$ 个特征乘数的模都小于 1, 则系统 (5.1) 周期解 $x = p(t)$ 所确定的轨道 Γ 是轨道稳定、轨道渐近稳定以及相位渐近稳定的.

进一步, 在 Γ 附近的解 $\varphi(t)$, 对某些 $t_0 \in [0, \omega)$, 存在 $L, \alpha > 0$, 使得

$$\|\varphi(t) - p(t + t_0)\| \leqslant L \exp(-\alpha t). \tag{5.24}$$

证明   令 $p(0) = 0$ 且 $P : \Pi \cup B(0, \delta) \to \Pi$ 是 Poincaré 映射, 由题设, 不妨假定

$$|\mu_i| < 1, \quad i = 2, \cdots, n.$$

根据引理 5.3 知, 0 是映射 P 在 $U \subset \Pi$ 上的渐近稳定的不动点.

因此, 根据引理 5.2, 若 $\|\xi_0\|$ 充分小, 则存在 $\alpha > 0$, 使得

$$\|\xi_n\| \leqslant e^{-\alpha n} \|\xi_0\| \to 0 \quad (n \to +\infty),$$

其中 $\xi_n = P^n \xi_0$.

根据初值的连续依赖性, 给定 $\varepsilon > 0$, 存在 $\delta = \delta(\varepsilon) > 0$, 使得若 $\mathrm{dist}(x_0, \gamma) < \delta$, 则存在 $\tau^0 = \tau^0(x_0)$, 当 $0 \leqslant t \leqslant \tau^0$ 时, $\phi(t, x_0) \in \Pi$ 存在且 $|\phi(\tau^0, x_0)| < \varepsilon$.

令 $\xi_0 = \phi(\tau^0, x_0) \in \Pi$ 且

$$\tau^1 = \tau^0 + \tau(\xi_0) \ \text{使} \ \xi_1 = \phi(\tau(\xi_0), \xi_0) \in \Pi,$$

$$\vdots$$

$$\tau^n = \tau^{n-1} + \tau(\xi_0) \ \text{使} \ \xi_n = \phi(\tau(\xi_{n-1}), \xi_{n-1}) \in \Pi,$$

即 τ^k 是从 ξ_0 到 ξ_k 所经历的时间 (图 5.3).

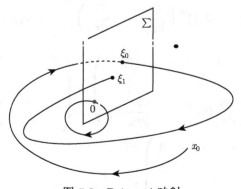

图 5.3   Poincaré 映射

我们断言

$$\lim_{n \to \infty} \frac{\tau^n}{n\omega} = 1,$$

以及存在 $t_0 \in R^n$ 使得

$$t_0 = \lim_{n \to \infty} (\tau^n - n\omega) \quad \|\tau^n - (n\omega + t_0)\| \leqslant L_1 e^{-\alpha n} \|\xi_0\|.$$

首先说明 $\{\tau^n - n\omega\}$ 是 Cauchy 列.

$$\|(\tau^n - n\omega) - (\tau^{n-1} - (n-1)\omega)\| = \|\tau^n - \tau^{n-1} + \omega\|$$

$$= \|\tau(\xi_{n-1}) - \omega\| = \|\tau(\xi_{n-1}) - \tau(0)\|$$

$$\leqslant \sup_{\theta \in B(0,\delta)} \left| \frac{d\tau}{d\xi}(\theta) \right| \|\xi_{n-1}\| = L_0 \|\xi_{n-1}\| \leqslant L_0 e^{-\alpha(n-1)} \|\xi_0\|.$$

因此, 存在 $N > 0$, 当 $m > n > N$ 时, 有

$$\|(\tau^n - n\omega) - (\tau^m - m\omega)\| \leqslant \|(\tau^m - m\omega) - (\tau^{m-1} - (m-1)\omega)\| + \cdots$$

$$+ \|(\tau^{n+1} - (n+1)\omega) - (\tau^n - n\omega)\|$$

$$\leqslant L_0 \|\xi_0\| (e^{-\alpha(m-1)} + e^{-\alpha(m-2)} + \cdots + e^{-\alpha n})$$

$$= L_0 \|\xi_0\| \frac{e^{-\alpha n}}{1 - e^{-\alpha}} < \varepsilon,$$

则 $\lim\limits_{n \to \infty} (\tau^n - n\omega)$ 存在, 记为 t_0, 并且

$$\|\tau^n - (n\omega + t_0)\| = \|t_0 - (\tau^n - n\omega)\| \leqslant \|t_0 - (\tau^m - m\omega)\| + \cdots$$

$$+ \|(\tau^{n+1} - (n+1)\omega) - (\tau^n - n\omega)\|$$

$$\leqslant \sum_{k=n}^{\infty} \|(\tau^{k+1} - (k+1)\omega) - (\tau^k - k\omega)\|$$

$$\leqslant \sum_{k=n}^{\infty} L_0 e^{-\alpha(k-1)} \|\xi_0\| \leqslant L_0 \frac{e^{-\alpha n}}{1 - e^{-\alpha}} \|\xi_0\|.$$

接下来, 将证明

$$\|\phi(t + t_0, x_0) - p(t)\| \leqslant \frac{e^{-\alpha t}}{\omega} L \|\xi_0\|.$$

令 $t \in [0, \omega]$, 则有

$$\|\phi(t + t_0, x_0) - p(t)\| = \|\phi(t, \xi_n) - \phi(t, 0)\|$$

$$\leqslant \sup_{t \in [0,\omega], \, \theta \in B(0,\delta)} \|\phi_\xi(t, \theta)\| \|\xi_n\| \leqslant L_2 \|\xi_n\| \leqslant e^{-n\alpha} L_2 \|\xi_0\|$$

和

$$\|\phi(t+\tau^n,x_0)-\phi(t+n\omega+t_0,x_0)\| \leqslant \|\phi'(\tilde{t},x_0)\||(t+\tau^n)-(t+n\omega+t_0)|$$
$$\leqslant L_3|\tau^n-(n\omega+t_0)| \leqslant L_3 e^{-\alpha n}\|\xi_0\|.$$

因此, 对 $t \in [0,\omega]$, 有

$$\|\phi(t+n\omega+t_0,x_0)-p(t)\| \leqslant \|\phi(t+n\omega+t_0,x_0)-\phi(t+\tau^n,x_0)\|$$
$$+\|\phi(t+\tau^n,x_0)-p(t)\| \leqslant (L_2+L_3)e^{-\alpha n}\|\xi_0\|.$$

对任意的 t, 假设 $n\omega \leqslant t \leqslant (n-1)\omega$ 对某些 n 成立, 则

$$0 \leqslant t-n\omega \leqslant \omega, \quad \frac{t}{\omega}-1 \leqslant n \leqslant \frac{t}{\omega}.$$

所以

$$\|\phi(t+t_0,x_0)-p(t-n\omega)\| \leqslant \|\phi(t+t_0,x_0)-p(t)\|$$
$$\leqslant (L_2+L_3)e^{-\alpha n}\|\xi_0\|$$
$$\leqslant (L_2+L_3)e^{-\alpha(\frac{t}{\omega}-1)}\|\xi_0\|.$$

因此, 存在 $L > 0$, 有

$$\|\phi(t+t_0,x_0)-p(t)\| \leqslant Le^{-\frac{\alpha}{\omega}t}\|\xi_0\|. \qquad \blacksquare$$

注 5.2   定理 5.4 的证明思路源自于 [71].

例 5.3   考虑平面系统

$$\begin{aligned}\dot{x} &= f(x,y),\\ \dot{y} &= g(x,y),\end{aligned} \tag{5.25}$$

其中 $f,g \in C^1(R^2)$, $x = \phi(t), y = \psi(t)$ 是系统 (5.25) 的一个非平凡的 ω 周期解, 其轨道为 γ. 给出系统 (5.25) 轨道渐近稳定的条件.

解   由定理 5.4 知, 要想判定系统 (5.25) 的轨道稳定性, 只需要判定其对应的线性系统 (5.4) 有 1 个特征乘数小于 1 即可. 由定理 3.38 可知, 系统 (5.25) 的特征乘数满足

$$\rho_1\rho_2 = \exp\left(\int_\gamma \frac{\partial f}{\partial x}+\frac{\partial g}{\partial y}dt\right) = \exp\left(\int_\gamma \mathrm{div}(f,g)dt\right).$$

又根据定理 5.1, 系统 (5.25) 至少有一个特征乘数为 1, 不妨设 $\rho_1 = 1$, 则

$$\rho_2 = \exp\left(\int_\gamma \mathrm{div}(f,g)dt\right) = \exp\left(\int_0^\omega \mathrm{div}(f,g)dt\right).$$

为此, 只要 $\rho_2 < 1$, 即 $\int_0^\omega \mathrm{div}(f,g)dt < 0$, 则系统 (5.25) 的周期轨道 γ 是轨道渐近稳定的, 这就是经典的 Poincaré 稳定性定理. $\qquad \blacksquare$

定理 5.5 (Poincaré 稳定性定理)　若

$$\int_0^\omega \mathrm{div}(f,g)dt < 0, \tag{5.26}$$

则系统 (5.25) 周期解 $x = p(t)$ 所确定的轨道 Γ 是轨道稳定、轨道渐近稳定以及相位渐近稳定的.

考虑如下线性方程:

$$\dot{y} = \frac{\partial f^{[k]}}{\partial x}(x(t, x_0))y, \quad k = 1, 2, \cdots, n, \tag{5.27}$$

其中 $\dfrac{\partial f}{\partial x}$ 是 f 的雅可比矩阵, $\dfrac{\partial f^{[k]}}{\partial x}$ 为其 k 阶可加性复合矩阵.

当 $k = 1$ 时, 系统 (5.27) 是非线性系统 (5.1) 的第一变分方程

$$\dot{y} = \frac{\partial f}{\partial x}(x(t, x_0))y, \tag{5.28}$$

当 $k = 2$ 时, (5.27) 变成系统 (5.1) 的二阶可加性复合矩阵方程

$$\dot{y} = \frac{\partial f^{[2]}}{\partial x}(x(t, x_0))y. \tag{5.29}$$

特别地, 当 $k = n$ 时, (5.27) 是一个纯量的线性方程

$$\dot{y} = \mathrm{div}f(x(t, x_0))y.$$

易知, 矩阵

$$Y(t) = \frac{\partial x(t, x_0)}{\partial x_0}$$

是变分方程 (5.28) 满足 $Y(0) = I$ 的基解矩阵, 因此, $Y^{(k)}$ 是 (5.27) 满足 $Y^{(k)}(0) = I$ 的基解矩阵.

Muldowney 在文献 [130] 中, 将 Poincaré 稳定性定理由 $n = 2$ 推广至 $n \geqslant 3$ 的情形.

定理 5.6 (Muldownay 定理)　设 $f \in C^1(D)$ 且 $x = p(t)$ 为系统 (5.1) 的非平凡 ω 周期解, 记 $\gamma = \{x = p(t), t \in [0, \omega]\}$.

若线性系统

$$\dot{y} = \frac{\partial f^{[2]}}{\partial x}(p(t))y \tag{5.30}$$

是渐近稳定的, 则系统 (5.1) 周期解 $x = p(t)$ 所确定的轨道 γ 是轨道稳定、轨道渐近稳定以及相位渐近稳定的.

证明　设 $x = p(t)$ 是系统 (5.1) 的非平凡 ω 周期解, 考虑如下第一变分系统

$$\dot{y} = \frac{\partial f}{\partial x}(p(t))y \tag{5.31}$$

的解. 这里, $\dfrac{\partial f}{\partial x}(p(t+\omega)) = \dfrac{\partial f}{\partial x}(p(t))$.

由 Floquet 定理, (5.31) 的基解矩阵 $Y(t)$ 可写成如下形式:

$$Y(t) = P(t)\exp(Lt), \tag{5.32}$$

其中 $P(t) = P(t+\omega)$ 为 n 阶矩阵, L 为常数矩阵.

因此, 变分方程 (5.31) 的稳定性取决于矩阵 L 的特征根 (也称特征指数), 又 $y = p'(t)$ 是 (5.31) 的非平凡周期解. 因此, 系统 (5.31) 的其中一个特征指数等于 $0\left(\bmod \dfrac{2\pi i}{\omega}\right)$.

由 $(AB)^{(k)} = A^{(k)}B^{(k)}$, $[\exp(A)]^{(k)} = \exp(A^{[k]})$ 以及方程 (5.32) 知, 方程 (5.30) 的基解矩阵为

$$Y^{(2)}(t) = P^{(2)}(t)\exp(L^{[2]}t).$$

因此, 方程 (5.30) 的特征指数为 $L^{[2]}$ 的特征根, 而 $L^{[2]}$ 的特征根为矩阵 L 特征根对的和.

因为 L 至少有一个特征根为 0, 因此 L 的其余 $n-1$ 个特征根也是 $L^{[2]}$ 的特征根. 又因为 $Y^{(2)}(t) \to 0\,(t \to \infty)$, 由定理 3.40 知, 所有这些特征根必须具有负实部.

因此, γ 是轨道渐近稳定的. 命题得证.　∎

根据定理 5.6, 要确定周期解的轨道渐近稳定性, 需要判断系统 (5.30) 的渐近稳定性, 基于此, Muldowney[130] 给出如下充分条件.

定理 5.7　设 $f \in C^1(D)$ 且 $x = p(t)$ 为系统 (5.1) 的非平凡 ω 周期解, 其对应轨道 $\gamma = \{x = p(t), t \in [0,\omega]\}$. 若对某类 Lozinskiĭ 测度 μ, 有

$$\mu\left(\frac{\partial f^{[2]}}{\partial x}(p(t))\right) < 0, \tag{5.33}$$

则系统 (5.1) 周期解 $x = p(t)$ 所确定的轨道 γ 是轨道稳定、轨道渐近稳定以及相位渐近稳定的.

证明　根据定理 3.27, 系统 (5.30) 的解满足

$$\|y(t)\| \leqslant \|y(s)\|\exp\int_s^t \mu\left(\frac{\partial f^{[2]}}{\partial x}(p(t))\right)dt.$$

因而, 系统 (5.29) 的基解矩阵 $\Phi(t)$ 满足

$$\|\Phi(t)\Phi^{-1}(s)\| \leqslant \exp \int_s^t \mu\left(\frac{\partial f^{[2]}}{\partial x}(p(t))\right) dt,$$

其中 $\Phi(0) = I$. 因此

$$\|\Phi(\omega)\| \leqslant \exp\left(\int_0^\omega \mu\left(\frac{\partial f^{[2]}}{\partial x}(p(t))\right)\right) dt.$$

由于 $\displaystyle\int_0^\omega \mu\left(\frac{\partial f^{[2]}}{\partial x}(p(t))\right) dt < 0$, 因此, 由定理 3.40 知, 系统 (5.30) 的所有特征指数小于 0. 故由定理 5.6, 系统 (5.1) 周期解 $x = p(t)$ 是轨道渐近稳定的. 结论成立. ∎

基于半连续的 Lyapunov 函数, 可以推广 Muldowney 的结论.

定理 5.8 设 $f \in C^1(D)$ 且 $x = p(t)$ 为系统 (5.1) 的非平凡 ω 周期解, 且记 $\gamma = \{x = p(t), t \in [0, \omega]\}$ 与 $B(t) = \dfrac{\partial f^{[2]}}{\partial x}(p(t))$.

若存在充分大的 $T_1 > 0$ 及正数 $\alpha_1, \cdots, \alpha_n$, 使得对 $t \geqslant T_1$ 时, 有

$$\int_0^\omega \left(b_{ij}(t) + \sum_{i \neq j} \frac{\alpha_j}{\alpha_i}|b_{ij}(t)|\right) dt < 0, \tag{5.34}$$

其中 $b_{ij}(t)$ 为矩阵 $B(t)$ 的元素, 则系统 (5.1) 周期轨道 γ 是轨道稳定、轨道渐近稳定以及相位渐近稳定的.

证明 由定理 3.42 可知, (5.29) 是渐近稳定的, 因而命题得证. ∎

注 5.3 取 $\|x\| = \sup |x_i|$, 则

$$\mu(B(t)) = \sup\left\{b_{ii}(t) + \sum_{i \neq j}|b_{ij}(t)|\right\}.$$

显然

$$b_{ii}(t) + \sum_{i \neq j}|b_{ij}(t)| \leqslant \mu(B(t)).$$

因此, 若条件 (5.34) 成立, 则

$$\int_0^\omega b_{ii}(t) + \sum_{i \neq j}|b_{ij}(t)|dt \leqslant \int_0^\omega \mu(B(t))dt < 0,$$

即条件 (5.34) 蕴含了条件 (5.33), 因此, 定理 5.8 是对 Muldowney 定理 (定理 5.6) 的推广.

令 $x \mapsto P(x(t, x_0))$ 是一个非奇异 $\begin{pmatrix} n \\ 2 \end{pmatrix} \times \begin{pmatrix} n \\ 2 \end{pmatrix}$ 维 C^1 的矩阵值函数, 使得 $\|P^{-1}(x)\|$ 在 $x \in R_+^n$ 一致有界, P_f 为矩阵 P 沿着向量场 f 的方向导数. 引入变换 $z = P(t)y$, 可将系统 (5.29) 化为

$$\dot{z} = \left[P_f P^{-1} + P \frac{\partial f^{[2]}}{\partial x}(x(t, x_0)) P^{-1} \right] z. \tag{5.35}$$

定理 5.9　设 $f \in C^1(D)$ 且 $x = p(t)$ 为系统 (5.1) 的非平凡 ω 周期解, 记 $\gamma = \{x = p(t), t \in [0, \omega]\}$. 若系统 (5.35) 是渐近稳定的, 则系统 (5.1) 的周期轨道 γ 是轨道稳定、轨道渐近稳定以及相位渐近稳定的.

证明　若系统 (5.35) 是渐近稳定的, 则由定理 3.12 知,

$$\lim_{t \to \infty} \|z(t)\| = 0.$$

根据 $\|P^{-1}(t)\|$ 的一致有界性, 存在 $M > 0$, 使得 $\|P^{-1}(t)\| \leqslant M$. 因而,

$$\|y(t)\| = \|P^{-1}(t)z\| \leqslant \|P^{-1}(t)\|\|z\| \leqslant M\|z(t)\|.$$

故

$$\lim_{t \to \infty} \|y(t)\| = 0.$$

因此, 系统 (5.30) 是渐近稳定的, 故由定理 5.6 知, 命题得证. ∎

根据定理 5.9, 可得如下定理.

定理 5.10　设 $f \in C^1(D)$, 而 $x = p(t)$ 为系统 (5.1) 的非平凡 ω 周期解, 记 $\gamma = \{x = p(t), t \in [0, \omega]\}$.

若

$$\int_0^\omega \mu \left(P_f P^{-1} + P \frac{\partial f^{[2]}}{\partial x}(x(t, x_0)) P^{-1} \right) dt < 0, \tag{5.36}$$

则系统 (5.1) 周期轨道 γ 是轨道稳定、轨道渐近稳定以及相位渐近稳定的.

记 $B(t) = P_f P^{-1} + P \frac{\partial f^{[2]}}{\partial x}(x(t, x_0)) P^{-1}$, 其矩阵元素记为 $b_{ij}(t)$, 则有如下结论.

定理 5.11　在定理 5.10 的条件下, 若存在正常数 $\alpha_1, \cdots, \alpha_n > 0$, 使得

$$\int_0^\omega \left(b_{ii}(t) + \sum_{i \neq j} \frac{\alpha_j}{\alpha_i} |b_{ij}(t)| \right) dt < 0, \tag{5.37}$$

则系统 (5.1) 的周期轨道 γ 是轨道稳定、轨道渐近稳定以及相位渐近稳定的.

5.2 基于 Poincaré-Bendixson 性质的全局稳定性判定

下面给出基于 Poincaré-Bendixson 性质以及轨道渐近稳定的全局稳定性判别准则. 这里结论主要取自文献 [93].

定理 5.12 若如下条件成立:

(A_1) 系统 (5.1) 存在紧吸引子集 $K \subset D$;

(A_2) 系统 (5.1) 存在唯一平衡点 $\bar{x} \in D$, 且局部渐近稳定;

(A_3) 系统 (5.1) 满足 Poincaré-Bendixson 性质;

(A_4) 系统 (5.1) 每一个周期轨道都是轨道渐近稳定的,

则系统 (5.1) 唯一的平衡点 $\bar{x}$ 在 D 内是全局渐近稳定的.

证明 只需证明 $\bar{x}$ 吸引 D 内全部点. 设 U 是吸引到 $\bar{x}$ 的流匣, 即对任意的 $x_0 \in U$, $x(t, x_0)$ 收敛于 $\bar{x}$. 由于 $\bar{x}$ 是渐近稳定的, 由定理 4.12, U 是非空开集.

若 $D \subset U$, 定理显然成立. 否则, U 的边界 ∂U 与区域 D 有非空交集 B, 即

$$\partial U \cap D = B.$$

由定理 4.11 与定理 4.12 知, U 及 $\bar{U}$ (U 的闭包) 是不变集, 且 U 是开集, 故 $\partial U = \bar{U} - U$ 也是不变集.

因此, B 也是正向不变集, 故 B 有一个非空的紧的 ω 极限集 Ω. 根据假设 (A_1), 有

$$\Omega \cap \partial D \neq \varnothing.$$

因为 Ω 不含平衡点, 故由 Poincaré-Bendixson 性质知, Ω 一定是闭轨.

由条件 (A_4) 知, Ω 是轨道渐近稳定的, 这与 Ω 是 U 内轨线的 α 极限集矛盾. 命题得证. ∎

根据定理 5.12, 可得如下结论.

定理 5.13 若条件 (A_1)—(A_3) 成立且

$(A_{4\text{-}1})$ 系统 (5.1) 在 D 内的每一个周期轨道 $x = p(t)$, 系统 (5.1) 的二阶复合线性系统

$$\dot{y} = \frac{\partial f^{[2]}}{\partial x}(p(t))y$$

是渐近稳定的, 则系统 (5.1) 唯一的平衡点 $\bar{x}$ 在 D 内是全局渐近稳定的.

定理 5.14 若如条件 (A_1)—(A_3) 成立且

$(A_{4\text{-}2})$ 系统 (5.1) 在 D 内的每一个周期轨道 $x = p(t)$, 若对某些 Lozinskiĭ 范数 μ, 有

$$\mu\left(\frac{\partial f^{[2]}}{\partial x}(p(t))\right) < 0,$$

则系统 (5.1) 唯一的平衡点 $\bar{x}$ 在 D 内是全局渐近稳定的.

记 $B(t) = P_f P^{-1} + P \dfrac{\partial f^{[2]}}{\partial x}(x(t, x_0)) P^{-1}$, 其矩阵元素记为 $b_{ij}(t)$. 由定理 5.14, 结合定理 5.11, 可得如下结论.

定理 5.15　若如条件 (A_1)—(A_3) 成立且

$(A_{4\text{-}3})$ 如果对系统 (5.1) 在 D 内的每一个周期轨道 $x = p(t)$, 存在正常数

$$\alpha_1, \cdots, \alpha_n > 0,$$

使得

$$\int_0^\omega b_{ii}(t) + \sum_{i \ne j} \frac{\alpha_j}{\alpha_i} |b_{ij}(t)| dt < 0, \tag{5.38}$$

则系统 (5.1) 唯一的平衡点 $\bar{x}$ 在 D 内是全局渐近稳定的.

另外, 对于条件 (A_2), 平衡点的渐近稳定性可以用矩阵的稳定性来代替. 一个矩阵称为稳定的, 如果它的全部特征值均具有负实部.

命题 5.1　n 阶方阵 A 是稳定的充分必要条件是其二阶复合矩阵 $A^{[2]}$ 稳定, 且

$$(-1)^n \det(A) > 0.$$

基于命题 5.1, 定理 5.12—定理 5.15 可以写为如下形式.

定理 5.16　如果条件 $(A_1), (A_3)$ 以及 $(A_4), (A_{4\text{-}1}), (A_{4\text{-}2}), (A_{4\text{-}3})$ 之一成立, 且 $(A_{2\text{-}1})$ 系统 (5.1) 存在唯一平衡点 $\bar{x} \in D$, 满足

$$(-1)^n \det \left(\frac{\partial f}{\partial x}(\bar{x}) \right) > 0,$$

则系统 (5.1) 唯一的平衡点 $\bar{x}$ 在 D 内是全局渐近稳定的.

此外, 对于 Poincaré-Bendixson 性质, 有如下结论.

命题 5.2　对系统 (5.1),

（Ⅰ）当 $n = 2$, 即系统 (5.1) 是平面系统时, 该系统一定满足 Poincaré-Bendixson 性质;

（Ⅱ）当 $n = 3$, D 为凸区域且系统 (5.1) 在 D 内是竞争系统, 该系统一定满足 Poincaré-Bendixson 性质.

基于命题 5.2, 定理 5.12 中的条件 (A_3) 可以代换成二维系统或者三维竞争系统. 在系统 (5.1) 的全局稳定性的判定中, 重要的一点是要保证复合矩阵方程 (5.35) 是渐近稳定的, 要判定线性系统的渐近稳定, 除了上述方法外, 还可以构造 Lyapunov 函数, 根据稳定性定理得到.

考虑如下的 $n + \begin{pmatrix} n \\ 2 \end{pmatrix}$ 维自治系统

$$\dot{x} = f(x), \tag{5.39}$$

$$\dot{y} = \frac{\partial f^{[2]}}{\partial x}(x)y. \tag{5.40}$$

假设对系统 (5.39)-(5.40) 存在局部的 Lipschitz 函数 $(x, z) \mapsto V(x, z)$, 使得

$$a(x)\|y\| \leqslant V(x, y) \leqslant b(x)\|y\|, \tag{5.41}$$

其中 $a(x), b(x)$ 是非负连续函数. 假设 $x \mapsto \tilde{\mu}(x)$ 是连续的且

$$\dot{V}_{(5.39)\text{-}(5.40)} \leqslant \tilde{\mu}(x)V(x, y), \tag{5.42}$$

这里

$$\dot{V}(x, y) = \limsup_{h \to 0^+} \frac{1}{h}\left[V\left(x + hf, y + h\frac{\partial f^{[2]}}{\partial x}(x)y\right) - V(x, y)\right].$$

定理 5.17 若对系统 (5.39) 的每一个周期轨道 $x = p(t)$, 有

$$\int_0^\omega \tilde{\mu}(p(t))dt < 0,$$

则系统 (5.40) 轨道渐近稳定.

注 5.4 根据定理 5.17, 可以进一步判定全局渐近稳定性.

5.3 例题分析

例 5.4 考虑如下的具有常数输入的传染病模型:

其对应的动力学方程为

$$\begin{cases} \dot{S} = \Lambda - \beta SI - \mu S, \\ \dot{E} = \beta SI - (\varepsilon + \mu)E, \\ \dot{I} = \varepsilon E - (\gamma + \mu)I, \\ \dot{R} = \gamma I - \mu R. \end{cases} \tag{5.43}$$

说明系统 (5.43) 的稳定性.

由于前三个方程与 R 无关, 因此仅考虑

$$
\begin{cases}
\dot{S} = \Lambda - \beta SI - \mu S, \\
\dot{E} = \beta SI - (\varepsilon + \mu)E, \\
\dot{I} = \varepsilon E - (\gamma + \mu)I.
\end{cases}
\tag{5.44}
$$

总人口数 $N = S + E + I + R$ 满足 $\dot{N} = \Lambda - \mu N$. 故系统的可行域为

$$
\Delta = \left\{ (S, E, I) \in R_+^3 \,\Big|\, S + E + I \leqslant \frac{\Lambda}{\mu} \right\}.
$$

它关于系统 (5.44) 是正不变的.

系统 (5.44) 的基本再生数为

$$
R_0 = \frac{\Lambda \beta \varepsilon}{\mu(\varepsilon + \gamma)(\gamma + \mu)}.
\tag{5.45}
$$

当 $R_0 \leqslant 1$ 时, 系统 (5.45) 只有无病平衡点 $P_0\left(\dfrac{\Lambda}{\mu}, 0, 0\right)$ 且是全局渐近稳定的. 当 $R_0 > 1$ 时, P_0 不稳定, 此时, 系统 (5.45) 具有地方病平衡为 $P^* = (S^*, E^*, I^*)$ 且系统是一致持久 (永久生存) 的.

设系统 (5.45) 存在一个周期为 ω 的非平凡周期解 $x = p(t)$. 取

$$
P(t) = \mathrm{diag}\left(1, \frac{E}{I}, \frac{E}{I}\right),
$$

则

$$
P_f P^{-1} = \mathrm{diag}\left(0, \frac{I}{E}\left(\frac{E}{I}\right)_f, \frac{I}{E}\left(\frac{E}{I}\right)_f\right).
$$

即有

$$
B = P_f P^{-1} + P\frac{\partial f^{[2]}}{\partial x}(p(t))P^{-1} = \mathrm{diag}\left(0, \frac{I}{E}\left(\frac{E}{I}\right)_f, \frac{I}{E}\left(\frac{E}{I}\right)_f\right) + \tilde{B},
\tag{5.46}
$$

其中

$$
\tilde{B} = \begin{pmatrix}
-\beta I - 2\mu - \varepsilon & \dfrac{\beta SI}{E} & \dfrac{\beta SI}{E} \\
\dfrac{\varepsilon E}{I} & -\lambda I - \gamma - 2\mu & 0 \\
0 & \lambda I & -\varepsilon - \gamma - 2\mu
\end{pmatrix}.
$$

取

$$
\|x\| = \max\{|x_1|, |x_2| + |x_3|\},
$$

则

$$\mu(B) \leqslant \sup\{g_1, g_2\},$$

其中

$$g_1 = -\beta I - \varepsilon - 2\mu + \frac{\beta S I}{E}, \quad g_2 = \frac{I}{E}\left(\frac{E}{I}\right)_f - \gamma - 2\mu + \frac{\varepsilon E}{I}.$$

又因为

$$\frac{\beta S I}{E} = \frac{\dot{E}}{E} + \varepsilon + \mu, \quad \frac{\varepsilon E}{I} = \frac{\dot{I}}{I} + \gamma + \mu, \tag{5.47}$$

故

$$\mu(B) \leqslant \frac{\dot{E}}{E} - \mu.$$

因而, 根据周期性可知,

$$\int_0^\omega \mu(B)dt \leqslant \int_0^\omega \frac{\dot{E}}{E}dt - \mu\omega$$

$$= E(\omega) - E(0) - \mu\omega$$

$$= -\mu\omega < 0. \tag{5.48}$$

由此可知, 地方病平衡点 P^* 是全局渐近稳定的.

因而, 我们有如下结论.

定理 5.18 当 $R_0 > 1$ 时, 地方病平衡点 P^* 是全局渐近稳定的.

例 5.5 考虑系统

$$\dot{x}_1 = x_1(17 - 5x_1 - 10x_2 - 2x_3) \triangleq x_1 h_1(x),$$
$$\dot{x}_2 = x_2(22 - 4x_1 - 7x_2 - 11x_3) \triangleq x_2 h_2(x), \tag{5.49}$$
$$\dot{x}_3 = x_3(20 - 10x_1 - 2x_2 - 8x_3) \triangleq x_3 h_3(x),$$

其中 $x = (x_1, x_2, x_3)$. 此时, 系统 (5.49) 存在唯一正平衡点 $E = (1, 1, 1)$.

Zeeman E C 和 Zeeman M L[160] 提出了如下问题.

猜想 5.1 系统 (5.49) 的 E 全局渐近稳定.

根据 [69], 可得系统存在一个排斥的异宿环, 则系统 (5.49) 是永久生存的.

设系统 (5.49) 存在一个周期为 ω 的非平凡周期解 $x = p(t)$. 取

$$P(x) = P(x_1, x_2, x_3) = \text{diag}\left\{1, \frac{x_2}{x_3}, \frac{x_1}{x_3}\right\},$$

则

$$P_f P^{-1} = \text{diag}\left\{0, \frac{\dot{x}_2}{x_2} - \frac{\dot{x}_3}{x_3}, \frac{\dot{x}_1}{x_1} - \frac{\dot{x}_3}{x_3}\right\}.$$

因而

$$B(x(t,x_0)) = P_f P^{-1} + P \frac{\partial f}{\partial x}^{[2]} P^{-1}$$

具有如下形式:

$$B = \begin{pmatrix} H_1(x) & -11x_3 & 2x_3 \\ -2x_2 & H_2(x) & 10x_2 \\ 10x_1 & -4x_1 & H_3(x) \end{pmatrix},$$

这里

$$H_1(x) = h_1(x) + h_2(x), \quad H_2(x) = h_1(x) + h_2(x) + 7x_2 - 8x_3,$$
$$H_3(x) = h_1(x) + h_2(x) + 5x_1 - 8x_3.$$

故而

$$B(x(t,x_0)) = \begin{pmatrix} -5x_1 - 7x_2 & -11x_3 & 2x_3 \\ -2x_2 & -5x_1 - 8x_3 & 10x_2 \\ 10x_1 & -4x_1 & -7x_1 - 8x_3 \end{pmatrix}$$

$$+ \mathrm{diag}\left\{ \frac{\dot{x}_1}{x_1} + \frac{\dot{x}_2}{x_2}, \frac{\dot{x}_1}{x_1} + \frac{\dot{x}_2}{x_2}, \frac{\dot{x}_1}{x_1} + \frac{\dot{x}_2}{x_2} \right\}.$$

由于

$$\frac{1}{\omega} \int_0^\omega x_i(t)dt = 1,$$

故取 $\alpha_1 = \frac{131}{120}, \alpha_2 = \alpha_3 = 1$, 则

$$\int_0^\omega b_{11}(t) + \frac{\alpha_2}{\alpha_1}|b_{12}(t)| + \frac{\alpha_3}{\alpha_1}|b_{13}(t)|dt$$

$$= \int_0^\omega -5x_1(t) - 7x_2(t) + \frac{11}{\alpha_1}x_3(t) + \frac{2}{\alpha_1}x_3(t)dt$$

$$= \omega \left(-12 + \frac{13}{\alpha_1} \right) = -\frac{12}{131}\omega < 0,$$

$$\int_0^\omega b_{22}(t) + \frac{\alpha_1}{\alpha_2}|b_{21}(t)| + \frac{\alpha_3}{\alpha_2}|b_{23}(t)|dt$$

$$= \int_0^\omega 2\alpha_1 x_2(t) - 5x_1(t) - 8x_3(t) + 10x_2(t)dt$$

$$= (-3 + 2\alpha_1)\omega = -\frac{49}{60}\omega < 0,$$

$$\int_0^\omega b_{33}(t) + \frac{\alpha_1}{\alpha_3}|b_{31}(t)| + \frac{\alpha_2}{\alpha_3}|b_{32j}(t)|dt$$

$$= \int_0^\omega 10\alpha_1 x_1(t) + 4x_1(t) - 7x_1(t) - 8x_3(t)dt$$

$$= (-11 + 10\alpha_1)\omega = -\frac{1}{12}\omega < 0,$$

由定理 5.15 知, 正平衡点 E 全局渐近稳定.

定理 5.19 Zeemans 猜想成立.

第6章 Bendixson 准则与全局稳定性

考虑自治系统

$$\dot{x} = f(x), \quad x \in D \subset \mathbf{R}^n, \tag{6.1}$$

以及初值条件

$$x(0) = x_0, \tag{6.2}$$

$f(x)$ 满足条件使得解的存在、唯一性以及对初值的连续依赖性成立.

记过初值 (6.2) 的解为 $x(t, x_0)$. 对系统 (6.1), 有如下假设:

(GSC_1) D 是单连通的;

(GSC_2) 存在紧吸引子集 $K \subset D$;

(GSC_3) D 内 (6.1) 存在唯一的平衡点 $\bar{x}$, 即 $f(\bar{x}) = 0$.

接下来, 我们关注系统 (6.1) 的问题如下.

问题 6.1 在条件 (GSC_1)—(GSC_3) 下, $f(x)$ 满足什么条件, 可以使平衡点 $\bar{x}$ 的局部稳定性蕴含全局稳定性?

对于上述问题, 经典的方法是利用 Lyapunov-LaSalle 稳定性定理, 这已经在第 4 章做了讨论. 当 Lyapunov-LaSalle 稳定性定理不太容易验证便使用时, Li 和 Muldowney 在文献 [93] 中给出了基于轨道稳定的全局稳定性定理.

另一方面, Li 和 Muldowney 借助于推广的高维 Bendixson 准则, 通过排除周期解, 给出了自治系统的全局稳定性定理, 该定理被称为自治收敛定理, 即假设系统 (6.1) 在 D 内满足某个条件来排除系统 (6.1) 的周期解, 且这个条件关于 $f(x)$ 的 C^1 局部扰动是鲁棒的 (rubust), 则系统 (6.1) 的每一个非游荡点是平衡点. 否则, 利用 Pugh 的 C^1 闭引理, 通过在非平衡的非游荡点附近扰动系统 (6.1) 可以得到一个周期解, 这与 Bendixsion 准则矛盾, 故可知平衡点是全局渐近稳定的.

高维 Bendixson 准则的推广被大量作者引入, Busenberg 和 van den Driessche[16] 借助于散度定理对平面的 Bendixson-Dulac 判据进行推广, 他们的结论在 Dulac 准则与 R^3 中的 Lyapunov 之间建立了一个桥梁. 这个新的准则被用于排除 Lotka-Volterra 系统周期解, 并分析系统的全局稳定性. Pace 和 Zeeman 在文献 [133] 中, 将 R^3 中的 Bendixson 判据推广至一般的 $n \geqslant 3$ 的情形. Butler, Schmid 和 Waltman 在文献 [19] 也做了相应的推广. Smith[140], Muldowney[130], Li[95] 以及 Li 和 Muldowney[89] 借助于曲面面积泛函的理论和二阶可加性复合矩阵理论将平面系统的 Dulac 判据推广至更一般的 $n \geqslant 3$ 的情形, 借助于此判据, 他们给出了全局稳定性的判别准则.

6.1 Bendixson 准则

本节引入几类常见的 Bendixson 准则.

定义 6.1 若 f 满足某个条件使系统 (6.1) 不存在非常数周期解, 则称此条件为系统 (6.1) 的 Bendixson 准则.

6.1.1 平面系统的 Bendixson-Dulac 准则

考虑如下平面系统:

$$\begin{aligned} \dot{x}_1 &= f_1(x), \\ \dot{x}_2 &= f_2(x), \end{aligned} \tag{6.3}$$

其中 $x = (x_1, x_2) \in D \subset R^2$, $f(x) = (f_1(x), f_2(x))$.

对于系统 (6.3), 我们有如下排除周期解的 Bendixson 准则.

定理 6.1 (Bendixson 准则) 若系统 (6.3) 的向量场 $(f_1(x), f_2(x))$ 在单连通区域 D 内具有一阶连续偏导数, 其散度

$$\operatorname{div}(f) = \frac{\partial f_1}{\partial x_1} + \frac{\partial f_2}{\partial x_2} \tag{6.4}$$

保持常号, 且不在 D 内的任何子区域中恒等于零, 则系统 (6.3) 在 D 内无闭轨.

证明 若系统 (6.3) 在 D 内存在闭轨 $\gamma = \{x(t) | 0 \leqslant t \leqslant \omega\}$, 周期为 ω. 设 γ 所围的区域为 D_1, 由散度定理得

$$\oint_\gamma f_1 dx_2 - f_2 dx_1 = \iint\limits_{D_1} \left(\frac{\partial f_1}{\partial x_1} + \frac{\partial f_2}{\partial x_2} \right) dx, \tag{6.5}$$

又因为

$$\oint_\gamma f_1 dx_2 - f_2 dx_1 = \int_0^\omega (f_1 f_2 - f_2 f_1)\, dt = 0,$$

而 (6.5) 右端不为零, 矛盾.

命题得证. ∎

根据定理 6.1, 可得如下定理.

定理 6.2 若系统 (6.3) 的向量场 $(f_1(x), f_2(x))$ 在单连通区域 D 内具有一阶连续偏导数, 则系统 (6.3) 在 D 内存在周期解只能当其散度

$$\operatorname{div}(f) = \frac{\partial f_1}{\partial x_1} + \frac{\partial f_2}{\partial x_2} \tag{6.6}$$

在 D 内变号或在 D 内等于零.

定理 6.3（Dulac 判据）　设系统 (6.3) 的向量场 $(f_1(x), f_2(x))$ 在单连通区域 D 内具有一阶连续偏导数. 若存在连续可微函数 $B(x_1, x_2)$, 使得

$$\mathrm{div}(Bf) = \frac{\partial(Bf_1)}{\partial x_1} + \frac{\partial(Bf_2)}{\partial x_2} \tag{6.7}$$

保持常号, 且不在 D 内的任何子区域中恒等于零, 则系统 (6.3) 在 D 内无闭轨.

例 6.1　二维 Lotka-Volterra 系统

$$\begin{aligned}
\dot{x}_1 &= x_1(r_1 + a_{11}x_1 + a_{12}x_2), \\
\dot{x}_2 &= x_2(r_2 + a_{21}x_1 + a_{22}x_2)
\end{aligned} \tag{6.8}$$

在 $\mathrm{int}\mathbf{R}_+^2$ 上不存在孤立周期解 (极限环).

证明　设 Γ 是 (6.8) 的周期解, 则 Γ 内部必有驻点, 因而方程

$$r_1 + a_{11}x_1 + a_{12}x_2 = 0, \quad r_2 + a_{21}x_1 + a_{22}x_2 = 0 \tag{6.9}$$

必存在非零正解, 因而有

$$\Delta = a_{11}a_{22} - a_{12}a_{21} \neq 0. \tag{6.10}$$

取 Dulac 函数

$$B(x_1, x_2) = x_1^{\alpha-1} x_2^{\beta-1}, \tag{6.11}$$

其中 α, β 满足方程

$$\begin{cases}
a_{11} + a_{11}\alpha + a_{21}\beta = 0, \\
a_{22} + a_{12}\alpha + a_{22}\beta = 0.
\end{cases} \tag{6.12}$$

根据条件 (6.10) 可知, (6.12) 有解. 令

$$\begin{aligned}
f_1(x_1, x_2) &= x_1(r_1 + a_{11}x_1 + a_{12}x_2), \\
f_2(x_1, x_2) &= x_2(r_2 + a_{21}x_1 + a_{22}x_2),
\end{aligned} \tag{6.13}$$

则

$$\begin{aligned}
\mathrm{div}(Bf_1, Bf_2) &= \frac{\partial}{\partial x_1}(Bf_1) + \frac{\partial}{\partial x_2}(Bf_2) \\
&= \frac{\partial}{\partial x_1}(x_1^\alpha x_2^{\beta-1}(r_1 + a_{11}x_1 + a_{12}x_2)) \\
&\quad + \frac{\partial}{\partial x_2}(x_1^{\alpha-1} x_2^\beta(r_2 + a_{21}x_1 + a_{22}x_2))
\end{aligned}$$

$$\begin{aligned}
&= x_1^{\alpha-1} x_2^{\beta-1} [\alpha r_1 + \beta r_2 + (a_{11} + a_{11}\alpha + a_{21}\beta)x_1 \\
&\quad + (a_{22} + a_{12}\alpha + a_{22}\beta)x_2] \\
&= B(x_1, x_2)(\alpha r_1 + \beta r_2) \\
&\triangleq \delta B(x_1, x_2).
\end{aligned} \tag{6.14}$$

由于系统 (6.8) 具有周期轨道 Γ, 根据定理 6.3, 可得 $\delta = 0$, 故而

$$\frac{\partial}{\partial x_1}(Bf_1) + \frac{\partial}{\partial x_2}(Bf_2) = 0. \tag{6.15}$$

因此, 根据全微分条件, 存在 $\mathrm{int}\mathbf{R}_+^2$ 上的函数 $V = V(x_1, x_2)$, 使得

$$\frac{\partial V}{\partial x_1} = Bf_2, \quad \frac{\partial V}{\partial x_2} = -Bf_1 \tag{6.16}$$

且

$$\begin{aligned}
\dot{V} &= \frac{\partial V}{\partial x_1}\dot{x}_1 + \frac{\partial V}{\partial x_2}\dot{x}_2 \\
&= Bf_1 f_2 - Bf_2 f_1 \\
&= 0.
\end{aligned} \tag{6.17}$$

此时, 得到 $V(x_1, x_2) = C$. 于是, 得到若系统存在周期解, 则周期解不孤立, 且在驻点附近充满了周期解. ∎

注 6.1 例 6.1 由 Moiseev 于 1939 年首次证明, 详细过程可参阅 [69].

McCluskey 和 Muldowney 在文献 [127] 中说明了 Bendixson 准则蕴含了系统 (6.3) 的平衡解的稳定性.

定理 6.4 设系统 (6.3) 的向量场 $(f_1(x), f_2(x))$ 在单连通区域 D 内具有一阶连续偏导数. 若存在连续可微函数 $B(x_1, x_2)$, 使得

$$\mathrm{div}(Bf) = \frac{\partial(Bf_1)}{\partial x_1} + \frac{\partial(Bf_2)}{\partial x_2} \neq 0, \tag{6.18}$$

若系统的 ω 极限集是非空的, 则

$$\lim_{t\to\infty} x_1(t) = \bar{x}_1, \quad \lim_{t\to\infty} x_2(t) = \bar{x}_2, \tag{6.19}$$

其中 $\bar{x} = (\bar{x}_1, \bar{x}_2)$ 满足方程

$$f_1(\bar{x}) = f_2(\bar{x}) = 0.$$

6.1.2   Butler-Schmid-Waltman 判据

令 X 是一个 n 维流形, 且 f 是光滑向量场, 它所确定的微分方程为

$$\dot{x} = f(x(t)), \tag{6.20}$$

记其过 $x(0) = x_0$ 的解为

$$x(t) = \Psi(t, x_0), \tag{6.21}$$

则对任意的 $x_0 \in X$, 定义映射 $\Phi : U \subset X \to X$ 如下:

$$\Phi_t(x_0) = \Psi(t, x_0),$$

其中 U 是 X 中的开集. 显然, $\Phi_t(x_0)$ 构成了一个动力系统.

记 ω 是 X 中微分 k-形式, 任意的 $x_0 \in X$ 的切向量 $v_1, \cdots, v_k$, 定义拉回

$$\Phi^* \omega(x_0)(v_1, \cdots, v_k) \triangleq \omega(\Phi(x_0))(D\Phi(x_0)v_1, \cdots, D\Phi(x_0)v_k), \tag{6.22}$$

令 $L_f \omega$ 为沿着向量场 f 的 k-形式 ω 的 Lie 导数, 定义如下:

$$L_f \omega \triangleq \left. \frac{d}{dt} \right|_{t=0} \Phi_t^* \omega, \tag{6.23}$$

向量场 g 的散度定义为

$$(\mathrm{div}_\mu f)\mu = L_f \mu, \tag{6.24}$$

它是一个光滑函数且对任意光滑函数 α, 有

$$(\mathrm{div}_\mu \alpha f) = \alpha \mathrm{div}_\mu f + L_f \alpha, \tag{6.25}$$

基于上述概念, Butler, Schmid 和 Waltman [19] 给出了如下定理.

定理 6.5   令 f 是 X 上的一个光滑向量场, 且设 $\alpha(x)$ 正的光滑纯量函数满足

$$\mathrm{div}_\mu(\alpha f) < 0,$$

如果 Γ 具有有限测度的 Borel 可测不变子集, 则 Γ 的测度为零.

注 6.2   因为非平凡周期轨道及其内部构成了不变集, 具有正的 Lebesgue 测度, 在文献 [19] 中, 他们称此定理蕴含 Dulac 准则.

Kurth [83] 在 1973 年对 Bendixson 准则也做了类似的推广.

定理 6.6 设 $D \subset R^n$ 为开区域, $f: D \to R^n$ 在 D 内具有连续偏导数且

$$\text{div}(f(x)) < 0, \quad x \in D \tag{6.26}$$

几乎处处成立.

设 $\Omega \subset D$ 满足

(1) 初值问题 (6.20) 满足 $x_0 \in \Omega$ 的解 $\Psi(t, x_0)$ 是周期解;

(2) 轨道 $\{\Psi(t, x_0) | t \in R\} \subset D$,

则集合 Ω 为 Lebesgue 可测集且其测度为零.

然而, 同定理 6.5 一样, Kurth 的结论没有解决初值问题 (6.20) 在 D 内是否存在周期轨道的问题. 比如对如下系统:

$$\dot{x}_1 = x_2, \quad \dot{x}_2 = -x_1, \quad \dot{x}_3 = -2x_3, \tag{6.27}$$

对应的 $f = (x_2, -x_2, -2x_3)$ 且

$$\text{div} f < 0, \quad x \in R^3.$$

然而系统 (6.27) 却存在周期轨道.

对于一般的三维系统

$$\begin{aligned} \dot{x}_1 &= f_1(x_1, x_2, x_3), \\ \dot{x}_2 &= f_2(x_1, x_2, x_3), \\ \dot{x}_3 &= f_3(x_1, x_2, x_3), \end{aligned} \tag{6.28}$$

令 $x = (x_1, x_2, x_3) \in D \subset R^3$,

$$f(x) = (f_1(x), f_2(x), f_3(x)),$$

其中 D 为单连通区域. 此时系统 (6.28) 可以写成向量形式

$$\dot{x} = f(x). \tag{6.29}$$

若系统 (6.28) 存在首次积分 $\Sigma = \{x \in \mathbf{R}^3 | H(x) = h, x \in D \subset \mathbf{R}^3\}$, Demidowitsch [29] 给出了如下结论.

定理 6.7 (Demidowitsch 准则) 设系统 (6.28) 满足:

(1) 存在光滑、双侧、单连通的不变曲面 Σ, 且其上任一简单闭曲线所围区域是有界的;

(2) 对任意的 $x \in D$,

$$\text{div} f(x) = \frac{\partial f_1}{\partial x_1} + \frac{\partial f_2}{\partial x_2} + \frac{\partial f_3}{\partial x_3} \neq 0,$$

则系统 (6.28) 在 D 内不存在周期轨道.

证明　假设系统 (6.28) 在 D 内存在周期轨道

$$\Gamma = \{x \in R^3 | x_1 = x_1(t), x_2 = x_2(t), x_3 = x_3(t), t \in [0, \omega]\}$$

(ω 是周期) 且 $\Gamma \subset \Sigma$. 记 Γ 所围成的区域为 S 满足 $\partial S = \Gamma$,

$$n = i \cos\alpha + j \cos\beta + k \cos\gamma$$

为 S 的单位法向量, 可取 $n = \dfrac{\nabla H}{\|\nabla H\|}$, 于是, 有

$$n \cdot f = 0,$$
$$(n \times f) \cdot dx = (n \times f) \cdot f dt \equiv 0. \tag{6.30}$$

根据 Stokes 定理,

$$\oint_\Gamma (n \times f) \cdot dx = \iint_S n \cdot \mathrm{rot}(n \times f) dS = 0. \tag{6.31}$$

然而

$$\mathrm{rot}(n \times f) = n \mathrm{div} f - f \mathrm{div} n + (f, \mathrm{grad})n - (n, \mathrm{grad})f, \tag{6.32}$$

这里

$$(a, \mathrm{grad})b = a \cdot \nabla b = a_1 \frac{\partial b}{\partial x_1} + a_2 \frac{\partial b}{\partial x_2} + a_3 \frac{\partial b}{\partial x_3}, \quad a = (a_1, a_2, a_3).$$

故根据 (6.30), 可得

$$n \cdot \mathrm{rot}(n \times f) = n \cdot (n \mathrm{div} f - f \mathrm{div} n + (f, \mathrm{grad})n - (n, \mathrm{grad})f)$$
$$= \mathrm{div} f - (n \cdot f)\mathrm{div} n + n \cdot (f, \mathrm{grad})n - n \cdot (n, \mathrm{grad})f$$
$$= \mathrm{div} f - (n \cdot f)\mathrm{div} n + \left(n \cdot \left(f_1 \frac{\partial n}{\partial x_1} + f_2 \frac{\partial n}{\partial x_2} + f_3 \frac{\partial n}{\partial x_3}\right)\right)$$
$$- \left(n \cdot \left(\cos\alpha \frac{\partial f}{\partial x_1} + \cos\beta \frac{\partial f}{\partial x_2} + \cos\gamma \frac{\partial f}{\partial x_3}\right)\right)$$
$$= \mathrm{div} f - (n \cdot f)\mathrm{div} n + \frac{1}{2} f \cdot \mathrm{grad}(n^2) + n \cdot \mathrm{grad}(n \cdot f) - \frac{1}{2} f \cdot \mathrm{grad}(n^2)$$
$$= \mathrm{div} f - (n \cdot f)\mathrm{div} n + n \cdot \mathrm{grad}(n \cdot f)$$
$$= \mathrm{div} f.$$

故而, 结合 (6.31), 有

$$\iint\limits_S \mathrm{div} f dS = \iint\limits_S n \cdot \mathrm{rot}(n \times f) dS = 0, \tag{6.33}$$

这与条件 (2) 矛盾, 故假设不成立. 命题得证. ∎

注 6.3 Schneider[138], Toth[150] 以及 Giraldo 等[48] 对 Demidowitsch 准则作了进一步地改进和推广.

例 6.2 考虑系统

$$\begin{aligned}
\dot{x}_1 &= -\alpha x_1 + \gamma x_2 + \delta x_1^2 x_2, \\
\dot{x}_2 &= \beta x_3 - \gamma x_2 - \delta x_1^2 x_2, \\
\dot{x}_3 &= \alpha x_1 - \beta x_3,
\end{aligned} \tag{6.34}$$

这里 $\alpha, \beta, \gamma, \delta > 0$. 简单计算可推知, 系统 (6.34) 存在首次积分 $H(x) = x_1 + x_2 + x_3, x \in R^3$. 此时,

$$f_1 = -\alpha x_1 + \gamma x_2 + \delta x_1^2 x_2, \quad f_2 = \beta x_3 - \gamma x_2 - \delta x_1^2 x_2, \quad f_3 = \alpha x_1 - \beta x_3, \tag{6.35}$$

以及

$$\mathrm{div}(f) = -\alpha - \gamma - \beta + \delta x_1(2x_2 - x_1). \tag{6.36}$$

若记区域 $\mathcal{K} = \{x = (x_1, x_2) \in R^2 \mid x_1(2x_2 - x_1) < 0\}$, 则根据定理 6.7 可知, 对任意的 $x \in \mathcal{K}$ 中, 系统 (6.34) 不存在周期解.

6.1.3 Busenberg Driessche 准则

利用 Stokes 公式, 在文献 [15, 16] 中, Busenberg 和 van den Driessche 将平面系统 Bendixson 准则推广到三维的情形.

定理 6.8[15]   令 $f : R^3 \to R^3$ 是 Lipschitz 向量场, γ 是分段光滑的封闭曲线, S 是可定向的光滑曲面且 $\partial S = \gamma$, 其单位法向量为 n, 在 S 的邻域内, 若存在光滑向量场 $g : R^3 \to R^3$, 使

(1) 对任意的 t, $g(\gamma(t)) \cdot f(\gamma(t)) \leqslant 0$ (或 $\geqslant 0$);

(2) 在 S 上, $(\mathrm{curl} g) \cdot n \geqslant 0 (\leqslant 0)$;

(3) 存在 S 上某些点, 使得 $(\mathrm{curl} g) \cdot n > 0 (< 0)$,

则 $\gamma(t)$ 不可能由系统

$$\dot{x} = f(x) \tag{6.37}$$

的解轨道组成且其旋转方向与 n 构成右手法则.

证明　注意到 $\gamma(t)$ 是系统 (6.37) 解的充分必要条件是它也是方程

$$\dot{x} = -f(x)$$

的解, 此时, $\gamma(t)$ 沿着反方向旋转. 因此, 条件 (1)—(3) 中的两组不等式是等价的, 因此, 只考虑第一组的情形.

根据 Stokes 公式以及条件 (2) 和 (3), 得到

$$0 < \iint\limits_{S} \mathrm{curl} g \cdot n dS = \int_{\gamma} g(\gamma(t)) \cdot \gamma'(t) dt. \tag{6.38}$$

此时, 若 $\gamma(t)$ 在除掉有限个点外是分段光滑的且 $\gamma'(t) = f(\gamma(t))$, 则根据条件 (1),

$$\int_{\gamma} g(\gamma(t)) \cdot \gamma'(t) dt = \int_{\gamma} g(\gamma(t)) \cdot f(t) dt \leqslant 0. \tag{6.39}$$

这与 (6.38) 矛盾. 因此命题得证. ∎

注 6.4　若将定理 6.8 中的条件 (3) 替换成

$$g(\gamma(t)) \cdot f(\gamma(t)) \neq 0 \quad \text{或} \quad (\mathrm{curl} g) \cdot n \mid_{S} \neq 0, \tag{6.40}$$

结论仍然成立 [31].

Busenberg 和 van den Driessche 在文献 [16] 中将条件 (1)—(3) 弱化为

$$\iint\limits_{S} \mathrm{curl} g \cdot n dS > 0(\geqslant 0), \quad \int_{\gamma} g(\gamma(t)) \cdot \gamma'(t) dt \leqslant 0 \quad (< 0). \tag{6.41}$$

并说明了定理 6.8 是平面 Dulac 判据的一个推广.

令 $D \subset R^2$ 是一个开区域以及 $P, Q \in C^1(D)$. 假设存在函数 $B, M, N \in C^1(D, R)$ 以及 $M, N \geqslant 0, M + N > 0$, $(x, y) \in D$. 考虑二维系统

$$\dot{x} = P(x, y), \quad \dot{y} = Q(x, y), \tag{6.42}$$

可以将其推广为一个三维系统

$$\dot{x} = P(x, y), \quad \dot{y} = Q(x, y), \quad \dot{z} = 0. \tag{6.43}$$

通过取 $g = (BQ - MP, -BP - NQ, 0)$, 因此,

$$g(\gamma(t)) \cdot (P, Q, 0) = -MP^2 - NQ^2. \tag{6.44}$$

故此, 根据定理 6.8 以及注 6.4, 可得如下定理.

定理 6.9 若系统 (6.42) 满足

$$\iint\limits_{D} \left[\frac{\partial}{\partial x}(BP + NQ) + \frac{\partial}{\partial y}(BQ - MP) \right] dxdy > 0 \quad (< 0), \tag{6.45}$$

则在区域 D 内不存在顺 (逆) 时针旋转的极限环或者闭的相位多边形.

注 6.5 相位多边形的概念取自文献 [56], 它是一条连接多个平衡点的闭曲线, 连接平衡点的部分是微分方程的解轨道. 特别地, 它包括异宿环、同宿环等闭轨线.

推论 6.1 [31] 令 $f: \mathbf{R}^3 \to \mathbf{R}^3$ 是 Lipschitz 向量场, γ 是分段光滑的封闭曲线, S 是可定向的光滑曲线且 $\partial S = \gamma$, 单位法向量为 n, 在 S 的邻域内, 若存在光滑向量场 $g: \mathbf{R}^3 \to \mathbf{R}^3$, 使

(1) $g \cdot f \equiv 0$, 在 γ 上;

(2) $(\mathrm{curl}g) \cdot n \geqslant 0, (\leqslant 0)$, 在 S 上;

(3) $(\mathrm{curl}g) \cdot n \not\equiv 0$, 在 S 上,

则 $\gamma(t)$ 不是系统 (6.37) 的一个绕正向旋转的环, $\gamma(t)$ 与向量 n 构成右手法则.

注 6.6 环的概念取自文献 [31], 它是一条由解轨道的有限并构成的非平凡分段光滑闭曲线, 特别地, 它包括非平凡的周期解.

Pace 和 Zeeman 在文献 [133] 中将上述定理进行了推广, 设

$$g = (g_1, \cdots, g_n)^{\mathrm{T}} \subset \mathbf{R}^n,$$

$(R^n)^*$ 为 $\mathbf{R}^n$ 的对偶空间, 其基为

$$dx_1, dx_2, \cdots, dx_n,$$

则关于 g 的 1-形式的对偶为

$$\omega = g_1 dx_1 + \cdots + g_n dx_n,$$

且 ω 的外积 $d\omega$ 为 $\mathbf{R}^n$ 中的 2-形式. 例如, 当 $n = 3$ 时, 有

$$d\omega = \left(\frac{\partial g_3}{\partial x_2} - \frac{\partial g_2}{\partial x_3} \right) dx_2 \wedge dx_3 - \left(\frac{\partial g_3}{\partial x_1} - \frac{\partial g_1}{\partial x_3} \right) dx_3 \wedge dx_1$$
$$+ \left(\frac{\partial g_2}{\partial x_1} - \frac{\partial g_1}{\partial x_2} \right) dx_1 \wedge dx_2.$$

定理 6.10 令 $f: \mathbf{R}^n \to \mathbf{R}^n$ 是 C^1 向量场, γ 是分段光滑的封闭曲线, S 是 $\mathbf{R}^n$ 中紧的可定向的曲面且 $\partial S = \gamma$, 在 S 的领域内, 若存在光滑向量场 $g: \mathbf{R}^n \to \mathbf{R}^n$, 使

(1) $\displaystyle\int_\gamma g \cdot f \leqslant 0 \ (\geqslant 0)$;

(2) $\displaystyle\int_S d\omega \leqslant 0 \ (\geqslant 0)$;

(3) $\displaystyle\int_\gamma g \cdot f \neq 0$ 或 $\displaystyle\int_S d\omega \neq 0$,

则 $\gamma(t)$ 不是系统 (6.37) 沿着正方向旋转的周期轨道, 它的方向由曲面 S 根据右手法则诱导而出.

证明　假设结论不成立, 即 $\gamma(t) : [a, b] \to \mathbf{R}^n$ 是系统 (6.37) 沿着正方向旋转的周期轨道, 则在曲线 $\gamma(t)$ 上,

$$\dot\gamma(t) = f(\gamma(t)).$$

则根据条件 (1),

$$\int_a^b g(\gamma(t)) \cdot \gamma'(t)dt = \int_\gamma g \cdot f dt \geqslant 0. \tag{6.46}$$

结合条件 (2) 以及 Stokes 定理,

$$\int_a^b g(\gamma(t)) \cdot \gamma'(t)dt = \int_\gamma \omega = \int_S d\omega \leqslant 0. \tag{6.47}$$

然而, (6.46) 和 (6.47) 与条件 (3) 矛盾. ■

进一步, Farkas 等在文献 [35] 中得到如下推论.

推论 6.2　令 $f : \mathbf{R}^n \to \mathbf{R}^n$ 是 C^1 向量场, $\mathcal{S}$ 是紧的有向 C^1 曲面其边界 $\partial\mathcal{S}$ 在 $\mathbf{R}^n$ 上是分段光滑的, 若存在光滑向量场 $g : \mathcal{S} \to \mathbf{R}^n$, 使

(A) $g \cdot f\,|_{\partial\mathcal{S}} \equiv 0$;

(B) $\displaystyle\int_\mathcal{S} d\omega \neq 0$, $\tag{6.48}$

则 $\partial\mathcal{S}$ 不是由系统 (6.37) 的整条轨线构成.

例 6.3　考虑三维竞争系统

$$\dot x_i = x_i \left(b_i - \sum_{j=1}^3 a_{ij}x_j \right), \quad i = 1, 2, 3, \tag{6.49}$$

其中 $b_i, a_{ij} > 0$. 易知, 系统存在三个轴平衡点

$$R_1 \left(\frac{b_1}{a_{11}}, 0, 0 \right), \quad R_2 \left(0, \frac{b_2}{a_{22}}, 0 \right), \quad R_3 \left(0, 0, \frac{b_3}{a_{33}} \right).$$

由于系统 (6.49) 是一个竞争系统, 根据 Hirsch 的理论, 系统 (6.49) 存在一个容纳单型 (Σ) 吸引了所有轨道.

首先引入一些概念.

定义 6.2   称向量 x 是正 (严格正) 向量, 若 $x \in \mathbf{R}_+^3$ ($x \in \mathrm{int}\mathbf{R}_+^3$).

称点 $u, v \in \mathbf{R}^3$ 是**相关的**(related), 如果 $u - v$ 或 $v - u$ 是正向量.

称集合 S 是**平稳的**(balanced), 若 S 中不存在两个不同的相关点.

van den Driessche 与 Zeeman 在文献 [31] 中给出了如下结论.

定理 6.11   设 R_1, R_2, R_3 是单型 Σ 上的局部吸引子 (排斥子), 则系统 (6.49) 不存在周期解.

证明   利用反证法. 若系统 (6.49) 存在一个非平凡的周期解, 记为 $\gamma(t)$, 则 $\gamma(t) \in \mathrm{int}\mathbf{R}_+^3$. 设 γ 所围的区域为 S, 则 $S \subset \mathrm{int}\Sigma$. 根据 Hirsch 定理知, 系统 (6.49) 存在一个平稳的 Lipschitz 子流形. 故对任意的 $x \in S$, 其切平面 $T_x S$ 存在并且是平稳的. 此时可知, S 在 x 处的法向量是正向量. 否则, 不失一般性, 可设

$$n_1 > 0, \quad n_2 \geqslant 0, \quad n_3 < 0,$$

因此

$$(n_1, n_2, n_3) \cdot (-n_3, -n_3, n_1 + n_2) = 0.$$

故

$$(-n_3, -n_3, n_1 + n_2) \in T_x S,$$

这与 $T_x S$ 是平稳的矛盾.

假设 R_1, R_2 以及 R_3 是 Σ 上的吸引子, 则

$$b_2 a_{11} - b_1 a_{21} < 0, \quad b_3 a_{11} - b_1 a_{31} < 0, \quad b_1 a_{22} - b_2 a_{12} < 0,$$
$$b_3 a_{22} - b_2 a_{32} < 0, \quad b_1 a_{33} - b_3 a_{13} < 0, \quad b_2 a_{33} - b_3 a_{23} < 0.$$

记 $f = (x_1 L_1, x_2 L_2, x_3 L_3)$, 其中 $L_i = b_i - \sum_{j=1}^{3} a_{ij} x_j$.

定义向量函数 $g : \mathrm{int}\mathbf{R}_+^3 \to \mathbf{R}^3$ 如下

$$g(x) = f(x) \times n(x),$$

其中 $n(x) = \dfrac{1}{x_1 x_2 x_3}(b_1 x_1, b_2 x_2, b_3 x_3)^{\mathrm{T}}$.

在 $x \in \mathrm{int}\mathbf{R}_+^3$ 上,

$$g \cdot f = (f \times n) \cdot f \equiv 0.$$

直接计算, 得

$$g(x) = \left(\frac{1}{x_1}(b_3 L_2 - b_2 L_3), \frac{1}{x_2}(b_1 L_3 - b_3 L_1), \frac{1}{x_3}(b_2 L_1 - b_1 L_2) \right),$$

以及

$$\mathrm{curl} g(x) = \begin{pmatrix} \dfrac{1}{x_3}(b_1 a_{22} - b_2 a_{12}) + \dfrac{1}{x_2}(b_1 a_{33} - b_3 a_{13}) \\[2mm] \dfrac{1}{x_1}(b_2 a_{33} - b_3 a_{23}) + \dfrac{1}{x_3}(b_2 a_{11} - b_1 a_{21}) \\[2mm] \dfrac{1}{x_2}(b_3 a_{11} - b_1 a_{31}) + \dfrac{1}{x_1}(b_3 a_{22} - b_2 a_{32}) \end{pmatrix}. \tag{6.50}$$

进而由法向量 $n > 0$ 可知, $\mathrm{curl} g(x) \cdot n < 0$, $x \in S$. 根据推论 6.1 知, 系统 (6.49) 不存在周期解. ■

注 6.7　由上述例子可知, 对于向量场 f, 排除周期解的关键是找到合适的向量函数 $g(x)$, 使得在方程 $\dot{x} = f(x)$ 的周期解 $\gamma(t)$ 上, 满足 $g \cdot f \mid_\gamma = 0$. 若可以找到在 S (γ 所围成区域) 上关于 $\dot{x} = f(x)$ 的 Lyapunov 函数 V, 此时, 可取 $g = \nabla V$, 则 $g \cdot f \leqslant 0$. 故 $\omega = dV$ 以及 $d\omega = d^2 V \equiv 0$, 因而 $\displaystyle\int_S d\omega = 0$. 则推论的条件可以验证.

根据注 6.7, 当 $a_{12} a_{23} a_{31} = a_{13} a_{32} a_{21}$ 时, 取 $r_1 = 1, r_2 = \dfrac{a_{12}}{a_{21}}, r_3 = \dfrac{a_{13}}{a_{31}}$, 则函数

$$V = -\sum_{i=1}^{3} r_i x_i \left(2b_i - \sum_{j=1}^{3} a_{ij} x_j \right)$$

是系统 (6.49) 的 Lyapunov 函数. 通过计算

$$\nabla V = -2(r_1 L_1(x), r_2 L_2(x), r_3 L_3(x))$$

及

$$g \cdot f = -2 \sum_{i=1}^{3} r_i x_i (L_i(x))^2 \leqslant 0,$$

故而系统 (6.49) 不存在周期解.

例 6.4　考虑系统

$$\begin{aligned} \frac{ds}{dt} &= b - bs + er - (\lambda - \varepsilon)si + \delta sr \triangleq f_1(s, i, r), \\[1mm] \frac{di}{dt} &= -(b + c + \varepsilon)i + \lambda si + \varepsilon i^2 + \delta ir \triangleq f_2(s, i, r), \\[1mm] \frac{dr}{dt} &= -(b + e + \delta)r + ci + \varepsilon ir + \delta r^2 \triangleq f_3(s, i, r), \end{aligned} \tag{6.51}$$

其可行域为

$$D = \{(s, i, r) \in R_+^3 \mid s \geqslant 0, i \geqslant 0, r \geqslant 0, s + i + r = 1\}.$$

故而,

$$
\begin{aligned}
f_1(s, i) &= b + e - (b + e - \delta)s - ei + (\varepsilon - \lambda - \delta)si - \delta s^2, \\
f_1(s, r) &= b - (b + \lambda - \varepsilon)s + er + (\lambda + \delta - \varepsilon)sr + (\lambda - \varepsilon)s^2, \\
f_2(s, i) &= -(b + c + \varepsilon - \delta)i + (\lambda - \delta)si + (\varepsilon - \delta)i^2, \\
f_2(s, r) &= -(b + c + \varepsilon - \delta)i - (\lambda - \delta)ir + (\varepsilon - \lambda)i^2, \\
f_3(s, i) &= c - cS - (b + e + \delta + c - \varepsilon)r - \varepsilon\delta r + (\delta - \varepsilon)r^2, \\
f_3(s, r) &= -(b + e + \delta)r + ci + \varepsilon ir + \delta r^2.
\end{aligned}
\tag{6.52}
$$

设

$$g^1(i, r) = \left(0, -\frac{f_3(i, r)}{ir}, \frac{f_2(i, r)}{ir}\right),$$

$$g^2(i, r) = \left(\frac{f_3(s, r)}{sr}, 0, -\frac{f_1(s, r)}{sr}\right),$$

$$g^3(i, r) = \left(-\frac{f_2(s, i)}{is}, \frac{f_1(s, i)}{si}, 0\right).$$

令 $g = g^1 + g^2 + g^3$, 显然,

$$g \cdot f \mid \equiv 0$$

且

$$\text{curl} g(s, i, r) \cdot (1, 1, 1) \mid_{\text{int}D} = -\frac{si + br^2 + bri + er^2}{s^2 r^2 i} < 0.$$

进而, 排除了周期解.

6.1.4　Li-Muldowney 准则

Muldowney[130], Li-Muldowney [89] 基于可加性复合矩阵以及曲面面积泛函理论, 给出了 Bendixson-Dulac 准则的推广, 在 Li-Muldowney[89] 的基础上, Arino 等 [2], Ballyk[8] 等作了一些推广.

设 X 是 Banach 空间, 配以范数 $\|\cdot\|$, $D \subset X$ 是开集. $U \subset \mathbf{R}^{m+1}$ 是一个非空有界开连通集, $\bar{U}$ 与 ∂U 分别为 U 的闭包和边界.

定义 6.3　称 $\varphi \in C(\partial U \to D)$ 为 D 内的 m 边界. 称 $\varphi \in C(\bar{U} \to D)$ 为 D 内的 $m + 1$ 曲面.

若取 R^2 中的欧几里得单位球 $U = B^2(0,1)$, $D \subset R^n$ 是开集.

定义 6.4　称函数 $\varphi \in \mathrm{Lip}(\bar{U} \to D)$ 为 D 内的单连通可求长 2-曲面. 称函数 $\psi \in \mathrm{Lip}(\partial U \to D)$ 为 D 闭的可求长曲线且称其为简单的, 如果它是 1-1 的. 称 $\varphi(\partial u)$ 为 φ 的边界, 记为 $\partial \varphi = \varphi(\partial)$.

若 ψ 限制在 ∂U 上, 则 $\partial \varphi = \psi$. 若 D 是单连通的, 定义集合

$$\Sigma(\psi, D) = \{\varphi \in \mathrm{Lip}(\bar{U} \to D), \partial\varphi = \psi\},$$

易知 $\Sigma(\psi, D) \neq \varnothing$.

令 $\|\cdot\|$ 为 $R^{\binom{n}{2}}$ 上的范数, 考虑由 2-曲面 φ 所包围面积的泛函

$$S\varphi = \int_{\bar{U}} \left\| \frac{\partial\varphi}{\partial u_1} \wedge \frac{\partial\varphi}{\partial u_2} \right\| du, \tag{6.53}$$

其中 $u = (u_1, u_2)$, 外积 $\dfrac{\partial\varphi}{\partial u_1} \wedge \dfrac{\partial\varphi}{\partial u_2}$ 是 $R^{\binom{n}{2}}$ 中的向量.

Li-Muldowney 在文献 [89] 中对泛函 $S\varphi$ 有如下的结论.

引理 6.1　设 ψ 是 $\mathbf{R}^n$ 中的可求长简单闭曲线, 则存在 $\delta > 0$, 使

$$S\varphi \geqslant \delta > 0, \quad \forall \varphi \in \Sigma(\psi, D).$$

证明　由于 $\mathbf{R}^n$ 上的所有范数是等价的, 只需证当 $\|y\| = (y^*y)^{\frac{1}{2}}$ 时的情形即可. 此外, 基于如下事实: 若 π 是 $\mathbf{R}^n$ 上的 $n-1$ 维超平面且不与 $\psi(\partial U)$ 以及 $\varphi \in \Sigma(\psi, \mathbf{R}^n)$ 相交. 如果必要, 通过向 π 上的正交投影, 可以找到 $\tilde\varphi \in \Sigma(\psi, \mathbf{R}^n)$, 使得 $S\tilde\varphi \leqslant S\varphi$ 且 $\tilde\varphi(\bar{U}) \cap \pi = \varnothing$. 我们仅证明 $\varphi \in \Sigma(\psi, K)$ 的情形, 这里 K 是 $\psi(\partial U)$ 的凸包.

接下来, 注意到 $\int_0^{2\pi} |\psi'|^2 d\theta > 0$, 其中 $\psi(\theta) = \psi(\cos(\theta), \sin(\theta))$. 由于 ψ 是一对一的, 取连续函数 $b: \partial U \to \mathbf{R}^n$, 使得若 $b(\theta) = (b \circ \psi)(\theta)$ 以及 $\int_0^{2\pi} b^*\psi' d\theta$ 充分接近 $\int_0^{2\pi} |\psi'|^2 d\theta > 0$ 时, $\int_0^{2\pi} b^*\psi' d\theta > 0$.

这样, 函数 b 可连续延拓到 $\mathbf{R}^n$ 且可以近似为 $\mathbf{R}^n$ 中的一个 C^1 函数 a, 使得 $\alpha \circ \varphi(\partial U) = \alpha \circ \psi(\partial U)$ 充分接近 $\int_0^{2\pi} b^*\psi' d\theta$ 以确保 $\alpha \circ \varphi(\partial U) > 0$, 其中 $\alpha = \sum_i a_i(x) dx_i$ 是微分 1-形式. 根据 Stokes 公式

$$\int_{\varphi(\partial U)} \alpha = \int_{\varphi(\bar{U})} d\alpha = \int_{\varphi(\bar{U})} \sum_{i<j} \left(\frac{\partial a_j}{\partial x_i} - \frac{\partial a_i}{\partial x_j} \right) dx_i \wedge dx_j = \int_{\bar{U}} z^*(u)y(u)du,$$

其中

$$y(u) = \frac{\partial \varphi}{\partial u_1} \wedge \frac{\partial \varphi}{\partial u_2}, \quad z_i = \frac{\partial a_{i_2}}{\partial x_{i_1}}(x) - \frac{\partial a_{i_1}}{\partial x_{i_2}}(x),$$

$$x = \varphi(u), \quad (i) = (i_1, i_2), \quad i = 1, 2, \cdots, N = \begin{pmatrix} n \\ 2 \end{pmatrix}.$$

由于 $a \in C^1(R^n)$ 且 $\varphi(u) \in K$, 故存在与 φ 无关的 M, 使得对任意的 $u \in \bar{U}$,

$$|z(u)| \leqslant M.$$

因此, 利用 Hölder 不等式, 得到

$$0 < \int_{\psi(\partial U)} \alpha = \int_{\varphi(\bar{U})} d\alpha \leqslant \int_{\bar{U}} |z(u)||y(u)| du$$

$$\leqslant \left(\int_{\bar{U}} |z(u)|^q du \right)^{\frac{1}{q}} \left(\int_{\bar{U}} |y(u)|^p du \right)^{\frac{1}{p}}$$

$$\leqslant \pi^{\frac{1}{q}} M (S\varphi)^{\frac{1}{p}}.$$

若取 $\delta = \left[\dfrac{1}{M\pi^{\frac{1}{q}}} \displaystyle\int_{\psi(\partial U)} \alpha \right]^p > 0$, 命题得证. ∎

接下来, 给出系统 (6.1) 闭曲线的存在性, 进而推广高维的 Bendixson 准则. 首先给出一些概念.

定义 6.5 若对任意的 $t \in R$, $x(t, D_0) = D_0$, 则称子集 $D_0 \subset D$ 关于系统 (6.1) 是不变的; 若简单可求长闭曲线 $\psi(\partial U)$ 关于 (6.1) 是不变的, 则称 ψ 在 D 内关于系统 (6.1) 是不变的.

准则 6.1 假设 ψ 是简单的闭的可求长曲线且在 D 内关于系统 (6.1) 是不变的, 则不可能存在形如 (6.53) 的泛函 $S\varphi$, 使得 (a),(b) 同时成立:

(a) $\inf\{S\varphi : \varphi \in \Sigma(\psi, D)\} = m > -\infty$;

(b) 存在曲面数列 $\varphi^k \in \Sigma(\psi, D)$, 使得

$$\lim_{k \to +\infty} S\varphi^k = m$$

且对某些 $\varepsilon > 0$, S 关于系统 (6.1) 在 $\{x(t, \varphi^k(\bar{U})) : t \in [0, \varepsilon], k = 1, 2, \cdots\}$ 上严格递减的.

准则 6.2 假设 ψ 是简单的闭的可求长曲线且在 D 内关于系统 (6.1) 是不变的, 则不可能存在形如 (6.53) 的泛函 $S\varphi$, 使得 (a),(b) 同时成立

(a) $\inf\{S\varphi : \varphi \in \Sigma(\psi, D)\} = m > -\infty$;

(b) *存在曲面 $\varphi_0 \in \Sigma(\psi, D)$, 使得*

$$\lim_{k \to +\infty} S\varphi^k = m$$

且对某些 $R > 0$, S 关于系统 (6.1) 在 $\{x(t, \varphi_0(\bar{U})) : t \in [R, \infty], k = 1, 2, \cdots\}$ 上严格递减的.

下面将基于 Li-Muldowney 的思路, 对高维 Bendixson-Dulac 准则作一个推导. 设 $x(t, x_0)$ 为 (6.1) 过初值 $x(0) = x_0$ 的解且

$$x(t, x_0) = x_0 + \int_0^t f(x(s, x_0))ds,$$

$$\frac{\partial x}{\partial x_0}(t, x_0) = I + \int_0^t \frac{\partial f}{\partial x_0}(x(s, x_0))ds = I + \int_0^t \frac{\partial f}{\partial x}\frac{\partial x}{\partial x_0}ds.$$

令 $z(t) = \dfrac{\partial x}{\partial x_0}(t, x_0)(1, 1, \cdots, 1)^{\mathrm{T}}$, 则

$$z(t) = (1, 1, \cdots, 1)^{\mathrm{T}} + \int_0^t \frac{\partial f}{\partial x}(x(s, x_0))z(s)ds,$$

则 $z(t)$ 满足如下变分方程:

$$\frac{dz(t)}{dt} = \frac{\partial f}{\partial x}(x(t, x_0))z(t), \tag{6.54}$$

对于变分方程 (6.54) 的解, 一般地, 有如下定理.

定理 6.12　若 $\varphi_t(x)$ 为系统 (6.1) 在 (t, x) 处的流, 则

$$Z(t) = \left.\frac{\partial \phi^t(x)}{\partial x}\right|_{x=x_0}$$

是变分方程

$$\frac{dz(t)}{dt} = \frac{\partial f}{\partial x}(\phi^t(x_0))z(t) \tag{6.55}$$

的基解矩阵, 满足 $Z(0) = I$.

证明　令 $x(t, x_0 + hv) = \phi^t(x_0 + hv)$, 则,

$$[Z(t)]v = \lim_{h \to 0} \frac{1}{h}[x(t, x_0 + hv) - x(t, x_0)].$$

此时, 对任意的 $v \in \mathbf{R}^n$,

$$[\dot{Z}(t)]v = \frac{d}{dt}[\dot{Z}(t)]v = \lim_{h \to 0} \frac{1}{h}[\dot{x}(t, x_0 + hv) - \dot{x}(t, x_0)]$$

$$= \lim_{h \to 0} \frac{1}{h}[f(t, x_0 + hv) - f(t, x_0)]$$

$$= f_x(x(t, x_0)) \lim_{h \to 0} \frac{1}{h}[x(t, x_0 + hv) - x(t, x_0)]$$

$$= f_x(x(t, x_0))[\dot{Z}(t)]v = [f_x(x(t, x_0))\dot{Z}(t)]v. \tag{6.56}$$

又因为 $\phi^0(x_0) = x_0$, 故 $Z(0) = I$. ∎

记 $z_1(t), z_2(t)$ 分别为 (6.54) 的解且 $y(t) = z_1(t) \wedge z_2(t)$, 则

$$\frac{dy(t)}{dt} = \frac{dz_1(t)}{dt} \wedge z_2(t) + z_1(t) \wedge \frac{dz_2(t)}{dt} = \frac{\partial f^{[2]}}{\partial x}(x(t, x_0))z_1(t) \wedge z_2(t),$$

即

$$\frac{dy(t)}{dt} = \frac{\partial f^{[2]}}{\partial x}(x(t, x_0))y(t), \tag{6.57}$$

其中 $\dfrac{\partial f^{[2]}}{\partial x}$ 为雅可比矩阵 $\dfrac{\partial f}{\partial x}$ 的二阶可加性复合矩阵.

令 $\varphi_t(x_0) = x(t, x_0)$ 且 $L(t) = L(\varphi_t)$ 是 $N \times N$ $\left(N = \begin{pmatrix} n \\ 2 \end{pmatrix}\right)$ 的矩阵值函数, $L^{-1}(t)$ 存在且 $\|L^{-1}(t)\|$ 是一致有界的.

对系统 (6.57) 作 Lyapunov 变换

$$\bar{y}(t) = L(t)y(t),$$

则系统 (6.57) 化为

$$\frac{d\bar{y}(t)}{dt} = L'(t)y(t) + L(t)y'(t),$$

$$= L'(t)y(t) + L(t)\frac{\partial f^{[2]}}{\partial x}y(t)$$

$$= \left[L'(t)L^{-1}(t) + L(t)\frac{\partial f^{[2]}}{\partial x}L^{-1}(t)\right]\bar{y}(t)$$

$$= \left[L_f(t)L^{-1}(t) + L(t)\frac{\partial f^{[2]}}{\partial x}L^{-1}(t)\right]\bar{y}(t)$$

$$\triangleq B(\phi_t(x_0))\bar{y}(t), \tag{6.58}$$

其中 L_f 为 $L(t)$ 沿着向量场 f 的方向导数.

为方便, (6.58) 中的 $\bar{y}(t)$ 记为 $y(t)$, 则 (6.58) 为

$$\frac{dy(t)}{dt} = B(\varphi_t(x_0))y(t). \tag{6.59}$$

下面借助于准则 6.1 与准则 6.2 确定如下的 Bendixson 准则.

定理 6.13 (Bendixson 准则)　假设如下条件成立:

(BD_1) 对任意的 $x_0 \in \mathbf{R}^n$, $\mu(B(\varphi_t(x_0))) < 0$,

其中 μ 是 R^N 上与 $\mathbf{R}^n$ 上的一个范数 $\|\cdot\|$ 相对应的 Lozinskiĭ 测度, 则不存在对于系统 (6.1) 不变的可求长的简单封闭曲线.

证明　假设存在不变的封闭曲线 Γ, 其对应的方程解曲线为 $x(t, x_0)$.

令 $\varphi_t(u) = x(t, \varphi(u))$, 对任意的 $\varphi \in \Sigma$ 以及

$$\mathcal{L}\varphi = \int_{\bar{U}} \left\| L(t) \frac{\partial \varphi}{\partial u_1} \wedge \frac{\partial \varphi}{\partial u_2} \right\| du.$$

由于 $\|L^{-1}(t)\|$ 有界, 所以存在 $M > 0$, 使得 $0 < \|L^{-1}(t)\| \leqslant M$, 故

$$\|L^{-1}(t)\|^{-1} \geqslant \frac{1}{M} > 0.$$

所以

$$\begin{aligned}
\mathcal{L}\varphi &\geqslant \int_{\bar{U}} \|L^{-1}(t)\|^{-1} \left\| \frac{\partial \varphi}{\partial u_1} \wedge \frac{\partial \varphi}{\partial u_2} \right\| du \\
&\geqslant \frac{1}{M} \int_{\bar{U}} \left\| \frac{\partial \varphi}{\partial u_1} \wedge \frac{\partial \varphi}{\partial u_2} \right\| du \\
&= \frac{1}{M} S\varphi.
\end{aligned}$$

故由引理 6.1 知,

$$\mathcal{L}\varphi \geqslant \frac{1}{M} S\varphi > \frac{1}{M}\delta > 0. \tag{6.60}$$

根据 ψ 的不变性知, $\varphi_t(u) \in \Sigma(\psi, \mathbf{R}^n)$, 因而,

$$y(t) = L(\varphi_t) \frac{\partial \varphi_t}{\partial u_1} \wedge \frac{\partial \varphi_t}{\partial u_2}$$

是系统 (6.59) 的解. 根据定理 3.27 知,

$$D_+\|y(t)\| \leqslant \mu(B(\varphi_t(u)))\|y(t)\|. \tag{6.61}$$

结合 (6.60), 知

$$\mathcal{L}\varphi_t = \int_{\bar{U}} \left\| L(\varphi_t(u)) \frac{\partial \varphi_t}{\partial u_1} \wedge \frac{\partial \varphi_t}{\partial u_2} \right\| du = \int_{\bar{U}} \|y(t)\| du > \frac{\delta}{M}. \tag{6.62}$$

由 (6.61) 知,

$$D_+\mathcal{L}\varphi_t = \int_{\bar{U}} D_+ \left\| L(\varphi_t(u))\frac{\partial\varphi_t}{\partial u_1} \wedge \frac{\partial\varphi_t}{\partial u_2} \right\| du = \int_{\bar{U}} D_+ \|y(t)\| du < 0. \tag{6.63}$$

所以, $\mathcal{L}\varphi_t$ 是严格递减的.

又对任意的 $\varphi \in \Sigma(\psi, \mathbf{R}^n)$, 定义

$$\tilde{\varphi}_i(u) = \begin{cases} -c_i, & \varphi_i(u) \in (-\infty, -c_i], \\ \varphi_i(u), & \varphi_i(u) \in (-c_i, c_i), \\ c_i, & \varphi_i(u) \in [c_i, +\infty), \end{cases}$$

则

$$\tilde{\varphi} \in \Sigma(\psi, \tilde{D}),$$

其中 $\tilde{D} = \{x \mid |x_i| \leqslant c_i\}$ 满足 $\varphi(\partial U) \subset \tilde{D}$ 且 $\tilde{\varphi} = (\tilde{\varphi}_1, \tilde{\varphi}_2, \cdots, \tilde{\varphi}_n)$.

由于

$$\left\| L(\tilde{\varphi})\frac{\partial\tilde{\varphi}}{\partial u_1} \wedge \frac{\partial\tilde{\varphi}}{\partial u_2} \right\| \leqslant \left\| L(\varphi)\frac{\partial\varphi}{\partial u_1} \wedge \frac{\partial\varphi}{\partial u_2} \right\|,$$

因而,

$$\mathcal{L}\tilde{\varphi} \leqslant \mathcal{L}\varphi.$$

故对于简单闭曲线 ψ, 在 $\Sigma(\psi, \tilde{D})$ 内存在泛函 $\mathcal{L}$ 的极小化数列

$$\varphi^k(u) \in \Sigma(\psi, \tilde{D}) \subset \Sigma(\psi, \mathbf{R}^n), \quad k = 1, 2, \cdots.$$

又根据 (6.62) 知, $\inf\{S\varphi, \varphi \in \Sigma(\psi, \mathbf{R}^n)\}$ 存在且记为 m, 即

$$m = \inf\{S\varphi, \varphi \in \Sigma(\psi, \mathbf{R}^n)\}. \tag{6.64}$$

故存在数列 $\{\varphi^k\}_{k=1}^{\infty} \subset \Sigma(\psi, \tilde{D})$, 使得

$$\lim_{k\to\infty} \mathcal{L}\varphi^k = m. \tag{6.65}$$

所以对某些 $\varepsilon > 0$, 对任意的 $u \in \bar{U}$, 当 $t \in (0, \varepsilon]$ 时, $\varphi_t^k(u) = x(t, \varphi^k(u))$ 存在且根据 (6.63) 知, 存在 $\eta \in (0, 1)$, 使得

$$\mathcal{L}\varphi_\varepsilon^k \leqslant \eta\mathcal{L}\varphi^k. \tag{6.66}$$

因为 $\varphi^k \subset \Sigma(\psi, \tilde{D}) \subset \Sigma(\psi, \mathbf{R}^n)$, 所以 $\varphi_\varepsilon^k \subset \Sigma(\psi, \tilde{D}) \subset \Sigma(\psi, \mathbf{R}^n)$ 且

$$\limsup_{k\to\infty} \mathcal{L}\varphi_\varepsilon^k \leqslant \eta m < m,$$

这与 (6.64) 矛盾.   ■

令 $L(t) = I$, 则 (6.59) 化为

$$\frac{dy(t)}{dt} = \frac{\partial f^{[2]}}{\partial x}(x(t, x_0))\, y(t).\tag{6.67}$$

Muldowney[130] 给出了如下的 Bendixson 准则.

定理 6.14 (Muldowney 准则)   若如下条件成立:

(BD$_2$) 对任意的 $x_0 \in \mathbf{R}^n$,

$$\mu\left(\frac{\partial f^{[2]}}{\partial x}(x(t, x_0))\right) < 0 \quad \text{或} \quad \mu\left(-\frac{\partial f^{[2]}}{\partial x}(x(t, x_0))\right) < 0,$$

则系统 (6.1) 没有非常数周期解.

Li 和 Muldowney 在文献 [89] 对上述结果进行了推广, 得到如下的结论.

定理 6.15 (Li-Muldowney 准则)   假设条件 (GSC$_1$)—(GSC$_2$) 成立, 且

(BD$_3$) 对某些范数对应的 Lozinskiĭ 测度 $\mu(B(x(t, x_0)))$, 满足

$$\mu(B(x(t, x_0))) < b < 0,$$

则系统 (6.1) 不存在不变的可求长的简单闭曲线.

Li 和 Muldowney 在文献 [92] 对上述结果作了进一步地推广, 有如下的结论.

定理 6.16 (Li-Muldowney 准则)   假设条件 (GSC$_1$)—(GSC$_2$) 成立, 且

(BD$_4$) 对某些范数对应的 Lozinskiĭ 测度 $\mu(B)$, 满足

$$\bar{q}_2 \triangleq \lim_{T \to \infty} \sup_{x_0 \in K} \frac{1}{T} \int_0^T \mu(B(x(t, x_0)))dt < 0,$$

则系统 (6.1) 不存在不变的可求长的简单闭曲线.

通过前面的结论以及证明可知, 要排除周期解的存在性, 问题的关键是转化为说明线性时变系统的稳定性问题. 一般地, Ballyk[8] 等给出如下的结论.

定理 6.17 (Bendixson 准则)   对系统 (6.1), 若条件 (GSC$_1$)—(GSC$_2$) 成立, 且对于系统 (6.59) 有

(BD$_5$) 存在 $T, g > 0$, 使得 $t \geqslant T$ 时, 有

$$\|y(t)\| \leqslant \|y(0)\| \exp(-gt),$$

则不存在对于系统 (6.1) 不变的可求长的简单封闭曲线.

6.1.5 Leonov-Boichenko 准则

在文献 [11] 中, 类似 Li-Muldowney 的几何方法, Leonov 和 Boichenko 结合 Hausdorff 测度理论, 也给出了判定全局稳定性的结论, 这里给出相关讨论.

令 K 是 $\mathbf{R}^n$ 的紧子集, 给定 $d \geqslant 0$ 以及 $\varepsilon \geqslant 0$, 利用半径为 $r_i \leqslant \varepsilon$ 的开球集 B_i 来覆盖 K (图 6.1(a), 图 6.1(b)). 定义

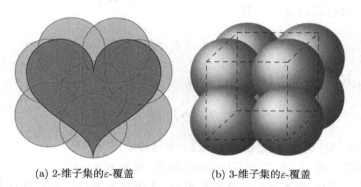

(a) 2-维子集的 ε-覆盖   (b) 3-维子集的 ε-覆盖

图 6.1 $\mathbf{R}^3$ 的 2-维和 3-维子集的 ε-覆盖

$$\mu(K, d, \varepsilon) = \inf \left\{ \sum_i r_i^d, \ \bigcup_{i=1}^n B_i \supseteq K, \ r_i < \varepsilon \right\}, \tag{6.68}$$

式中下确界通过 K 的 ε-覆盖取得, 它的意义是考虑所有半径不超过 ε 的集合 K 的覆盖, 使其半径的 d 次幂的和达到最小.

显然, 当 ε 减小时, 能覆盖 K 的集合的个数减少而 $\mu(K, d, \varepsilon)$ 不减少, 因此存在极限 (可能是无穷), 即

$$\mu_d(K, d, \varepsilon) \triangleq \sup \mu(K, d, \varepsilon) = \lim_{\varepsilon \to 0} \mu(K, d, \varepsilon). \tag{6.69}$$

易知, 当固定 d 时, $\mu_d(\cdot)$ 是 $\mathbf{R}^n$ 的外测度, 满足如下性质:

(1) $\mu_d(\varnothing) = 0$;

(2)   当 $K \subset K' \subset \mathbf{R}^n$ 时, $\mu_d(K) \leqslant \mu_d(K')$;

(3)   当 $K_i \subset \mathbf{R}^n$ 时,

$$\mu_d \left(\bigcup_{i=1}^\infty K_i \right) \leqslant \sum_{i=1}^\infty \mu_d(K_i).$$

易知, μ_d 是 Borel 正规测度.

定义 6.6   称 $\mu_d(K)$ 为集合 K 的 d-维Housdorff 测度, 也称Housdorff d-测度.

性质 6.1　若对固定 $K \subset \mathbf{R}^n$, 存在 $d_* \in [0, n]$, 使 $\mu_d(K)$ 满足

$$\mu_d(K) = \begin{cases} \infty, & d < d_*, \\ 0, & d > d_*, \end{cases} \tag{6.70}$$

其中 $d_* = \inf\{d : \mu_d(K) = 0\} = \sup\{d : \mu_d(K) = +\infty\}$.

　　证明　对任意的 $\delta > 0$, 有

$$\mu(K, d + \delta, \varepsilon) \leqslant \varepsilon^{\delta} \mu(K, d, \varepsilon).$$

因此, 若 $\mu_d(K) < \varepsilon$, 则对任意的 $d' > d$,

$$\mu_{d'}(K) = 0.$$

所以, 存在唯一的 $d_* \geqslant 0$ 使 (6.70) 成立. 命题得证.　　■

　　定义 6.7　称 d_* 为 K 的 Hausdorff 维数, 记为 $\dim_H K$.

　　例 6.5　假设 S 是一个二维有界曲面, 其面积为 $m(S)$, 利用开球集来覆盖 S, 则对 $d = 1$ 与 $d = 3$, 有

$$\mu_1(S) = \lim_{\varepsilon \to 0} \mu(S, 1, \varepsilon) = +\infty,$$
$$\mu_3(S) = \lim_{\varepsilon \to 0} \mu(S, 3, \varepsilon) = 0,$$

而当 $d = 2$ 时,

$$\mu_2(S) = \frac{m(S)}{\pi}.$$

此例说明对给定的集合 K, Hausdorff 测度是关于 d 的函数 (图 6.2).

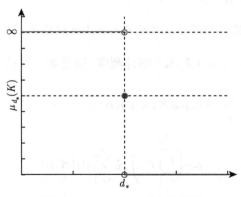

图 6.2　Hausdorff 测度的性质

令 $L: \mathbf{R}^n \to \mathbf{R}^n$ 是一个线性算子, 记 $\alpha_i(L)(i = 1, 2, \cdots, n)$ 为算子 L 的奇异值, 即为算子 $(L^T L)^{\frac{1}{2}}$ 的特征值, 满足 $\alpha_1(L) \geqslant \cdots \geqslant \alpha_n(L)$. 对任意的 $k \geqslant 0$, 定义

$$\omega_k(L) = \begin{cases} \alpha_1(L) \cdots \alpha_n(L), & k > 0, \\ 1, & k = 0. \end{cases}$$

若 $d \geqslant 0$ 是任意实数, 则可将其写成 $d = d_0 + s$, 其中 $d_0 \geqslant 0$ 是整数, $s \in [0,1)$. 这样, 可定义 $\omega_d(L)$ 为

$$\omega_d(L) = \omega_{d_0}^{1-s}(L)\omega_{d_0+1}^s(L).$$

设 $D \subset \mathbf{R}^n$ 是开区域, $K \subset D$ 是紧集. 若 $F \in C^1(D \to R^n)$ 是可微映射, 则对任意的 $x \in D$,

$$F(x + h) - F(x) = L(x)h + o(h),$$

这里 $L(x)$ 是线性算子, 也称 F 在点 x 处的导数或导算子.

若设 $F(D) \subset D$, 则对任意的整数 $m \geqslant 1$, 可在 D 上定义可微映射 F^m, 其在 x 处的导数为

$$L^{(m)}(x) = L(F^{m-1}(x)) \cdots L(F(x))L(x).$$

将 $F(x)$ 限制在中心为 $x \in \mathbf{R}^n$, 半径为 r 的球 $B(x, r)$ 上, 借助于 Taylor 公式, 对任意的 $h > 0$, 当 $|h| < r$ 时, 有

$$|F(x + h) - F(x) - L(x)h| \leqslant \sup_{x' \in B(x,r)} |L(x') - L(x)||h|.$$

对紧集 $\tilde{K} \subset R^n$, 取 $K \subset \tilde{K}$, 对任意整数 $m \geqslant 0$, $F^m(K) \subset \tilde{K}$.

基于以上概念, Leonov 等 [11, 88] 给出如下的极限定理.

定理 6.18 设

$$\sup_{x \in \tilde{K}} \left[\frac{p(F(x))}{p(x)} \omega_d(L(x)) \right] < 1, \tag{6.71}$$

其中 $p(x)$ 是定义在 $\tilde{K}$ 上的连续正函数.

(1) 若 $\mu(K, d) < \infty$, 则

$$\lim_{m \to \infty} \mu(F^m(K), d) = 0;$$

(2) 若 $K \subset F^m(K)$, 则

$$\dim_H K = d$$

且对任意的整数 $m > 0$,

$$\mu_d(F^m(K)) = 0.$$

接下来, 将在 Hausdorff 测度理论的基础上, 给出高维 Bendixson 准则.

定义 6.8　称 φ 是 $\mathbf{R}^n$ 上的光滑闭曲线, 若 $\varphi : [0,1] \to \mathbf{R}^n$ 满足如下性质:

(1) (光滑性) $\varphi \in C^1[0,1]$;

(2) (闭性) $\varphi(0) = \varphi(1)$;

(3) (正则性) $\varphi' \neq 0$;

(4) (单值性) 若 $\varphi(t_1) = \varphi(t_2)$, 则 $t_1 = t_2$ 或 $t_1 = 0, t_2 = 1$.

接下来, 仅考虑 2-维光滑正则曲面, 也称为光滑曲面.

定义 6.9　设 $B \subset \mathbf{R}^2$ 是开的单位圆, 若映射 $\varphi : B \to \mathbf{R}^n$ 满足

(1) (光滑性) $\varphi \in C^1$;

(2) $\dfrac{\partial \varphi}{\partial u_1}$ 与 $\dfrac{\partial \varphi}{\partial u_2}$ 在 B 上对任意的 $\mu = (u_1, u_2) \in B$ 是线性独立的,

则称 $S = \varphi(B)$ 为光滑曲面.

对于上述曲面, 在几何测度论中, 有一个非常有名的 Plateau 问题, 也称为极小曲面的存在性问题.

问题 6.2 (Plateau 问题)　给定光滑闭曲线 $\Gamma \subset R^n (n \geqslant 3)$, 寻找以 Γ 为边界的光滑曲面, 使其面积最小?

问题 6.2 是由物理学家 Plateau 在研究肥皂泡实验时提出的, 20 世纪 30 年代, Douglas 与 Rado 分别独立地给出了证明. 问题的解决使得几何测度论的学科应运而生. Morgan [131] 在其著名的专著《几何测度论》中, 对该问题也进行了考虑, 借助于紧定理, 给出了如下结果.

定理 6.19 (最小面积曲面存在定理)　若 $\Gamma \subset \mathbf{R}^n$ 是 $m-1$ 维可求长泛流 (current) 且 $\partial \Gamma = 0$, 则存在面积最小的 m 维可求长泛流 S, 使 $\partial S = \Gamma$.

定理 6.19 中的泛流可理解为定义在某个特定区间上的一个连续线性泛函. 显然, 由定理 6.19, 可得如下定理.

定理 6.20　对于 $\mathbf{R}^n (n \geqslant 3)$ 的任意光滑闭曲线 Γ, 存在一个具有有限面积的光滑曲面 S, 使 $\partial S = \Gamma$.

由定理 6.18 及定理 6.20, 有如下定理.

定理 6.21 [11]　设 $D \subset \mathbf{R}^n$ 是单连通区域, 若存在紧集 $\tilde{K} \subset D$ 及定义在 $\tilde{K}$ 上的连续函数 $p(x) > 0$, 使对任意的 $x \in \tilde{K} \subset D$, 有

$$F(D) \subset \tilde{K} \subset D, \quad \alpha_1(x)\alpha_2(x) < \frac{p(x)}{p(F(x))}, \tag{6.72}$$

则在 D 内不存在不变的光滑闭曲线 Γ.

证明　若结论不成立, 即存在一个不变的光滑闭曲线 Γ. 此时, 由定理 6.20 知, 存在光滑的 2-曲面 $S \subset D$, 使 $\partial S = \Gamma$ 且面积 $\mathrm{Area}(S) > 0$.

因为 $F^m(\Gamma) = \Gamma$, 故

$$\alpha = \inf_{m>0} \mu_2(F^m(S)) > 0. \tag{6.73}$$

根据定理 6.18, 有

$$\lim_{m\to\infty} \mu_2(F^m(S)) = 0, \tag{6.74}$$

与 (6.73) 矛盾.

下面, 将条件 (6.72) 应用到非线性微分方程中. 先考虑线性方程的一些性质. 考虑系统

$$\dot{y} = A(t)y(t), \tag{6.75}$$

这里 $A(t) \in C^1(R^+)$ 及 $\sup_{t\geqslant 0} |A(t)| < \infty$.

记 $Y(t)$ 是系统 (6.75) 的 Cauchy 矩阵. 由刘维尔公式, 知

$$\det Y(t) = \exp \int_0^t \operatorname{tr} A(\tau) d\tau.$$

考虑系统 (6.75) 的 k 阶可加性复合矩阵方程:

$$\dot{z} = A^{[k]}z. \tag{6.76}$$

设 $\alpha_1(t) \geqslant \alpha_2(t) \geqslant \cdots \geqslant \alpha_n(t)$ 是 Cauchy 矩阵 $Y(t)$ 的奇异值, 则有如下引理.

引理 6.2   若 $Z(t)$ 是系统 (6.76) 的 Cauchy 矩阵, 则

$$\alpha_1(\tau)\alpha_2(\tau)\cdots\alpha_n(\tau) \leqslant \|Z(\tau)\|,$$

其中 $\|\cdot\|$ 是欧几里得范数.

证明   固定 τ, 对 Cauchy 矩阵 Y, 存在正交矩阵 T 使

$$T^{\mathrm{T}}Y(\tau)^{\mathrm{T}}Y(\tau)T = \operatorname{diag}\{\alpha_1^2(\tau), \alpha_2^2(\tau), \cdots, \alpha_n^2(\tau)\}.$$

其中 T 表示转置. 若将 $\tilde{T}$ 记为由矩阵 T 的前 k 列组成的矩阵, 则

$$\tilde{T}^{\mathrm{T}}Y(\tau)^{\mathrm{T}}Y(\tau)\tilde{T} = \operatorname{diag}\{\alpha_1^2(\tau), \alpha_2^2(\tau), \cdots, \alpha_k^2(\tau)\}.$$

矩阵 $Y(\tau)\tilde{T}$ 具有如下形式:

$$Y(\tau)\tilde{T} = (y_1(\tau), \cdots, y_k(\tau)) \triangleq U(\tau).$$

这里, $y_i(t)$ 是系统 (6.76) 的解. 进一步, 借助于推广的 Lagrange 等式, 有

$$
\alpha_1^2(\tau)\alpha_2^2(\tau)\cdots\alpha_n^2(\tau) = \det \begin{pmatrix} y_1^{\mathrm{T}}y_1 & y_1^{\mathrm{T}}y_2 & \cdots & y_1^{\mathrm{T}}y_k \\ \vdots & \vdots & & \vdots \\ y_k^{\mathrm{T}}y_1 & y_k^{\mathrm{T}}y_2 & \cdots & y_k^{\mathrm{T}}y_k \end{pmatrix}
$$

$$
= \|y_1(\tau) \wedge \cdots \wedge y_k(\tau)\|^2
$$

$$
= \|U^{(k)}(\tau)\|^2.
$$

因为 $Y(0) = 1$ 且 T 是正交的, 所以 $\|U^{(k)}(0)\| = 1$. 又 $y_1 \wedge \cdots \wedge y_k$ 是系统 (6.76) 的解, 因此,

$$
\alpha_1(\tau)\cdots\alpha_k(\tau) \leqslant \sup_{z_0 \in R^n, \|z_0\|=1} \| z(\tau, z_0) \|,
$$

其中 $z(t, z_0)$ 是系统 (6.76) 过初值 $z(0, z_0) = z_0$ 的解.

命题得证. ∎

定理 6.22　对 $k \in \{1, 2, \cdots, n\}$, 如下不等式成立:

(1) $\alpha_1(t)\cdots\alpha_n(t) \leqslant q_1(t, k) \exp\left(\int_0^t \mu(A^{[k]}(\sigma))d\sigma\right)$;

(2) $\alpha_n(t)\cdots\alpha_{n-k+1}(t) \geqslant q_2(t, k) \exp\left(\int_0^t -\mu(-A^{[k]}(\sigma))d\sigma\right)$.　　(6.77)

其中 $q_1, q_2 \in C(R^+)$, 依赖于 k 及范数 $\|\cdot\|$ 的选取, 且满足

$$
C_{i1} \leqslant q_i(t, k) \leqslant C_{i2},　　　　(6.78)
$$

这里, $C_{i1} > 0, C_{i2} > 0$.

进一步, 若 $\|\cdot\|$ 是欧几里得范数, 则 $q_i(0, k) = q_i(t, k) \equiv 1$.

证明　根据引理 6.2, 可知,

$$
\alpha_1(t)\cdots\alpha_k(t) \leqslant \|Z(t)\|,
$$

其中 $Z(t)$ 是系统 (6.76) 的 Cauchy 矩阵.

根据 Lozinskiĭ 估计 (定理 3.27),

$$
\|Z(t)\| \leqslant \exp\left(\int_0^t \mu(A^{[k]}(\sigma))d\sigma\right).
$$

若取 $q_1(t, k) = \dfrac{\|Z(t)\|_2}{\|Z(t)\|}$, 则不等式 (6.77) 成立. 并且由 $\mathbf{R}^n$ 里的范数的等价性可

知, $q_1(t,k)$ 是常数.

为证第二个不等式, 考虑 (6.75) 的伴随系统

$$\dot{v} = -A^{\mathrm{T}}(t)v. \tag{6.79}$$

设 $V(t)$ 是 (6.79) 的 Cauchy 矩阵, 因而

$$Y^{\mathrm{T}}(t)V(t) = I.$$

所以 $\alpha_k^{-1}(t)$, $k = 1, 2, \cdots, n$ 是 $V(t)$ 的奇异值, 满足

$$\alpha_n^{-1}(t) \geqslant \cdots \geqslant \alpha_1^{-1}(t).$$

类似地,

$$\alpha_n^{-1}(t)\cdots\alpha_1^{n-k+1}(t) \leqslant q(t,k)\exp\left(\int_0^t \mu(-A^{[k]}(\sigma))d\sigma\right).$$

取 $q_2(t,k) = \dfrac{1}{q(t,k)}$, 则不等式 (6.78) 成立.

命题得证.　　　　　　　　　　　　　　　　　　　　　　　　　　■

考虑微分方程

$$\dot{x} = f(t,x), \tag{6.80}$$

这里 $D \subset \mathbf{R}^n$ 是开区域且 $f(t,x): \mathbf{R}^1 \times D \to \mathbf{R}^n$ 是连续可微的向量值函数.

设 $x(t,x_0)$ 为系统 (6.80) 过初值 $x(0,x_0) = x_0$ 的解.

假设存在 $\tau > 0$ 及开区域 $D_0(\bar{D}_0 \subset D)$, 使得若 $x_0 \in \bar{D}_0$, 则对任意的 $t \in [0,\tau]$, $x(t,x_0) \in D$.

定理 6.23 (Leonov-Boichenko 准则)[11]　若存在一个 Lozinskiǐ 测度 μ 及定义在 D 上连续可微函数 $\nu(x)$, 使对任意 $x_0 \in \bar{D}_0$,

$$\int_0^\tau \mu\left(\frac{\partial f^{[2]}}{\partial x}(t,x(t,x_0))\right) + \dot{\nu}(t,x(t,x_0))dt < 0,$$

则系统 (6.80) 不存在不变的光滑闭曲线.

证明　若命题不成立, 即存在闭曲线 Γ, 且

$$\varphi^t(\Gamma) = \Gamma,$$

其中 φ^t 是移位算子, 定义为 $\varphi^t(x_0) = x(t,x_0)$.

易知 φ^{T} 为关于 x_0 的导数是变分方程

$$\dot{y} = \frac{\partial f}{\partial x}(t, x(t, x_0))y \tag{6.81}$$

的 Cauchy 矩阵.

令 $\alpha_1(\tau, x_0) \geqslant \alpha_2(\tau, x_0) \geqslant \cdots \geqslant \alpha_n(\tau, x_0)$ 为此 Cauchy 矩阵的奇异值, 则由定理 6.22 知

$$\alpha_1(\tau, x_0)\alpha_2(\tau, x_0) \leqslant q(x(\tau, x_0)) \exp \int_0^\tau \mu\left(\frac{\partial f^{[2]}}{\partial x}(t, x(t, x_0))\right) dt.$$

令 $p(x) = q^{-1}(x)\exp(\nu(x))$, $\varphi = \varphi_t$, $\tilde{K} = \varphi_t(\tilde{D}_0)$, 则

$$\frac{p(\varphi_t(x_0))}{p(x_0)} = \frac{q(x_0)}{q(\varphi_t(x_0))} \exp(\nu(\varphi_t(x_0)) - \nu(x_0))$$

$$= \frac{1}{q(x(t, x_0))} \exp \int_0^t \dot{\nu}(x(t, x_0))ds.$$

故而,

$$\alpha_1(\tau, x_0)\alpha_2(\tau, x_0) \leqslant \frac{p(x_0)}{p(\varphi_\tau(x_0))} \exp \int_0^\tau \mu\left(\frac{\partial f^{[2]}}{\partial x}(s, x(s, x_0))\right) + \dot{\nu}(x(s, x_0))ds$$

$$< \frac{p(x_0)}{p(\varphi_\tau(x_0))}.$$

根据定理 6.21, 假设不成立. 命题得证.　■

记矩阵

$$\frac{1}{2}\left(\frac{\partial f}{\partial x}(x(t, x_0)) + \frac{\partial f^*}{\partial x}\right)(x(t, x_0))$$

的特征值为 $\lambda_1 \geqslant \lambda_2 \geqslant \cdots \geqslant \lambda_n$. 根据定理 6.23 知如下定理成立.

定理 6.24 [11] 　*若存在连续可微函数 $\nu(x)$, 使对任意的 $x_0 \in \bar{D}_0$,*

$$\int_0^\tau (\lambda_1(x(t, x_0)) + \lambda_2(x(t, x_0)) + \dot{\nu}(t, x_0))dt < 0,$$

则系统 (6.80) 不存在不变的光滑闭曲线.

6.1.6　Bendixson 准则的一些推广

前面综述了一些关于周期解的不存在性结果, 经典的是平面的 Dulac 判据. 基于 Stokes 公式, 并结合外微分形式, Busenberg 与 van den Driessche 以及 Zeeman, Waltman 等对平面系统进行了推广. 另一方面, 基于复合矩阵理论以及面积泛函的

演化规律, Li 以及 Muldowney 也给出了类似的推广; 利用 Hausdorff 测度的极限定理, Smith 以及 Leonov 等也给出了类似的推广. 考虑系统

$$\dot{x} = f(x), \quad x \in D \subset \mathbf{R}^n, \tag{6.82}$$

这里 $f(x)$ 在 D 上是连续可微的函数.

定理 6.25 *假设存在连续可微的函数 $V(x) \in C^1(D \to \mathbf{R})$, 使得系统 (6.82) 当 $f(x) \neq 0$ 时,*

$$\left(\frac{\partial V}{\partial x}\right)^{\mathrm{T}} \cdot f(x) < 0, \tag{6.83}$$

则系统 (6.82) 不存在不变的光滑闭曲线.

证明 利用反证法. 假设系统 (6.82) 存在不变的闭曲线 Γ, 记为

$$\Gamma = \{x \mid x = x(t, x_0), \, t \in [0, \omega)\},$$

其中 ω 是其周期.

令 S 是以 Γ 为边界的点集, 满足 $\partial S = \Gamma$. 记 $\Omega_c = \{x \in \mathbf{R}^n \mid V(x) \leqslant c\}$, 其边界曲线为 $\Sigma_c = \{x \in \mathbf{R}^n \mid V(x) = c\}$ 满足 $\partial \Omega_c = \Sigma_c$.

若 $\bar{S} \subset D$, 则存在 c_1 使得 $\bar{\Omega}_{c_1} \subset D$ 且

$$\bar{\Omega}_{c_1} \cap S \neq \varnothing.$$

对于任意 $x(t) \in \bar{\Omega}_{c_1}$, 由条件 (6.83), 得

$$\dot{V}(x) < 0,$$

故 $V(x(t))$ 关于 t 是单调递减的. 由于 $V(x) \in C(\bar{\Omega}_{c_1})$ 知, $V(x)$ 有下界. 因此

$$\lim_{t \to \infty} V(x(t)) \triangleq a. \tag{6.84}$$

任取 $x_0 \in \bar{\Omega}_{c_1} \cap \Gamma$, 由 Γ 的不变性知, $x(t, x_0) \in \Gamma$. 因而

$$\alpha = \sup_{x_0 \in \Gamma} \{\dot{V}(x(t, x_0))\} < 0. \tag{6.85}$$

所以

$$V(x(t, x_0)) = V(x_0) + \int_0^t \dot{V}(\tau) d\tau \leqslant V(x_0) + \alpha t. \tag{6.86}$$

进而,

$$\lim_{t \to \infty} V(x(t, x_0)) = -\infty. \tag{6.87}$$

这与 (6.84) 矛盾. ∎

例 6.6　Sreedhar 与 Rao 在文献 [144] 中, 对如下系统:

$$\begin{aligned} \dot{x}_1 &= f_1(x_1, x_2), \\ \dot{x}_2 &= f_2(x_1, x_2) \end{aligned} \tag{6.88}$$

比较了 Bendixson 准则与 Lyapunov 函数的关系.

设 $x = (x_1, x_2) \in D$, $f(x) = (f_1(x_1, x_2), f_2(x_1, x_2))$. 根据平面的 Dulac 准则, 如果当

$$\frac{\partial f_1}{\partial x_1} + \frac{\partial f_2}{\partial x_2} \neq 0, \quad x \in D$$

时, 可以排除周期解的存在性. 令 $V(x(t))$ 满足

$$\frac{dV(t)}{dt} = \left(\frac{\partial f_1}{\partial x_1} + \frac{\partial f_2}{\partial x_2} \right) \cdot E(x),$$

其中 $E(x)$ 是一个合适的函数. 根据

$$\begin{aligned} \frac{dV}{dt} &= \nabla V \cdot \frac{dx}{dt} \\ &= \left(\frac{\partial V}{\partial x_1}, \frac{\partial V}{\partial x_2} \right) \cdot (\dot{x}_1, \dot{x}_2) \\ &= \frac{\partial V}{\partial x_1} f_1(x) + \frac{\partial V}{\partial x_2} f_2(x). \end{aligned} \tag{6.89}$$

因此, 要使 $V(x)$ 存在, 一般需要 $\dfrac{\partial V}{\partial x_1} = \dfrac{\partial V}{\partial x_2}$.

作为一个特例, 取

$$\begin{aligned} f_1(x) &= e_1 x_2, \\ f_2(x) &= -e_2 x_1 + d x_2^n (k - x_1^p)^m, \end{aligned} \tag{6.90}$$

其中 $e_1, e_2, d, k > 0$, n, m 是正奇数, p 是正偶数, 则

$$\text{div}(f_1(x), f_2(x)) = n d x_2^{n-1} (k - x_1^p)^m,$$

此时取

$$V(x) = \frac{1}{2} \left(\frac{n e_2}{e_1} x_1^2 + n x_2^2 \right),$$

故

$$\dot{V}(x) = \text{div}(f_1(x), f_2(x)) x_2^2 = n d x_2^{n+1} (k - x_1^p)^m,$$

则当 $x_1 \in \left(-k^{\frac{1}{p}}, k^{\frac{1}{p}} \right)$ 时, 系统不存在周期解.

设系统 (6.1) 存在一个紧集 $K \subset D$, 使得半群 $\{\varphi^t\}$, $\varphi^t : x_0 \mapsto x(t, x_0)$, 满足对任意的 $t \in R^+$,

$$\varphi^t(K) \subset K \subset D.$$

令 $p(x(t, x_0)) \in C(D \to R)$ 且对任意的 $x \in D$, $p(x) > 0$, 有如下结论.

定理 6.26 若存在 $d \in (0, n]$, 对任意的 $\varepsilon > 0$, 存在 $t(\varepsilon) > 0$, 使得当 $t \geqslant t(\varepsilon)$ 时, 有

$$\sup_{x_0 \in K} \frac{p(\varphi^t(x))}{p(\varphi(x))} \leqslant \varepsilon.$$

若 $\mu_d(K) < \infty$, 则

$$\lim_{t \to \infty} \mu_d(\varphi^t(K)) = 0.$$

此外, 若对任意的 $t > 0$, $\varphi^t(K) = K$, 则

$$\dim_H K \leqslant d.$$

定理 6.27 如果系统 (6.1) 存在一个紧的吸收集 $K \subset D$, 以及测度 μ 与连续可微函数 $V(x)$, 使得

$$\tilde{q}_2 = \limsup_{t \to \infty} \sup_{x_0 \in K} \frac{1}{t} \int_0^t \mu\left(\frac{\partial f^{[2]}}{\partial x}(x(s, x_0))\right) + \dot{V}(x(s, x_0)) ds < 0,$$

则在 D 内不存在不变的光滑闭曲线.

证明 令 $\varphi_t(x_0) = x(t, x_0)$, 类似定理 6.23 的证明过程, 可知

$$\alpha_1(t, x_0)\alpha_2(t, x_0) \leqslant \frac{p(\varphi^t(x_0))}{p(x_0)} \exp \int_0^t \mu\left(\frac{\partial f^{[2]}}{\partial x}(\varphi(s, x_0))\right) + \dot{V}(\varphi(s, x_0)) ds.$$

又因为 $\tilde{q}_2 < 0$, 故存在 $T > 0$, 当 $t > T$ 时,

$$\int_0^t \mu\left(\frac{\partial f^{[2]}}{\partial x}(\varphi_s(x_0))\right) + \dot{V}(\varphi_s(x_0)) ds < \frac{\tilde{q}_2}{2} < 0.$$

故

$$\alpha_1(t, x_0)\alpha_2(t, x_0) < \frac{p(\phi_t(x_0))}{p(x_0)}.$$

根据定理 6.21 知, 命题得证. ∎

更一般地, 设 $P(x(t, x_0))$ 是一个连续可微的非奇异矩阵值函数, 使得 $P^{-1}(x)$ 存在且一致有界, 则有如下定理.

定理 6.28 如果系统 (6.1) 存在一个紧的吸收集 $K \subset D$, 以及测度 μ 与连续可微函数 $V(x)$, 使得

$$\tilde{q}_2 = \limsup_{t \to \infty} \sup_{x_0 \in K} \frac{1}{t} \int_0^t \mu\left(\dot{P}_f P^{-1} + P\frac{\partial f^{[2]}}{\partial x}(x(s, x_0))P^{-1}\right) + \dot{V}(x(s, x_0)) ds < 0,$$

则在 D 内不存在不变的光滑闭曲线.

接下来, 考虑如下的 $n + \binom{n}{2}$ 维自治系统:

$$\dot{x} = f(x), \tag{6.91}$$

$$\dot{z} = \left[\dot{P}_f P^{-1} + P \frac{\partial f^{[2]}}{\partial x}(x(t, x_0)) P^{-1} \right] z. \tag{6.92}$$

首先, 给出如下的引理 6.3.

引理 6.3　若当 $t \geqslant T_0$ 时 $W(t)$ 是下半连续的且满足

$$D^+ W(t) \leqslant g(t) W(t),$$

其中 $g(t) \in C[0, \infty]$, 则对所有的 $t \geqslant T_0$,

$$W(t) \leqslant W(T_0) \exp\left(\int_{T_0}^{t} g(\tau) \right) d\tau.$$

证明　构造如下泛函:

$$\tilde{W}(t) = W(t) \exp\left(- \int_0^t g(\tau) d\tau \right). \tag{6.93}$$

因为当 $t \geqslant T_0$ 时 $W(t)$ 是下半连续的, 为此, 可得当 $t \geqslant T_0$ 时 $\tilde{W}(t)$ 也是下半连续的.

另一方面, 当 $t \geqslant T_0$ 时,

$$\begin{aligned}
D_+ \tilde{W}(t) &= D_+ \left[W(t) \exp\left(- \int_0^t g(\tau) d\tau \right) \right] \\
&= \exp\left(- \int_0^t g(\tau) d\tau \right) [D_+ W(t) - g(t) W(t)] \\
&\leqslant 0.
\end{aligned} \tag{6.94}$$

根据文献 [4] 中的引理 6.3, 得到 $\tilde{W}(t)$ 是单调不增的, 等价地,

$$\tilde{W}(t) \leqslant \tilde{W}(T_0),$$

以及

$$W(t) \exp\left(- \int_0^t g(\tau) d\tau \right) \leqslant W(T_0) \exp\left(- \int_0^{T_0} g(\tau) d\tau \right).$$

因此,

$$W(t) \leqslant W(T_0) \exp\left(\int_{T_0}^{t} g(\tau) d\tau \right). \qquad \blacksquare$$

定理 6.29 *假设系统 (6.1) 存在一个紧的吸收集 $K \subset D$, 以及存在一个下半连续函数 $V(x,z)$ 使得当 $x \in K$, $z \in R^{\binom{n}{2}}$ 时, 满足*

(1) $a(x)\|z\| \leqslant V(x,y) \leqslant b(x)\|z\|$, *其中 $a(x), b(x)$ 是 D 上的连续可微函数;*

(2) *存在 T, 使得当 $t \geqslant T$ 时,*

$$D_+ V(x,z) \mid_{(6.91)\text{-}(6.92)} \leqslant \tilde{\mu}(x)V(x,z),$$

其中 $\tilde{\mu}(x): D \mapsto R$ 满足

$$\lim_{t\to\infty} \sup_{x_0 \in K} \frac{1}{t} \int_0^t \tilde{\mu}(x(s,x_0))ds \triangleq \tilde{L}_2 < 0,$$

则在 D 内系统 (6.1) 不存在不变的光滑闭曲线.

证明 记 $B(x(t,x_0)) = \dot{P}_f P^{-1} + P\dfrac{\partial f^{[2]}}{\partial x}(x(t,x_0))P^{-1}$, 由于

$$\limsup_{t\to\infty} \sup_{x_0 \in K} \frac{1}{t} \int_0^t \tilde{\mu}(x(s,x_0))ds \triangleq \tilde{L}_2 < 0,$$

故对任意的 $x_0 \in K$, 存在 $T > T_0$, 当 $t > T$ 时, 有

$$\frac{1}{t} \int_0^t \tilde{\mu}(x(s,x_0))ds < \frac{\tilde{L}_2}{2} < 0.$$

记 $V(x,z) = V(x(t),z(t)) \triangleq V(t)$, 根据引理 6.3 知

$$V(t) \leqslant V(T_0) \exp\left(\int_{T_0}^t \tilde{\mu}(x(s,x_0))ds\right)$$

$$\leqslant b(x(T_0))\|z(0)\| \exp\left(\int_0^{T_0} \mu(B(x(s,x_0)))ds\right) \exp\left(\int_0^t \tilde{\mu}(x(s,x_0))ds\right)$$

$$\leqslant b(x(T_0))\|z(0)\| \exp\left(\int_0^{T_0} \mu(B(x(s,x_0))-\tilde{\mu}(x(s,x_0)))ds\right) \exp\left(\int_{T_0}^t \tilde{\mu}(x(s,x_0))ds\right)$$

$$\leqslant b(x(0))\|z(0)\| \exp\left(\int_0^{T_0} \mu(B(x(s,x_0)) - \tilde{\mu}(x(s,x_0)))ds\right)$$

$$\times \exp\left(\int_0^t \tilde{\mu}(x(s,x_0))ds\right)$$

$$\leqslant b(x(0))\|z(0)\| \exp\left(\int_0^{T_0} \mu(B(x(s,x_0)) - \tilde{\mu}(x(s,x_0)))ds\right) \exp\left(\frac{\tilde{L}_2}{2}t\right).$$

故存在 $T_1 > T_0$, 当 $t > T_0$ 时,

$$\|z(t)\| \leqslant \frac{b(x(0))}{a(x(t, x_0))} \|z(0)\| \exp \left(\int_0^{T_0} \mu(B(x(s, x_0))) - \tilde{\mu}(x(s, x_0)))ds \right) \exp \left(\frac{\tilde{L}_2}{2} t \right)$$

$$\leqslant \|z(0)\| \exp \left(\frac{\tilde{L}_2}{8} t \right).$$

根据定理 6.17 知, 结论成立. ■

6.2　全局渐近稳定性的一般原理

本节将给出问题 6.1 的一个解答.

定义 6.10　对 $x_1 \in D$, 称 Bendixson 准则在 f 的 C^1 扰动下是鲁棒的, 如果对任意小的 $\varepsilon > 0$ 和 x_1 的邻域 U, 存在向量场 $g \in C^1(D \to \mathbf{R}^n)$, 使得紧支集 $\mathrm{supp}(f - g) \subset U$, 且

$$\|f - g\|_{C^1} < \varepsilon,$$

其中

$$\|f - g\|_{C^1} = \sup \left\{ |f - g| + \left| \frac{\partial f}{\partial x} - \frac{\partial g}{\partial x} \right|, x \in D \right\}.$$

此时, 也称 g 为 f 在 x_1 处的局部 ε 扰动.

显然, 在平面情形, 经典的 Bendixson-Dulac 判据 $\mathrm{div} f < 0$ 在平面 $\mathbf{R}^2$ 的每一个点 x_1 处 f 的局部 C^1 扰动下是鲁棒的.

定义 6.11　称系统 (6.1) 的点 $x_0 \in D$ 是游荡的, 如果存在 x_0 的邻域 U 和 $T > 0$, 对所有的 $t > T$, 有

$$U \cap x(t, U) = \varnothing.$$

由定义知, 系统所有的平衡点和极限点都是非游荡点. 关于非游荡点, 有如下的 Pugh 局部 C^1 闭引理.

引理 6.4　设 $f \in C^1(D \to R^n)$, x_0 是系统 (6.1) 的非游荡点且 $f(x_0) \neq 0$. 若过点 x_0 的正半轨线都有紧闭包 (即正半轨道是有界的), 则对 x_0 任意邻域 U 和 $\varepsilon > 0$, 在 x_0 处存在 f 的 C^1 局部 ε 扰动向量场 $g \in C^1(D \to \mathbf{R}^n)$, 使

(1) $\mathrm{supp}(f - g) \subset U$;

(2) 扰动系统 $x' = g(x)$ 有过点 x_0 的非常数周期解.

根据前面的分析, 如果系统 (6.1) 的 Bendixson 准则成立, 则可排除非常数周期解、极限环、异宿环、同宿环等闭轨道. 而 Bendixson 准则的鲁棒性意味着非游荡点附近的所有微分方程没有非平凡周期解. 因此, 由 Pugh 闭引理知, 系统 (6.1)

的所有非游荡点一定是平衡点. 特别地, D 内的每一个 ω 极限点一定是平衡点, 若假设系统 (6.1) 在 D 内存在唯一的平衡点 $\bar{x}$, 则所有的 $x_0 \in D$, 有 $\omega(x_0) = \bar{x}$.

基于上述分析, 可给出问题 6.1 的一个解答.

定理 6.30 [92](全局稳定性原理)　若系统 (6.1) 满足条件 (GSC_1)—(GSC_3) 以及 (GSC_4) 系统 (6.1) 满足 Bendixson 准则, 且在所有的非平衡点的非游荡点关于 f 的 C^1 局部扰动是鲁棒的,

则 $\bar{x}$ 的局部渐近稳定性蕴含其全局渐近稳定性.

6.3　全局渐近稳定性的几何准则

本节将不加证明或不加详细证明地给出一些全局稳定性的结果, 在给出这些结果之前, 先给出一些预备结果.

引理 6.5　若矩阵 $A(t)$ 以及 $B(t)$ 满足

$$\|A - B\| < \varepsilon,$$

则

$$\left\|A^{[2]} - B^{[2]}\right\| \leqslant N\varepsilon,$$

其中 $N = \binom{n}{2}$.

证明　根据二阶复合矩阵的定义, 可知若记 $A = (a_i^j)$, $B = (b_i^j)$, 则

$$C = A^{[2]} = (c_i^j)_{N \times N}, \quad D = B^{[2]} = (d_i^j)_{N \times N},$$

其中

$$c_i^j = \begin{cases} a_{i_1}^{i_1} + a_{i_1}^{i_1} + \cdots + a_{i_1}^{i_1}, & (i) = (j), \\ (-1)^{s+t} a_{i_s}^{j_t}, & (i) \text{ 和 } (j) \text{ 各恰有一个元素 } i_s \text{ 不在 } (j) \text{ 中}, j_t \text{ 不在 } (i) \text{ 中}, \\ 0, & (i) \text{ 和 } (j) \text{ 有两个元素不同}, \end{cases}$$

以及

$$d_i^j = \begin{cases} b_{i_1}^{i_1} + b_{i_1}^{i_1} + \cdots + b_{i_1}^{i_1}, & (i) = (j), \\ (-1)^{s+t} b_{i_s}^{j_t}, & (i) \text{ 和 } (j) \text{ 各恰有一个元素 } i_s \text{ 不在 } (j) \text{ 中}, j_t \text{ 不在 } (i) \text{ 中}, \\ 0, & (i) \text{ 和 } (j) \text{ 有两个元素不同}. \end{cases}$$

故由题设知,

$$\left\|A^{[2]} - B^{[2]}\right\| = \|C - D\| \leqslant N \max_{i,j} |a_i^j - b_i^j| \leqslant N\varepsilon.$$

考虑系统

$$\dot{x} = A(t)x, \tag{6.95}$$

满足初值条件

$$x(0) = x_0, \tag{6.96}$$

以及

$$\dot{y} = B(t)y, \tag{6.97}$$

满足初值条件

$$y(0) = y_0. \tag{6.98}$$

并假设系统 (6.95) 与系统 (6.97) 满足如下条件:

(C$_1$) 对任意的 $\varepsilon > 0$, 以及对所有的 $t \geqslant 0$, 存在 $m_0 > 0$ 使得

$$\|A(t) - B(t)\| < \varepsilon, \quad \text{以及} \quad \|A(t)\| \leqslant m_0;$$

(C$_2$) 存在 $g, T_0 > 0$, 使得对任意的 $t > T_0$, 系统 (6.95) 的解满足

$$\|x(t)\| \leqslant \|x_0\| \exp(-gt).$$

一般地, 有如下定理.

定理 6.31　若条件 (C$_1$) 以及 (C$_2$) 成立, 则存在 $\bar{g}, \bar{T} > 0$, 使得对任意的 $t > \bar{T}$, 系统 (6.97) 的解满足

$$\|y(t)\| \leqslant \|y_0\| \exp(-\bar{g}t).$$

证明　由定理 3.27 可知, 当 $t \in [0, T_0]$ 时,

$$\begin{aligned}
\|x(t)\| &\leqslant \|x_0\| \exp\left(\int_0^t \mu(A(\tau))d\tau\right) \\
&\leqslant \|x_0\| \exp\left(\int_0^t \mu(A(\tau))d\tau\right) e^{gt}e^{-gt} \\
&\leqslant \|x_0\| \exp\left(\int_0^{T_0} \|A(\tau)\|d\tau\right) e^{gT_0}e^{-gt}.
\end{aligned}$$

取 $M = \exp\left(\displaystyle\int_0^{T_0} \|A(\tau)\|d\tau\right) e^{gT_0} > 1$, 则由条件 (C$_2$), 对任意的 $t \geqslant 0$,

$$\|x(t)\| \leqslant M\|x_0\|e^{-gt}. \tag{6.99}$$

设 $\Phi(t)$ 是系统 (6.95) 满足 $\Phi(0) = I$ 的基解矩阵, 则

$$\|x(t)\| = \|\Phi(t)x(0)\| \leqslant M\|x_0\|e^{-gt},$$

因而

$$\frac{\|\Phi(t)x_0\|}{\|x_0\|} \leqslant Me^{-gt}.$$

于是

$$\|\Phi(t)\| \leqslant Me^{-gt}. \tag{6.100}$$

令 $\Phi(t, t_0) = \Phi(t)\Phi^{-1}(t_0)$ 满足 $\Phi(t_0, t_0) = I$, 则有

$$\frac{d}{dt}\Phi(t, s) = A(t)\Phi(t, s) \tag{6.101}$$

且

$$\frac{d}{ds}\Phi(t, s) = -\Phi(t, s)A(s). \tag{6.102}$$

对 (6.102) 两端同时积分, 得

$$\Phi(t, s) = I + \int_s^t \Phi(t, \xi)A(\xi)d\xi,$$

故而

$$\Phi(t) = \Phi(t, 0) = I + \int_0^t \Phi(t, \xi)A(\xi)d\xi.$$

令 $x(t) = \Phi(t)x_0$, 则

$$x(t) = x_0 + \int_0^t \Phi(t, \xi)A(\xi)x_0 d\xi$$

$$\triangleq x_0 + \int_0^t X(\xi, s)x_0 d\xi.$$

易知, 上式对于任意的初值 x_0 恒成立. 记 $X(t, s) = (x_{ij}(t, s))_{n \times n}$, $f(t) = x_0$ 以及

$$B[0, +\infty) = \{f \in [0, +\infty) \to \mathbf{R}^n \mid f \text{连续有界}\}.$$

易知, $f(t) \in B[0, +\infty)$. 固定 $t \geqslant 0$, 定义映射 $T_t : B[0, +\infty) \to B[0, +\infty)$ 如下:

$$(T_t f)(\alpha) = \begin{cases} \displaystyle\int_0^t X(\alpha, s)f(s)ds, & 0 \leqslant \alpha \leqslant t, \\ \displaystyle\int_0^t X(t, s)f(s)ds, & t \leqslant \alpha < \infty, \end{cases}$$

易知, 对每个固定的 t, T_t 是连续线性映射. 进一步, 由假设, 对任意的 $f \in B[0, +\infty)$, 存在 N, 当 $t \geqslant 0$ 时, 有

$$\|T_t f\| \leqslant N.$$

因此, 利用一致有界原理, 存在 $K > 0$, 使当 $t \geqslant 0$ 时, 有

$$\|T_t f\| \leqslant K \|f\|,$$

其中

$$\|f\| = \sup_{t \geqslant 0} |f(t)|.$$

若记 $f_t^{j,k}(s) = \mathrm{sign}(x_{jk}(t, s))$, $j, k = 1, 2, \cdots, n$. 取一致有界连续函数列 $\{f_{t,r}^{j,k}(s)\}_{r=1}^{\infty}$, 使

$$\lim_{r \to +\infty} f_{t,r}^{j,k}(s) = f_t^{j,k}(s), \quad s \in [0, t].$$

令 $\|x\| = \|(x_1, x_2, \cdots, x_n)\| = \max_j |x_j|$. 对给定的 j, k, 记

$$f_t(s) = (0, 0, \cdots, f_t^{j,k}(s), 0, \cdots, 0)^{\mathrm{T}},$$

$$f_{t,r}(s) = (0, 0, \cdots, f_{t,r}^{j,k}(s), 0, \cdots, 0)^{\mathrm{T}},$$

这里 $f_t^{j,k}(s)$ 与 $f_{t,r}^{j,k}(s)$ 分别为 $f_t(s)$ 与 $f_{t,r}(s)$ 的第 k 个分量. 则

$$\lim_{r \to +\infty} \int_0^t X(t, s) f_{t,r}(s) ds = \int_0^t X(t, s) f_t(s) ds.$$

由范数的性质, 对任意的 $t \geqslant 0$,

$$\left\| \int_0^t X(t, s) f_{t,r}(s) ds \right\| \leqslant K \|f_{t,r}\| \leqslant K_1,$$

进而

$$\left\| \int_0^t (x_{1k}(t, s), \cdots, x_{nk}(t, s))^{\mathrm{T}} f_t^{j,k}(s) ds \right\|$$

$$= \max_i \left| \int_0^t x_{ik}(t, s) f_t^{j,k}(s) ds \right|$$

$$\geqslant \left| \int_0^t x_{jk}(t, s) f_t^{j,k}(s) ds \right| = \int_0^t |x_{jk}(t, s) f_t^{j,k}(s)| ds.$$

因此, 对任意的 $j, k \in [1, n]$,

$$\int_0^t |x_{jk}(t, s)| ds \leqslant \left\| \int_0^t X(t, s) f_t(s) ds \right\| \leqslant K_1,$$

由于 R^n 上的范数是等价的, 从而存在 $C > 0$, 使

$$\int_0^t \|X(t,s)\| ds \leqslant C.$$

因而

$$\|\Phi(t,s)\| \leqslant \|I\| + \left\| \int_s^t \Phi(t,\xi)A(\xi)d\xi \right\|$$

$$\leqslant 1 + \int_s^t \|\Phi(t,\xi)A(\xi)\| d\xi$$

$$\leqslant 1 + \int_0^t \|X(t,\xi)\| d\xi$$

$$\leqslant 1 + C \triangleq M.$$

系统 (6.97) 可以写成

$$y(t) = [A(t) + (B(t) - A(t))]y(t).$$

根据常数变易公式, 系统 (6.97) 的解满足对任意的 $t \geqslant t_0$,

$$y(t) = \Phi(t,0)y_0 + \int_0^t \Phi(t,s)[B(s) - A(s)]y(s)ds,$$

故而

$$\|y(t)\| \leqslant \|\Phi(t)\|\|y_0\| + \int_0^t \|\Phi(t,s)\|\|[B(s) - A(s)]\|\|y(s)\| ds$$

$$\leqslant \|\Phi(t)\|\|y_0\| + \int_0^t \|\Phi(t,s)\|\|[B(s) - A(s)]\|\|y(s)\| ds$$

$$\leqslant M\|y_0\|e^{-gt} + 2M\varepsilon \int_0^t \|y(s)\| ds.$$

由 Gronwall-Bellman 不等式, 得到

$$\|y(t)\| \leqslant M\|y_0\|e^{-gt}e^{2M\varepsilon t} = M\|y_0\|e^{-(g+2M\varepsilon)t}.$$

所以存在 $\bar{g}, \bar{T} > 0$ 使对任意的 $t > \bar{T}$, 系统 (6.97) 的解满足

$$\|y(t)\| \leqslant \|y_0\| \exp\left(-\frac{g}{2}t\right) \triangleq \|y_0\| \exp(-\bar{g}t).$$

命题得证. ■

由 6.2 节分析可知, 解决全局稳定性的关键是找到一个合适的 Bendixson 准则且在局部扰动下是鲁棒的, 进而可以根据全局稳定性原理得到系统的全局稳定性.

Li 和 Muldowney 在文献 [91] 中, 通过将 Lyapunov 函数看成一个 Bendixson 准则, 给出了类似于 Lyapuonv-LaSalle 稳定性定理判别全局稳定性的准则. 对 (6.1), 有如下定理.

定理 6.32　若系统 (6.1) 满足条件 (GSC_1)—(GSC_3), 且存在函数 $V \in C^1(D \to R^n)$ 满足条件

$(\tilde{L}_1)$ 当 $f(x) \neq 0$ 时,

$$\left(\frac{\partial V}{\partial x}\right)^{\mathrm{T}} \cdot f(x) < 0,$$

其中 $\dfrac{\partial}{\partial x}$ 是梯度算子且 T 表示转置,

则系统 (6.1) 的正平衡点 $\bar{x}$ 是全局渐近稳定的.

证明　若 $x(t)$ 是系统 (6.1) 在 D 内的解. 由于 K 是紧吸收集, 故系统 (6.1) 的 ω 极限集 Ω 是非空的. 下面说明所有的 ω 极限点 $q \in \Omega$ 是一个平衡点. 反证法, 由 Pugh 闭引理, 对任意的 $\varepsilon > 0$, 存在一个向量值函数 $g(x)$ 使得

$$\|f(x) - g(x)\|_{C^1} < \varepsilon.$$

则系统 (6.1) 具有一个通过 q 的闭轨道. 取 $\varepsilon > 0$ 充分小, 使得 $g(x) \neq 0$,

$$\left(\frac{\partial V}{\partial x}\right)^{\mathrm{T}} \cdot g(x) < 0, \quad x \in D.$$

因而, 根据定理 6.25, 不存在这样的周期闭轨道. 因此, 系统 (6.1) 的非游荡点是一个平衡点. 结合全局稳定性原理 (定理 6.30), 系统 (6.1) 的正平衡点 $\bar{x}$ 是全局渐近稳定的. ∎

根据 Ballyk 等在文献 [8] 中给出的 Bendixson 准则, 有如下的结论.

定理 6.33　若 (6.1) 满足 (GSC_1)—(GSC_3) 以及

(BD_5) 存在 $T, g > 0$, 对任意的 $t \geqslant T$ 以及初值 $y(0) \in R^{\binom{n}{2}}$, 系统 (6.59) 的解 $y(t)$ 满足

$$\|y(t)\| \leqslant \|y(0)\| \exp(-gt),$$

则系统 (6.1) 的正平衡点 $\bar{x}$ 是全局渐近稳定的.

证明　根据定理 6.17, 系统 (6.1) 不存在不变的周期闭轨道. 下面将说明所有的非游荡点是平衡点. 若不然, 由 Paugh 的闭引理可知, 对任意的 $\varepsilon > 0$, 存在系统

$$\dot{x} = g(x), \tag{6.103}$$

其中 $g(x)$ 是连续可微的向量值函数使得

$$\|f(x) - g(x)\|_{C^1} < \varepsilon,$$

使得系统 (6.103) 存在过 ω 极限点的闭轨道.

根据定理 6.31, 对于充分小的 $\varepsilon > 0$, 存在 $T_1 > 0, \tilde{g} > 0$, 使得对任意的 $t > T_1$, 有如下变分方程

$$\dot{z} = B_g(x(t, x_0))z, \tag{6.104}$$

其中

$$B_g = L(t)L^{-1}(t) + L(t)\frac{\partial g^{[2]}}{\partial x}L^{-1}(t)$$

的解满足对任意的 $z(0) \in R^{\binom{n}{2}}$, 有

$$\|z(t)\| \leqslant \|z(0)\| \exp(-\tilde{g}t).$$

根据定理 6.17, 系统 (6.103) 不存在过 ω 极限点的周期轨道, 这与假设矛盾. 结合全局稳定性原理 (定理 6.30), 系统 (6.1) 的正平衡点 $\bar{x}$ 是全局渐近稳定的. ■

Ballyk 等给出的定理是对 Li-Muldowney 在文献 [89, 92] 中全局稳定性定理的推广, 这样根据定理 6.33, 可得如下结论.

定理 6.34 若 (6.1) 满足 (GSC$_1$)—(GSC$_3$) 以及如下条件:

$$\bar{q}_2 < 0 \quad \text{或者} \quad \mu(B(x(t, x_0))) < -\delta < 0,$$

则系统 (6.1) 的正平衡点 $\bar{x}$ 是全局渐近稳定的.

此外, Arino 等在文献 [2] 中, 给出了如下的稳定性的判定准则.

定理 6.35 若系统 (6.1) 满足 (GSC$_1$)—(GSC$_3$) 以及如下条件:
(AMD) 存在 $T, \eta > 0$, 使得 (6.59) 的解满足

$$D_+\|y\| \leqslant -\eta\|y\|,$$

则系统 (6.1) 的正平衡点 $\bar{x}$ 是全局渐近稳定的.

Lu 等在文献 [114] 中也发展了关于全局稳定性判定准则.

令矩阵 $\tilde{B}(x(t, x_0))$ 如方程 (6.58) 所定义. 类似于定理 6.33 与定理 6.35 的证明, 得到如下定理.

定理 6.36 假设条件 (GSC$_1$)—(GSC$_3$) 满足, 则系统 (6.1) 唯一的正平衡点是全局渐近稳定的, 如果如下条件 $(\tilde{L}_a)$ 成立:

$(\tilde{L}_a)$ 存在函数 $\tilde{g}_i(t)(i=1,2,\cdots,n)$ 和充分大的 $\tilde{T}_1>0$ 以及一些正数 $\alpha_1,\alpha_2,\cdots,$ α_n 使得对所有的 $t\geqslant T_1$ 和所有的初值 $x_0\in K$,

$$\tilde{b}_{ii}(t)+\sum_{i\neq j}\frac{\alpha_j}{\alpha_i}|\tilde{b}_{ij}(t)|\leqslant\tilde{g}_i(t),$$

其中

$$\lim_{t\to+\infty}\frac{1}{t}\int_0^t\tilde{g}_i(t)=\tilde{\delta}_i<0,$$

以及 $\tilde{b}_{ij}(t)$ 表示矩阵 $\tilde{B}(x(t,x_0))$ 中的项.

证明 若 $(\tilde{L}_a)$ 成立, 结合定理 3.30, (BD_5) 成立. 因而由定理 6.35 知, 定理成立. ∎

这样, 有如下定理.

定理 6.37 假设条件 (GSC_1)—(GSC_3) 满足, 则 (6.1) 的唯一的平衡点是全局渐近稳定的, 如果下面条件 $(\tilde{L}_b)$ 成立:

$(\tilde{L}_b)$ 存在 $\alpha_1,\alpha_2,\cdots,\alpha_n>0$, 使得

$$\lim_{t\to+\infty}\sup_{x_0\in K}\frac{1}{t}\int_0^t\left(\tilde{b}_{ii}(s)+\sum_{i\neq j}\frac{\alpha_j}{\alpha_i}|\tilde{b}_{ij}(s)|\right)ds=\tilde{l}_i<0.$$

记 $\mathcal{A}=\{A\in R^{n\times n}\mid a_{ii}>0,\,a_{ij}\leqslant 0\,(i\neq j)\}$. 文献 [69, 134] 给出了 M 矩阵的概念.

定义 6.12 设 $A\in\mathcal{A}$, 称 A 是一个非奇异 M 矩阵, 若如下等价条件之一满足

(M_1) 存在非负矩阵 $B\geqslant 0$, 使

$$A=\lambda_0 I-B,$$

其中 $\lambda_0>\rho$ 且 ρ 是 B 最大特征值;

(M_2) 矩阵 A 所有特征值具有正实部;

(M_3) 存在 $x\in R^n$ 以及 $x>0$, 有 $Ax>0$;

(M_4) 对任意的 $x\in R^n$ 以及 $x>0$, 存在 $i\,(1\leqslant i\leqslant n)$, 有 $(Ax)_i>0$;

(M_5) 矩阵 A 的所有顺序主子式大于零;

(M_6) A^{-1} 存在且 $A^{-1}\geqslant 0$.

定义 A^+ 为矩阵 A 衍生矩阵, 定义如下:

$$a_{ii}^+=a_{ii},\quad a_{ij}^+=|a_{ij}|\quad(i\neq j).\tag{6.105}$$

基于 Hofbauer 和 Sigmund [69] 的练习 15.3.8, 有如下结论.

定理 6.38 设 A 是 n 阶方阵, 如下条件等价.

(DM$_1$) 矩阵 A 负对角占优, 即存在 $d_1, d_2, \cdots, d_n > 0$, 有

$$d_i a_{ii} + \sum_{j \neq i} d_j |a_{ij}| < 0; \tag{6.106}$$

(DM$_2$) 矩阵 $-A^+$ 为 M 矩阵;

(DM$_3$) 矩阵 A^{T} 负对角占优, 即存在 $c_1, c_2, \cdots, c_n > 0$, 有

$$c_i a_{ii} + \sum_{j \neq i} c_j |a_{ji}| < 0. \tag{6.107}$$

结合定理 6.37 与定理 6.38, 有如下结论.

定理 6.39 假设条件 (GSC$_1$)—(GSC$_3$) 满足, 则 (6.1) 的唯一的平衡点 x^* 是全局渐近稳定的, 如果下面条件 $(\tilde{\mathrm{L}}_{\mathrm{c}})$ 与 $(\tilde{\mathrm{L}}_{\mathrm{d}})$ 成立:

$(\tilde{\mathrm{L}}_{\mathrm{c}})$

$$\lim_{t \to +\infty} \sup_{x_0 \in K} \frac{1}{t} \int_0^t \tilde{b}_{ij}^+(s) ds = m_{ij};$$

$(\tilde{\mathrm{L}}_{\mathrm{d}})$ 存在 $\alpha_1, \alpha_2, \cdots, \alpha_n > 0$, 使得

$$m_{ii} + \sum_{j \neq i} \frac{\alpha_j}{\alpha_i} |m_{ji}| < 0.$$

证明 由条件 $(\tilde{\mathrm{L}}_{\mathrm{d}})$ 与定理 6.38 知, 存在 $d_1, d_2, \cdots, d_n > 0$, 使得

$$m_{ii} + \sum_{j \neq i} \frac{d_j}{d_i} |m_{ij}| < 0.$$

由条件 $(\tilde{\mathrm{L}}_{\mathrm{c}})$ 知, 定理 6.37 中的条件 $(\tilde{\mathrm{L}}_{\mathrm{b}})$ 成立. 因此, 结论成立. ∎

6.4 不变流形系统的稳定性

考虑如下的自治系统:

$$\dot{x} = f(x), \quad x \in D \subset R^n, \tag{6.108}$$

其中 $f(x) : D \to R^n$ 在 D 上是连续可微的, 令 $x(t, x_0)$ 为系统 (6.108) 通过初值 $x(0, x_0) = x_0$ 的解.

假设系统 (6.108) 具有一个 $n - m$ 维不变流形 Γ, 定义如下:

$$\Gamma = \{x \in R^n | g(x) = 0\},$$

其中 $g(x)$ 是一个 R^m-值二次连续可微函数满足当 $g(x) = 0$ 时, $\dim\left(\dfrac{\partial g}{\partial x}\right) = m$.为了方便, 假设 $m = 0$ 表示系统 (6.108) 不存在不变流形.

Li 和 Muldowney 在文献 [94] 中给出了关于中心流形的如下命题.

命题 6.1 Γ 关于 (6.108) 是不变的当且仅当存在一个 $m \times m$ 矩阵值函数 $N(x)$, 使得

$$g_f(x) = N(x) \cdot g(x),$$

其中 $g_f(x) = \dfrac{\partial g}{\partial x} \cdot f(x)$ 是函数 $g(x)$ 在向量场 f 上的方向导数.

定义 6.13 在 Γ 上, 定义函数 $\nu(x)$ 如下:

$$\nu(x) = \operatorname{tr}(N(x)).$$

对于系统 (6.108), 做如下假设:

(H_1) Γ 是单连通的;

(H_2) 存在紧的吸收集 $K \subset D \subset \Gamma$;

(H_3) $\bar{x}$ 是系统 (6.108) 在 $D \subset \Gamma$ 上的唯一平衡点, 即 $f(\bar{x}) = 0$.

令 $\varphi_t(x_0) = x(t, x_0)$, 则 $y(t) = \dfrac{\partial \varphi_t}{\partial x_0} \cdot c\, (c \in R^n)$ 满足如下线性变分方程:

$$\dot{y} = \frac{\partial f}{\partial x}(\varphi_t(x_0))y. \tag{6.109}$$

设 $\mathcal{T}_x$ 是 Γ 在点 x 处的切平面且

$$w_i(t) = \left(\frac{\partial g}{\partial x}\right)^{\mathrm{T}}(\varphi_t(x_0))U(t)e_i,$$

满足如下方程:

$$\dot{U}(t) = -N^{\mathrm{T}}(\varphi_t(x_0))U(t), \quad U(0) = I, \tag{6.110}$$

其中 $x_0 \in \Gamma, \{e^i\}_{i=1}^m$ 是 R^m 的标准正交基.

令 $x \mapsto P(x)$ 是定义在 Γ 上一个非奇异 $\begin{pmatrix} n \\ m+2 \end{pmatrix} \times \begin{pmatrix} n \\ m+2 \end{pmatrix}$ 维 C^1 的矩阵值函数使得 $\|P^{-1}(x)\|$ 在 $x \in K$ 是一致有界的, 且 P_f 是矩阵 P 沿着向量场 f 的方向导数. 考虑系统 (6.109) 满足初值条件

$$y_i(0) = w_i(0) \quad (i = 1, 2, \cdots, m), \quad y_i(0) \in T_{x_0} \quad (i = m+1, m+2)$$

的解

$$y_i(t)\,(i = 1, 2, \cdots, m+2),$$

则

$$y_i(t) = \frac{\partial \varphi_t}{\partial x_0} y_i(0), \quad i = 1, 2 \cdots, m,$$

$$y_i(t) = \frac{\partial \varphi_t}{\partial x_0} \bigg|_{T_{x_0}} y_i(0), \quad i = m+1, m+2$$

及

$$y_1(t) \wedge \cdots \wedge y_{m+2}(t) = \bigwedge^{m+2} \frac{\partial \varphi_t}{\partial x_0} y_1(0) \wedge \cdots \wedge y_{m+2}(0). \tag{6.111}$$

根据文献 [90] 中的命题 2.4,

$$z(t) = P(\varphi_t(x_0)) y_1(t) \wedge y_2(t) \wedge \cdots \wedge y_{m+2}(t) \exp\left(-\int_0^t \nu(\varphi_s(x_0)) ds\right) \tag{6.112}$$

是如下变分线性方程

$$\dot{z}(t) = \left[P_f P^{-1} + P \frac{\partial f}{\partial x}^{[m+2]} P^{-1} - \nu I \right] z(t)$$

$$\triangleq B(\varphi_t(x_0)) z(t) \tag{6.113}$$

满足初值

$$z(0) = P(x_0) y_1(0) \wedge y_2(0) \wedge \cdots \wedge y_{m+2}(0)$$

的解.

引理 6.6 对系统 (6.113), 假设条件 (H_2) 成立且

(LH_a) 存在 $T, C, g > 0$, 使得对任意的 $t \geqslant T$ 以及所有的 $x_0 \in K$ 和所有的 $z(0) \in R^{\binom{n}{m+2}}$, 系统 (6.113) 的解满足

$$\|z(t)\| \leqslant C\|z(0)\| e^{-gt},$$

则存在充分大的 $\bar{T}$ 以及 $M > 0$, 使得对所有的 $t \geqslant \bar{T}$,

$$\left\| \bigwedge^{m+2} \frac{\partial \varphi_t}{\partial x_0} \right\| \leqslant CM \exp\left(\int_0^t \nu(\varphi_s(x_0)) - g ds \right). \tag{6.114}$$

证明 由 (6.112), 易得

$$y_1(t) \wedge y_2(t) \wedge \cdots \wedge y_{m+2}(t) = P^{-1}(\varphi_t(x_0)) z(t) \exp\left(-\int_0^t \nu(\varphi_s(x_0)) ds\right),$$

以及

$$y_1(0) \wedge y_2(0) \wedge \cdots \wedge y_{m+2}(0) = P^{-1}(x_0)z(0).$$

根据条件 $(\mathrm{LH_a})$, 对充分大的 $t \geqslant T$, 有

$$\|y_1(t) \wedge \cdots \wedge y_{m+2}(t)\|$$

$$= \left\| P^{-1}(\varphi_t(x_0))z(t) \exp\left(\int_0^t \nu(\varphi_s(x_0))ds \right) \right\|$$

$$\leqslant \|P^{-1}(\varphi_t(x_0))\|\|z(t)\| \exp\left(\int_0^t \nu(\varphi_s(x_0))ds \right)$$

$$\leqslant C\|P^{-1}(\varphi_t(x_0))\|\|z(0)\| \exp\left(\int_0^t \nu(\varphi_s(x_0)) - gds \right)$$

$$= C\|P^{-1}(\varphi_t(x_0))\|\|P(x_0)y_1(0) \wedge \cdots \wedge y_{m+2}(0)\| \exp\left(\int_0^t \nu(\varphi_s(x_0)) - gds \right)$$

$$\leqslant C\|P^{-1}(\varphi_t(x_0))\|\|P(x_0)\|\|y_1(0) \wedge \cdots \wedge y_{m+2}(0)\| \exp\left(\int_0^t \nu(\varphi_s(x_0)) - gds \right).$$

根据条件 $(\mathrm{H_2})$ 以及 $x_0 \in K$ 可得, 对充分大的 t, $\varphi_t(x_0) \in K$. 因而存在 $M > 0$ 以及充分大的 $\bar{T} \geqslant T$, 使得对 $t \geqslant \bar{T}$,

$$\|P^{-1}(\varphi_t(x_0))\|\|P(x_0)\| \leqslant M.$$

根据 (6.111), 得到对任意的 $t \geqslant \bar{T}$,

$$\left\| \bigwedge^{m+2} \frac{\partial \varphi_t}{\partial x_0} y_1(0) \wedge \cdots \wedge y_{m+2}(0) \right\|$$

$$= \|y_1(t) \wedge \cdots \wedge y_{m+2}(t)\|$$

$$\leqslant CM\|y_1(0) \wedge \cdots \wedge y_{m+2}(0)\| \exp\left(\int_0^t \nu(\varphi_s(x_0)) - gds \right),$$

这样, 就得到

$$\left\| \bigwedge^{m+2} \frac{\partial \varphi_t}{\partial x_0} \frac{y_1(0) \wedge \cdots \wedge y_{m+2}(0)}{\|y_1(0) \wedge \cdots \wedge y_{m+2}(0)\|} \right\| \leqslant CM \exp\left(\int_0^t \nu(\varphi_s(x_0)) - gds \right),$$

以及对任意的 $t \geqslant \bar{T}$,

$$\left\| \bigwedge^{m+2} \frac{\partial \varphi_t}{\partial x_0} \right\| \leqslant CM \exp\left(\int_0^t \nu(\varphi_s(x_0)) - gds \right)$$

成立, 引理得证. ∎

定义 6.14 令 $B = B^2(0,1)$ 为 R^2 中的欧几里得球且分别记 $\bar{B}, \partial B$ 为其闭包和边界.

称函数 $\phi \in \mathrm{Lip}(\bar{B} \to \Gamma)$ 为 Γ 上的 2-维可求长曲线.

称函数 $\psi \in \mathrm{Lip}(\partial B \to \Gamma)$ 为 Γ 上的闭的可求长曲线且称其为简单的, 若它是一对一的.

通过系统 (6.1) 沿着某一个定义在一个可求长2-曲面的演化规律, Li-Muldowney 在文献 [89] 中建立了一般自治系统的 Dulac 准则.

若 Γ 是单连通的, 对给定的简单闭曲线 $\psi \in \mathrm{Lip}(\partial B \to \Gamma)$, 定义集合

$$\Sigma(\psi, \Gamma) = \{\phi \in \mathrm{Lip}(\bar{B} \to \Gamma) : \phi(\partial B) = \psi(\partial B)\},$$

由文献 [89], Σ 非空. 对任意的 $\phi \in \Sigma$, 定义泛函

$$\mathcal{S}\phi = \int_{\bar{B}} \left\| \frac{\partial \phi}{\partial u_1} \wedge \frac{\partial \phi}{\partial u_2} \right\| du. \tag{6.115}$$

根据 Li-Muldowney 准则 [94], 有如下结论.

命题 6.2 设 ψ 是 Γ 上的简单可求长闭曲线, 则存在 $\delta > 0, \mathcal{S}\phi > \delta$.

定理 6.40 假设 (H_1), (H_2) 以及 (LH_a) 成立, 则系统 (6.108) 在 Γ 上不存在简单的闭的可求长的曲线.

证明 利用反证法, 假设命题不成立, 即存在简单的闭可求长曲线 $\psi \in \Gamma$ 关于系统 (6.108) 是不变的.

令 $\phi \in \Sigma(\psi, \Gamma)$ 以及 $\phi_t(u) = x(t, \phi(u))$, 这里 $u = (u_1, u_2) \in B$. 则根据 $\psi(\partial B)$ 的不变性, 对任意的 t, 有 $\phi_t(u) \in \Sigma(\psi, \Gamma)$. 因此, 由命题 6.2 可得

$$\mathcal{S}\phi_t = \int_{\bar{B}} \left\| \frac{\partial \phi_t}{\partial u_1} \wedge \frac{\partial \phi_t}{\partial u_2} \right\| du \geqslant \delta > 0. \tag{6.116}$$

因为

$$\frac{\partial \phi_t}{\partial u_i}(\phi(u)) = \frac{\partial \phi_t}{\partial x_0}(\phi(u)) \cdot \frac{\partial \phi}{\partial u_i} = \left. \frac{\partial \phi_t}{\partial x_0} \right|_{\mathcal{T}_{x_0}} \cdot \frac{\partial \phi}{\partial u_i},$$

可得

$$\frac{\partial \phi_t}{\partial u_1} \wedge \frac{\partial \phi_t}{\partial u_2} = \bigwedge^2 \left. \frac{\partial \phi_t}{\partial x_0} \right|_{\mathcal{T}_{x_0}} \cdot \frac{\partial \phi}{\partial u_1} \wedge \frac{\partial \phi}{\partial u_2}.$$

利用条件 (H_2) 以及 $g(x)$ 在 R^n 是 C^1 的事实, 基于文献 [94] 中的命题 3.4, 显然有

$$\left\| \frac{\partial \phi_t}{\partial u_1} \wedge \frac{\partial \phi_t}{\partial u_2} \right\| \leqslant \left\| \bigwedge^2 \left. \frac{\partial \phi_t}{\partial x_0} \right|_{\mathcal{T}_{x_0}} \right\| \left\| \frac{\partial \phi}{\partial u_1} \wedge \frac{\partial \phi}{\partial u_2} \right\|$$

$$\leqslant C_1 \left\| \bigwedge^{m+2} \frac{\partial \phi_t}{\partial x_0} \right\| \exp\left(- \int_0^t \nu(\phi_s(u)) ds \right) \left\| \frac{\partial \phi}{\partial u_1} \wedge \frac{\partial \phi}{\partial u_2} \right\|,$$

其中 $C_1 = \sup\left\{\left\|\bigwedge\limits^m \left(\dfrac{\partial g}{\partial x}\right)^t(y)\right\| \Big/ \left\|\bigwedge\limits^m \left(\dfrac{\partial g}{\partial x}\right)^t(\phi)\right\|, y \in \gamma^+(\phi)\right\}$ 以及 $\gamma^+(\phi) = \{\phi_t(u) : t \geqslant 0\}$.

根据引理 6.6 中的 (6.114), 得到对任意的 $t \geqslant \bar{T}$,

$$\left\|\frac{\partial \phi_t}{\partial u_1} \wedge \frac{\partial \phi_t}{\partial u_2}\right\| \leqslant C_1 CM \exp\left(-\int_0^t \nu(\phi_s(u))ds\right)$$

$$\cdot \exp\left(\int_0^t \nu(\phi_s(u)) - gds\right)\left\|\frac{\partial \phi}{\partial u_1} \wedge \frac{\partial \phi}{\partial u_2}\right\|$$

$$\leqslant C_1 CM \exp\left(-gt\right)\left\|\frac{\partial \phi}{\partial u_1} \wedge \frac{\partial \phi}{\partial u_2}\right\|$$

$$\triangleq \tilde{C} \exp\left(-gt\right)\left\|\frac{\partial \phi}{\partial u_1} \wedge \frac{\partial \phi}{\partial u_2}\right\|.$$

因此,

$$\mathcal{S}\phi_t \leqslant \tilde{C}e^{-gt}\mathcal{S}\phi \to 0, \quad t \to +\infty.$$

矛盾. 命题成立.　　　　　　　　　　　　　　　　　　　　　　　　　　　　■

注 6.8　根据定理 6.40, 我们知道 $(\mathrm{LH_a})$ 是一个 Bendixson 准则, 类似的准则在文献 [90, 94, 95] 中由 Li 和 Muldowney 给出. 在条件 $(\mathrm{H_1})$ 及 $(\mathrm{H_2})$ 下, 文献 [94] 中得到.

若如下条件满足

$(\mathrm{LH_b})$　$\mu(B(x(t, x_0))) < 0, \ x \in R^n$,

则系统 (6.108) 在 Γ 上不存在可求长的简单闭曲线. 进一步, 在文献 [95] 中, Li 引入了如下的量:

$$\bar{q}_{m+2} = \limsup_{t \to +\infty} \sup_{x_0 \in K} \frac{1}{t}\int_0^t \mu(B(x(s, x_0)))ds,$$

并证明了当条件

$(\mathrm{LH_c})$　$\bar{q}_{m+2} < 0$

成立时, 系统 (6.108) 不存在任何非常数的周期解.

显然, $(\mathrm{LH_a})$, $(\mathrm{LH_b})$ 以及 $(\mathrm{LH_c})$ 是保证系统 (6.113) 等度渐近稳定的充分条件. 一般地, 有如下定理.

定理 6.41　假设条件 $(\mathrm{H_1})$ 以及 $(\mathrm{H_2})$ 满足, 则系统 (6.108) 不存在不变的简单可求长的闭曲线, 若如下条件成立:

$(\mathrm{LH_d})$　系统 (6.113) 是等度渐近稳定的.

类似 Ballyk 等在文献 [8] 中的结果, 我们基于文献 [94] 中的定理 6.1 以及定理 6.40, 可得如下结论.

定理 6.42   假设条件 (H_1)—(H_3) 以及 (LH_a) 满足, 则系统 (6.108) 的唯一平衡点在 Γ 是全局渐近稳定的.

注 6.9   定理 6.42 中的条件 (LH_a) 可以用条件 (LH_b) 或者 (LH_c) 或者 (LH_d) 代替.

类似于定理 6.35, 可以得到如下结论.

定理 6.43   假设系统 (6.113) 满足

(LH_e) 对于系数矩阵 $B(x(t,x_0))$, 若存在矩阵 $C(t)$ 和充分大的 $T_1 > 0$ 以及正数 $\alpha_1, \alpha_2, \cdots, \alpha_n$, 使得对任意的 $t \geqslant T_1$ 和全部的 $x_0 \in K$, 有

$$b_{ii}(t) + \sum_{i \neq j} \frac{\alpha_j}{\alpha_i} |b_{ij}(t)| \leqslant c_{ii}(t) + \sum_{i \neq j} \frac{\alpha_j}{\alpha_i} |c_{ij}(t)|,$$

以及

$$\lim_{t \to +\infty} \frac{1}{t} \int_0^t c_{ii}(s) + \sum_{i \neq j} \frac{\alpha_j}{\alpha_i} |c_{ij}(s)| ds = \delta_i < 0, \tag{6.117}$$

其中 $b_{ij}(t)$ 和 $c_{ij}(t)$ 表示矩阵 $B(x(t,x_0))$ 以及 $C(t)$ 的项. 则存在 $g > 0$ 以及 $T > T_1$ 使得对所有的 $t \geqslant T$ 以及任意的 $x_0 \in K$ 和所有的 $z(0) \in R^{\binom{n}{m+1}}$, 如下估计成立:

$$\|z(t)\| \leqslant \|z(0)\| \exp(-gt), \quad t \geqslant T,$$

其中 $\|\cdot\|$ 是如下向量范数

$$\|(u_1, u_2, \cdots, u_n)\| = \max_i \{|u_1|, |u_2|, \cdots, |u_n|\}.$$

借助于引理 6.6 以及定理 6.40, 有如下定理.

定理 6.44   假设条件 (H_1) 和 (H_2) 满足, 则系统 (6.108) 在 Γ 上不存在不变的非常数周期解, 如果条件 (LH_e) 成立.

定理 6.44 说明条件 (LH_e) 是如下的 Bendixson 条件用以排除系统 (6.108) 非常数周期解, 因此, 根据定理 6.42, 定理 6.43 以及定理 6.44, 得到如下定理.

定理 6.45   (Bendixson 条件)   若条件 (H_1)—(H_3) 以及条件 (LH_e) 成立, 系统 (6.108) 唯一的平衡点 $\bar{x}$ 在 Γ 上是全局渐近稳定的.

第7章 Gompterz 模型的稳定性问题

7.1 Gompterz 模型的建立

在众多描述种群增长的方法中, 1838 年由 Verhulst 创立的 Logistic 法则被广泛地应用于种群动力学中. 基于此法则, Volterra 在 1926 年建立了经典的 Lotka-Volterra 模型用来解释他的同事兼女婿 D'Ancona 关于鱼类变换的趋势, 类似的模型被 Alfred Lotka 在 1920 年独立地建立. 在 Volterra 和 Lotka 的基础上, 苏联数学家 Kolmogorov 给出了更一般的捕食系统 [38]. 然而, 这并不意味着, Logistic 增长规律适合现实世界的种群动力学. 例如, 为了描述人口死亡率 [50,126] 和肿瘤增长 [84, 145], 它更适合于利用 Gompterz 增长进行描述.

接下来, 将给出 Gompertz 模型的推导. 令 $x(t)$ 为 t 时刻的肿瘤细胞总数. 这样, Gompertz 增长可以利用如下的方程组来描述:

$$
\begin{aligned}
\dot{x}(t) &= x(t)r(t), \\
\dot{r}(t) &= -ar(t),
\end{aligned}
\tag{7.1}
$$

满足初值条件为 $x(0) = x_0$ 和 $r(0) = r_0$, 其中 $r(t)$ 为肿瘤增长率, $a > 0$ 是延迟常数.

容易知道上述方程的解为

$$
x(t) = x_0 e^{\left(\frac{r_0}{a}(1 - e^{-at})\right)},
\tag{7.2}
$$

其中参数可以利用数据来拟合. 考虑临床研究, 假设治疗后的肿瘤细胞和初始的肿瘤细胞具有相同的增长特性. 假设肿瘤细胞总量保持不变, 记 $b = x_0 \exp\left(\frac{r_0}{a}\right)$. 这样, 模型 (7.1) 可以写成如下的简单形式:

$$
\dot{x}(t) = ax(t)\ln\left(\frac{b}{x(t)}\right).
\tag{7.3}
$$

它最早由 Gompertz [50] 提出. 时下, Gompertz 增长模型被生态学家广泛应用于解释生物现象 [3, 9, 10, 82, 104, 135, 145, 153].

当在多个种群中引入竞争后, Yu, Wang 和 Lu 在文献 [158] 中建立了如下的三

维 Gompertz 模型:

$$\dot{x}_1 = x_1[\ln b_1 - \ln(x_1 + a_{12}x_2 + a_{13}x_3)],$$
$$\dot{x}_2 = x_2[\ln b_2 - \ln(a_{21}x_1 + x_2 + a_{23}x_3)], \qquad (7.4)$$
$$\dot{x}_3 = x_3[\ln b_3 - \ln(a_{31}x_1 + a_{32}x_2 + x_3)],$$

其中 $x_i(i = 1, 2, 3)$ 表示第 i 个种群在 t 时刻的种群密度, b_i 表示第 i 个种群的容纳量, $a_{ii}(i = 1, 2, 3)$ 分别表示第一、二、三个种群的种内竞争比率, $a_{ij}(i \neq j)$ 是种群 j 在种群 i 上的种间竞争比率.

通过引入如下变换:

$$x_i' = \frac{x_i}{b_i}, \quad b_{12} = \frac{b_{12}b_1}{b_2}, \quad b_{13} = \frac{a_{13}b_3}{b_1},$$
$$b_{21} = \frac{a_{21}b_1}{b_2}, \quad b_{23} = \frac{a_{23}b_3}{b_2}, \quad b_{31} = \frac{a_{31}b_1}{b_3},$$
$$b_{32} = \frac{a_{32}b_2}{b_3},$$

对系统 (7.4) 进行无量纲化, 去掉符号 $'$, 模型 (7.4) 化为

$$\dot{x}_1 = x_1 \ln \frac{1}{x_1 + b_{12}x_2 + b_{13}x_3},$$
$$\dot{x}_2 = x_2 \ln \frac{1}{b_{21}x_1 + x_2 + b_{23}x_3}, \qquad (7.5)$$
$$\dot{x}_3 = x_3 \ln \frac{1}{b_{31}x_1 + b_{32}x_2 + x_3}.$$

基于生物学的解释, 假设模型 (7.5) 具有唯一的正平衡点 $x^* = (x_1^*, x_2^*, x_3^*)$,

$$x_1^* = \frac{\Delta_1}{\Delta}, \quad x_2^* = \frac{\Delta_2}{\Delta}, \quad x_3^* = \frac{\Delta_3}{\Delta},$$

其中

$$\Delta = b_{12}b_{21} + b_{13}b_{31} + b_{23}b_{32} - b_{12}b_{23}b_{31} - b_{13}b_{21}b_{32} - 1,$$
$$\Delta_1 = b_{23}b_{32} + b_{12} + b_{13} - b_{12}b_{23} - b_{13}b_{32} - 1,$$
$$\Delta_2 = b_{13}b_{31} + b_{21} + b_{23} - b_{13}b_{21} - b_{23}b_{31} - 1,$$
$$\Delta_3 = b_{12}b_{21} + b_{31} + b_{32} - b_{12}b_{31} - b_{21}b_{32} - 1.$$

基于 Busenberg 和 Driessche 的准则以及 Li 和 Muldowney 的几何方法, Yu, Wang 和 Lu 在文献 [158] 中给出了所有平衡点的局部稳定性, 排除了周期解的存在性并在弱竞争的情形获得了模型的全局渐近稳定性. 近来, 借助于 Zeeman 在文献

[159] 中关于 Lotka-Volterra 系统的工作, Jiang, Niu 和 Zhu 在文献 [76] 中将三维竞争的 Gompertz 模型分成了 33 个稳定的等价类. 进一步, 他们得到了从第 1—25 以及第 32 和第 33 类模型平凡的动力学行为, 仅仅在第 26—31 类模型可能具有极限环, 并提出了关于极限环存在性的一些公开问题.

7.2　Gompterz 三维竞争模型的分类

本节基于 Hirsch[62] 的结果, 利用 Zeeman[159] 的思想, Jiang 等 [76] 对三维竞争 Gompertz 模型给出了完整的分类如下 (图 7.1, 图 7.2).

定理 7.1 [76]　　模型 (7.5) 总共可以分成 33 类.

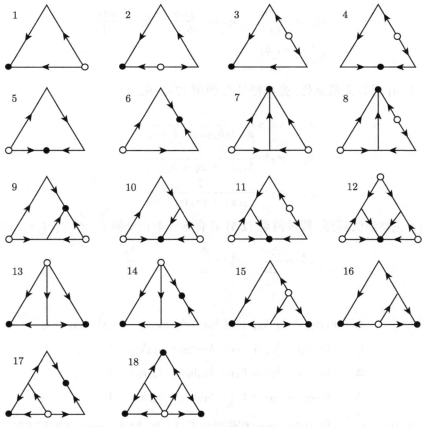

图 7.1　三维竞争系统的分类 (1-18)

借助于 Poincaré-Bendixson 定理和 Busenberg-Driessche 准则, Yu, Wang 和

Lu [158] 给出如下不等式:

$$\delta = \frac{1}{x_3}\left(\frac{b_{21}-1}{g_2(x)} + \frac{b_{12}-1}{g_1(x)}\right) + \frac{1}{x_2}\left(\frac{b_{31}-1}{g_3(x)} + \frac{b_{13}-1}{g_1(x)}\right)$$

$$+ \frac{1}{x_1}\left(\frac{b_{32}-1}{g_3(x)} + \frac{b_{23}-1}{g_2(x)}\right) > 0 \quad (<0), \tag{7.6}$$

模型 (7.5) 不存在极限环的结论. 基于上述分类, Jiang 等 [76] 得到如下定理.

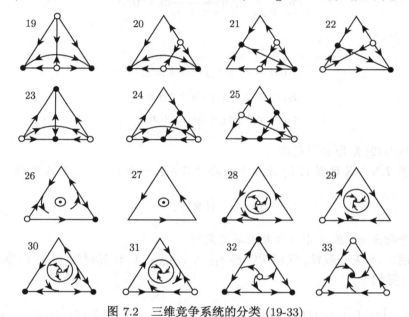

图 7.2 三维竞争系统的分类 (19-33)

定理 7.2 [76] 模型 (7.5) 的第 1—25 类以及第 32—33 类不存在极限环.

7.3 Gompterz 模型的全局稳定性

本节将证明正平衡点的全局稳定性, 在这之前, 首先给出一些将会在接下来用到的引理, 引理 7.1 可以通过简单的运算得到, 引理 7.2 类似于 Hofbauer 和 Sigmund [69]. 省略其证明.

引理 7.1 模型 (7.5) 的每一个解 $x(t)$ 在区间 $[0,+\infty)$ 上是正的且最终一致有界. 等价地,

$$\limsup_{t\to+\infty} x_i(t) \leqslant 1 \quad (i = 1,2,3),$$

进一步, 如果 $x_i(0) \leqslant 1$, 则 $x_i(t) \leqslant 1$.

定义集合 $S = \{x|0 < x_i \leqslant 1\}$, 则由引理 7.1 知, S 关于系统 (7.5) 正不变.

引理 7.2(时间平均性质)　　如果模型 (7.5) 是永久生存的, 则对任意的 $x(t) \in S$, 解 $x(t)$ 满足

$$\lim_{t \to +\infty} \frac{1}{t} \int_0^t \ln g_i(x(s)) ds = 0, \tag{7.7}$$

$$\lim_{t \to +\infty} \frac{1}{t} \int_0^t x_i \ln \frac{1}{g_i(x(s))} ds = 0, \tag{7.8}$$

其中

$$\begin{aligned} g_1(x) &= x_1 + b_{12}x_2 + b_{13}x_3, \\ g_2(x) &= b_{21}x_1 + x_2 + b_{23}x_3, \\ g_3(x) &= b_{31}x_1 + b_{32}x_2 + x_3. \end{aligned} \tag{7.9}$$

文献 [112] 给出如下定理.

定理 7.3　　若模型 (7.5) 是永久生存的且存在一个 i $(i = 1, 2, 3)$ 使得

$$b_{ij} < 1 \quad (i \neq j), \tag{7.10}$$

则其正平衡点 x^* 在 S 中是全局渐近稳定的.

证明　　不失一般性, 仅证明情形 $b_{12} < 1, b_{13} < 1$. 计算模型 (7.5) 的雅可比矩阵 $J(x)$, 得到

$$J(x) = \begin{pmatrix} -\ln g_1(x) - x_1/g_1(x) & -b_{12}x_1/g_1(x) & -b_{13}x_1/g_1(x) \\ -b_{21}x_2/g_2(x) & -\ln g_2(x) - x_2/g_2(x) & -b_{23}x_2/g_2(x) \\ -b_{31}x_3/g_3(x) & -b_{32}x_3/g_3(x) & -\ln g_3(x) - x_3/g_3(x) \end{pmatrix}. \tag{7.11}$$

根据二阶可加性复合矩阵的定义, 可得矩阵 $J^{[2]}(x)$ 如下:

$$J^{[2]}(x) = \begin{pmatrix} -\ln g_1(x) - \ln g_2(x) & -b_{23}x_2/g_2(x) & b_{13}x_1/g_1(x) \\ -b_{32}x_3/g_3(x) & -\ln g_1(x) - \ln g_3(x) & -b_{12}x_1/g_1(x) \\ b_{31}x_3/g_3(x) & -b_{21}x_2/g_2(x) & -\ln g_2(x) - \ln g_3(x) \end{pmatrix}$$

$$- \begin{pmatrix} x_1/g_1(x) + x_2/g_2(x) & 0 & 0 \\ 0 & x_1/g_1(x) + x_3/g_3(x) & 0 \\ 0 & 0 & x_2/g_2(x) + x_3/g_3(x) \end{pmatrix}.$$

令 $A(x) = \text{diag}\left(1, \dfrac{x_2}{x_3}, \dfrac{x_1}{x_3}\right)$，容易验证

$$A_f A^{-1} = \text{diag}\left(0, \frac{\dot{x}_2}{x_2} - \frac{\dot{x}_3}{x_3}, \frac{\dot{x}_1}{x_1} - \frac{\dot{x}_3}{x_3}\right).$$

根据矩阵 $B(x(t, x_0))$ 在 (6.58) 中的定义，通过简单的计算可得

$$B = \begin{pmatrix} -x_1/g_1(x) - x_2/g_2(x) & -b_{23}x_3/g_2(x) & b_{13}x_3/g_1(x) \\ -b_{32}x_2/g_3(x) & -x_1/g_1(x) - x_3/g_3(x) & -b_{12}x_2/g_1(x) \\ b_{31}x_1/g_3(x) & -b_{21}x_1/g_2(x) & -x_2/g_2(x) - x_3/g_3(x) \end{pmatrix}$$

$$+ \begin{pmatrix} -\ln g_1(x) - \ln g_2(x) & 0 & 0 \\ 0 & -\ln g_1(x) - \ln g_2(x) & 0 \\ 0 & 0 & -\ln g_1(x) - \ln g_2(x) \end{pmatrix}$$

$$\triangleq \hat{B}(t) + C(t).$$

考虑如下的线性方程:

$$\dot{z} = [\hat{B}(t) + C(t)]z. \tag{7.12}$$

定义 $R^3 \cong R^{\binom{3}{2}}$ 中的向量范数 $|\cdot|$ 如下:

$$|(u_1, u_2, u_3)| = \{|u_1| + |u_2| + |u_3|\}.$$

由于

$$-x_1/g_1(x) - x_2/g_2(x) + b_{32}x_2/g_3(x) + b_{31}x_1/g_3(x)$$
$$= -x_1/g_1(x) - x_2/g_2(x) - x_3/g_3(x) + 1;$$
$$-x_1/g_1(x) - x_3/g_3(x) + b_{21}x_1/g_2(x) + b_{23}x_3/g_2(x)$$
$$= -x_1/g_1(x) - x_2/g_2(x) - x_3/g_3(x) + 1;$$
$$-x_2/g_2(x) - x_3/g_3(x) + b_{13}x_3/g_1(x) + b_{12}x_2/g_1(x)$$
$$= -x_1/g_1(x) - x_2/g_2(x) - x_3/g_3(x) + 1,$$

根据 Lozinskiĭ 测度性质, $\mu(\hat{B}(t))$ 和 $\mu(C(t))$ 的估计如下 [1,128]:

$$\mu(\hat{B}(t)) = 1 - x_1/g_1(x) - x_2/g_2(x) - x_3/g_3(x),$$
$$\mu(C(t)) = -\ln g_1(x) - \ln g_2(x).$$

根据文献 [1] 中的定理 4.6.3, 得到系统 (7.12) 的 Cauchy 矩阵 $X(t,s)$ 具有如下的矩阵范数估计:

$$\|X(t,s)\| \leqslant \exp\left(\int_s^t \mu(\hat{B}(s)+C(s))ds\right). \tag{7.13}$$

利用引理 7.2, 得到

$$\lim_{t\to+\infty}\frac{1}{t}\int_0^t \ln g_i(x(s))ds = 0$$

和

$$\lim_{t\to+\infty}\frac{1}{t}\int_0^t x_i \ln\frac{1}{g_i(x)}ds = 0.$$

因为 $\ln u \leqslant u-1$ 对任意 $u>0$ 成立, 得到

$$\ln g_i(x) \leqslant g_i(x)-1,$$

以及

$$x_i\ln\frac{1}{g_i(x)} \leqslant \frac{x_i}{g_i(x)}-x_i,$$

故而有

$$\liminf_{t\to+\infty}\frac{1}{t}\int_0^t g_i(x(s))ds \geqslant 1$$

与

$$\liminf_{t\to+\infty}\left(\frac{1}{t}\int_0^t \frac{x_i}{g_i(x)}ds - \frac{1}{t}\int_0^t x_i ds\right) \geqslant 0.$$

因此, 对任意 $\varepsilon>0$(充分小), 存在 $T>0$, 使得对任意的 $t>T$,

$$\frac{1}{t}\int_0^t g_i(x(s))ds \geqslant 1-\varepsilon,$$

$$\frac{1}{t}\int_0^t \frac{x_i}{g_i(x)}ds \geqslant \frac{1}{t}\int_0^t x_i ds - \varepsilon,$$

$$-\frac{1}{t}\int_0^t \ln g_i(x(s))ds \leqslant \varepsilon.$$

根据模型 (7.5) 的永久生存性, 存在 T_1, 对任意的 $t>T_1>T$,

$$x_i(t) \geqslant m_i.$$

因此, 对任意的 $t > T_1$,

$$\frac{1}{t} \int_0^t \mu(\hat{B}(s) + C(s)) ds$$

$$\leqslant 1 - \frac{1}{t} \int_0^t \sum_{i=1}^3 \frac{x_i(s)}{g_i(x(s))} ds - \frac{1}{t} \int_0^t \ln g_1(x(s)) ds$$

$$- \frac{1}{t} \int_0^t \ln g_2(x(s)) ds$$

$$\leqslant 1 - \frac{1}{t} \int_0^t \sum_{i=1}^3 x_i(s) ds + 5\varepsilon$$

$$= 1 - \frac{1}{t} \int_0^t (g_1(x(s)) + (1 - b_{12})x_2(s) + (1 - b_{13})x_3(s)) ds + 5\varepsilon$$

$$\leqslant 1 - \frac{1}{t} \int_0^t g_1(x(s)) ds - b + 5\varepsilon \leqslant -b + 6\varepsilon \leqslant -\frac{b}{2}.$$

这里, $b = (1 - b_{12})m_2 + (1 - b_{13})m_3 > 0$.

因此, 我们推导出系统 (7.12) 的 Cauchy 矩阵的矩阵范数满足

$$\|X(t, 0)\| \leqslant \exp\left(\frac{-bt}{2}\right),$$

则对任意的 $t > T_1$, 系统 (7.12) 的任意解 $z(t)$ 具有如下的指数估计:

$$\|z(t)\| \leqslant \|z(0)\| \exp\left(\frac{-bt}{2}\right). \tag{7.14}$$

另一方面, 显然 S 是单连通的且模型 (7.5) 的永久生存性蕴含着存在一个紧集合 $K \subset S$. 因此, 定理 6.34 条件满足. 命题得证. ∎

7.4 Jiang-Niu-Zhu 的公开问题的解答

根据定理 7.2 可知, 模型 (7.5) 在第 26 — 31 类可以存在极限环. 文献 [76] 给出例子说明在第 26,27,28 类, 系统有包围内部平衡点的两个极限环. 进一步, 他们提出来关于极限环存在个数的一些公开问题.

Jiang-Niu-Zhu 的公开问题[76] 是在第 29, 30, 31 类是否存在极限环? 在第 26—31 类存在多少极限环?

文献 [76] 给出了系统为第 29 类以及第 31 类的充分必要条件.

引理 7.3 系统是第 29 类的当且仅当 b_{ij} 满足:

(1) $b_{12} < 1, b_{13} > 1, b_{21} < 1, b_{23} < 1, b_{31} < 1, b_{32} > 1$;

(2) $\Delta_3 < 0$.

引理 7.4　系统是第 31 类当且仅当 b_{ij} 满足

(1) $b_{12} < 1, b_{13} > 1, b_{21} < 1, b_{23} < 1, b_{31} < 1, b_{32} < 1$;

(2) $\Delta_1 < 0, \Delta_3 < 0$.

基于定理 7.3、引理 7.3 以及引理 7.4, 得到如下定理.

定理 7.4 [112]　系统的第 29 类和第 31 类不存在周期解, 因此内部平衡点是全局渐近稳定的.

证明　因为对第 29 类和第 31 类证明是相似的, 因此, 只证明第 29 类的情形.

根据引理 7.1, 模型 (7.5) 的所有轨道是最终一致有界的. 如果能够说明模型 (7.12) 是永久生存的, 则可以证明结论成立. 为此, 利用了 Hofbauer 和 Sigmund 在文献 [69] 中的平均 Lyapunov 函数的方法.

首先, 取平均 Lyapunov 函数 $V(x)$ 如下:

$$V(x_1, x_2, x_3) = x_1^{p_1} x_2^{p_2} x_3^{p_3}, \tag{7.15}$$

这里 $p_i > 0 \ (i = 1, 2, 3)$ 是待定的常数.

沿着模型 (7.5) 计算 $\dot{V}(x)$ 的导数, 得到

$$\begin{aligned}
\frac{\dot{V}(x)}{V(x)} = &-p_1 \ln(x_1 + b_{12}x_2 + b_{13}x_3) - p_2 \ln(b_{21}x_1 + x_2 + b_{23}x_3) \\
&- p_3 \ln(b_{31}x_1 + b_{32}x_2 + x_3).
\end{aligned}$$

接下来, 我们的任务是找到常数 $p_1 > 0, p_2 > 0$ 以及 $p_3 > 0$, 使得

$$\sum_{i:x_i=0} p_i \left(\ln \left(\sum_{j=1}^{3} b_{ij}x_j \right) \right) < 0 \quad (b_{ii} = 1), \tag{7.16}$$

对系统 (7.5) 的边界平衡点 x 成立.

利用简单计算, 得到模型 (7.5) 在第 29 类具有五个边界平衡点, 包括原点 $\mathcal{O}(0,0,0)$, 三个轴平衡点

$$\mathcal{F}_1(1,0,0), \quad \mathcal{F}_2(0,1,0), \quad \mathcal{F}_3(0,0,1),$$

以及一个两种群的面平衡点

$$\mathcal{F}_{12} \left(\frac{1 - b_{12}}{1 - b_{12}b_{21}}, \frac{1 - b_{21}}{1 - b_{12}b_{21}}, 0 \right).$$

在平衡点 $\mathcal{O}$ 处, (7.16) 自然满足. 如果令 $\ln 0 = -\infty < 0$, 将面平衡点 $\mathcal{F}_{12}$ 代

入系统 (7.16), 以及利用引理 7.3, 可得

$$p_3 \ln \left(b_{31} \frac{1-b_{12}}{1-b_{12}b_{21}} + b_{32} \frac{1-b_{21}}{1-b_{12}b_{21}} \right)$$

$$= p_3 \ln \left(\frac{1-b_{12}b_{21}+\Delta_3}{1-b_{12}b_{21}} \right)$$

$$= p_3 \ln \left(1 + \frac{\Delta_3}{1-b_{12}b_{21}} \right) < 0,$$

因此, (7.16) 对任意的 $p_3 > 0$ 成立.

在平衡点 $\mathcal{F}_1, \mathcal{F}_2, \mathcal{F}_3$, (7.16) 分别形如

$$-p_3 \ln b_{31} - p_2 \ln b_{21} > 0,$$
$$-p_1 \ln b_{12} - p_3 \ln b_{32} > 0, \qquad (7.17)$$
$$-p_2 \ln b_{23} - p_1 \ln b_{13} > 0.$$

基于引理 7.3 和选取

$$\frac{\ln b_{32}}{\ln \frac{1}{b_{12}}} p_3 < p_1 < p_2 \frac{\ln \frac{1}{b_{23}}}{\ln b_{13}}, \qquad (7.18)$$

显然, (7.16) 成立.

因此, 系统 (7.5) 是永久生存的.

根据引理 7.3 中的条件 (1) 以及定理 7.3, 显然可知, 模型 (7.5) 的内部平衡点是全局渐近稳定的, 这蕴含着模型的第 29 类不存在周期轨道. 进而命题得证. ∎

我们考虑了三维竞争 Gompertz 模型的全局渐近稳定问题, 本书给出的结果是对 Yu 等 [158] 结果的推广. 进一步, 基于我们的结果, 还给出了 Jiang-Niu-Zhu 公开问题的一些局部的肯定解答. 为了更好地说明我们的结论, 选取如下的例子.

例 7.1 **考虑系统**

$$\dot{x}_1 = x_1 \ln \frac{1}{x_1 + \frac{61}{100}x_2 + \frac{91}{100}x_3},$$
$$\dot{x}_2 = x_2 \ln \frac{1}{\frac{91}{100}x_1 + x_2 + \frac{1}{10}x_3}, \qquad (7.19)$$
$$\dot{x}_3 = x_3 \ln \frac{1}{\frac{7}{100}x_1 + \frac{5}{2}x_2 + x_3}.$$

显然系统 (7.19) 属于第 31 类, 因而是永久生存的. 进一步地, 因为 $\frac{61}{100} < 1, \frac{91}{100} < 1$, 根据定理 7.3, 系统 (7.19) 是全局渐近稳定的. 由于 $b_{12}b_{23}b_{31}+b_{13}b_{32}b_{21}=$

2.07452 > 2, 文献 [158] 中定理 4.6 的条件不再满足. 根据定理 7.3, 我们说明了系统在第 29 类和第 31 类不存在周期解. 对第 30 类, 根据条件 (7.6), 得到

$$
\delta = \left(\frac{x_2 + x_3}{x_2 x_3} + \frac{x_1 + x_3}{x_1 x_3} + \frac{x_2 + x_1}{x_1 x_2} \right) \left(\frac{x_1}{g_1(x)} + \frac{x_2}{g_2(x)} + \frac{x_3}{g_3(x)} - 1 \right)
$$

$$
= \left(\frac{x_2 + x_3}{x_2 x_3} + \frac{x_1 + x_3}{x_1 x_3} + \frac{x_2 + x_1}{x_1 x_2} \right) \frac{1}{g_1(x) g_2(x) g_3(x)} [x_1 x_2 g_3(x)(1 - b_{12} b_{21})
$$

$$
+ x_1 x_3 g_2(x)(1 - b_{13} b_{31}) + x_2 x_3 g_1(x)(1 - b_{32} b_{23}) - \Delta x_1 x_2 x_3].
$$

根据 [76] 的命题 3.10, 容易看出 $1 - b_{13} b_{31} \leqslant 0$, 则 $\delta < 0$, 这意味着第 30 类没有极限环, 但是在情形 $1 - b_{13} b_{31} > 0$ 下, 我们无法确定第 30 类是否存在极限环, 这个问题仍然是公开的.

第8章 传染病模型的全局稳定性

传染病模型是研究疾病内在规律性的动力学模型, 它不仅可以揭示疾病的传播方式、预测疾病的发展趋势、分析疾病的流行规律等, 而且还可以为疾病流行的控制和预防提供策略.

传染病模型最早由 Hamer [59] 以及 Ross [137] 引入, Kermark 和 McKendrick 于 1927 年在文献 [78] 中构造了 SIR 和 SIS 仓室模型. 进一步, Kermark 和 McKendrick 提出了区分疾病是否流行的 "阈值理论", 奠定了传染病动力学的研究基础.

近年来, 传染病动力学的研究得到了空前关注和迅猛发展. 针对不同的传染病问题, 国内、外学者引入了不同的数学模型. 考虑到传播途径, 有 SEI, SEIS, SIRS, SEIR, SEIRS 以及 SEIQR 等模型. 考虑到疾病的多样性、年龄、季节、时间以及空间等因素的影响, 还有关于时间滞后 [122,154]、年龄结构 [101]、空间结构 [22]、随机因素 [157] 以及季节影响 [7] 的传染病模型. 专著 [21,30,60,125,166,167,170,171,173] 详细分析了各种传染病模型.

全局稳定性问题是传染病动力学研究中的经典问题, 它刻画了疾病随时间的演化规律, 具有重要的实际意义和理论价值, 是一个具有挑战性的研究课题. 到目前为止, 仍然有许多公开问题.

全局稳定性研究的经典方法是 Volterra-Lyapunov 定理 [69], 即通过构造相应的 Lyapunov 函数, 结合 LaSalle 不变性原理或 Lyapunov 稳定性定理来解决, 而该方法也被 Mena-Lorca 和 Hethcote [61], Korobeinikov [81] 等成功地应用到了 SIR, SEIR 以及 SIRS 等传染病模型的研究中.

Busenberg 和 Driessche [16] 引入了高维系统的 Bendixson-Dulac 准则. Driessche 和 Zeeman [31] 通过排除周期解, 结合 Poincaré-Benxdixson 定理, 将该准则用于研究 Lotka-Volterra 模型的全局稳定性. 随后 Li 和 Muldowney [89,92] 基于可加性复合矩阵理论, 也给出高维系统的 Bendixson-Dulac 准则, 并进一步给出了研究全局稳定性的三种方法: 第一种是利用轨道稳定的 Poincaré-Bendixson 性质; 第二种是利用自治收敛定理, 通常也称为 Li-Muldowney 几何准则; 第三种是利用不变流形上的自治收敛定理. 这几种方法被广泛应用到传染病模型的全局稳定性问题的研究中 [12-14]. Li, Graef, Wang 和 Karsai [96] 考虑了具有指数输入 (总人口变动) 和标准发生率的 SEIR 模型, 在对因病死亡率和平均潜伏期的限制下, 利用 Li-Muldowney 几何准则给出了地方病平衡点的全局稳定性. 利用类似方法, Zhang 和

Ma [161], Zhou 和 Cui [163] 考虑了具有饱和特性的接触率的 SEIR 模型, Li, Smith 和 Wang [98] 研究了具有垂直传染和双线性发生率的 SEIR 模型, 给出全局稳定性的完整结果. Li, Wang 和 Jin [100] 探讨了具有常数输入和在潜伏期、感染期、康复期内都有感染力的 SEIR 模型, 在忽略因病死亡率的限制下, 给出了全局稳定性的结果. 此外, Buonmo 等 [12−14], 利用 Li-Muldowney 几何准则在 SIR, SEIR 等模型的全局稳定性的研究中得到了主要条件及一些充分条件.

8.1   Lyapunov 函数与全局稳定性的判定

本节介绍利用 Lyapunov 函数判定传染病模型稳定的一些常用方法.

8.1.1   SIR 传染病模型的全局稳定性

考虑具有出生和死亡的 SIR 仓室模型, 其基本的框图如下:

其中 N 是总人口数量, S, I, R 分别为易感者、染病者、移出者及其数量, 则总人口数满足

$$N = S + I + R.$$

对应的微分方程为

$$
\begin{aligned}
\dot{S} &= bN - \beta SI - bS, \\
\dot{I} &= \beta SI - \gamma I - bI, \\
\dot{R} &= \gamma I - bR,
\end{aligned}
\tag{8.1}
$$

其中 b 表示出生率, 我们假设出生率和死亡率是相等的. γ 为恢复率系数, 疾病发生率为双线性函数 βSI.

通过方程 (8.1) 的结构, 可知

$$\frac{dN}{dt} = 0.$$

故 $N = $ 常数, 这里假设 $N = K$, (8.1) 的前两个方程与 R 无关.

$$
\begin{aligned}
\dot{S} &= bK - \beta SI - bS, \\
\dot{I} &= \beta SI - \gamma I - bI,
\end{aligned}
\tag{8.2}
$$

系统 (8.2) 对应的基本再生数为

$$R_0 = \frac{\beta K}{b + \gamma}. \tag{8.3}$$

易知 (8.2) 的无病平衡点为 $E_0 = (K, 0)$, 地方病平衡点为

$$E^* = (S^*, I^*) = \left(\frac{b + \gamma}{\beta}, \frac{b(\beta K - b - \gamma)}{\beta(b + \gamma)} \right) \tag{8.4}$$

且系统 (8.2) 的可行域为

$$\Gamma = \{(S, I) \in R_+^2 \mid 0 \leqslant S + I \leqslant K\}.$$

定理 8.1   当 $R_0 > 1$ 时, 地方病平衡点 E^* 是全局渐近稳定的.

证明   当 $R_0 > 1$ 时, 由定理 4.39 知, 系统 (8.2) 是永久生存的. 进一步, 构造如下函数:

$$V(S, I) = \int_{S^*}^{S} \frac{S - S^*}{S} dS + \int_{I^*}^{I} \frac{I - I^*}{I} dI. \tag{8.5}$$

沿着系统 (8.2) 计算 $V(S, I)$ 的导数, 得

$$\begin{aligned}
\dot{V}(S, I) \mid_{(8.2)} &= \frac{S - S^*}{S} \dot{S} + \frac{I - I^*}{I} \dot{I} \\
&= \frac{S - S^*}{S} (bK - \beta SI - bS) + \frac{I - I^*}{I} (\beta SI - \gamma I - bI) \\
&= \frac{S - S^*}{S} (\beta S^* I^* - \beta SI^* + \beta SI^* - \beta SI - b(S - S^*)) \\
&\quad + \beta (I - I^*)(S - S^*) \\
&= -\frac{\beta I^* + b}{S} (S - S^*)^2 \leqslant 0.
\end{aligned} \tag{8.6}$$

显然, 不变集为 $M \subseteq \{(S, I) \in R_+^2 \mid \dot{V}(S, I) = 0\} = \{S = S^*\}$. 将 $S = S^*$ 代入 (8.2) 得 $I = I^*$. 据 LaSalle 不变集原理知, 系统 (8.2) 最大不变集只有唯一的点 (S^*, I^*), 此即全局渐近稳定性. ∎

8.1.2   SIRS 传染病模型的全局稳定性

考虑总人口数为常数 K 的 SIRS 仓室模型的稳定性, 对应的基本框图如下:

对应的微分方程为

$$\dot{S} = bN - \beta SI - bS + aR,$$
$$\dot{I} = \beta SI - \gamma I - bI, \tag{8.7}$$
$$\dot{R} = \gamma I - bR - aR,$$

其中 a 为丧失免疫比率.

通过方程 (8.7) 的结构, 可知 $\dfrac{dN}{dt} = 0$, 故可假设总人口数

$$N(t) = S + I + R = K.$$

此时, 系统 (8.7) 可化为

$$\dot{S} = (b+a)K - \beta SI - (b+a)S - aR,$$
$$\dot{I} = \beta SI - \gamma I - bI, \tag{8.8}$$

系统 (8.8) 的基本再生数为

$$R_0 = \frac{\beta K}{b + \gamma}. \tag{8.9}$$

当 $R_0 > 1$ 时, 对应的地方病平衡点为

$$E^* = (S^*, I^*) = \left(\frac{b+\gamma}{\beta}, \frac{(b+a)(\beta K - b - \gamma)}{\beta(b+a+\gamma)} \right). \tag{8.10}$$

且系统 (8.2) 的可行域为

$$\Gamma = \{ (S, I) \in R_+^2 \mid 0 \leqslant S + I \leqslant K \}.$$

一般地, 有如下定理.

定理 8.2　当 $R_0 > 1$ 时, 地方病平衡点 E^* 是全局渐近稳定的.

证明　取 $X = R^2, E = \Gamma$, 在 $\partial \Gamma$ 上最大不变集由单点集 $\{E_0\}$ 且是孤立的, 由定理 4.29 知, 当 $R_0 > 1$ 时, 系统 (8.8) 是永久生存的.

作变换

$$x = S + \frac{a}{\beta}, \quad y = I, \tag{8.11}$$

系统 (8.8) 化为

$$\dot{x} = (b+a) \left(K + \frac{a}{\beta} \right) - \beta xy - (b+a)x,$$
$$\dot{y} = \beta xy - (\gamma + a + b)y, \tag{8.12}$$

系统 (8.12) 对应的正平衡点为

$$(x^*, y^*) = \left(S^* + \frac{a}{\beta}, I^*\right). \tag{8.13}$$

构造如下函数:

$$V(x, y) = \int_{x^*}^{x} \frac{x - x^*}{x} dx + \int_{y^*}^{y} \frac{y - y^*}{y} dy. \tag{8.14}$$

沿着系统 (8.12) 计算 $V(x, y)$ 的导数, 得

$$\begin{aligned}
\dot{V}(x, y)\mid_{(8.12)} &= \frac{x - x^*}{x}\dot{x} + \frac{y - y^*}{y}\dot{y} \\
&= \frac{x - x^*}{x}\left[(b + a)\left(K + \frac{a}{\beta}\right) - \beta xy - (b + a)x\right] \\
&\quad + \frac{y - y^*}{y}[\beta xy - (\gamma + a + b)y] \\
&= \frac{x - x^*}{x}[\beta x^* y^* - (b + a)x^* - \beta xy - (b + a)x] \\
&\quad + \frac{y - y^*}{y}[\beta xy - (\gamma + a + b)y - \beta x^* y^* + (\gamma + a + b)y^*] \\
&= -\frac{\beta y^* + b + a}{x}(x - x^*)^2 \leqslant 0. \tag{8.15}
\end{aligned}$$

显然, 不变集为 $M \subseteq \{(x, y) \in R_+^2 \mid \dot{V}(x, y) = 0\} = \{x = x^*\}$. 将 $x = x^*$ 代入 (8.12) 得 $y = y^*$. 根据 LaSalle 不变性原理知, 系统 (8.12) 最大不变集只有唯一的点 (x^*, y^*), 故而, 根据变换 (8.11), 系统 (8.8) 是全局渐近稳定的. ■

8.1.3 SEIR 传染病模型的全局稳定性

考虑总人口数为常数 K 的 SIRS 仓室模型的稳定性, 对应的基本框图如下:

对应的动力学方程为

$$\begin{cases}
\dot{S} = -\beta SI + bK - bS, \\
\dot{E} = \beta SI - (\varepsilon + b)E, \\
\dot{I} = \varepsilon E - (\gamma + b)I, \\
\dot{R} = \gamma I - (\delta + b)R,
\end{cases} \tag{8.16}$$

由于前三个方程与 R 无关, 单独取出只考虑上述三个方程

$$\begin{cases} \dot{S} = -\beta SI + bK - bS, \\ \dot{E} = \beta SI - (\varepsilon + b)E, \\ \dot{I} = \varepsilon E - (\gamma + b)I, \end{cases} \tag{8.17}$$

模型 (8.17) 对应的基本再生数为

$$R_0 = \frac{\beta \varepsilon}{(b+\gamma)(\gamma+\mu)}. \tag{8.18}$$

当 $R_0 > 1$ 时, 设系统对应的地方病平衡点为 $E^* = (S^*, E^*, I^*)$, 满足

$$-\beta S^* I^* + bK - bS^* = 0, \quad \beta S^* I^* - (\varepsilon + b)E^* = 0, \quad \varepsilon E^* - (\gamma + b)I^* = 0.$$

定理 8.3   当 $R_0 > 1$ 时, 地方病平衡点 E^* 是全局渐近稳定的.

证明   类似定理 8.1 知, 当 $R_0 > 1$ 时, 模型 (8.17) 是永久生存的. 另一方面, 我们得到

$$bK = bS^* + \beta S^* I^*, \quad \varepsilon E^* = (b+\gamma)I^*,$$
$$\beta S^* I^* = (b+\varepsilon)E^* = B(b+\gamma)I^*, \quad B = \frac{b+\varepsilon}{\varepsilon}. \tag{8.19}$$

进一步地, 构造如下函数:

$$V(S,E,I) = \int_{S^*}^{S} \frac{S - S^*}{S} dS + \int_{E^*}^{E} \frac{E - E^*}{E} dE + \int_{I^*}^{I} \frac{I - I^*}{I} dI. \tag{8.20}$$

沿着系统 (8.17) 计算 $V(S,E,I)$ 的导数, 得

$$\begin{aligned} \dot{V}(S,E,I)\,|_{(8.17)} &= \frac{S-S^*}{S}\dot{S} + \frac{E-E^*}{E}\dot{E} + \frac{I-I^*}{I}\dot{I} \\ &= \frac{S-S^*}{S}(-\beta SI + bK - bS) + \frac{E-E^*}{E}(\beta SI - (\varepsilon+b)E) \\ &\quad + \frac{I-I^*}{I}(\varepsilon E - (\gamma+b)I) \\ &= bS^*\left(2 - \frac{S}{S^*} - \frac{S^*}{S}\right) + B(b+\gamma)I^*\left(3 - \frac{S^*}{S} - \frac{SIE^*}{S^*I^*E} - \frac{I^*E}{IE^*}\right) \\ &\leqslant 0. \end{aligned} \tag{8.21}$$

显然, 不变集为 $M = \{(x,y) \in R_+^2 \mid \dot{V}(S,E,I) = 0\} = \{S = S^*, E = E^*, I = I^*\}$.

根据 LaSalle 不变集原理知, 模型 (8.17) 最大不变集只有唯一的点 (S^*, E^*, I^*), 故模型 (8.17) 是全局渐近稳定的. ∎

8.2　Li-Muldowney 几何判据与全局稳定性

8.2.1　具有常数迁入的 SEIRS 模型

接下来考虑由如下方程所描述的 SEIRS 型的传染病模型:

$$
\begin{cases}
\dot{S} = -\beta S^q g(I) + \mu - \mu S + \delta R, \\
\dot{E} = \beta S^q g(I) - (\varepsilon + \mu)E, \\
\dot{I} = \varepsilon E - (\gamma + \mu)I, \\
\dot{R} = \gamma I - (\delta + \mu)R,
\end{cases}
\tag{8.22}
$$

其中 $S(t), E(t), I(t)$ 以及 $R(t)$ 分别表示易感者、潜伏者、染病者以及移出者在 t 时刻所占的比例, $\beta S^q g(I)$ 表示非线性发生率, $\beta > 0$ 为传播系数. 进一步, 假设出生率和死亡率是相同的, 统一记为 $\mu > 0$. 这里假设不存在病死率, 也就是说疾病不是致命的. 总人口比率可以写成 $S + E + I + R = N = 1$, 自然出生的迁入记为 $\mu N = \mu$. 参数 $\delta, \varepsilon, \gamma$ 是非负的, δ 为移出人群的免疫丧失率; 若 $\delta = 0$, 则移出人群是永久免疫的. 参数 $\varepsilon(> 0)$ 表示潜伏人群变为染病者人群的比率且 γ 可以看成染病者转化为移出者的比率, 因此 $\dfrac{1}{\gamma}$ 以及 $\dfrac{1}{\varepsilon}$ 分别表示平均染病周期和潜伏周期.

对于系统 (8.22) 的染病能力 $g(I)$, 类似文献 [97], 作如下的假设:

$(\mathrm{H_{6a}}) g \in C^1(0,1]$, $g(0) = 0$, 对任意的 $I \in (0,1]$, $g(I) > 0$;

$(\mathrm{H_{6b}}) c = \lim\limits_{I \to 0^+} \dfrac{g(I)}{I} \leqslant +\infty$; 当 $c \in (0, +\infty)$ 时, 对充分小的 I, $g(I) \leqslant cI$.

显然, 模型 (8.22) 存在一个平凡的无病平衡点 $P_0(1,0,0,0)$, 且存在一个非平凡地方病平衡点 $\bar{P} = (\bar{S}, \bar{E}, \bar{I}, \bar{R})$ 满足如下方程:

$$
\begin{cases}
-\beta \bar{S}^q g(\bar{I}) + \mu - \mu \bar{S} + \delta \tilde{R} = 0, \\
\beta \bar{S}^q g(\bar{I}) - (\varepsilon + \mu)\bar{E} = 0, \\
\varepsilon \bar{E} - (\gamma + \mu)\bar{I} = 0, \\
\gamma \bar{I} - (\delta + \mu)\bar{R} = 0.
\end{cases}
\tag{8.23}
$$

令

$$
R_0 = \frac{c\beta\varepsilon}{(\varepsilon+\mu)(\gamma+\mu)}, \quad \sigma = \frac{\beta\varepsilon}{(\varepsilon+\mu)(\gamma+\mu)}, \quad H = \frac{(\delta+\mu)\varepsilon}{(\delta+\mu)(\varepsilon+\mu)+\varepsilon\gamma},
$$

则

$$\bar{E} = \frac{\gamma+\mu}{\varepsilon}\bar{I}, \quad \bar{R} = \frac{\gamma}{\delta+\mu}\bar{I}, \quad \bar{S} = 1 - \frac{\bar{I}}{H}.$$

易知, $\bar{I}$ 满足方程

$$1 = \left[\frac{1}{\sigma}\frac{I}{g(I)}\right]^{\frac{1}{q}} + \frac{I}{H} \triangleq G(I),$$

因此 $G(H) > 1$ 和 $G(0) = \lim\limits_{I\to 0} G(I) = \left[\frac{1}{c\sigma}\right]^{\frac{1}{q}} = \left[\frac{1}{R_0}\right]^{\frac{1}{q}}$. 因此, 当 $R_0 > 1$ 时, 存在一个非平凡的平衡点. 进一步, 还存在唯一非平凡平衡点, 当如下条件成立时:

$(\mathrm{H}_7)\, G'(I) \geqslant 0, I \in (0, H)$.

Li 和 Muldowney [97] 给出了如下的结果.

定理 8.4[97]　在条件 $(\mathrm{H}_{6\mathrm{a}}), (\mathrm{H}_{6\mathrm{b}})$ 和 (H_7) 的假设下, 如果 $q = 1$, $|Ig'(I)| \leqslant g(I)$ 以及 $R_0 > 1$, 则系统 (8.22) 在如下条件下是全局渐近稳定的:

$$\delta > \varepsilon - \mu - \gamma \quad \text{或} \quad \delta\gamma < \varepsilon_0(\beta\eta_0 + \gamma + \mu)(\beta\eta_0 + \delta + \mu), \tag{8.24}$$

其中 $\eta_0 = \min\limits_{I\in[\varepsilon_0,1)}\{g(I)\} > 0$.

基于 Li 等在文献 [97] 采用的方法, 通过加强条件 $(\mathrm{H}_{6\mathrm{b}})$, Cheng 和 Yang 在文献 [25] 去掉了条件 (8.24) 的限制.

定理 8.5[25]　假设 $R_0 > 1$ 以及条件 $(\mathrm{H}_{6\mathrm{a}}), (\mathrm{H}_7)$ 且如下条件 $(\mathrm{H}_{6\mathrm{c}})$ 成立:

$(\mathrm{H}_{6\mathrm{c}})\, q = 1, |Ig'(I)| \leqslant \left(1 + \frac{\mu}{\mu + \min\{\gamma,\varepsilon\}}\right) g(I), 0 < I < 1,$

则系统 (8.22) 的唯一地方病平衡点是全局渐近稳定的.

接下来, 在文献 [114] 中弱化了非线性发生率 $g(I)$ 的限制, 同时引入如下假设:

$(\mathrm{H}_8)\, |Ig'(I)| \leqslant \left(1 + \frac{\delta+\mu}{\gamma+\mu}\right) g(I).$

根据文献 [97] 中的定理 4.3, 显然可以得到模型 (8.22) 一致持久的充分必要条件为 P_0 不稳定. 因此, 得到如下引理.

引理 8.1　假设 $g(I)$ 满足条件 $(\mathrm{H}_{6\mathrm{a}})$, 且 $R_0 > 1$, 则系统 (8.22) 是一致持久的.

在文献 [114] 中得到如下结论.

定理 8.6　假设 $g(I)$ 满足条件 $(\mathrm{H}_{6\mathrm{a}})$ 以及 (H_8), 则当 $R_0 > 1$ 时, 系统 (8.22) 的唯一的正平衡点 $\bar{P}$ 是全局渐近稳定的.

证明　定义函数 $U(\boldsymbol{x}) = S + E + I + R - 1$, 其中 $\boldsymbol{x} = (S, E, I, R) \in R_+^4$. 显然, 系统 (8.22) 存在一个不变流形

$$\Gamma = \{\boldsymbol{x} \in R_+^4 \mid U(\boldsymbol{x}) = 0\}.$$

由文献 [94] 可得

$$N(\boldsymbol{x}) = \nu(\boldsymbol{x}) = -\mu,$$

以及

$$m = \dim\left(\frac{\partial U}{\partial \boldsymbol{x}}\right) = 1.$$

根据 Γ 的不变性和引理 8.1, 存在常数 $m_0 > 0$, 使得

$$m_0 \leqslant S, E, I, R \leqslant 1. \tag{8.25}$$

等价地, 存在一个紧集 $K \subset \Gamma$ 吸引系统 (8.22) 的所有解.

系统 (8.22) 的雅可比矩阵 $J(x) = \dfrac{\partial f}{\partial x}$ 为

$$J(x) = \begin{pmatrix} -\beta q S^{q-1} g(I) - \mu & 0 & -\beta S^q g'(I) & \delta \\ \beta q S^{q-1} g(I) & -\varepsilon - \mu & \beta S^q g'(I) & 0 \\ 0 & \varepsilon & -\gamma - \mu & 0 \\ 0 & 0 & \gamma & -\delta - \mu \end{pmatrix}.$$

根据可加性复合矩阵的定义, 得到

$$J^{[3]}(x) = \begin{pmatrix} -\varepsilon - \gamma & 0 & 0 & \delta \\ \gamma & -\varepsilon - \delta & \beta S^q g'(I) & \beta S^q g'(I) \\ 0 & \varepsilon & -\gamma - \delta & 0 \\ 0 & 0 & \beta q S^{q-1} g(I) & -\varepsilon - \gamma - \delta \end{pmatrix} + \Psi,$$

其中 $\Psi = \operatorname{diag}\left\{-\beta q S^{q-1} g(I) - 3\mu, -\beta q S^{q-1} g(I) - 3\mu, -\beta q S^{q-1} g(I) - 3\mu, -3\mu\right\}.$

令

$$P(x) = \operatorname{diag}\left\{R, \frac{\gamma + \mu}{\delta + \gamma + 2\mu} I, E, \frac{S}{q}\right\}. \tag{8.26}$$

直接计算可得

$$B(t) = P_f P^{-1} + P \frac{\partial f^{[3]}}{\partial x} P^{-1} - \nu I_{4\times 4} = \begin{pmatrix} B_{11} & B_{12} \\ B_{21} & B_{22} \end{pmatrix} + \Phi,$$

其中 $\Phi = \operatorname{diag}\Big\{-\beta q S^{q-1} g(I) - 2\mu + \dfrac{\dot{R}}{R}, -\beta q S^{q-1} g(I) - 2\mu + \dfrac{\dot{E}}{E}, -\beta q S^{q-1} g(I) - 2\mu + $

$\dfrac{\dot{I}}{I}, -2\mu + \dfrac{\dot{S}}{S}\Big\}$, 以及

$$B_{11} = \begin{pmatrix} -\varepsilon - \gamma & 0 \\ \dfrac{\gamma + \mu}{\delta + \gamma + 2\mu}\dfrac{\gamma I}{R} & -\varepsilon - \delta \end{pmatrix},$$

$$B_{12} = \begin{pmatrix} 0 & \delta q\dfrac{R}{S} \\ \dfrac{\gamma + \mu}{\delta + \gamma + 2\mu}\dfrac{\beta S^q g'(I) I}{E} & \dfrac{\gamma + \mu}{\delta + \gamma + 2\mu}\beta q S^{q-1} I g'(I) \end{pmatrix},$$

$$B_{21} = \begin{pmatrix} 0 & \dfrac{\delta + \gamma + 2\mu}{\gamma + \mu}\dfrac{\varepsilon E}{I} \\ 0 & 0 \end{pmatrix}$$

和

$$B_{22} = \begin{pmatrix} -\gamma - \delta & 0 \\ \beta\dfrac{S^q g(I)}{E} & -\varepsilon - \gamma - \delta \end{pmatrix}.$$

将方程 (8.22) 重写如下:

$$\dfrac{\delta R}{S} = \beta S^{q-1} g(I) + \mu\left(1 - \dfrac{1}{S}\right) + \dfrac{\dot{S}}{S}, \quad \dfrac{\beta S^q g(I)}{E} = \dfrac{\dot{E}}{E} + \varepsilon + \mu,$$

$$\dfrac{\varepsilon E}{I} = \dfrac{\dot{I}}{I} + \gamma + \mu, \quad \dfrac{\gamma I}{R} = \dfrac{\dot{R}}{R} + \delta + \mu.$$

根据条件 (H_{6a}) 以及 (8.25), 得到 $g(I) \in C^1[m_0, 1]$. 因此存在 $\underline{m}_0 > 0$, 使得

$$\underline{m}_0 = \min_{I \in [m_0, 1]} g(I) > 0.$$

令 $\underline{m} = \beta q \underline{m}_0 \min\limits_{S \in [m_0, 1]}\{S^{q-1}\} > 0$. 显然, 对所有的 $S, I \in [m_0, 1]$,

$$\beta q S^{q-1} g(I) > \beta q S^{q-1} \underline{m}_0$$

$$> \beta q \underline{m}_0 \min_{S \in [m_0, 1]}\{S^{q-1}\} = \underline{m} > 0.$$

因此,

$$h_1(t) = b_{11}(t) + \sum_{j=2}^{4} |b_{1j}(t)|$$

$$= -\beta q S^{q-1} g(I) - 2\mu - \varepsilon - \gamma + \frac{\dot{R}}{R}$$

$$+ q\frac{\dot{S}}{S} + \beta q S^{q-1} g(I) - q\mu\left(\frac{1}{S} - 1\right)$$

$$\leqslant -2\mu - \varepsilon - \mu + \frac{\dot{R}}{R} + q\frac{\dot{S}}{S}, \tag{8.27}$$

以及

$$h_2(t) = b_{22}(t) + \sum_{j\neq 2} |b_{2j}(t)|$$

$$= -\beta q S^{q-1} g(I) - 2\mu - \varepsilon - \delta + \frac{\dot{E}}{E} + \frac{\gamma + \mu}{\delta + \gamma + 2\mu}\frac{\gamma I}{R}$$

$$+ \beta q \frac{\gamma + \mu}{\delta + \gamma + 2\mu} S^{q-1}|g'(I)|I + \beta\frac{\gamma + \mu}{\delta + \gamma + 2\mu}\frac{S^q|g'(I)|I}{E}$$

$$\leqslant -\beta q S^{q-1} g(I) - 2\mu - \varepsilon - \delta + \frac{\dot{E}}{E}$$

$$+ \frac{\gamma + \mu}{\delta + \gamma + 2\mu}\frac{\gamma I}{R} + \beta q S^{q-1} g(I) + \beta\frac{S^q g(I)}{E}$$

$$= -2\mu - \varepsilon - \delta + \frac{\dot{E}}{E} + \frac{\gamma + \mu}{\delta + \gamma + 2\mu}\left(\delta + \mu + \frac{\dot{R}}{R}\right) + \left(\varepsilon + \mu + \frac{\dot{E}}{E}\right)$$

$$= -\frac{(\delta + \mu)^2}{\delta + \gamma + 2\mu} + 2\frac{\dot{E}}{E} + \frac{\delta + \mu}{\delta + \gamma + 2\mu}\frac{\dot{R}}{R}. \tag{8.28}$$

类似地,

$$h_3(t) = b_{33}(t) + \sum_{j\neq 3} |b_{3j}(t)|$$

$$= -\beta q S^{q-1} g(I) - 2\mu - \gamma - \delta + \frac{\dot{I}}{I} + \frac{\delta + \gamma + 2\mu}{\gamma + \mu}\frac{\varepsilon E}{I}$$

$$= -\beta q S^{q-1} g(I) - 2\mu - \gamma - \delta + \frac{\delta + 2\gamma + 3\mu}{\mu + \gamma}\frac{\dot{I}}{I} + (\delta + \gamma + 2\mu)$$

$$\leqslant -\underline{m} + \frac{\delta + 2\gamma + 3\mu}{\mu + \gamma}\frac{\dot{I}}{I} \tag{8.29}$$

和

$$h_4(t) = b_{44}(t) + \sum_{j \neq 4} |b_{4j}(t)|$$

$$= -2\mu - \gamma - \delta - \varepsilon + \frac{\dot{S}}{S} + \beta \frac{S^q g(I)}{E}$$

$$= -2\mu - \gamma - \delta - \varepsilon + \frac{\dot{S}}{S} + \left(\varepsilon + \mu + \frac{\dot{E}}{E} \right)$$

$$= -\mu - \gamma - \delta + \frac{\dot{S}}{S} + \frac{\dot{E}}{E}. \tag{8.30}$$

记

$$-2\mu - \varepsilon - \mu + \frac{\dot{R}}{R} + q\frac{\dot{S}}{S} \triangleq \bar{h}_1(t),$$

$$-\frac{(\delta+\mu)^2}{\delta+\gamma+2\mu} + 2\frac{\dot{E}}{E} + \frac{\delta+\mu}{\delta+\gamma+2\mu}\frac{\dot{R}}{R} \triangleq \bar{h}_2(t),$$

$$-\underline{m} + \frac{\delta+2\gamma+3\mu}{\mu+\gamma}\frac{\dot{I}}{I} \triangleq \bar{h}_3(t),$$

$$-\mu - \gamma - \delta + \frac{\dot{S}}{S} + \frac{\dot{E}}{E} \triangleq \bar{h}_4(t).$$

取定理 6.43 中条件 (LH$_e$) 中的矩阵 $C(t)$ 为

$$C(t) = \text{diag}\{\bar{h}_1(t), \bar{h}_2(t), \bar{h}_3(t), \bar{h}_4(t)\},$$

基于 (8.25), 得到

$$\lim_{t \to +\infty} \frac{1}{t} \int_0^t \bar{h}_i(t) = \bar{h}_i < 0, \tag{8.31}$$

其中

$$\bar{h}_1 = -2\mu - \varepsilon - \mu, \quad \bar{h}_2 = -\frac{(\delta+\mu)^2}{\delta+\gamma+2\mu}, \quad \bar{h}_3 = -\underline{m} \quad, \bar{h}_4 = -\mu - \gamma - \delta.$$

这样, 当条件 (H$_1$)—(H$_3$) 以及 (H$_{5a}$) 成立时, 由定理 6.45 可得地方病平衡点的全局渐近稳定性. 命题得证. ∎

在对函数 $g(I)$ 的假设下, 定理 8.6 描述了当疾病为地方病时, 系统 (8.22) 的全局动力学行为. 接下来, 将说明当 $\gamma \leqslant \varepsilon$ 或者 $\varepsilon < \gamma \leqslant \delta + \varepsilon + \frac{\delta \varepsilon}{\mu}$ 时, 条件 (H$_8$) 弱

化了文献 [25] 中的条件 (H$_7$), 即对系统 (8.22) 中的函数 $g(I)$ 在一定条件下作了简化. 为了更好地说明这个问题, 考虑如下系统:

$$\begin{cases} \dot{S} = -\beta SI(1+aI) + \mu - \mu S + \delta R, \\ \dot{E} = \beta SI(1+aI) - (\varepsilon + \mu)E, \\ \dot{I} = \varepsilon E - (\gamma + \mu)I, \\ \dot{R} = \gamma I - (\delta + \mu)R, \end{cases} \quad (8.32)$$

其中 $a > 0$ 以及 $\gamma \leqslant \varepsilon$. 容易看出 $g(I) = I + aI^2$ 以及

$$|Ig'(I)| - \left(1 + \frac{\delta + \mu}{\gamma + \mu}\right) g(I) \leqslant \left(a - a\frac{\delta + \mu}{\gamma + \mu} - \frac{\delta + \mu}{\gamma + \mu}\right) I^2.$$

如果 $\delta \geqslant \gamma$, 条件 (H$_8$) 当 $a > 0$ 时成立且条件 (H$_7$) 在条件 $0 < a \leqslant \frac{\mu}{\gamma}$ 下成立. 这说明:

如果 $a > \frac{\mu}{\gamma}$, 在文献 [25] 中条件 (H$_7$) 不成立;

如果 $\delta < \gamma$, 条件 (H$_8$) 成立.

在 $0 < a < \frac{\gamma + \mu}{\gamma - \delta}$ 情形下, 条件 (H$_7$) 在 $0 < a \leqslant \frac{\mu}{\gamma} \left(< \frac{\gamma + \mu}{\gamma - \delta}\right)$ 时满足, 它意味着如果 $\frac{\mu}{\gamma} < a < \frac{\mu + \delta}{\gamma - \delta}$, 条件 (H$_7$) 在 [25] 不满足.

进一步地, 根据定理 8.6, 得到如下定理.

定理 8.7 [114] 假设条件 (H$_{6a}$), (H$_8$) 以及 $R_0 > 1$, 则

(1) 如果 $\delta \geqslant \gamma$, 则系统 (8.32) 的地方病平衡点 $\bar{P}$ 是全局渐近稳定的;

(2) 如果 $\delta < \gamma$, 则系统 (8.32) 的地方病平衡点 $\bar{P}$ 是全局渐近稳定的当且仅当条件 $0 < a < \frac{\gamma + \mu}{\gamma - \delta}$ 成立.

条件 $\gamma \leqslant \varepsilon$ 在定理 8.7 中弱化了对函数 $g(I)$ 的限制. 如果 $\varepsilon < \gamma \leqslant \delta + \varepsilon + \frac{\delta\varepsilon}{\mu}$, 可以利用类似方法获得类似于定理 8.7 形式的结论. 当 $\gamma > \delta + \varepsilon + \frac{\delta\varepsilon}{\mu}$ 时, 希望我们的方法也可以对函数 $g(I)$ 进行弱化.

8.2.2 总人口变动的 SEIRS 模型

设 $N(t)$ 是 t 时刻的总人口数, 把 $N(t)$ 分成四类 S, E, I 和 R, 满足 $N(t) = S(t) + E(t) + I(t) + R(t)$. 基于 Greenhalgh 在文献 [54] 的思想, 假设疾病是致命的且把病死率记为 α. 此外, 假设人均死亡率为 $f(N)$, 它是一个关于 N 的负的单调递增连续可微函数. 疾病的转移框图如下:

根据如上的转移框图, 可以得到如下的微分方程:

$$\dot{S} = bN - (d + f(N))S - \frac{\beta SI}{N} + \delta R,$$
$$\dot{E} = \frac{\beta SI}{N} - (\varepsilon + d + f(N))E,$$
$$\dot{I} = \varepsilon E - (\gamma + d + \alpha + f(N))I,$$
$$\dot{R} = \gamma I - (\delta + d + f(N))R,$$

(8.33)

其中 b 和 d 分别为自然出生率和自然死亡率, 参数 $\beta, \varepsilon, \gamma$ 和 δ 是如上定义的正常数.

易知, 总人口数满足如下的微分方程:

$$\dot{N} = (b - d)[1 - f(N)]N - \alpha I.$$

(8.34)

Gao 和 Hethcote [44] 考虑了情形 $f(N) = \dfrac{rN}{K}$. 等价地, 疾病的总人口数 $N(t)$ 增长规律满足经典的 Logistic 规律, 此时系统 (8.34) 化为

$$\dot{N} = (b - d)\left[1 - \frac{rN}{K}\right]N - \alpha I,$$

(8.35)

其中 $r = b - d$ 和 K 分别表示增长率常数以及种群容纳量. 容易验证, 当 $b < d$ 以及 $\alpha \geqslant 0$ 或者 $b \leqslant d$ 以及 $\alpha > 0$ 时, (8.35) 的解满足当 $t \to \infty$ 时, $N(t) \to 0$.

因此, 接下来的部分将追随 Gao 和 Hethcote 在文献 [44] 中的思想并且考虑模型 (8.33) 在 $b > d$ 与 $\alpha > 0$ 的情形. 令

$$x = \frac{S}{N}, \quad y = \frac{E}{N}, \quad z = \frac{I}{N}, \quad z = \frac{R}{N}$$

(8.36)

分别记四类 S, E, I 以及 R 所占总人口的的比例. 直接计算得到

$$x' = b - bx - \beta xz + \alpha xz + \delta w,$$
$$y' = \beta xz - (\varepsilon + b)y + \alpha yz,$$
$$z' = \varepsilon y - (\gamma + b + \alpha)z + \alpha z^2,$$
$$w' = \gamma z - (b + \delta)w + \alpha wz,$$

(8.37)

其中 x, y, z 以及 w 满足

$$x + y + z + w = 1.$$

由于系统 (8.37) 的生物学意义, 将在如下流形上考虑:

$$\Gamma = \{(x, y, z, w) \in R_+^4 | x + y + z + w = 1\}. \tag{8.38}$$

明显地, Γ 是不变的且其余维为 1.

对于系统 (8.37), 引入如下的常量, 它决定了系统的动力学行为

$$R_0 = \frac{\beta \varepsilon}{(\varepsilon + b)(\gamma + b + \alpha)}. \tag{8.39}$$

当 $f(N) = 0$ 时, Li 等在文献 [96] 中说明, 若 $\delta = 0$ 以及病死率 $\alpha \leqslant \varepsilon$, 则 $R_0 > 1$ 蕴含了地方病平衡点是全局渐近稳定的.

进一步, 基于数值模拟, 他们猜测 (8.37) 的全局渐近稳定性不依赖于病死率 α 的限制提出了如下问题.

问题 8.1 若 $\delta = 0$ 与 $R_0 > 1$, 则系统 (8.37) 地方病平衡点是全局渐近稳定的.

下面将此问题称为Li-Graef-Wang-Karsai 的问题.

8.3 一些公开问题的解答

本节将给出相关系统的全局渐近稳定的猜想和公开问题的一些解答.

8.3.1 Liu-Hethcote-Levin 猜想

若 $g(I) = I^p$, 系统 (8.22) 为

$$\begin{cases} \dot{S} = -\beta S^q I^p + \mu - \mu S + \delta R, \\ \dot{E} = \beta S^q I^p - (\varepsilon + \mu)E, \\ \dot{I} = \varepsilon E - (\gamma + \mu)I, \\ \dot{R} = \gamma I - (\delta + \mu)R. \end{cases} \tag{8.40}$$

对系统 (8.40), Liu 等在文献 [103] 中提出了如下猜想.

猜想 8.1 (Liu-Hethcote-Levin Conjecture 猜想) 若 $0 < p < 1$ 或者 $p = 1, \sigma > 1$, 则系统 (8.40) 的唯一的地方病平衡点是全局渐近稳定的.

对于系统 (8.22), 当 $g(I) = I^p$ 时, 系统 (8.22) 化为 (8.40), 显然条件 (H_{6a}) 和 (H_8) 成立. 进一步地, 如果 $0 < p < 1$,

$$R_0 = \sigma \lim_{I \to 0^+} \frac{g(I)}{I} = +\infty,$$

则 $R_0 > 1$; 如果 $p = 1$ 以及 $\sigma > 1$, 则

$$R_0 = \sigma \lim_{I \to 0^+} \frac{g(I)}{I} = \sigma > 1.$$

因此根据定理 8.6, 得到如下定理.

定理 8.8 [114]　　如果 $0 < p < 1$ 或者 $p = 1, \sigma > 1$, 则系统 (8.40) 的唯一地方病平衡点是全局渐近稳定的.

注 8.1　　定理 8.8 给出了 Liu-Hethcote-Levin 猜想 (猜想 8.1) 的一个完整的回答.

8.3.2　Li-Graef-Wang-Karsai 问题

根据 Li 和 Muldowney 在文献 [94] 中的结论, 如果 $R_0 \leqslant 1$, 则系统 (8.37) 存在一个无病平衡点 $P_0(1, 0, 0, 0)$. 如果 $R_0 > 1$, 则存在一个地方病平衡点 $\bar{P}(\bar{x}, \bar{y}, \bar{z}, \bar{w})$. 进一步, 类似文献 [96] 定理 3.1 可得, 如果 $R_0 > 1$, P_0 是不稳定的. 因此根据 Li 等在文献 [96] 中的命题 3.3, 系统 (8.37) 在 Γ 上是一致持久的当且仅当 $R_0 > 1$ 以及 $\delta = 0$. 接下来, 给出 Li 等在文献 [96] 中提出的问题的解答.

定理 8.9 [114]　　如果 $\delta = 0, R_0 > 1$, 则系统 (8.37) 的唯一的地方病平衡点是全局渐近稳定的.

证明　　定义函数

$$g(X) = x + y + z + w - 1,$$

这里 $X = (x, y, z, w) \in R_+^4$, 则不变流形 Γ 可以写成

$$\Gamma = \{X \in R_+^4 \mid g(X) = 0\}.$$

类似于 Li 和 Muldowney [94], 令

$$N(X) = \nu(X) = b - \alpha z, \quad m = \dim\left(\frac{\partial g}{\partial X}\right) = 1.$$

由 [96] 中的命题 3.3, 知道如果 $R_0 > 1$, 则系统 (8.37) 是永久生存的. 等价地, 存在常数 $c_0 > 0$, 使得

$$c_0 \leqslant x, y, z, w \leqslant 1 \text{ 且 } x + y + z + w = 1. \tag{8.41}$$

简单的计算说明系统 (8.37) 的雅可比矩阵 J 的三阶可加复合矩阵 $J^{[3]}$ 为

$$J^{[3]} = \begin{pmatrix} \tilde{J}_{11} & \tilde{J}_{12} \\ \tilde{J}_{21} & \tilde{J}_{22} \end{pmatrix}, \tag{8.42}$$

其中

$$\tilde{J}_{11} = \begin{pmatrix} \alpha z - \alpha - \varepsilon - \gamma & 0 \\ \alpha w + \gamma & -\varepsilon \end{pmatrix},$$

$$\tilde{J}_{12} = \begin{pmatrix} 0 & 0 \\ \alpha y + \beta x & -\alpha x + \beta x \end{pmatrix},$$

$$\tilde{J}_{21} = \begin{pmatrix} 0 & \varepsilon \\ 0 & 0 \end{pmatrix}, \quad \tilde{J}_{22} = \begin{pmatrix} \alpha z - \alpha - \gamma & 0 \\ \beta z & \alpha z + \beta z - \alpha - \varepsilon - \gamma \end{pmatrix}.$$

设 $P(t) = \mathrm{diag}\left\{\dfrac{2b}{\gamma c_0}w, z, y, x\right\}$，则

$$P_f P^{-1} = \mathrm{diag}\left\{\frac{\dot{w}}{w}, \frac{\dot{z}}{z}, \frac{\dot{y}}{y}, \frac{\dot{x}}{x}\right\}.$$

直接验证定理 6.43 中系数矩阵 $B(t)$ 可以写成

$$\begin{aligned}
B(t) &= P_f P^{-1} + P\frac{\partial f^{[3]}}{\partial x}P^{-1} - \nu I \\
&= \tilde{B} + (2\alpha z - \beta z - 2b)I_{4\times 4},
\end{aligned} \tag{8.43}$$

其中

$$\tilde{B} = \begin{pmatrix} \tilde{B}_{11} & \tilde{B}_{12} \\ \tilde{B}_{21} & \tilde{B}_{22} \end{pmatrix}.$$

这里

$$\tilde{B}_{11} = \begin{pmatrix} \tilde{b}_{11} & 0 \\ \tilde{b}_{12} & \tilde{b}_{22} \end{pmatrix}, \quad \tilde{B}_{12} = \begin{pmatrix} 0 & 0 \\ \tilde{b}_{23} & (\beta - \alpha)z \end{pmatrix},$$

$$\tilde{B}_{21} = \begin{pmatrix} 0 & \tilde{b}_{32} \\ 0 & 0 \end{pmatrix}, \quad \tilde{B}_{22} = \begin{pmatrix} \tilde{b}_{33} & 0 \\ \dfrac{\beta xz}{y} & \tilde{b}_{44} \end{pmatrix},$$

其中

$$\tilde{b}_{11} = \alpha z - \alpha - \varepsilon - \gamma + \frac{\dot{w}}{w}, \quad \tilde{b}_{12} = \frac{\gamma c_0}{2b}\left(\frac{\gamma z}{w} + \alpha z\right),$$

$$\tilde{b}_{22} = -\varepsilon + \frac{\dot{z}}{z}, \quad \tilde{b}_{23} = \frac{\beta x z}{y} + \alpha z, \quad \tilde{b}_{32} = \frac{\varepsilon y}{z},$$

$$\tilde{b}_{33} = \alpha z - \alpha - \gamma + \frac{\dot{y}}{y}, \quad \tilde{b}_{44} = \alpha z + \beta z - \alpha - \varepsilon - \gamma + \frac{\dot{x}}{x}.$$

因为 $R_0 > 1$, 得到 $\beta > \alpha$. 系统 (8.37) 可以写成

$$\frac{\beta x z}{y} + \alpha z = \frac{\dot{y}}{y} + \varepsilon + b,$$

$$\frac{\varepsilon y}{z} + \alpha z = \frac{\dot{z}}{z} + \gamma + d + \alpha,$$

$$\frac{\gamma z}{w} + \alpha z = \frac{\dot{w}}{w} + b.$$

这就推导出

$$\kappa_1(t) = b_{11}(t) + \sum_{j \neq 1} |b_{1j}(t)|$$

$$= 3\alpha z - \beta z - \alpha - \varepsilon - \gamma - 2b + \frac{\dot{w}}{w}$$

$$= (\alpha - \beta)z - (1-z)\alpha - b - \varepsilon - \gamma - (b - \alpha z) + \frac{\dot{w}}{w}$$

$$\leqslant -b - \varepsilon - \gamma - \left(\frac{\gamma z}{w} - \frac{\dot{w}}{w}\right) + \frac{\dot{w}}{w} \leqslant -b - \varepsilon - \gamma + 2\frac{\dot{w}}{w}, \qquad (8.44)$$

以及

$$\kappa_2(t) = b_{22}(t) + \sum_{j \neq 2} |b_{2j}(t)|$$

$$= \frac{\gamma c_0}{2b}\left(\frac{\gamma z}{w} + \alpha z\right) - \varepsilon + \frac{\dot{z}}{z} + \left(\frac{\beta x z}{y} + \alpha z\right) + (\beta - \alpha)z + 2\alpha z - \beta z - 2b$$

$$= \frac{\gamma c_0}{2b}\left(b - \frac{\dot{w}}{w}\right) - \varepsilon - 2b + \alpha z + \left(\varepsilon + b + \frac{\dot{y}}{y}\right) + \frac{\dot{z}}{z}$$

$$= \frac{\gamma c_0}{2} - (b - \alpha z) + \frac{\dot{y}}{y} + \frac{\dot{z}}{z} - \frac{\gamma c_0}{2b}\frac{\dot{w}}{w}$$

$$\leqslant \frac{\gamma c_0}{2} - \gamma c_0 + \frac{\dot{y}}{y} + \frac{\dot{z}}{z} - \left(\frac{\gamma c_0}{2b} - 1\right)\frac{\dot{w}}{w}$$

$$\leqslant -\frac{\gamma c_0}{2} + \frac{\dot{y}}{y} + \frac{\dot{z}}{z} - \left(\frac{\gamma c_0}{2b} - 1\right)\frac{\dot{w}}{w}. \qquad (8.45)$$

类似地,

$$
\begin{aligned}
\kappa_3(t) &= b_{33}(t) + \sum_{j\neq 3} |b_{3j}(t)| \\
&= \left(\frac{\varepsilon y}{z} + \alpha z\right) - \alpha - \gamma + 2\alpha z - \beta z - 2b + \frac{\dot{y}}{y} \\
&= \left(\gamma + \alpha + b - \frac{\dot{z}}{z}\right) - \alpha - \gamma + 2\alpha z - \beta z - 2b + \frac{\dot{y}}{y} \\
&= (\alpha - \beta)z - (b - \alpha z) + \frac{\dot{y}}{y} - \frac{\dot{z}}{z} \\
&\leqslant -\frac{\gamma z}{w} + \frac{\dot{w}}{w} + \frac{\dot{y}}{y} - \frac{\dot{z}}{z} \\
&\leqslant -\gamma c_0 + \frac{\dot{w}}{w} + \frac{\dot{y}}{y} - \frac{\dot{z}}{z},
\end{aligned}
\tag{8.46}
$$

以及

$$
\begin{aligned}
\kappa_4(t) &= b_{44}(t) + \sum_{j\neq 4} |b_{4j}(t)| \\
&= \left(\frac{\beta x z}{y} + \alpha z\right) + 2\alpha z - 2b - \alpha - \varepsilon - \gamma + \frac{\dot{x}}{x} \\
&= \left(\varepsilon + b + \frac{\dot{y}}{y}\right) + 2\alpha z - 2b - \alpha - \varepsilon - \gamma + \frac{\dot{x}}{x} \\
&= (z-1)\alpha - (b - \alpha z) - \gamma + \frac{\dot{x}}{x} + \frac{\dot{y}}{y} \\
&\leqslant -\frac{\gamma z}{w} + \frac{\dot{w}}{w} - \gamma + \frac{\dot{x}}{x} + \frac{\dot{y}}{y} \\
&\leqslant -\gamma + \frac{\dot{x}}{x} + \frac{\dot{y}}{y} + \frac{\dot{w}}{w}.
\end{aligned}
\tag{8.47}
$$

取定理 6.43 中条件 (LH$_e$) 中的矩阵 $C(t) = \mathrm{diag}\{\bar{\kappa}_1(t), \bar{\kappa}_2(t), \bar{\kappa}_3(t), \bar{\kappa}_4(t)\}$, 其中

$$
\bar{\kappa}_1(t) = -b - \varepsilon - \gamma + 2\frac{\dot{w}}{w}, \quad \bar{\kappa}_2(t) = -\frac{\gamma c_0}{2} + \frac{\dot{y}}{y} + \frac{\dot{z}}{z} - \left(\frac{\gamma c_0}{2b} - 1\right)\frac{\dot{w}}{w},
$$

$$
\bar{\kappa}_3(t) = -\gamma c_0 + \frac{\dot{w}}{w} + \frac{\dot{y}}{y} - \frac{\dot{z}}{z}, \quad \bar{\kappa}_4(t) = -\gamma + \frac{\dot{x}}{x} + \frac{\dot{y}}{y} + \frac{\dot{w}}{w}.
$$

根据 (8.41), 有

$$
\lim_{t\to+\infty} \frac{1}{t} \int_0^t \bar{\kappa}_i(t) = \bar{\kappa}_i < 0, \quad i = 1, 2, 3, 4,
\tag{8.48}
$$

其中 $\bar{\kappa}_1 = -b - \varepsilon - \gamma, \bar{\kappa}_2 = -\frac{\gamma c_0}{2}, \bar{\kappa}_3 = -\gamma c_0, \bar{\kappa}_4 = -\gamma$. 因此, 条件 (H$_{5a}$) 成立, 根据定理 6.45, 系统 (8.37) 是全局渐近稳定的. 这说明地方病平衡点是全局渐近稳定的. 定理得证. ∎

8.4　具短暂免疫与总人口变动的 SEIRS 模型

同模型 (8.33) 类似, 考虑如下传播过程:

$$
\longrightarrow_{bN} \boxed{S} \xrightarrow{\frac{\beta SI}{N}} \boxed{E} \xrightarrow{\varepsilon E} \boxed{I} \xrightarrow{\gamma I} \boxed{R} \xrightarrow{\delta R} \boxed{S}
$$

$$
\downarrow dS \qquad \downarrow dE \qquad \downarrow dI+\alpha I \qquad \downarrow dR
$$

其对应的微分方程为

$$
\begin{cases}
\dot{S} = bN - dS - \dfrac{\beta SI}{N} + \delta R, \\[2mm]
\dot{E} = \dfrac{\beta SI}{N} - (\varepsilon + d)E, \\[2mm]
\dot{I} = \varepsilon E - (\gamma + d + \alpha)I, \\[2mm]
\dot{R} = \gamma I - (\delta + d)R.
\end{cases} \tag{8.49}
$$

令

$$
x = \frac{S}{N}, \quad y = \frac{E}{N}, \quad z = \frac{I}{N}, \quad w = \frac{R}{N}, \tag{8.50}
$$

则系统 (8.49) 化为

$$
\begin{cases}
\dot{x} = b - bx - \beta xz + \alpha xz + \delta w, \\
\dot{y} = \beta xz - (\varepsilon + b)y + \alpha yz, \\
\dot{z} = \varepsilon y - (\gamma + b + \alpha)z + \alpha z^2, \\
\dot{w} = \gamma z - (b + \delta)w + \alpha wz,
\end{cases} \tag{8.51}
$$

其中 x, y, z 以及 w 满足 $x + y + z + w = 1$.

将可行域限制在如下的区域中

$$
\Gamma = \{(x, y, z, w) \in R_+^4 \,|\, x + y + z + w = 1\}. \tag{8.52}
$$

注意到

$$
\frac{d}{dt}(x + y + z + w - 1) = (\alpha z - b)(x + y + z + w - 1),
$$

可知 Γ 是正不变的且余维为 1.

记

$$
R_0 = \frac{\beta \varepsilon}{(\varepsilon + b)(\gamma + b + \alpha)}, \tag{8.53}
$$

称之为系统 (8.51) 的阈值, 也称为**基本再生数**.

若令 $x = (x, y, z, w)$ 以及

$$f(x) = (f_1(x), f_2(x), f_3(x), f_4(x)),$$

其中

$$
\begin{cases}
f_1(x) = b - bx - \beta xz + \alpha xz + \delta w, \\
f_2(x) = \beta xz - (\varepsilon + b)y + \alpha yz, \\
f_3(x) = \varepsilon y - (\gamma + b + \alpha)z + \alpha z^2, \\
f_4(x) = \gamma z - (b + \delta)w + \alpha wz,
\end{cases}
\tag{8.54}
$$

则系统 (8.51) 可以写成如下非线性形式:

$$\dot{x} = f(x), \tag{8.55}$$

在给出我们的结论之前, 先给出一些有用的结果.

设系统 (8.55) 存在一个不变流形 Γ, 满足

$(\tilde{H}_1)$ Γ 单连通;

$(\tilde{H}_2)$ 存在紧的吸收集 $K \subset D \subset \Gamma$;

$(\tilde{H}_3)$ $\bar{x}$ 是系统 (8.51) 在 $D \subset \Gamma$ 上的唯一平衡点满足 $f(\bar{x}) = 0$.

系统 (8.55) 对应的变分方程为

$$\dot{z}(t) = \left[\frac{\partial f^{[m+2]}}{\partial x}(x(t, x_0)) - \nu I\right] z(t), \tag{8.56}$$

为方便记, 将上述方程写成如下形式的线性微分方程:

$$\dot{z}(t) = A(t)z(t), \quad z \in R^4, \tag{8.57}$$

满足如下初值条件

$$z(0) = z_0,$$

其中 $A(t) : R \to R^{4\times4}$ 为连续的矩阵值函数. 设

$$
\begin{aligned}
l_1(t) = {}& \max\{a_{11}(t) + |a_{31}(t)|, a_{33}(t) + |a_{13}(t)|\} + |a_{12}(t)| + |a_{32}(t)| \\
& + |a_{14}(t)| + |a_{34}(t)|,
\end{aligned}
\tag{8.58}
$$

$$
\begin{aligned}
l_2(t) &= a_{22}(t) + |a_{21}(t)| + |a_{23}(t)| + |a_{24}(t)| - \min\{|a_{21}(t)|, |a_{23}(t)|\}, \\
l_3(t) &= a_{44}(t) + |a_{41}(t)| + |a_{42}(t)| + |a_{43}(t)| - \min\{|a_{41}(t)|, |a_{43}(t)|\},
\end{aligned}
\tag{8.59}
$$

其中 $a_{ij}(t)$ 表示矩阵 $A(t)$ 中的元素.

文献 [115] 给出如下结论.

定理 8.10 若存在函数 $g_i(t)$ 以及充分大的 $T_1 > 0$ 使得对任意的 $t \geqslant T_1$, 有

$$l_i(t) \leqslant g_i(t)(i = 1, 2, 3) \quad \text{且} \quad \lim_{t \to +\infty} \frac{1}{t} \int_0^t g_i(s)ds = \bar{g}_i < 0, \tag{8.60}$$

则存在 $g > 0$ 以及 $T > T_1$ 使得对任意的 $t \geqslant T$ 以及对所有的 $z(0) \in R^{\binom{n}{m+1}}$, 系统 (8.57) 的解 $z(t)$ 满足

$$\|z(t)\| \leqslant \|z(0)\| \exp(-gt), \quad t \geqslant T,$$

其中 $\|\cdot\|$ 是向量范数

$$\|(u_1, u_2, u_3, u_4)\| = \max_i \{|u_1| + |u_3|, |u_2|, |u_4|\}.$$

证明 令 $g_{\max} = \max_{1 \leqslant i \leqslant 3} \{\bar{g}_i\}$. 不失一般性, 只需要证明情形 $g_{\max} = \bar{g}_3$ 以及 $\bar{g}_1 \leqslant \bar{g}_2 \leqslant \bar{g}_3$. 显然, 存在 $\varrho_i > 0(i = 1, 2, 3)$ 使得

$$\bar{g}_1 + \varrho_1 < \bar{g}_2 + \varrho_2 < \bar{g}_3 + \varrho_3,$$

其中 $\varrho_1 < \varrho_2 < \varrho_3$, 而 $\varrho_3 - \varrho_1 < -\dfrac{\bar{g}_3}{8}$. 构造如下函数:

$$V(t) = \begin{cases} \left| \exp\left(-\int_0^t c_1(\tau)d\tau\right) \tilde{z}_1(t) \right|, & t \in \tilde{\mathcal{O}}_1, \\[2mm] \left| \exp\left(-\int_0^t c_2(\tau)d\tau\right) \tilde{z}_2(t) \right|, & t \in \tilde{\mathcal{O}}_2, \\[2mm] \left| \exp\left(-\int_0^t c_3(\tau)d\tau\right) \tilde{z}_3(t) \right|, & t \in \tilde{\mathcal{O}}_3, \end{cases} \tag{8.61}$$

其中 $c_i(t) = (g_i(t) + \varrho_i) - (g_3(t) + \varrho_3)(i = 1, 2, 3)$ 与 $\tilde{\mathcal{O}}_1 = \bar{\mathcal{O}}_3 \bigcap \bar{\mathcal{O}}_2$, $\tilde{\mathcal{O}}_2 = \bar{\mathcal{O}}_3 \bigcap \mathcal{O}_2$, 以及 $\tilde{\mathcal{O}}_3 = \mathcal{O}_3$ 和

$$\mathcal{O}_i = \left\{ t \mid |\tilde{z}_i(t)| \geqslant \max_{j < i} |\tilde{z}_j(t)| \right\}, \quad \bar{\mathcal{O}}_i = \left\{ t \mid |\tilde{z}_i(t)| < \max_{j < i} |\tilde{z}_j(t)| \right\}.$$

其中 $\tilde{z}_1 = |z_1| + |z_3|, \tilde{z}_2 = |z_2|, \tilde{z}_3 = |z_4|$. 基于 (8.60), 显然有

$$\lim_{t \to +\infty} \frac{1}{t} \int_0^t c_i(\tau)d\tau \triangleq c_i \quad (i = 1, 2, 3),$$

其中 $c_i = (\bar{g}_i + \varrho_i) - (\bar{g}_3 + \varrho_3)$. 因为 $\bar{g}_1 + \varrho_1 < \bar{g}_2 + \varrho_2 < \bar{g}_3 + \varrho_3$, 所以 $c_1 < c_2 < c_3 = 0$, 以及

$$\int_0^t c_i(\tau)d\tau = (c_i + \Theta_i(t))t.$$

这里当 $t \to \infty$ 时, $|\Theta_i(t)| \to 0 (i = 1, 2)$ 以及 $\Theta_3(t) = c_3(t) = c_3 = 0$. 因此, 可以验证存在充分大的 $T_0 > T_1$, 使得对所有的 $t \geqslant T_0$, 有

$$c_i - c_j > \Theta_j(t) - \Theta_i(t) \quad (i > j),$$

以及

$$(c_1 + \Theta_1(t))t < (c_2 + \Theta_2(t))t < (c_3 + \Theta_3(t))t = 0. \tag{8.62}$$

基于 (8.62), 对任意的 $t \geqslant T_0$,

$$\exp\left(-\int_0^t c_1(\tau)d\tau\right) > \exp\left(-\int_0^t c_2(\tau)d\tau\right) > \exp\left(-\int_0^t c_3(\tau)d\tau\right).$$

因此, 根据定理 2.6, (8.61) 对所有的 $t \geqslant T_0$ 是下半连续的.

当 $t \in \tilde{\mathcal{O}}_1$ 时, 沿着系统 (8.57) 计算 $V(t)$ 的导数, 并注意到 $\max\{|u|, |v|\} = |u| + |v| - \min\{|u|, |v|\}$, 可知

$$
\begin{aligned}
D_+V(t) &= D_+ \left| \exp\left(-\int_0^t c_1(\tau)d\tau\right)(|z_1(t)| + |z_3(t)|) \right| \\
&= D_+ \left[(|z_1(t)| + |z_3(t)|) \exp\left(-\int_0^t c_1(\tau)d\tau\right) \right] \\
&= \frac{d}{dt}\left[\exp\left(-\int_0^t c_1(\tau)d\tau\right) \right] \times (|z_1(t)| + |z_3(t)|) \\
&\quad + \exp\left(-\int_0^t c_1(\tau)d\tau\right) D_+(|z_1(t)| + |z_3(t)|) \\
&\leqslant \exp\left(-\int_0^t c_1(\tau)d\tau\right)(-c_1(t)(|z_1(t)| + |z_3(t)|) + D_+(|z_1(t)| + |z_3(t)|)) \\
&\leqslant \exp\left(-\int_0^t c_1(\tau)d\tau\right)(|z_1(t)| + |z_3(t)|)(-c_1(t) + l_1(t)) \\
&\leqslant \exp\left(-\int_0^t c_1(\tau)d\tau\right)(|z_1(t)| + |z_3(t)|)(-c_1(t) + g_1(t)) \\
&= (g_3(t) + \varrho_3 - \varrho_1)\left| \exp\left(-\int_0^t c_1(\tau)d\tau\right)(|z_1(t)| + |z_3(t)|) \right| \\
&= (g_3(t) + \varrho_3 - \varrho_1)V(t).
\end{aligned}
$$

类似地, 对所有的 $t \in \tilde{\mathcal{O}}_2$, 可得

$$D_+V(t) = D_+ \left| \exp\left(-\int_0^t c_2(\tau)d\tau\right) z_2(t) \right|$$

$$= D_+ \left[|z_2(t)| \exp\left(-\int_0^t c_2(\tau)d\tau\right) \right]$$

$$= \frac{d}{dt} \left[\exp\left(-\int_0^t c_2(\tau)d\tau\right) \right] \times |z_2(t)| + \exp\left(-\int_0^t c_2(\tau)d\tau\right) D_+|z_2(t)|$$

$$\leqslant \exp\left(-\int_0^t c_2(\tau)d\tau\right) \left[-c_2(t)|z_2(t)| + D_+|z_2(t)| \right].$$

$$\leqslant \exp\left(-\int_0^t c_2(\tau)d\tau\right) |z_2(t)| \left(-c_2(t) + l_2(t)\right)$$

$$\leqslant \exp\left(-\int_0^t c_2(\tau)d\tau\right) |z_2(t)| \left(-c_2(t) + g_2(t)\right)$$

$$= (g_3(t) + \varrho_3 - \varrho_2) \left| \exp\left(-\int_0^t c_2(\tau)d\tau\right) z_2(t) \right|$$

$$\leqslant (g_3(t) + \varrho_3 - \varrho_1) V(t).$$

当 $t \in \tilde{\mathcal{O}}_3$, 有

$$D_+V(t) = D_+ \left| \exp\left(-\int_0^t c_3(\tau)d\tau\right) z_4(t) \right|$$

$$= D_+|z_4(t)| \leqslant l_3(t)|z_3(t)| \leqslant g_3(t)|z_3(t)|$$

$$= g_3(t) \left| \exp\left(-\int_0^t c_3(\tau)d\tau\right) z_4(t) \right|$$

$$\leqslant (g_3(t) + \varrho_3 - \varrho_1) V(t).$$

因此, 对所有的 $t \geqslant T_0 > T_1$, 有

$$D_+V(t) \leqslant (g_3(t) + \varrho_3 - \varrho_1) V(t). \tag{8.63}$$

根据引理 6.3, 得到

$$V(t) \leqslant V(T_0) \exp\left(\int_{T_0}^t g_3(s) + \varrho_3 - \varrho_1 ds\right). \tag{8.64}$$

根据 (8.64), 当 $t \in \tilde{\mathcal{O}}_1$ 以及 $t \geqslant T_0$ 时,

$$\left| \exp\left(-\int_0^t c_1(\tau)d\tau\right) (|z_1(t)| + |z_3(t)|) \right| \leqslant V(T_0) \exp\left(\int_{T_0}^t g_3(\tau) + \varrho_3 - \varrho_1 d\tau\right),$$

即

$$|z_1(t)| + |z_3(t)| \leqslant V(T_0) \exp\left(\int_0^t c_1(\tau)d\tau\right) \exp\left(\int_{T_0}^t g_3(\tau) + \varrho_3 - \varrho_1 d\tau\right).$$

类似地, 当 $t \in \tilde{\mathcal{O}}_2$ 以及 $t \geqslant T_0$ 时,

$$|z_2(t)| \leqslant V(T_0) \exp\left(\int_0^t c_2(\tau)d\tau\right) \exp\left(\int_{T_0}^t g_3(\tau) + \varrho_3 - \varrho_1 d\tau\right),$$

当 $t \in \tilde{\mathcal{O}}_3$ 以及 $t \geqslant T_0$ 时,

$$|z_4(t)| \leqslant V(T_0) \exp\left(\int_0^t c_3(\tau)d\tau\right) \exp\left(\int_{T_0}^t g_3(\tau) + \varrho_3 - \varrho_1 d\tau\right).$$

因此, 当 $t \geqslant T_0$ 时,

$$\|z(t)\| \leqslant V(T_0) \left\|\exp\left(\int_0^t C(\tau)d\tau\right)\right\| \exp \int_{T_0}^t (g_3(\tau) + \varrho_3 - \varrho_1)d\tau, \quad (8.65)$$

其中 $C(t) = (c_1(t), c_2(t), 0, c_3(t))$.

根据 (8.60), 可得

$$\lim_{t\to+\infty} \frac{1}{t}\int_{T_0}^t g_3(\tau)d\tau = \lim_{t\to+\infty}\frac{1}{t}\int_0^t g_3(\tau)d\tau - \lim_{t\to+\infty}\frac{1}{t}\int_0^{T_0} g_3(\tau)d\tau$$

$$= \lim_{t\to+\infty}\frac{1}{t}\int_0^t g_3(\tau)d\tau = \bar{g}_3 < 0. \quad (8.66)$$

显然, $\int_{T_0}^t g_3(\tau)d\tau = (\bar{g}_3 + \Delta(t))t$, 且 $|\Delta(t)| \to 0 (t\to\infty)$.

根据 Lozinskiĭ 测度的性质, 得到

$$V(T_0) \leqslant \|z(T_0)\| \left\|\exp\left(-\int_0^{T_0} C(\tau)d\tau\right)\right\|$$

$$\leqslant \|z(0)\| \left\|\exp\left(-\int_0^{T_0} C(\tau)d\tau\right)\right\| \exp\int_0^{T_0} \mu(A(s))ds. \quad (8.67)$$

因此, 对所有的 $\varepsilon > 0$, 存在 $T > T_0 > 0$, 使得对所有的 $t \geqslant T$,

$$\int_{T_0}^t g_3(\tau)d\tau \leqslant (\bar{g}_3 + \varepsilon)t, \quad \left\|\exp\left(\int_0^t C(\tau)d\tau\right)\right\| \leqslant 1,$$

以及

$$\left\|\exp\left(-\int_0^{T_0} C(\tau)d\tau\right)\right\| \left(\exp\int_0^{T_0} \mu(A(s))ds\right)\exp\left(\frac{\bar{g}_3}{4}t\right) \leqslant 1.$$

简单计算可得, 对所有的 $t \geqslant T$,

$$\|z(t)\| \leqslant \|z(0)\| \left\|\exp\left(-\int_0^{T_0} C(\tau)d\tau\right)\right\|\left(\exp\int_0^{T_0} \mu(A(s))ds\right)$$

$$\cdot \exp(\bar{g}_3 t + \varrho_3 t - \varrho_1 t + \varepsilon t)$$

$$< \|z(0)\| \exp\left(\frac{\bar{g}_3}{4} t\right). \tag{8.68}$$

命题得证. ∎

考虑系统

$$\dot{w}(t) = \left[P_f P^{-1} + P \frac{\partial f^{[m+2]}}{\partial x}(x(t, x_0)) P^{-1} - \nu I \right] w(t), \tag{8.69}$$

其中 $x \mapsto P(x)$ 是一个在 Γ 上的 C^1 非奇异 $\binom{n}{m+2} \times \binom{n}{m+2}$ 矩阵值函数使得 $\|P^{-1}(x)\|$ 关于 $x \in K$ 是一致有界的以及 P_f 是矩阵 P 在向量场 f 上的方向导数.

定理 8.11　假设条件 $(\tilde{H}_1)$ 和 $(\tilde{H}_2)$ 满足, 则系统 (8.55) 唯一平衡点 $\bar{x}$ 在 Γ 上是全局渐近稳定的, 如果如下条件 $(\tilde{H}_4)$ 成立:

$(\tilde{H}_4)$ 存在 $T, g > 0$, 使得对所有的 $t \geqslant T$ 以及所有的 $x_0 \in K$, 系统的 (8.69) 的解满足对任意的 $w(0) \in R^{\binom{n}{m+2}}$ 有

$$\|w(t)\| \leqslant \|w(0)\| e^{-gt}.$$

$B(x(t, x_0))$ 定义如下

$$B(x(t, x_0)) = P_f P^{-1} + P \frac{\partial f^{[m+2]}}{\partial x}(x(t, x_0)) P^{-1} - \nu I.$$

其维数为 4×4. 进一步, $\delta_i(t)$ 定义如下:

$$\delta_1(t) = \max\{b_{11}(t) + |b_{31}(t)|, b_{33}(t) + |b_{13}(t)|\} + |b_{12}(t)| + |b_{32}(t)|$$
$$+ |b_{14}(t)| + |b_{34}(t)|, \tag{8.70}$$

$$\delta_2(t) = b_{22}(t) + |b_{21}(t)| + |b_{23}(t)| + |b_{24}(t)| - \min\{|b_{21}(t)|, |b_{23}(t)|\}, \tag{8.71}$$

$$\delta_3(t) = b_{44}(t) + |b_{41}(t)| + |b_{42}(t)| + |b_{43}(t)| - \min\{|b_{41}(t)|, |b_{43}(t)|\}, \tag{8.72}$$

其中 $b_{ij}(t)$ 是矩阵 $B(x(t, x_0))$ 中的项.

根据定理 8.11, 得到如下定理.

定理 8.12 [115]　在假设 $(\tilde{H}_1)$ 以及 $(\tilde{H}_2)$ 下, 系统 (8.55) 的唯一正衡点 $\bar{x}$ 是全局渐近稳定的, 如果如下条件 (H_5) 成立:

$(\tilde{H}_5)$ 存在函数 $\tilde{g}_i(t)$ 以及充分大的 $T_1 > 0$ 使得对所有的 $t \geqslant T_1$,

$$\delta_i(t) \leqslant \tilde{g}_i(t) \quad \text{且} \quad \lim_{t \to +\infty} \frac{1}{t} \int_0^t \tilde{g}_i(s) ds = \tilde{g}_i < 0 \, (i = 1, 2, 3).$$

由 Li 和 Muldowney [94], 若 $R_0 \leqslant 1$, 系统 (8.37) 存在平衡点 $P_0(1, 0, 0, 0)$; 若 $R_0 > 1$, P_0 是不稳定的.

如果 $R_0 > 1$, 将说明 (8.37) 有唯一的地方病平衡点 $P^* = (x^*, y^*, z^*, w^*) \in \overset{\circ}{\Gamma}$ 满足

$$
\begin{cases}
b - bx^* - \beta x^* z^* + \alpha x^* z^* + \delta w^* = 0, \\
\beta x^* z^* - (\varepsilon + b) y^* + \alpha y^* z^* = 0, \\
\varepsilon y^* - (\gamma + b + \alpha) z^* + \alpha (z^*)^2 = 0, \\
\gamma z^* - (b + \delta) w^* + \alpha w^* z^* = 0.
\end{cases}
\tag{8.73}
$$

如果 P^* 存在, 借助于 (8.73) 以及 $x^*, y^*, z^*, w^* > 0$, 可得 z^* 的范围

$$
0 < z^* < \min \left\{ 1, \frac{b + \delta}{\alpha}, \frac{\varepsilon + b}{\alpha} \right\}.
$$

在 (8.73) 中消去 x^*, y^*, w^*, 可得 z^* 满足

$$
f(z^*) = g(z^*),
\tag{8.74}
$$

其中

$$
f(z) = \left(1 - \frac{\alpha}{\varepsilon + b} z \right) \left(1 - \frac{\alpha}{\gamma + \alpha + b} z \right) \left(1 + \frac{\beta - \alpha}{b} z \right),
\tag{8.75}
$$

以及

$$
g(z) = R_0 \left(1 + \frac{\gamma}{b} \cdot \frac{\delta}{\delta + b - \alpha z} z \right).
\tag{8.76}
$$

因为 $R_0 = \dfrac{\beta \varepsilon}{(\varepsilon + b)(\gamma + \alpha + b)} > 1$, 得到 $\beta > \alpha$. $f(z)$ 三个根为 $z_1 = \dfrac{\varepsilon + b}{\alpha}$, $z_2 = \dfrac{\gamma + b + \alpha}{\alpha}$, $z_3 = -\dfrac{b}{\beta - \alpha}$, 它们都在 $\left[0, \dfrac{b}{\alpha} \right]$ 的外部.

易证 $f(0) = 1$, $f\left(\dfrac{b}{\alpha} \right) = \dfrac{\alpha + \gamma}{\alpha} R_0$, 以及 $g(0) = R_0$, $g\left(\dfrac{b}{\alpha} \right) = \dfrac{\alpha + \gamma}{\alpha} R_0$. 进一步, $g(z)$ 在 $\left(0, \dfrac{b + \delta}{\alpha} \right)$ 是严格递增的, 而当 $z \to \dfrac{b + \delta}{\alpha}$ 时,

$$
g(z) \to \infty.
$$

因此, 直线 $z = \dfrac{b + \delta}{\alpha}$ 是函数 $g(z)$ 的垂直渐近线.

基于以上的事实, 可得如下定理.

定理 8.13 [115] 若 $R_0 > 1$, 则系统 (8.37) 具有唯一的正平衡点 $P^* \in \overset{\circ}{\Gamma}$.

证明　因为 $z = \dfrac{b}{\alpha}$ 满足 $f(z) - g(z) = 0$, 得到系统 (8.37) 具有一个常数解 $\left(\dfrac{\alpha + \gamma}{\beta}, \dfrac{b(\alpha + \gamma)}{\alpha \varepsilon}, \dfrac{b}{\alpha}, \dfrac{b\gamma}{\alpha \delta} \right)$.

下面将证明分成三个情形.

情形 1　$b > \alpha$.
容易验证 $\left(\dfrac{\alpha + \gamma}{\beta}, \dfrac{b(\alpha + \gamma)}{\alpha \varepsilon}, \dfrac{b}{\alpha}, \dfrac{b\gamma}{\alpha \delta} \right) \notin \mathring{\Gamma}$. 根据事实 $f(0) < g(0)$ 以及 $f(1) \geqslant \dfrac{b + \gamma}{b} R_0 > \left(1 + \dfrac{\gamma}{b} \cdot \dfrac{\delta}{\delta + b - \alpha} \right) R_0 = g(1)$, 通过利用 $g(z)$ 和 $f(z)$ 的连续性, 可得存在一个交点 $(z^*, f(z^*))$ 满足

$$0 < z^* < 1 < \frac{b}{\alpha}.$$

因此, 存在 $P^* = (x^*, y^*, z^*, w^*) \in \mathring{\Gamma}$ (图 8.1(a)).

情形 2　$b = \alpha$.
注意到

$$\left(\frac{d}{dz} f - \frac{d}{dz} g \right) \Big|_{z = \frac{b}{\alpha}} = -\frac{\alpha^2 \delta \varepsilon + \alpha \beta b \delta + \alpha \delta \varepsilon \gamma + b \beta \delta \gamma + b \beta \varepsilon \gamma}{(\varepsilon + b)(\alpha + b + \gamma) b \delta} < 0, \qquad (8.77)$$

得到函数 $f(z)$ 与 $g(z)$ 不存在公共切线 $z = \dfrac{b}{\alpha} (= 1)$. 根据函数 $g(z)$ 的单调性, 存在交点 $\left(\dfrac{b}{\alpha}, f\left(\dfrac{b}{\alpha} \right) \right)$ 以及 $(z^*, f(z^*))$(图 8.1(b)).

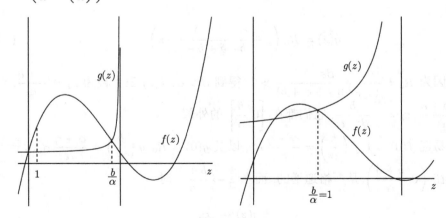

(a) 情形1 $b > \alpha$ 　　　　　　　　　　(b) 情形2 $b = \alpha$

图 8.1　z^* 存在与唯一性

接着说明 $z^* < \dfrac{b}{\alpha}$. 否则, 如果 $z^* > \dfrac{b}{\alpha}$, 将产生矛盾. 注意到 $f\left(\dfrac{b}{\alpha} \right) = g\left(\dfrac{b}{\alpha} \right)$,

我们得到, 当 $z \in \left(0, \dfrac{b}{\alpha}\right)$ 时, 则 $f(z) < g(z)$ 以及当 $z \in \left(\dfrac{b}{\alpha}, z^*\right)$ 时, 有 $f(z) > g(z)$. 这导致

$$\frac{f(z) - f\left(\dfrac{b}{\alpha}\right)}{z - \dfrac{b}{\alpha}} > \frac{g(z) - g\left(\dfrac{b}{\alpha}\right)}{z - \dfrac{b}{\alpha}},$$

这样, 有

$$\left.\frac{d}{dz}f\right|_{z=\frac{b}{\alpha}} \geqslant \left.\frac{d}{dz}g\right|_{z=\frac{b}{\alpha}}, \tag{8.78}$$

与 (8.77) 矛盾.

因此, $0 < z^* < \dfrac{b}{\alpha}(=1)$ 且 $P^* = (x^*, y^*, z^*, w^*)$ 在 $\mathring{\Gamma}$ 上存在唯一.

情形 3 $b < \alpha$.

下面分两步来说明正平衡点 $P^* \in \mathring{\Gamma}$ 的存在唯一性.

情形 3.1 $\left(\dfrac{\alpha + \gamma}{\beta}, \dfrac{b(\alpha + \gamma)}{\alpha\varepsilon}, \dfrac{b}{\alpha}, \dfrac{b\gamma}{\alpha\delta}\right) \in \mathring{\Gamma}$.

此时, $\dfrac{\alpha + \gamma}{\beta} + \dfrac{b(\alpha + \gamma)}{\alpha\varepsilon} + \dfrac{b}{\alpha} + \dfrac{b\gamma}{\alpha\delta} = 1$, 这导致

$$\left.\left(\frac{d}{dz}f - \frac{d}{dz}g\right)\right|_{z=\frac{b}{\alpha}} = 0, \tag{8.79}$$

说明函数 $g(z)$ 与 $f(z)$ 在 $z = \dfrac{b}{\alpha}$ 是相切的, 这说明函数 $g(z)$ 与 $f(z)$ 的图像具有唯一的交点 $(z^*, f(z^*))$, 其中 $z^* = \dfrac{b}{\alpha}$. 因此, $P^* = \left(\dfrac{\alpha + \gamma}{\beta}, \dfrac{b(\alpha + \gamma)}{\alpha\varepsilon}, \dfrac{b}{\alpha}, \dfrac{b\gamma}{\alpha\delta}\right) \in \mathring{\Gamma}$ (图 8.2(a)).

情形 3.2 $\left(\dfrac{\alpha + \gamma}{\beta}, \dfrac{b(\alpha + \gamma)}{\alpha\varepsilon}, \dfrac{b}{\alpha}, \dfrac{b\gamma}{\alpha\delta}\right) \notin \mathring{\Gamma}$.

情形 3.2.1 $\dfrac{b + \delta}{\alpha} > 1$.

此时, 显然有

$$\left.\left(\frac{d}{dz}f - \frac{d}{dz}g\right)\right|_{z=\frac{b}{\alpha}} \neq 0. \tag{8.80}$$

这说明存在 $\tilde{z} \in (0, 1)$ 使得 $f(\tilde{z}) > g(\tilde{z})$. 否则, 如果对所有的 $z \in (0, 1), f(z) \leqslant g(z)$. 取 $F(z) = f(z) - g(z)$, 容易验证 $F(z) \leqslant F\left(\dfrac{b}{\alpha}\right) = 0$, 根据费马引理, 可得 $F'\left(\dfrac{b}{\alpha}\right) = 0$, 与 (8.80) 矛盾.

因为 $f(0) < g(0), f(\tilde{z}) > g(\tilde{z})$ 以及

$$f(1) = R_0 \left(1 + \frac{b-\alpha}{\beta}\right)\left(1 + \frac{b-\alpha}{\varepsilon}\right)\left(1 + \frac{\gamma}{b}\right)$$

$$< R_0 \left(1 + \frac{\gamma}{b}\right) < R_0 \left(1 + \frac{\gamma}{b} \cdot \frac{\delta}{\delta+b-\alpha}\right) = g(1),$$

根据单调性和连续性可得, 存在 $z^* \in (0,1)$, 使得 $z^* \neq \dfrac{b}{\alpha}$. 因此, 存在唯一的平衡点 $P^* = (x^*, y^*, z^*, w^*) \in \mathring{\Gamma}$ (图 8.2(b)).

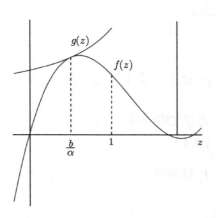

(a) 情形3.1 $\left(\dfrac{\alpha+\gamma}{\beta}, \dfrac{b(\alpha+\gamma)}{\alpha\varepsilon}, \dfrac{b}{\alpha}, \dfrac{b\gamma}{\alpha\delta}\right) \in \mathring{\Gamma}$

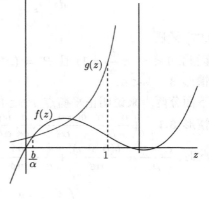

(b) 情形3.2.1 $\dfrac{b+\delta}{\alpha} > 1$

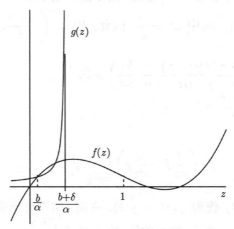

(c) 情形3.2.2 $\dfrac{b+\delta}{\alpha} \leqslant 1$

图 8.2　z^* 存在与唯一性

情形 3.2.2 $\dfrac{b+\delta}{\alpha} \leqslant 1.$

因为当 $t \to \dfrac{b+\delta}{\alpha}$ 时, 有 $g(z) \to \infty$. 结合函数 $g(z)$ 的连续性可得, 存在 $\bar{z} \in \left(\dfrac{b}{\alpha}, \dfrac{b+\delta}{\alpha}\right)$ 使得

$$f(\bar{z}) < g(\bar{z}).$$

类似情形 3.2.1, 我们可得, 存在 $z^* \in \left(0, \dfrac{b+\delta}{\alpha}\right) \subset (0,1)$ 满足 $z^* \neq \dfrac{b}{\alpha}$. 因此, $P^* = (x^*, y^*, z^*, w^*)$ 在 $\mathring{\Gamma}$ 存在且唯一 (图 8.2(c)). 命题得证. ■

注 8.2 在文献 [54] 和 [94] 中, 关于 P^* 的存在唯一性是在限制 $\delta \leqslant \{\varepsilon, \gamma\}$ 下得到的.

这样可得如下结论.

定理 8.14 [115] (a) 如果 $R_0 < 1$, 系统 (8.37) 的无病平衡点 $P_0 = (1,0,0,0)$ 全局渐近稳定;

(b) 如果 $R_0 > 1$, 在 $P_0 = (1,0,0,0)$ 不稳定, 且模型 (8.37) 的地方病平衡点 $P^* = (x^*, y^*, z^*, w^*)$ 全局渐近稳定的.

证明 定义 $M(X) = x + y + z + w - 1$, 其中 $X = (x,y,z,w) \in R_+^4$, 则不变流型 Γ 可以写成

$$\Gamma = \{X \in R_+^4 \mid M(X) = 0\}.$$

基于 Li 和 Muldowney [94], 令

$$N(X) = \nu(X) = \alpha z - b,$$

以及

$$m = \dim\left(\frac{\partial M}{\partial X}\right) = 1.$$

容易知道, 模型 (8.37) 当 $R_0 > 1$ 时是永久生存的, 即存在常数 $c_0 > 0$, 使得

$$c_0 \leqslant x, y, z, w \leqslant 1 \quad \text{和} \quad x + y + z + w = 1. \tag{8.81}$$

因此, 存在常数 $\overline{m}$ 以及 $\underline{m}$ 使得

$$1 - \frac{1}{x} < 0, \quad 0 < \underline{m} \leqslant \min\left\{\frac{\gamma z}{w}, \frac{\beta x z}{y}\right\} \leqslant \overline{m}. \tag{8.82}$$

简单计算, 可得三阶可加矩阵 $J^{[3]}$ 为

$$
J^{[3]} = \begin{pmatrix}
\alpha z - \alpha - \varepsilon - \gamma & 0 & 0 & \delta \\
\alpha w + \gamma & -\varepsilon - \delta & \alpha y + \beta x & -\alpha x + \beta x \\
0 & \varepsilon & \alpha z - \alpha - \gamma & 0 \\
0 & 0 & \beta z & \alpha z + \beta z - \alpha - \varepsilon - \gamma
\end{pmatrix}. \quad (8.83)
$$

令 $P(t) = \operatorname{diag}\{w, z, y, x\}$, 则 $P_f P^{-1} = \operatorname{diag}\left\{\dfrac{\dot{w}}{w}, \dfrac{\dot{z}}{z}, \dfrac{\dot{y}}{y}, \dfrac{\dot{x}}{x}\right\}$. 定理 8.12 中的系数矩阵 $B(t)$ 可以写成

$$
\begin{aligned}
B(t) &= P_f P^{-1} + P \frac{\partial f}{\partial x}^{[3]} P^{-1} - \nu I \\
&= \begin{pmatrix}
B_{11} & 0 & 0 & \delta \dfrac{w}{x} \\
\dfrac{\gamma z}{w} + \alpha z & B_{22} & \dfrac{\beta x z}{y} + \alpha z & (\beta - \alpha) z \\
0 & \dfrac{\varepsilon y}{z} & B_{33} & 0 \\
0 & 0 & \dfrac{\beta x z}{y} & B_{44}
\end{pmatrix},
\end{aligned}
$$

其中 $B_{11} = 3\alpha z - \beta z - \alpha - 2b - \varepsilon - \gamma + \dfrac{\dot{w}}{w}$, $B_{22} = 2\alpha z - \beta z - 2b - \varepsilon - \delta + \dfrac{\dot{z}}{z}$, $B_{33} = 3\alpha z - \beta z - 2b - \alpha - \delta - \gamma + \dfrac{\dot{y}}{y}$, 以及 $B_{44} = 3\alpha z - \alpha - 2b - \delta - \varepsilon - \gamma + \dfrac{\dot{x}}{x}$. 进一步, 系统 (8.37) 可以写成

$$
\begin{aligned}
&\frac{\beta x z}{y} + \alpha z = \frac{\dot{y}}{y} + \varepsilon + b, \quad \frac{\varepsilon y}{z} + \alpha z = \frac{\dot{z}}{z} + \gamma + b + \alpha, \\
&\frac{\gamma z}{w} + \alpha z = \frac{\dot{w}}{w} + b + \delta, \quad \frac{\delta w}{x} + \alpha z = \frac{\dot{x}}{x} + \beta y + b\left(1 - \frac{1}{x}\right).
\end{aligned}
$$

从而有

$$
\begin{aligned}
&3\alpha z - \beta z - \alpha - 2b - \varepsilon - \gamma + \frac{\dot{w}}{w} \\
&= (\alpha - \beta)z + (\alpha z - b - \alpha - \gamma) + (\alpha z - \varepsilon - b) + \frac{\dot{w}}{w} \\
&= \left[\frac{\dot{x}}{x} + b\left(1 - \frac{1}{x}\right) - \frac{\delta w}{x}\right] + \left(\frac{\dot{z}}{z} - \frac{\varepsilon y}{z}\right) + \left(\frac{\dot{y}}{y} - \frac{\beta x z}{y}\right) + \frac{\dot{w}}{w} \\
&= \frac{\dot{x}}{x} + \frac{\dot{y}}{y} + \frac{\dot{z}}{z} + \frac{\dot{w}}{w} + b\left(1 - \frac{1}{x}\right) - \frac{\delta w}{x} - \frac{\varepsilon y}{z} - \frac{\beta x z}{y},
\end{aligned} \quad (8.84)
$$

以及

$$3\alpha z - \beta z - \alpha - 2b - \delta - \gamma + \frac{\dot{y}}{y}$$

$$= (\alpha - \beta)z + (\alpha z - b - \alpha - \gamma) + (\alpha z - \delta - b) + \frac{\dot{y}}{y}$$

$$= \left[\frac{\dot{x}}{x} + b\left(1 - \frac{1}{x}\right) - \frac{\delta w}{x}\right] + \left(\frac{\dot{z}}{z} - \frac{\varepsilon y}{z}\right) + \left(\frac{\dot{w}}{w} - \frac{\gamma z}{w}\right) + \frac{\dot{z}}{z}$$

$$= \frac{\dot{x}}{x} + \frac{\dot{y}}{y} + \frac{\dot{z}}{z} + \frac{\dot{w}}{w} + b\left(1 - \frac{1}{x}\right) - \frac{\delta w}{x} - \frac{\varepsilon y}{z} - \frac{\gamma z}{w}. \tag{8.85}$$

因为 $R_0 > 1$, 故 $\beta > \alpha$. 基于 (8.41), (8.84) 以及 (8.85), 得到

$$\delta_1(t) = \frac{\dot{x}}{x} + \frac{\dot{y}}{y} + \frac{\dot{z}}{z} + \frac{\dot{w}}{w} + b\left(1 - \frac{1}{x}\right) - \min\left\{\frac{\gamma z}{w}, \frac{\beta x z}{y}\right\}$$

$$\leqslant \frac{\dot{x}}{x} + \frac{\dot{y}}{y} + \frac{\dot{z}}{z} + \frac{\dot{w}}{w} - \min\left\{\frac{\gamma z}{w}, \frac{\beta x z}{y}\right\}$$

$$\leqslant \frac{\dot{x}}{x} + \frac{\dot{y}}{y} + \frac{\dot{z}}{z} + \frac{\dot{w}}{w} - \underline{m}. \tag{8.86}$$

类似可得

$$\delta_2(t) = 3\alpha z - \delta - \varepsilon - \beta z - 2b + \frac{\dot{z}}{z} + \frac{\gamma z}{w}$$

$$+ \frac{\beta x z}{y} + (\beta - \alpha)z - \min\left\{\frac{\gamma z}{w}, \frac{\beta x z}{y}\right\}$$

$$= \frac{\dot{y}}{y} + \frac{\dot{z}}{z} + \frac{\dot{w}}{w} - \min\left\{\frac{\gamma z}{w}, \frac{\beta x z}{y}\right\}$$

$$\leqslant -\underline{m} + \frac{\dot{y}}{y} + \frac{\dot{z}}{z} + \frac{\dot{w}}{w} \tag{8.87}$$

和

$$\delta_3(t) = (\alpha z - b) + \alpha(z - 1) - \delta - \varepsilon - \gamma - b + \frac{\dot{x}}{x} + \left(\frac{\beta x z}{y} + \alpha z\right)$$

$$\leqslant \left(\delta - \frac{\gamma z}{w} + \frac{\dot{w}}{w}\right) - \delta - \gamma + \frac{\dot{x}}{x} + \frac{\dot{y}}{y}$$

$$\leqslant -\gamma + \frac{\dot{x}}{x} + \frac{\dot{y}}{y} + \frac{\dot{w}}{w}. \tag{8.88}$$

因此, 取 $\tilde{g}_i(t)(i = 1, 2, 3)$ 满足

$$\tilde{g}_1(t) = \frac{\dot{x}}{x} + \frac{\dot{y}}{y} + \frac{\dot{z}}{z} + \frac{\dot{w}}{w} - \underline{m},$$

$$\tilde{g}_2(t) = -\underline{m} + \frac{\dot{y}}{y} + \frac{\dot{z}}{z} + \frac{\dot{w}}{w},$$

$$\tilde{g}_3(t) = -\gamma + \frac{\dot{x}}{x} + \frac{\dot{y}}{y} + \frac{\dot{w}}{w}.$$

利用 (8.41), 得到

$$\lim_{t \to +\infty} \frac{1}{t} \int_0^t \tilde{g}_i(t) = \tilde{g}_i < 0, \quad i = 1, 2, 3, \tag{8.89}$$

其中 $\tilde{g}_1 = -\underline{m}, \tilde{g}_2 = -\underline{m}, \tilde{g}_3 = -\gamma$.

　　因此, 条件 $(\tilde{H}_5)$ 成立. 根据定理 8.12, 系统 (8.37) 是全局渐近稳定的. 命题得证. ■

第 9 章　Lotka-Volterra 模型的全局稳定性

9.1　单调性原理与全局稳定性的判定

单调动力系统是其解具有某种有序结构的一类特殊动力系统. 20 世纪 20～30 年代 Kamke 和 Müler 在考虑常微分方程关于最大、最小解时, 发现了方程的解所对应的半流关于初值的保序关系, 即某种单调性. 将单调动力系统的研究推向高潮当归功于 Hirsch, 他的一系列工作建立了单调动力系统理论的基本框架. Swith 等 [141,143] 在其专著中对单调动力系统理论也做了详尽的阐述. 近二十年来, 新的方法和理论大量出现在单调动力系统的研究之中, 将其应用于一大类实际问题 (经济、物理、化学、生物等), 得到了很多较为完整的定性结果.

9.1.1　合作系统的单调性定理

首先考虑一般的 n 维系统:

$$\dot{x} = f(x), \tag{9.1}$$

其中 $f : \mathbf{R}^n \to \mathbf{R}^n$ 是连续可微的, $x = (x_1, x_2, \cdots, x_n) \in \mathbf{R}^n$. 其过初值 $x(0) = x_0$ 的解记为 $x(t, x_0)$.

如果其雅可比矩阵 $Df(x)$ 的非对角线上元素均非负, 即对所有的 $i \neq j$ $(i, j = 1, \cdots, n)$, 当 $x \in \mathbf{R}^n_+$ 时, 有

$$\frac{\partial f_i}{\partial x_j} \geqslant 0, \tag{9.2}$$

则系统 (9.1) 称为合作系统.

如果其雅可比矩阵 $Df(x)$ 的非对角线上元素均非正, 即对所有的 $i \neq j$ $(i, j = 1, \cdots, n)$, 当 $x \in \mathbf{R}^n_+$ 时, 有

$$\frac{\partial f_i}{\partial x_j} \leqslant 0, \tag{9.3}$$

则 (9.1) 称为竞争系统.

Kamke 给出了系统 (9.1) 在条件 (9.2) 下的保序性原理.

定理 9.1 (Kamke 定理)　假如 $\mathbf{R}^n_+$ 关于合作系统 (9.1) 不变, 则当正初值 $\bar{x}(0)$, $\underline{x}(0)$ 满足 $\bar{x}(0) \geqslant \underline{x}(0)$ 时, 其对应的解 $\bar{x}(t)$, $\underline{x}(t)$ 是保序的, 即有 $\bar{x}(t) \geqslant \underline{x}(t)$.

　　1980 年, Selgrade 给出了判断单调系统解的单调性的十分有效的 Selgrade
定理.

　　定理 9.2 (Selgrade 定理)　　假设 R_+^n 关于合作系统 (9.1) 不变, 且正初值 $x(0)$
满足

$$f(x(0)) \geqslant 0 \quad (f(x(0)) \leqslant 0), \tag{9.4}$$

则解 $x(t)$ 关于 $t \geqslant 0$ 单调不减 (不增).

　　特别地, 若 $x(t)$ 有界, 则其 ω 极限集由单个奇点构成.

　　证明　　设 $f(x(0)) \geqslant 0$. 记 $x(0) = p$, 则有 $f(p) \geqslant 0$. 定义·

$$z(t) \equiv p, \quad t \geqslant 0.$$

则对任意的 $t \geqslant 0$,

$$\dot{z}(t) = 0 \leqslant f(p) = f(z(t)). \tag{9.5}$$

根据定理 2.29, 对任意的 $t \geqslant 0$,

$$p \equiv z(t) \leqslant x(t) = x(t, p). \tag{9.6}$$

固定 (9.6) 的 $t > 0$, 由定理 2.29 知,

$$x(s, p) \leqslant x(s, x(t, p)). \tag{9.7}$$

又因为 $x(s, x(t, p)) = x(t + s, p)$, 所以

$$x(s, p) \leqslant x(s + t, p). \tag{9.8}$$

因此, $x(t)$ 关于 t 是单调不减的. 同理可得, 当设 $f(x(0)) \leqslant 0$ 时, $x(t)$ 关于 t 是单
调不增的.

　　若 $x(t)$ 有界, 根据 $x(t)$ 的单调性, 可得

$$\lim_{t \to \infty} x(t) = \bar{x}. \tag{9.9}$$

故对任意的 $T \in R^+$, 有

$$\lim_{t \to \infty} x(t + T) = \lim_{t \to \infty} x(t) = \bar{x}. \tag{9.10}$$

对任意的 $1 \leqslant i \leqslant n$, 根据微分中值定理, 存在 $\xi_i \in (t, t + T)$,

$$x_i(t + T) - x_i(t) = T\dot{x}_i(\xi_i) = Tf_i(x(\xi_i)). \tag{9.11}$$

所以

$$
\begin{aligned}
0 &= \lim_{t \to \infty} (x_i(t+T) - x_i(t)) \\
&= \lim_{t \to \infty} T f_i(x(\xi_i)) = T f_i(\lim_{t \to \infty} x(t)) = T f_i(\bar{x}).
\end{aligned} \tag{9.12}
$$

显然可知, 即 $\bar{x}$ 是平衡点, 结论成立. ∎

注 9.1 对于上述证明, 还有更加简单的证明.

证明 由于

$$
\dot{x} = f(x),
$$

令 $y = \dot{x}$, 则

$$
\dot{y} = Df(x)y,
$$

又因为 $Df(x)$ 是合作矩阵, 且

$$
y(0) = f(x(0)) \geqslant 0,
$$

由 Kamke 定理,

$$
y(t) \geqslant y(0) \geqslant 0,
$$

故而

$$
\dot{x} \geqslant 0.
$$
∎

例 9.1 考虑 R_+^n 上的 Lotka-Volterra 合作系统

$$
\dot{x}_i = x_i \left(r_i + \sum_{j=1}^{n} a_{ij} x_j \right), \tag{9.13}
$$

其中 $r_i > 0$, $a_{ij} > 0 (i \neq j)$.

利用 Selgrade 定理可知有如下定理.

定理 9.3 若 (9.13) 存在唯一的正平衡点 $x^* = (x_1^*, x_2^*, \cdots, x_n^*)$, 且存在

$$
d = (d_1, d_2, \cdots, d_n) > 0, \ \text{使得} \ Ad < 0, \tag{9.14}
$$

其中 $A = (a_{ij})_{n \times n}$, 则 x^* 全局渐近稳定.

证明　记 $x = (x_1, x_2, \cdots, x_n)$, $f_i(x) = x_i \left(r_i + \sum\limits_{j=1}^{n} a_{ij} x_j \right)$ 和

$$f(x) = (f_1(x), f_2(x), \cdots, f_n(x)).$$

由条件 (9.14), 存在 $d = (d_1, d_2, \cdots, d_n) > 0$, 使得

$$d_i a_{ii} + \sum_{i \neq j} d_j a_{ij} < 0. \tag{9.15}$$

易知, 对充分小的 ε, 取 $\tilde{x} = \dfrac{1}{\varepsilon} d$, 则

$$f_i(\tilde{x}) = \frac{d_i}{\varepsilon} \left[r_i + \left(d_i a_{ii} + \sum_{i \neq j} d_j a_{ij} \right) \frac{1}{\varepsilon} \right] < 0. \tag{9.16}$$

另一方面, 由于 $r_i > 0$, 所以对充分小的 $\varepsilon > 0$, 有

$$f_i(\varepsilon d) = \varepsilon d_i \left[r_i + \left(a_{ii} d_i + \sum_{i \neq j} a_{ij} d_j \right) \varepsilon \right] > 0. \tag{9.17}$$

根据 Selgrade 定理知, 对充分小的 $\varepsilon > 0$, 有

$$0 < \varepsilon d \leqslant x(t) \leqslant \frac{1}{\varepsilon} d. \tag{9.18}$$

由正平衡点的唯一性, 可得

$$\lim_{t \to \infty} x(t) = x^*,$$

使得

$$f(x^*) = 0. \tag{9.19}$$

类似可证, 存在 $\varepsilon_n > 0$, 当 $\lim\limits_{t \to \infty} \varepsilon_n = 0$ 时, 对任意的 $x(0) \in \left(\varepsilon_n d, \dfrac{1}{\varepsilon_n} d \right)$,

$$\lim_{t \to \infty} x(t) = x^* \in \left(\varepsilon_n d, \frac{1}{\varepsilon_n} d \right). \tag{9.20}$$

因此, 对任意的 $x(0) \in R_+^n$, 存在 $\varepsilon_k > 0$, 使得 $x(0) \in \left(\varepsilon_k d, \dfrac{1}{\varepsilon_k} d \right)$. 故

$$\lim_{t \to \infty} x(t) = x^*.$$

由上述证明过程可知, x^* 是局部稳定与全局吸引的, 故其是全局渐近稳定的.　　■

　　一般地, 对于合作系统 (9.13), Hofbauer 和 Sigmud 在文献 [69] 给出如下的结论.

定理 9.4 设系统 (9.13) 存在平衡点 x^*, 则如下结论成立:

(**M**$_1$) R_+^n 中的所有轨道当 $t \to \infty$ 时一致有界;

(**M**$_2$) 矩阵 A 稳定;

(**M**$_3$) A 前主子式交换符号

$$(-1)^k \det(a_{ij})_{1 \leqslant i,j \leqslant k} > 0;$$

(**M**$_4$) 对每个 $c > 0$, 存在 $x > 0$, 使得

$$Ax + c = 0;$$

(**M**$_5$) 存在 $x > 0$, 使得

$$Ax < 0;$$

(**M**$_6$) 驻点 $\bar{x}$ 全局渐近稳定而所有 (边界) 轨道当 $t \to \infty$ 时一致有界.

9.1.2 K-单调系统的单调性定理

若系统 (9.1) 的雅可比矩阵具有如下形式:

$$Df = \begin{pmatrix} A & -B \\ -C & D \end{pmatrix},$$

其中 A, B, C 和 D 分别为 $k \times k, k \times (n-k), (n-k) \times k, (n-k) \times (n-k)$ 矩阵. $A = (a_{ij})$ 和 $D = (d_{ij})$ 分别满足 $a_{ij} \geqslant 0 (i \neq j)$ 和 $d_{lm} \geqslant 0 (l \neq m)$, 而 $B \geqslant 0, C \geqslant 0$. 此时, 系统 (9.1) 称为 K-单调系统.

显然, 当 $k = n$ 时, K-单调系统即为合作系统.

将 (9.1) 写成

$$\begin{aligned} \dot{\boldsymbol{x}}_1 &= f_1(\boldsymbol{x}_1, \boldsymbol{x}_2), \\ \dot{\boldsymbol{x}}_2 &= f_2(\boldsymbol{x}_1, \boldsymbol{x}_2), \end{aligned} \tag{9.21}$$

其中 (f_1, f_2) 和 $(\boldsymbol{x}_1, \boldsymbol{x}_2)$ 分别为 f 和 x 的一个重排

$$\boldsymbol{x}_1 = (x_1, \cdots, x_k), \quad \boldsymbol{x}_2 = (x_k, \cdots, x_n).$$

记 $R_+^n = \{x \in \mathbf{R}^n \mid x_i \geqslant 0, 1 \leqslant i \leqslant n\}$, 其内部区域 $\mathrm{int} R_+^n = \{x \in R_+^n \mid x_i > 0, 1 \leqslant i \leqslant n\}$, 其边界为 ∂R_+^n. 令

$$\begin{aligned} K &= \{x \in \mathbf{R}^n \mid x_i \geqslant 0, 1 \leqslant i \leqslant k; x_j \leqslant 0, k+1 \leqslant j \leqslant n\} \\ &\triangleq R_+^n \times (-R_+^{n-k}), \quad 1 \leqslant k \leqslant n. \end{aligned}$$

对任意的 $x = (x_1, x_2, \cdots, x_n) \in \mathbf{R}^n$, $y = (y_1, y_2, \cdots, y_n) \in \mathbf{R}^n$, 可由此定义如下的序关系:

$$
\begin{aligned}
&x \leqslant_K y \Leftrightarrow y - x \in K, \\
&x <_K y \Leftrightarrow y - x \in K/\{0\}, \\
&x \ll_K \Leftrightarrow y - x \in \operatorname{int}K.
\end{aligned}
\tag{9.22}
$$

按照此序关系, 若设 $\bar{P} = (\bar{x}_1, \bar{x}_2)$ 及 $P = (x_1, x_2)$ 为 $R_+^k \times R_+^{n-k}$ 中的两个点, 当 $\bar{x}_1 \geqslant x_1$ 且 $\bar{x}_2 \leqslant x_2$ 时, 则 $\bar{P} \geqslant_K P$. 在上述序关系下, 还可以定义如下记号:

$$
[x, y]_K = \{z \in R^n \mid x \leqslant_K z \leqslant_K y\}.
\tag{9.23}
$$

定义 9.1 如果 $t_1 > (<)t_2$ 时, 有

$$
(x_1(t_1), x_2(t_1)) \geqslant_K (x_1(t_2), x_2(t_2)),
$$

则系统 (9.21) 的解 $(x_1(t), x_2(t))$ 称为 K-单调不减 (不增).

Smith[142] 将 Kamke 定理与 Selgrade 定理推广到 K-单调的情形.

定理 9.5 设系统 (9.21) 为 K-单调系统, 如果正初值满足

$$
(x_1(0), x_2(0)) \geqslant_K (\bar{x}_1(0), \bar{x}_2(0)),
$$

则对于所有 $t > 0$,

$$
(x_1(t), x_2(t)) \geqslant_K (\bar{x}_1(t), \bar{x}_2(t))
$$

成立.

定理 9.6 设系统 (9.21) 为 K-单调系统, 如果

$$
(f_1(x_1(0), x_2(0)), f_2(x_1(0), x_2(0))) \geqslant_K (\leqslant_K)0,
$$

则对 $t > 0$, $(x_1(t), x_2(t))$ 为 K-单调不减 (不增). 进一步, 如果 $(x_1(t), x_2(t))$ 有界, 则其 ω 极限集为一平衡点.

考虑如下的 Kolmogorov 系统:

$$
\dot{x}_i = x_i f_i(x_1, x_2, \cdots, x_n), \quad 1 \leqslant i \leqslant n,
\tag{9.24}
$$

系统 (9.24) 的雅可比矩阵为

$$
Df(x) = \begin{pmatrix} A & -B \\ -C & D \end{pmatrix},
\tag{9.25}
$$

其中 $f(x) = (f_1(x), f_2(x), \cdots, f_n(x))$. 此时也把系统 (9.24) 称为 K-单调系统.

若令 $f(x) = (f_1(x), f_2(x))$, $x = (\boldsymbol{x}_1, \boldsymbol{x}_2) \in R_+^k \times R_+^{n-k}$, 则系统 (9.24) 可写成

$$\begin{aligned}\dot{\boldsymbol{x}}_1 &= \operatorname{diag}\{\boldsymbol{x}_1\} f_1(\boldsymbol{x}_1, \boldsymbol{x}_2), \quad \boldsymbol{x}_1 \in R_+^k, \\ \dot{\boldsymbol{x}}_2 &= \operatorname{diag}\{\boldsymbol{x}_2\} f_2(\boldsymbol{x}_1, \boldsymbol{x}_2), \quad \boldsymbol{x}_2 \in R_+^{n-k}.\end{aligned} \tag{9.26}$$

在系统 (9.26) 中, 分别令 $\boldsymbol{x}_1 = 0$ 与 $\boldsymbol{x}_2 = 0$ 可得系统对应的子系统

$$\dot{\boldsymbol{x}}_1 = \operatorname{diag}\{\boldsymbol{x}_1\} f_1(\boldsymbol{x}_1, 0), \quad \boldsymbol{x}_1 \in R_+^k, \tag{9.27}$$

以及

$$\dot{\boldsymbol{x}}_2 = \operatorname{diag}\{\boldsymbol{x}_2\} f_2(0, \boldsymbol{x}_2), \quad \boldsymbol{x}_2 \in R_+^{n-k}. \tag{9.28}$$

Smith 在文献 [142] 中基于系统 (9.27), (9.28) 与系统 (9.26) 的关系, 给出了它们稳定性之间的关系.

定理 9.7 若系统 (9.26) 满足

$$f_1(\boldsymbol{x}_1^0, 0) = 0, \quad f_2(\boldsymbol{x}_1^0, 0) > 0, \quad f_2(0, \boldsymbol{x}_2^0) = 0, \quad f_1(0, \boldsymbol{x}_2^0) > 0, \tag{9.29}$$

则系统 (9.24) 存在两个平衡点 x^1, x^2 满足如下条件:

(1) $0 < x^1, x^2 \leqslant (\boldsymbol{x}_1^0, \boldsymbol{x}_2^0), x^1 \leqslant_K x^2$;

(2) 若 $x > 0$ 以及 $x^2 \leqslant_K x \leqslant_K (\boldsymbol{x}_1^0, 0)$, 则

$$\lim_{t \to +\infty} \phi_t(x) = x^2,$$

若 $x > 0$ 以及 $(0, \boldsymbol{x}_2^0) \leqslant_K x \leqslant_K x^1$, 则

$$\lim_{t \to +\infty} \phi_t(x) = x^1;$$

(3) 若 $0 < x \leqslant (\boldsymbol{x}_1^0, \boldsymbol{x}_2^0)$, 则

$$\omega(x) \subset [x^1, x^2]_K.$$

此外, 若 $\boldsymbol{x}_1^0 + R_+^k$ 是系统 (9.27) 的正平衡点 $\boldsymbol{x}_1^0$ 的吸引域以及 $\boldsymbol{x}_2^0 + R_+^{n-k}$ 是系统 (9.28) 的正平衡点 $\boldsymbol{x}_2^0$ 的吸引域, 则对任意的 $x > 0$, 有

$$\omega(x) \subset [x^1, x^2]_K.$$

并且当 $x > 0$ 以及 $x \leqslant_K x^1$ 时, 有

$$\lim_{t \to +\infty} \phi_t(x) = x^1.$$

当 $x > 0$ 以及 $x \geqslant_K x^2$ 时, 有

$$\lim_{t \to +\infty} \phi_t(x) = x^2.$$

证明　(1)　令 $F(x) = (x_1 f_1(x), x_2 f_2(x), \cdots, x_n f_n(x))$.

由于 $f_2(0, \boldsymbol{x}_2^0) = 0, f_1(0, \boldsymbol{x}_2^0) > 0$, 根据连续性定理知, 存在充分小的 $\boldsymbol{x}_1 > 0$, 使得

$$f_1(\boldsymbol{x}_1, \boldsymbol{x}_2^0) > 0, \quad f_2(\boldsymbol{x}_1, \boldsymbol{x}_2^0) \leqslant f_2(0, \boldsymbol{x}_2^0) = 0.$$

因而,

$$F(\boldsymbol{x}_1, \boldsymbol{x}_2^0) \geqslant_K 0.$$

由定理 9.6 知, 系统 (9.25) 的解满足 $[\phi_t(\boldsymbol{x}_1, \boldsymbol{x}_2^0)]_p (p \in I)$ 关于 $t \geqslant 0$ 是单调非减的, $[\phi_t(\boldsymbol{x}_1, \boldsymbol{x}_2^0)]_q (q \in J)$ 关于 $t \geqslant 0$ 是单调非增的.

因为 $\boldsymbol{x}_1 > 0$ 充分小, 不妨设 $0 < \boldsymbol{x}_1 < \boldsymbol{x}_1^0$ 使得

$$(0, \boldsymbol{x}_2^0) \leqslant_K (\boldsymbol{x}_1, \boldsymbol{x}_2^0) \leqslant_K (\boldsymbol{x}_1^0, 0).$$

因此, 对任意的 $t \geqslant 0$,

$$(0, \boldsymbol{x}_2^0) \leqslant_K \phi_t(\boldsymbol{x}_1, \boldsymbol{x}_2^0) \leqslant_K (\boldsymbol{x}_1^0, 0),$$

且 $\phi_t(\boldsymbol{x}_1, \boldsymbol{x}_2^0)$ 有界, 所以 $\phi_t(\boldsymbol{x}_1, \boldsymbol{x}_2^0) \to x^1$ 且

$$(0, \boldsymbol{x}_2^0) \leqslant_K x^1 \leqslant_K (\boldsymbol{x}_1^0, 0).$$

又因为 $f_1(\boldsymbol{x}_1^0, 0) = 0, f_2(\boldsymbol{x}_1^0, 0) > 0$, 同上可知, 存在充分小的 $\boldsymbol{x}_2 > 0$, 当 $0 < \boldsymbol{x}_2 < \boldsymbol{x}_2^0$ 时, 有

$$(0, \boldsymbol{x}_2^0) \leqslant_K (\boldsymbol{x}_1^0, \boldsymbol{x}_2) \leqslant_K (\boldsymbol{x}_1^0, 0).$$

因此, 对任意的 $t \geqslant 0$,

$$(0, \boldsymbol{x}_2^0) \leqslant_K \phi_t(\boldsymbol{x}_1^0, \boldsymbol{x}_2) \leqslant_K (\boldsymbol{x}_1^0, 0),$$

且 $\phi_t(\boldsymbol{x}_1^0, \boldsymbol{x}_2)$ 有界, 故 $\phi_t(\boldsymbol{x}_1, \boldsymbol{x}_2^0) \to x^2$ 以及

$$(0, \boldsymbol{x}_2^0) \leqslant_K x^2 \leqslant_K (\boldsymbol{x}_1^0, 0).$$

又

$$(\boldsymbol{x}_1, \boldsymbol{x}_2^0) \leqslant_K (\boldsymbol{x}_1^0, \boldsymbol{x}_2),$$

故

$$\phi_t(\boldsymbol{x}_1, \boldsymbol{x}_2^0) \leqslant_K \phi_t(\boldsymbol{x}_1^0, \boldsymbol{x}_2).$$

进而

$$x^1 \leqslant_K x^2.$$

(2) 若任取 $x > 0$, 满足

$$x^2 \leqslant_K x \leqslant_K (\boldsymbol{x}_1^0, 0),$$

则存在充分小的 $\bar{z} > 0$, 使

$$x^2 \leqslant_K x \leqslant_K (\boldsymbol{x}_1^0, \bar{z}).$$

因此,

$$x^2 = \phi_t(x^2) \leqslant_K \phi_t(x) \leqslant_K \phi_t(\boldsymbol{x}_1^0, \bar{z}).$$

类似 (1) 的证明, 可得

$$\lim_{t \to \infty} \phi_t(x) = x^2.$$

同样, 若 $x > 0$ 以及 $(0, \boldsymbol{x}_2^0) \leqslant_K x \leqslant_K x^1$, 则

$$\lim_{t \to +\infty} \phi_t(x) = x^1.$$

(3) 对任意的 x 满足 $0 < x \leqslant (\boldsymbol{x}_1^0, \boldsymbol{x}_2^0)$, 取充分小的 $\hat{\boldsymbol{x}}_1, \hat{\boldsymbol{x}}_2 > 0$, 使

$$\hat{\boldsymbol{x}}_1 < \boldsymbol{x}_1 < \boldsymbol{x}_1^0, \quad \hat{\boldsymbol{x}}_2 < \boldsymbol{x}_2 < \boldsymbol{x}_2^0,$$

此时, 有

$$(\hat{\boldsymbol{x}}_1, \boldsymbol{x}_2^0) \leqslant_K (\boldsymbol{x}_1, \boldsymbol{x}_2) \leqslant_K (\boldsymbol{x}_1^0, \hat{\boldsymbol{x}}_2).$$

因此

$$\phi_t(\hat{\boldsymbol{x}}_1, \boldsymbol{x}_2^0) \leqslant_K \phi_t(\boldsymbol{x}_1, \boldsymbol{x}_2) \leqslant_K \phi_t(\boldsymbol{x}_1^0, \hat{\boldsymbol{x}}_2).$$

故而

$$x^1 \leqslant_K \omega(x) \leqslant_K x^2,$$

即

$$\omega(x) \subset [x^1, x^2]_K.$$

此外, 令 $x = (\boldsymbol{x}_1, \boldsymbol{x}_2) \in R_+^n$, 由于 $x \leqslant_K (\boldsymbol{x}_1, 0)$, 因而对所有的 $t \geqslant 0$,

$$\phi_t(x) \leqslant_K \phi_t(\boldsymbol{x}_1, 0) = (\phi_t^I(\boldsymbol{x}_1), 0).$$

类似地, $x \geqslant_K (0, \boldsymbol{x}_2)$, 因而对所有的 $t \geqslant 0$,

$$\phi_t(x) \geqslant_K \phi_t(0, \boldsymbol{x}_1) = (0, \phi_t^J(\boldsymbol{x}_2)),$$

即

$$\phi_t(x) \leqslant (\phi_t^I(\boldsymbol{x}_1), \phi_t^J(\boldsymbol{x}_2)).$$

因此,

$$\omega(x) \subset [0, (\boldsymbol{x}_1^0, \boldsymbol{x}_2^0)].$$

任取 $x > 0, y \in \omega(x)$, 对任意的 $i \in I, y_i > 0$. 否则, 存在 $i_0 \in I$, 使 $y_{i_0} = 0$, 则当 $\lim\limits_{k \to \infty} t_k = \infty$ 时, 有

$$\lim_{k \to \infty} [\phi_{t_k}(x)]_{i_0} = 0. \qquad (9.30)$$

因为 $f_1(0, \boldsymbol{x}_2^0) > 0$, 由连续性知, 存在 $\bar{\boldsymbol{x}}_2 > \boldsymbol{x}_2^0$, 使得

$$f_1(0, \bar{\boldsymbol{x}}_2) > 0.$$

根据 f 的单调性, 对 $0 \leqslant \boldsymbol{x}_2 \leqslant \bar{\boldsymbol{x}}_2$, 有

$$f_1(0, \boldsymbol{x}_2) > 0.$$

另一方面, 由连续性, 存在 $\tilde{x} > 0$, 使得

$$f_1(\tilde{\boldsymbol{x}}_1, \boldsymbol{x}_2) > 0,$$

即对任意的 $i \in I$,

$$[f_1(\tilde{\boldsymbol{x}}_1, \boldsymbol{x}_2)]_i > 0.$$

不失一般性, 取 k_0 充分大, 当 $\tilde{\boldsymbol{x}}_1 > 0$ 且 $0 < \tilde{\boldsymbol{x}}_2 < \boldsymbol{x}_2$ 时, 有

$$\phi_{t_{k_0}}(x) = \tilde{x} = (\tilde{\boldsymbol{x}}_1, \tilde{\boldsymbol{x}}_2).$$

又

$$[f_1(\tilde{\boldsymbol{x}}_1, \tilde{\boldsymbol{x}}_2)]_{i_0} > 0,$$

所以, 对任意的 $t \geqslant 0$, $[\phi_t(\tilde{x})]_{i_0} \geqslant (\tilde{x})_{i_0} > 0$, 与 (9.30) 矛盾.
　　类似地, 对任意的 $j \in J$,

$$y_j > 0.$$

故而对所有的 $x > 0$,

$$\omega(x) \subset \text{int}\mathrm{R}_+^n.$$

同上证明, 可知

$$\omega(x) \subset [x^1, x^2]_K.$$

当 $x > 0$ 以及 $x \leqslant_K x^1$ 时, 则 $\omega(x) \leqslant x^1$, 以及 $\omega(x) \subset [x^1, x^2]_K$. 因此,

$$\omega(x) = x^1.$$

同理, 当 $x > 0$ 以及 $x \geqslant_K x^2$ 时, 则

$$\omega(x) = x^2.$$

根据上述的定理以及证明过程可知, 对 K-单调系统, 存在一个吸引子方块, 如图 9.1 所示. 进一步地, 结合上述定理 9.7, 有如下定理.

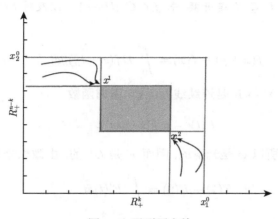

图 9.1 吸引子方块

定理 9.8 设系统 (9.24) 满足条件 (9.29) 和

$$\frac{\partial f_1}{\partial x_1}(x_1, 0) \geqslant \frac{\partial f_1}{\partial x_1}(\bar{x}_1, 0), \quad 0 \leqslant x_1 \leqslant \bar{x}_1, \tag{9.31}$$

$$\frac{\partial f_2}{\partial x_2}(0, x_2) \geqslant \frac{\partial f_2}{\partial x_2}(0, \bar{x}_2), \quad 0 \leqslant x_2 \leqslant \bar{x}_2, \tag{9.32}$$

若其存在唯一正平衡点 x^*, 则它是全局渐近稳定的.

在定理的应用时, 通常需要用到如下的结论.

定理 9.9 设 A 是 K 型矩阵, $r(A)$ 记矩阵 A 的谱 (A 的特征值所构成的集合), A 的稳定性模数 $s(A)$ 为

$$s(A) = \max\{\operatorname{Re}\lambda : \lambda \in r(A)\},$$

其中 $s(A)$ 对应的特征向量为 v, 则如下条件等价:

(i) $s(A) < 0$;

(ii) 存在 $u >_K 0$, 使得 $Au <_K 0$;

(iii) $-A^{-1} >_K 0$;

(iv)

$$(-1)^k \begin{vmatrix} a_{11} & |a_{12}| & \cdots & |a_{1k}| \\ |a_{21}| & a_{22} & \cdots & |a_{2k}| \\ \vdots & \vdots & & \vdots \\ |a_{k1}| & |a_{k2}| & \cdots & a_{kk} \end{vmatrix} > 0, \quad 1 \leqslant k \leqslant n; \tag{9.33}$$

(v) 存在 $D > 0$, 使得 $DA + A^{\mathrm{T}}D$ 负定, 这里 $D = \mathrm{diag}(d_1, \cdots, d_n)$.

引理 9.1　设 $U \subseteq X$ 是开集, 若 $f \in C^1(U \to Y)$ 以及对 $t \in [0,1]$, $x + ty \in U$, 则

$$f(x+y) - f(x) = \int_0^1 Df(x+ty)y\,dt. \tag{9.34}$$

证明　令 $\varphi : Y \to R$ 是连续线性泛函, 考虑函数

$$F(t) = \varphi(f(x+ty)).$$

由于 φ 是线性的, 所以 φ 是光滑的, 因而 F 是 C^1 的. 由微积分基本定理, 得

$$F(1) - F(0) = \int_0^1 F'(t)\,dt,$$

等价地,

$$\begin{aligned} \varphi(f(x+y) - f(x)) &= \varphi(f(x+y)) - \varphi(f(x)) \\ &= \int_0^1 \varphi(Df(x+ty)y)\,dt \\ &= \varphi\left(\int_0^1 Df(x+ty)y\,dt\right), \end{aligned}$$

其中 $f(x+y) - f(x)$ 与 $\int_0^1 Df(x+ty)y\,dt$ 是 Y 中的元素且 φ 在这两点处值相等.

进一步, 上述性质对任意线性泛函都成立, 因此接下来, 只要证明如下断言.

断言　若 $u, v \in X$ 且对任意连续线性泛函 φ, 满足 $\varphi(u) = \varphi(v)$, 则 $u = v$.

令 $w = u - v$, 注意到

$$\mathcal{Z} = \{tw \mid t \in R\} \subseteq Y$$

是闭集. 进一步, 定义 $\varphi_0 : \mathcal{Z} \to R$ 如下

$$\varphi_0(tw) = t\|w\|,$$

易知, φ_0 是 $\mathscr{Z}$ 上的线性泛函, 使得

$$\|\varphi_0(tw)\| = |t|\|w\| = \|tw\|,$$

因此, $\|\varphi_0\| = 1$, 且是连续的, 由 Hahn-Banach 定理, φ_0 在 Y 上可延拓为连续线性泛函 φ, 然而,

$$\varphi(w) = \varphi(1 \cdot w) = \varphi(u) - \varphi(v) = \|w\| = 0,$$

因此, $w = 0$, 所以 $u = v$. ∎

定理 9.10 [151] 设系统 (9.24) 满足对任意的 $x \in R_+^n$,

$$Df(x) \leqslant_K M, \tag{9.35}$$

其中 M 是 K-单调的且稳定. 若系统 (9.24) 存在正平衡点, 则它是全局渐近稳定的.

证明 设 $\bar{x}$ 是系统 (9.24) 的正平衡点, 满足 $f(\bar{x}) = 0$. 对任意的 $x \in R_+^n$, 有

$$f(x) - f(\bar{x}) = \left[\int_0^1 Df(sx + (1-s)\bar{x})ds \right](x - \bar{x}), \tag{9.36}$$

由条件 (9.35) 知,

$$\int_0^1 Df(sx + (1-s)\bar{x})ds \leqslant_K M. \tag{9.37}$$

由 (9.36) 与 (9.37) 知,

$$
\begin{aligned}
&\text{当 } x \geqslant_K \bar{x} \text{ 时, } f(x) \geqslant_K M(x - \bar{x}), \\
&\text{当 } x \leqslant_K \bar{x} \text{ 时, } f(x) \leqslant_K M(x - \bar{x}),
\end{aligned}
\tag{9.38}
$$

故

$$
\begin{aligned}
&\text{当 } x \geqslant_K \bar{x} \text{ 时, } \operatorname{diag}(x)f(x) \leqslant_K \operatorname{diag}(x)(r + Mx), \\
&\text{当 } x \leqslant_K \bar{x} \text{ 时, } \operatorname{diag}(x)f(x) \geqslant_K \operatorname{diag}(x)(r + Mx),
\end{aligned}
\tag{9.39}
$$

其中 $r = -M\bar{x}$.

考虑辅助系统

$$\dot{x} = \operatorname{diag}(x)(r + Mx), \tag{9.40}$$

记 $\phi_t(x)$ 与 $\psi_t(x)$ 分别为 (9.24) 与系统 (9.39) 的解生成的流. 由定理 2.29 与定理 9.5 知,

$$\text{当 } x \geqslant_K \bar{x} \text{ 时, } \bar{x} \leqslant_K \phi_t(x) \leqslant_K \psi_t(x), \tag{9.41}$$

$$\text{当 } x \leqslant_K \bar{x} \text{ 时}, \ \bar{x} \geqslant_K \phi_t(x) \geqslant_K \psi_t(x). \tag{9.42}$$

又因为 $M\bar{x} + r = 0, \bar{x} > 0$ 与 $s(M) < 0$, 由文献 [146] 知, 对任意的 $x \in \operatorname{Int} R_+^n$,

$$\lim_{t \to \infty} \psi_t(x) = \bar{x}. \tag{9.43}$$

进而, 对任意的 $x \in \operatorname{Int} R_+^n$, 有

$$\text{当 } x \geqslant_K \bar{x} \text{ 时}, \ \lim_{t \to \infty} \phi_t(x) = \bar{x};$$
$$\text{当 } x \leqslant_K \bar{x} \text{ 时}, \ \lim_{t \to \infty} \phi_t(x) = \bar{x}. \tag{9.44}$$

故对任意的 $x \in \operatorname{Int} R_+^n$, 存在 $y \in (\bar{x} + K) \cap \operatorname{Int} R_+^n$ 与 $z \in (\bar{x} - K) \cap \operatorname{Int} R_+^n$ 使

$$y \leqslant_K x \leqslant_K z. \tag{9.45}$$

利用定理 9.5, 对任意的 $t \geqslant 0$,

$$\phi_t(y) \leqslant_K \phi_t(x) \leqslant_K \phi_t(z). \tag{9.46}$$

根据 (9.44), 得

$$\lim_{t \to \infty} \phi_t(y) = \bar{x}, \quad \lim_{t \to \infty} \phi_t(z) = \bar{x}. \tag{9.47}$$

因此, 对任意的 $x \in \operatorname{Int} R_+^n$,

$$\lim_{t \to \infty} \phi_t(x) = \bar{x}. \tag{9.48}$$

命题得证.   ∎

例 9.2 考虑系统

$$\begin{aligned}
\dot{x}_1 &= x_1(r_1 - a_{11}x_1 + a_{12}x_2 - a_{13}x_3), \\
\dot{x}_2 &= x_2(r_2 + a_{21}x_1 - a_{22}x_2 - a_{23}x_3), \\
\dot{x}_3 &= x_3(r_3 - a_{31}x_1 - a_{32}x_2 - a_{33}x_3),
\end{aligned} \tag{9.49}$$

其中 $r_i > 0, a_{ij} \geqslant 0 (i \neq j)$, 以及

$$A = \begin{pmatrix} -a_{11} & a_{12} & -a_{13} \\ a_{21} & -a_{22} & -a_{23} \\ -a_{31} & -a_{32} & -a_{33} \end{pmatrix} \triangleq \begin{pmatrix} A_{11} & -A_{12} \\ -A_{21} & A_{22} \end{pmatrix}, \tag{9.50}$$

以及 $r = (r^1, r^2) \in R_+^2 \times R_+^1$.

定理 9.11 若存在 $x_1^0, x_2^0 > 0$ 使得

$$
\begin{aligned}
r^1 + A_{11}x_1^0 = 0, \quad r^2 + A_{22}x_2^0 = 0, \\
r^1 - A_{12}x_2^0 > 0, \quad r^2 - A_{21}x_1^0 > 0,
\end{aligned}
\tag{9.51}
$$

则系统 (9.49) 存在唯一的全局渐近稳定的平衡点.

证明 因为

$$
A\begin{pmatrix} x_1^0 \\ -x_2^0 \end{pmatrix} = \begin{pmatrix} A_{11}x_1^0 + A_{12}x_2^0 \\ -A_{21}x_1^0 - A_{22}x_2^0 \end{pmatrix} = -\begin{pmatrix} r^1 - A_{12}x_2^0 \\ A_{21}x_1^0 - r^2 \end{pmatrix} <_K 0,
\tag{9.52}
$$

根据定理 9.9, 易知 $s(A) < 0$. 进一步地, 根据 A 的非奇异性, 存在 $x^* = (x_1^*, x_2^*, x_3^*) > 0$, 使

$$
Ax^* + r = 0.
$$

因而由定理 9.10 可知, x^* 是全局渐近稳定的. ■

例 9.3 考虑如下的四维 Lotka-Volterra 系统:

$$
\begin{aligned}
\dot{x}_1 &= x_1(-6 - 18x_1 + 12x_2 - x_3 - 6x_4), \\
\dot{x}_2 &= x_2(108 + 12x_1 - 36x_2 - x_3 - 6x_4), \\
\dot{x}_3 &= x_3(60 - 3x_1 - x_2 - 12x_3 + 18x_4), \\
\dot{x}_4 &= x_4(-6 - 3x_1 - x_2 + 6x_3 - 24x_4).
\end{aligned}
\tag{9.53}
$$

其对应的子系统为

$$
\begin{aligned}
\dot{x}_1 &= x_1(-6 - 18x_1 + 12x_2), \\
\dot{x}_2 &= x_2(108 + 12x_1 - 36x_2),
\end{aligned}
\tag{9.54}
$$

以及

$$
\begin{aligned}
\dot{x}_3 &= x_3(60 - 12x_3 + 18x_4), \\
\dot{x}_4 &= x_4(-6 + 6x_3 - 24x_4).
\end{aligned}
\tag{9.55}
$$

系统 (9.54) 对应的平衡点为 $x_1^0 = \left(\dfrac{15}{7}, \dfrac{26}{7}\right)$, 系统 (9.55) 对应的平衡点为 $x_2^0 = \left(\dfrac{37}{5}, \dfrac{8}{5}\right)$, 此时容易验证条件 (9.29) 不再成立.

对于例 9.3, Tu 和 Jiang 在文献 [151] 中作了进一步的改进. 下面简述他们的思想. 记

$$
N = \{1, 2, \cdots, n\}, \quad I = \{1, 2, \cdots, k\}, \quad J = \{k+1, k+2, \cdots, n\}.
$$

若 L, P 是 N 的非空子集满足 $I \subset L, J \subset P$, 则

$$\bar{L} = N - L, \quad \bar{P} = N - P$$

是它们的子集. 不失一般性, 假设

$$L = \{1, 2, \cdots, k+1, \cdots, l\}, \quad k < l < n$$

与

$$P = \{n - p + 1, \cdots, k+1, \cdots, n\}, \quad p > n - k.$$

令 $x = (u, v)$ 以及 $f(u, v) = (f_L(u, v), f_{\bar{L}}(u, v))$, 则可以将系统 (9.24) 写为

$$\dot{u} = \mathrm{diag}(u) f_L(u, v), \ u \in R_+^l, \quad \dot{v} = \mathrm{diag}(v) f_{\bar{L}}(u, v), \ v \in R_+^{n-l}. \tag{9.56}$$

令 $x = (z, w)$ 以及 $f(u, v) = (f_P(z, w), f_{\bar{P}}(z, w))$, 则可以将系统 (9.24) 写为

$$\dot{z} = \mathrm{diag}(z) f_P(z, w), \ z \in R_+^{n-p}, \quad \dot{w} = \mathrm{diag}(w) f_{\bar{P}}(z, w), \ w \in R_+^p. \tag{9.57}$$

令 $v = 0$ 以及 $z = 0$, 可得系统 (9.57) 两个子系统

$$(\mathrm{S_L}) \qquad \dot{u} = \mathrm{diag}(u) f_L(u, 0), \tag{9.58}$$

以及

$$(\mathrm{S_P}) \qquad \dot{w} = \mathrm{diag}(w) f_P(0, w), \tag{9.59}$$

定理 9.12　假设 u^0 与 w^0 分别为系统 $(\mathrm{S_L})$ 以及 $(\mathrm{S_P})$ 的正平衡点且 $f_{\bar{L}}(u^0, 0) > 0, f_{\bar{P}}(0, w^0) > 0$, 则系统 (9.24) 存在两个平衡点 x^1, x^2 满足如下条件:

(1) $0 < x^1, x^2 \leqslant (u^0, w^0), x^1 \leqslant_K x^2$;

(2) 若 $x > 0$ 以及 $x^2 \leqslant_K x \leqslant_K (u^0, 0)$, 则

$$\lim_{t \to +\infty} \phi_t(x) = x^2,$$

若 $x > 0$ 以及 $(0, w^0) \leqslant_K x \leqslant_K x^1$, 则

$$\lim_{t \to +\infty} \phi_t(x) = x^1;$$

(3) 若 $0 < x \leqslant (u^0, w^0)$, 则

$$\omega(x) \subset [x^1, x^2]_K.$$

此外, 若系统 (9.24) 满足 $u^0 + K_1$ 是系统 (9.58) 的正平衡点 u^0 的吸引域, 以及 $w^0 + K_2$ 是系统 (9.59) 的正平衡点 w^0 的吸引域, 则对任意的 $x > 0$, 有

$$\omega(x) \subset [x^1, x^2]_K.$$

并且当 $x > 0$ 以及 $x \leqslant_K x^1$ 时, 有

$$\lim_{t \to +\infty} \phi_t(x) = x^1.$$

当 $x > 0$ 以及 $x \geqslant_K x^2$ 时, 有

$$\lim_{t \to +\infty} \phi_t(x) = x^2,$$

其中 $K_1 = R_+^k \times (-R_+^{l-k})$, $K_2 = R_+^{p+k-n} \times (-R_+^{n-k})$.

基于上述定理, Tu 和 Jiang 在文献 [151] 中给出如下结论.

定理 9.13 假设 u^0 与 w^0 分别为系统 (S_L) 与系统 (S_P) 的正平衡点且

$$f_{\bar{L}}(u^0, 0) > 0, \quad f_{\bar{P}}(0, w^0) > 0, \tag{9.60}$$

若系统 (9.25) 满足条件 (9.35) 且存在唯一正平衡点, 则它是全局渐近稳定的.

注 9.2 在例 9.3 中, 令 $L = \{1, 2, 3\}$, 则系统 (9.53) 的子系统为

$$\begin{aligned}
\dot{x}_1 &= x_1(-6 - 18x_1 + 12x_2 - x_3), \\
\dot{x}_2 &= x_2(108 + 12x_1 - 36x_2 - x_3), \\
\dot{x}_3 &= x_3(60 - 3x_1 - x_2 - 12x_3).
\end{aligned} \tag{9.61}$$

对应的正平衡点为 $u^0 = \left(\dfrac{1699}{979}, \dfrac{3387}{979}, \dfrac{4188}{979} \right)$ 且

$$f_{\bar{L}}(u^0, 0) = \frac{10770}{979}.$$

令 $P = \{2, 3, 4\}$, 则系统 (9.53) 的子系统为

$$\begin{aligned}
\dot{x}_2 &= x_2(108 - 36x_2 - x_3 - 6x_4), \\
\dot{x}_3 &= x_3(60 - x_2 - 12x_3 + 18x_4), \\
\dot{x}_4 &= x_4(-6 - x_2 + 6x_3 - 24x_4).
\end{aligned} \tag{9.62}$$

对应的正平衡点为 $u^0 = \left(\dfrac{546}{211}, \dfrac{1434}{211}, \dfrac{283}{211} \right)$ 且

$$f_{\bar{P}}(u^0, 0) = \frac{2157}{211} > 0.$$

因此, 系统的正平衡点 $(1, 3, 6, 1)$ 是全局渐近稳定的.

9.1.3　拟单调系统的单调性定理

考虑如下的 n 维系统

$$\dot{x}_i = f_i(x_1, \cdots, x_n), \quad i = 1, \cdots, n. \tag{9.63}$$

满足初值条件

$$x(0) = x_0. \tag{9.64}$$

记 $x(t, x_0)$ 为系统 (9.63) 过初值 (9.64) 的解.

定义 9.2　系统 (9.63) 称为拟单调系统, 如果对于每一对 $i, j (i \neq j)$, f_i 关于 x_j 为单调不减或不增.

关于系统 (9.63) 为拟单调系统的描述, 文献中出现了多种说法, 如 Hirsch 和 Smith [63], Lakshmikantham 和 Leela [85] (定义 2.12), Norman [132], 陈伯山 [165], 陆征一等 [107,172]. 根据拟单调的定义, 容易发现定义 9.2 是对单调性的一种更一般的推广. 在前面所考虑的合作系统、竞争系统与 K-单调系统都可以看成拟单调系统的特殊情形.

例 9.4　二维 Lotka-Volterra 捕食系统

$$\begin{aligned}
\dot{x}_1 &= x_1(r_1 - a_{11}x_1 - a_{12}x_2) \triangleq f_1(x_1, x_2), \\
\dot{x}_2 &= x_2(r_2 + a_{21}x_1 - a_{22}x_2) \triangleq f_2(x_1, x_2),
\end{aligned} \tag{9.65}$$

其中 $a_{12} > 0$, $a_{21} > 0$. 此时易知, 系统 (9.65) 的雅可比矩阵为

$$J = \begin{pmatrix} r_1 - 2a_{11}x_1 - a_{12}x_2 & -a_{12}x_1 \\ a_{21}x_2 & r_2 + a_{21}x_1 - 2a_{22}x_2 \end{pmatrix}.$$

由此可知,

$$\frac{\partial f_1}{\partial x_2} < 0, \quad \frac{\partial f_2}{\partial x_1} > 0.$$

系统 (9.65) 既不是合作系统, 也不是 K-单调系统, 根据定义 9.2, 它是一个拟单调系统.

既然拟单调系统是对合作系统以及 K-单调系统的一种推广, 那么它是否也有与 Kamke 定理、Selgrade 定理以及 Smith 定理等相类似的性质呢? 接下来, 将对拟单调系统的性质进行详细的探讨. 先观察一下例 9.4, 定义函数 $F : R^2 \times R^2 \to R^2$ 如下:

$$F(\bar{x}, \underline{x}) = (F_1(\bar{x}, \underline{x}), F_2(\bar{x}, \underline{x})),$$
$$F_1(\bar{x}, \underline{x}) = \bar{x}_1(r_1 - a_{11}\bar{x}_1 - a_{12}\underline{x}_2),$$
$$F_2(\bar{x}, \underline{x}) = \bar{x}_2(r_2 + a_{21}\bar{x}_1 - a_{22}\bar{x}_2),$$
$$F(\underline{x}, \bar{x}) = (F_1(\underline{x}, \bar{x}), F_2(\underline{x}, \bar{x})),$$
$$F_1(\underline{x}, \bar{x}) = \underline{x}_1(r_1 - a_{11}\underline{x}_1 - a_{12}\bar{x}_2),$$
$$F_2(\underline{x}, \bar{x}) = \underline{x}_2(r_2 + a_{21}\underline{x}_1 - a_{22}\underline{x}_2),$$

$$(9.66)$$

其中 $\bar{x} = (\bar{x}_1, \bar{x}_2), \underline{x} = (\underline{x}_1, \underline{x}_2)$.

记 $x = (x_1, x_2)$, $f(x) = (f_1(x), f_2(x))$, 根据 (9.66), 易知 $F(\bar{x}, \underline{x})$ 满足条件

$$\begin{cases} F(x, x) = f(x), \ x \in R^2, \\ F_1(\bar{x}, \underline{x}) \text{ 关于 } \underline{x}_2 \text{ 单调不增}, \ F_2(\bar{x}, \underline{x}) \text{ 关于 } \bar{x}_1 \text{ 单调不减}. \end{cases} \quad (9.67)$$

一般地, 有如下性质.

性质 9.1 若 $f(x)$ 是拟单调的, 则存在函数 $F: R^n \times R^n \to R^n$ 满足

$$\begin{cases} F(x, x) = f(x), \\ F(\bar{x}, \underline{x}) \text{ 满足混合拟单调条件 } (\mathrm{QM}_1) \text{ 与 } (\mathrm{QM}_2). \end{cases} \quad (9.68)$$

为叙述方便, 将 (9.68) 中的 $F(\bar{x}, \underline{x})$ 称为 $f(x)$ 的混合拟单调变形 (函数), 而将性质 9.1 称为函数 $f(x)$ 的混合拟单调性质. 考虑如下系统:

$$\dot{u} = F(u, v), \quad \dot{v} = F(v, u), \quad (9.69)$$

其中 $u = (u_1, u_2)$, $v = (v_1, v_2)$. 系统 (9.68) 是由 $f(x)$ 的混合拟单调变形构成的系统, 将其称为系统 (9.63) 的比较系统. 若设

$$\chi = (u, v), \quad G(\chi) = G(u, v) = (F(u, v), F(v, u)),$$

则系统 (9.69) 可写成

$$\dot{\chi} = G(\chi), \quad (9.70)$$

显然可知, 系统 (9.68) 是混合拟单调系统并且具有与定理 9.5 与定理 9.6 类似的结论.

定理 9.14 若系统 (9.69) 正初值满足

$$(u^1(0), v^1(0)) \leqslant_K (u^2(0), v^2(0)),$$

则对所有 $t > 0$,

$$(u^1(t), v^1(t)) \leqslant_K (u^2(t), v^2(t)).$$

证明　令 $w = -v$, 则 (u, w) 满足

$$\dot{u} = F(u, -w), \quad \dot{w} = -F(-w, u). \tag{9.71}$$

此时, 系统 (9.71) 是合作系统, 则由题设知

$$(u^1(0), w^1(0)) \leqslant (u^2(0), w^2(0)), \tag{9.72}$$

结合 Kamke 定理, 得

$$(u^1(t), w^1(t)) \leqslant (u^2(t), w^2(t)). \tag{9.73}$$

对任意的 $t > 0$, 有

$$(u^1(t), v^1(t)) \leqslant_K (u^2(t), v^2(t)). \tag{9.74}$$

命题得证.　　　　　　　　　　　　　　　　　　　　　　　　　　　　　　　　　■

定理 9.15　若对系统 (9.69) 成立

$$G(u(0), v(0)) \geqslant_K 0 (\leqslant_K 0), \tag{9.75}$$

则对 $t > 0$, $u(t)$ 单调不减 (不增), $v(t)$ 单调不增 (不减). 进一步, 如果 $(u(t), v(t))$ 有界, 则其 ω 极限集为一平衡点.

　　证明　记 $u(0) = p, v(0) = q$. 对任意的 $t \geqslant 0$, 定义函数

$$\omega(t) \equiv p, \quad \varpi(t) = q.$$

则对任意的 $t \geqslant 0$,

$$\begin{aligned}
\dot{\omega}(t) = 0 &\geqslant F(p, q) = F(\omega, \varpi) \\
\dot{\varpi}(t) = 0 &\leqslant F(q, p) = F(\varpi, \omega).
\end{aligned} \tag{9.76}$$

由定理 2.29, 对任意的 $t \geqslant 0$, 有

$$\begin{aligned}
p \equiv \omega(t) &\leqslant u(t) = u(t, p, q), \\
q \equiv \varpi(t) &\geqslant v(t) = v(t, q, p).
\end{aligned} \tag{9.77}$$

固定 (9.77) 的 $t > 0$, 由定理 2.29 知,

$$\begin{aligned}
u(s, p) &\leqslant u(s, u(t, p, q)) = u(s + t, p, q), \\
v(s, p) &\leqslant v(s, v(t, q, p)) = v(s + t, q, p).
\end{aligned} \tag{9.78}$$

因此, $u(t)$ 关于 t 单调不减, $v(t)$ 关于 t 单调不增. 同理可得, 当

$$G(u(0), v(0)) \leqslant_K 0$$

时, $u(t)$ 关于 t 单调不增, $v(t)$ 关于 t 是单调不减的. 若 $u(t), v(t)$ 有界, 由 $u(t), v(t)$ 的单调性, 可得

$$\lim_{t \to \infty} u(t) = \bar{u}, \quad \lim_{t \to \infty} v(t) = \bar{v}. \tag{9.79}$$

故对任意的 $T \in R^+$, 有

$$\lim_{t \to \infty} u(t + T) = \lim_{t \to \infty} u(t) = \bar{u}, \tag{9.80}$$

$$\lim_{t \to \infty} v(t + T) = \lim_{t \to \infty} v(t) = \bar{v}. \tag{9.81}$$

对任意的 $1 \leqslant i \leqslant n$, 根据微分中值定理, 存在 $\zeta_i, \varsigma_i \in (t, t + T)$,

$$u_i(t + T) - u_i(t) = T\dot{u}_i(\varsigma_i) = TF_i(u(\varsigma_i), v(\varsigma_i)), \tag{9.82}$$

$$v_i(t + T) - v_i(t) = T\dot{v}_i(\zeta_i) = TF_i(v(\zeta_i), u(\zeta_i)). \tag{9.83}$$

所以

$$\begin{aligned}
0 &= \lim_{t \to \infty}(u_i(t + T) - u_i(t)) = \lim_{t \to \infty} TF_i(u(\varsigma_i), v(\varsigma_i)) \\
&= TF_i\left(\lim_{t \to \infty} u(\varsigma_i), \lim_{t \to \infty} v(\varsigma_i)\right) = TF_i(\bar{u}, \bar{v}),
\end{aligned} \tag{9.84}$$

以及

$$\begin{aligned}
0 &= \lim_{t \to \infty}(v_i(t + T) - v_i(t)) = \lim_{t \to \infty} TF_i(v(\varsigma_i), u(\varsigma_i)) \\
&= TF_i\left(\lim_{t \to \infty} v(\varsigma_i), \lim_{t \to \infty} u(\varsigma_i)\right) = TF_i(\bar{v}, \bar{u}).
\end{aligned} \tag{9.85}$$

显然, $(\bar{u}, \bar{v})$ 是系统 (9.69) 平衡点. 结论成立. ∎

命题 9.1 若 $(u(t, u_0, v_0), v(t, v_0, u_0))$ 是系统 (9.69) 过初值 $u(0) = u_0, v(0) = v_0$ 的解, 则 $u(t, u_0, v_0) \equiv v(t, v_0, u_0)$.

证明 由题设以及系统 (9.69) 的对称性知, $(v(t, v_0, u_0), u(t, u_0, v_0))$ 也是系统 (9.69) 满足初值条件 $u(0) = u_0, v(0) = v_0$ 的解. 由唯一性得

$$(v(t, v_0, u_0), u(t, u_0, v_0)) = (u(t, u_0, v_0), v(t, v_0, u_0)).$$

因此

$$u(t, u_0, v_0) \equiv v(t, v_0, u_0).$$ ■

若令 $\varphi_t(x_0) = x(t, x_0)$ 表示系统 (9.63) 过初值 $x(0) = x_0$ 的解所生成的动力系统. 若记 $\phi_t(u_0, v_0) = u(t, u_0, v_0)$, 则根据命题 9.1,

$$\Phi_t(u_0, v_0) = (\phi_t(u_0, v_0), \phi_t(v_0, u_0))$$

是系统 (9.69) 过初值 $u(0) = u_0, v(0) = v_0$ 的解所生成的动力系统. 结合命题 9.1 与定理 9.14, 有如下结论.

命题 9.2　对系统 (9.63) 的流 $\varphi_t(x_0)$ 以及系统 (9.69) 的流 $\Phi(u_0, v_0)$, 有

(i) $\varphi_t(x_0) = \phi_t(x_0, x_0)$;

(ii) $\phi_t(u, v)$ 对固定的 v 和 $t \geqslant 0$ 在 R^n 上关于 u 非减,

　　$\phi_t(u, v)$ 对固定的 u 和 $t \geqslant 0$ 在 R^n 上关于 v 非增.

证明　易知, $(\phi_t(x_0, x_0), \phi_t(x_0, x_0))$ 是系统 (9.69) 的解, 因此结合混合拟单调的定义, 得

$$\frac{d}{dt}\phi_t(x_0, x_0) = F(\phi_t(x_0, x_0), \phi_t(x_0, x_0)) = f(\phi_t(x_0, x_0)).$$

即 $\xi(t) = \phi_t(x_0, x_0)$ 是系统 (9.63) 满足初值 $\xi(0) = x_0$ 的解, 由解的唯一性

$$\varphi_t(x_0) = \xi(t) = \phi_t(x_0, x_0).$$

(i) 成立, 利用定理 9.14, (ii) 成立. ■

前面将 Smith 的 K-单调理论推广至比较系统 (9.69), 一个自然的问题就是初始系统 (9.63) 与比较系统 (9.69) 之间有什么关系呢?

命题 9.3　*系统 (9.63) 存在唯一平衡点当且仅当系统 (9.69) 存在唯一平衡点.*

证明　假设 $\bar{x}$ 是系统 (9.63) 的唯一平衡点, 则

$$f(\bar{x}) = 0.$$

由比较系统的定义可知, $(\bar{x}, \bar{x})$ 为系统 (9.69) 的平衡点. 若系统 (9.69) 存在另一个平衡点 $(\bar{u}, \bar{v})$, 使得 $(\bar{u}, \bar{v}) \neq (\bar{x}, \bar{x})$. 根据命题 9.2 知,

$$\bar{u} = \bar{v}.$$

故

$$0 = F(\bar{u}, \bar{u}) = f(\bar{u}),$$

这与唯一性矛盾.

假设系统 (9.69) 存在唯一平衡点 $(\bar{u}, \bar{v})$, 使得

$$F(\bar{u}, \bar{v}) = 0, \quad F(\bar{v}, \bar{u}) = 0.$$

根据命题 9.2 知,

$$\bar{u} = \bar{v}.$$

故

$$0 = F(\bar{u}, \bar{u}) = f(\bar{u}).$$

若系统 (9.63) 存在另一平衡点 $\bar{x} \neq \bar{u}$, 使得 $f(\bar{x}) = 0$. 则

$$F(\bar{x}, \bar{x}) = f(\bar{x}) = 0.$$

这与唯一性矛盾. ∎

将向量 $u = (u_1, u_2, \cdots, u_n)$ 以及函数 $f(u)$ 写成如下形式:

$$u = (u_i, [u]_1, [u]_2), \quad f_i(u) = f_i(u_i, [u]_1, [u]_2),$$

其中 $[\ ]_1$ 和 $[\ ]_2$ 分别表示 u 的分量使得 f_i 单调不减和单调不增. 有了上述记号, 就可以根据 $f(u)$ 来写出 F 的形式, 如例 9.4. 对于两个函数向量 $\bar{x} = (\bar{x}_1, \cdots, \bar{x}_n)$ 和 $\underline{x} = (\underline{x}_1, \cdots, \underline{x}_n)$, 引入两个辅助系统

$$
\begin{aligned}
\dot{\bar{x}}_i &= f_i(\bar{x}_i, [\bar{x}]_1, [\underline{x}]_2), \\
\dot{\underline{x}}_i &= f_i(\underline{x}_i, [\underline{x}]_1, [\bar{x}]_2).
\end{aligned}
\tag{9.86}
$$

若记

$$F(\bar{x}, \underline{x}) = (f_1(\bar{x}_1, [\bar{x}]_1, [\underline{x}]_2), f_2(\bar{x}_2, [\bar{x}]_1, [\underline{x}]_2), \cdots, f_n(\bar{x}_n, [\bar{x}]_1, [\underline{x}]_2)),$$
$$F(\underline{x}, \bar{x}) = (f_1(\underline{x}_1, [\underline{x}]_1, [\bar{x}]_2), f_2(\underline{x}_2, [\underline{x}]_1, [\bar{x}]_2), \cdots, f_n(\underline{x}_n, [\underline{x}]_1, [\bar{x}]_2)),$$

则系统 (9.86) 的向量形式为

$$\dot{\bar{x}} = F(\bar{x}, \underline{x}), \quad \dot{\underline{x}} = F(\underline{x}, \bar{x}).
\tag{9.87}$$

其对应的子系统为

$$\dot{x} = F(x, 0).
\tag{9.88}$$

类似文献 [107, 172], 给出如下的结论.

定理 9.16　设 $x(t)$ 与 $(\bar{x}(t), \underline{x}(t))$ 分别为系统 (9.63) 与系统 (9.86) 过初值 $x(0)$ 与 $(\bar{x}(0), \underline{x}(0))$ 的解. 如果 $\bar{x}(0) \geqslant x(0) \geqslant \underline{x}(0)$, 则对所有的 $t > 0$, 有

$$\bar{x}(t) \geqslant x(t) \geqslant \underline{x}(t). \tag{9.89}$$

证明　下面将证明分三步进行.

步骤 1　对任意的 $t > 0$, $\bar{x}(t) \geqslant \underline{x}(t)$.

首先, 假设 $\bar{x}(0)$ 和 $\underline{x}(0)$ 是强有序的, 即

$$\bar{x}(0) > \underline{x}(0).$$

令 $v(t) = \bar{x}(t) - \underline{x}(t)$, 由 $\bar{x}(t)$ 及 $\underline{x}(t)$ 的连续性, 存在 $t_0 > 0$, 使得对于所有的 $t \in [0, t_0)$, 有

$$v_i(t) > 0, \quad i = 1, \cdots, n.$$

其次, 证明对于任意的 $T < T_x$, 当 $t \in [0, T]$ 时, 有 $v_i(t) > 0$. 否则, 即存在一个 i 使得对于 $t \in [0, T_x)$, 有 $v_i(t) > 0$ 不成立, 这里 $[0, T_x)$ 是解的最大存在区间. 此时, 令

$$t_1 = \inf\{t | v_i(t) = 0\} > 0,$$

则存在 i, 使得

$$v_i(t) \begin{cases} = 0, & t = t_1, \\ > 0, & t \in [0, t_1), \end{cases}$$
$$v_j(t) > 0, \quad t \in [0, t_1], \quad j \neq i.$$

由 f_i 的光滑性, 存在一个 $L_i > 0$ 使得对于 $t \in [0, t_1]$, 有

$$|f_i(\bar{x}_i, [\bar{x}]_1, [\underline{x}]_2) - f_i(\underline{x}_i, [\bar{x}]_1, [\underline{x}]_2)| \leqslant L_i|\bar{x}_i - \underline{x}_i|.$$

因此, 在区间 $[0, t_1]$ 上, 有

$$\begin{aligned}
\dot{v}_i(t) + L_i v_i(t) &= f_i(\bar{x}_i, [\bar{x}]_1, [\underline{x}]_2) - f_i(\underline{x}_i, [\underline{x}]_1, [\bar{x}]_2) + L_i(\bar{x}_i - \underline{x}_i) \\
&= f_i(\bar{x}_i, [\bar{x}]_1, [\underline{x}]_2) - f_i(\underline{x}_i, [\bar{x}]_1, [\underline{x}]_2) + L_i(\bar{x}_i - \underline{x}_i) \\
&\quad + f_i(\underline{x}_i, [\bar{x}]_1, [\underline{x}]_2) - f_i(\underline{x}_i, [\bar{x}]_1, [\bar{x}]_2) \\
&\quad + f_i(\underline{x}_i, [\bar{x}]_1, [\bar{x}]_2) - f_i(\underline{x}_i, [\underline{x}]_1, [\bar{x}]_2) \geqslant 0.
\end{aligned} \tag{9.90}$$

也就是 $(v_i(t) \exp(L_i t))' \geqslant 0$. 因此 $v_i(t_1) \geqslant v_i(0) \exp(-L_i t_1) > 0$. 这与 $v_i(t_1) = 0$ 矛盾. 根据解对初值条件的依赖性, 得以证明.

步骤 2　对任意的 $t > 0$, $\bar{x}(t) \geqslant x(t)$.

类似步骤 1的证明步骤, 并在 (9.90) 处结合 f 的单调性以及步骤 1 中的结论, 即

$$f_i(\overline{x}_i, [\overline{x}]_1, [\underline{x}]_2) \geqslant f_i(\overline{x}_i, [\overline{x}]_1, [\overline{x}]_2) = f_i(\bar{x}),$$

即可证明.

步骤 3 对任意的 $t > 0$, $x(t) \geqslant \underline{x}(t)$. 类似步骤 2, 结论成立.

结合上述三步, 命题结论得证. ∎

注 9.3 定理 9.16 也可以通过命题 9.2 直接得到.

结合定理 9.7, 可知如下定理.

定理 9.17 若系统 (9.63) 存在唯一正平衡点且系统 (9.86) 是全局渐近稳定的, 则系统 (9.63) 是全局渐近稳定的.

证明 由于系统 (9.63) 存在唯一正平衡点 x^*, 则根据命题 9.3, 系统 (9.86) 存在唯一正平衡点 (x^*, x^*).

又因为 (9.86) 是全局渐近稳定的, 因此它是全局吸引的, 即

$$\lim_{t\to\infty} \bar{x}(t) = \lim_{t\to\infty} \underline{x}(t) = x^*, \tag{9.91}$$

故由定理 9.16 得

$$\lim_{t\to\infty} x(t) = x^*. \tag{9.92}$$

记

$$\phi_t(\bar{x}_0, \underline{x}_0) = \bar{x}(t, \bar{x}_0, \underline{x}_0), \quad \phi_t(\underline{x}_0, \bar{x}_0) = \bar{x}(t, \underline{x}_0, \bar{x}_0).$$

由 (9.91) 知, 对任意的 $s \in (0, 1)$,

$$\lim_{t\to\infty} \phi_t\left(sx^*, \frac{1}{s}x^*\right) = x^*, \quad \lim_{t\to\infty} \phi_t\left(\frac{1}{s}x^*, sx^*\right) = x^*. \tag{9.93}$$

设 $U \subset \text{Int} R_+^n$ 是 x^* 的任意给定邻域, 取 $s_0 \in (0, 1)$ 使

$$\left[s_0 x^*, \frac{1}{s_0}x^*\right] \subset U,$$

且存在 $T > 0$, 当 $t \geqslant T$ 时,

$$\phi_t\left(s_0 x^*, \frac{1}{s_0}x^*\right), \phi_t\left(\frac{1}{s_0}x^*, s_0 x^*\right) \in \left[s_0 x^*, \frac{1}{s_0}x^*\right]. \tag{9.94}$$

又因为系统 (9.86) 是局部稳定的, 令 $V = \left[\phi_T\left(s_0 x^*, \frac{1}{s_0}x^*\right), \phi_T\left(\frac{1}{s_0}x^*, s_0 x^*\right)\right]$, 对任意的 $x_0 \in V$, 有

$$\phi_{t+T}\left(s_0 x^*, \frac{1}{s_0}x^*\right) \leqslant \phi_t(x_0, x_0) = \varphi_t(x_0) \leqslant \phi_{t+T}\left(\frac{1}{s_0}x^*, s_0 x^*\right). \tag{9.95}$$

因此,

$$\varphi_t(x_0) \in \left[\phi_{t+T}\left(s_0 x^*, \frac{1}{s_0}x^*\right), \phi_{t+T}\left(\frac{1}{s_0}x^*, s_0 x^*\right)\right] \subset \left[s_0 x^*, \frac{1}{s_0}x^*\right] \subset U, \quad (9.96)$$

即对任意的 $t \geqslant 0$, $\varphi_t(V) \subset U$. 故而系统 (9.63) 是 Lyapunov 稳定的. ∎

基于定理 9.17, 要判定系统 (9.63) 的稳定性, 只需知道系统 (9.86) 的稳定性即可. 首先类似于定理 9.7, 可以得到如下定理.

定理 9.18　若系统 (9.87) 存在唯一正平衡点 x^* 和 $x^0 \in \mathrm{Int}R_+^n$, 使得

$$F(x^0, 0) = 0, \quad F(0, x^0) > 0, \quad (9.97)$$

则

(1) $0 < x^* \leqslant x^0$;

(2) 若 $(\bar{x}, \underline{x}) > 0$ 以及 $(x^*, x^*) \leqslant_K (\bar{x}, \underline{x}) \leqslant_K (x^0, 0)$, 则

$$\lim_{t \to +\infty} \Phi_t(\bar{x}, \underline{x}) = (x^*, x^*);$$

若 $(\bar{x}, \underline{x}) > 0$ 以及 $(0, x^0) \leqslant_K (\bar{x}, \underline{x}) \leqslant_K (x^*, x^*)$, 则

$$\lim_{t \to +\infty} \Phi_t(\bar{x}, \underline{x}) = (x^*, x^*);$$

(3) 若 $0 < (\bar{x}, \underline{x}) \leqslant (x^0, x^0)$, 则

$$\omega(\bar{x}, \underline{x}) = (x^*, x^*).$$

此外, 若 $x^0 + R_+^n$ 是系统(9.88)的正平衡点x^0的吸引域, 则对任意的$(\bar{x}, \underline{x}) > 0$, 有

$$\omega(\bar{x}, \underline{x}) = (x^*, x^*).$$

并且当 $(\bar{x}, \underline{x}) > 0$ 以及 $(\bar{x}, \underline{x}) \leqslant_K (x^*, x^*)$ 时, 有

$$\lim_{t \to +\infty} \Phi_t(\bar{x}, \underline{x}) = (x^*, x^*).$$

当 $(\bar{x}, \underline{x}) > 0$ 以及 $(\bar{x}, \underline{x}) \geqslant_K (x^*, x^*)$ 时, 有

$$\lim_{t \to +\infty} \Phi_t(\bar{x}, \underline{x}) = (x^*, x^*).$$

与定理 9.10 类似, 结合定理 9.18, 可得如下定理.

定理 9.19　设系统 (9.87) 存在唯一正平衡点 x^* 和 $x^0 \in \mathrm{Int}R_+^n$, 使得

$$F(x^0, 0) = 0, \quad F(0, x^0) > 0. \quad (9.98)$$

若系统 (9.88) 是全局渐近稳定的, 则系统 (9.87) 是全局渐近稳定的.

根据定理 9.17, 有如下结论.

定理 9.20 设 (9.63) 存在唯一正平衡点 x^* 且存在 $\boldsymbol{x}^0 \in \mathrm{Int}R_+^n$, 使得

$$F(\boldsymbol{x}^0, 0) = 0, \quad F(0, \boldsymbol{x}^0) > 0. \tag{9.99}$$

若系统 (9.88) 是全局渐近稳定的, 则系统 (9.63) 是全局渐近稳定的.

对于 Kolmogorov 系统 (9.24), 其对应的比较系统为

$$\begin{aligned} \dot{\bar{x}} &= \mathrm{diag}(\bar{x})\tilde{F}(\bar{x}, \underline{x}), \\ \dot{\underline{x}} &= \mathrm{diag}(\underline{x})\tilde{F}(\underline{x}, \bar{x}). \end{aligned} \tag{9.100}$$

其对应的子系统为

$$\dot{x} = \mathrm{diag}(x)\tilde{F}(x, 0). \tag{9.101}$$

类似定理 9.20, 可知有如下定理成立.

定理 9.21 设系统 (9.24) 存在唯一正平衡点 x^* 且存在 $\boldsymbol{x}^0 \in \mathrm{Int}R_+^n$, 使得

$$\tilde{F}(\boldsymbol{x}^0, 0) = 0, \quad \tilde{F}(0, \boldsymbol{x}^0) > 0. \tag{9.102}$$

若系统 (9.100) 是全局渐近稳定的, 则系统 (9.24) 是全局渐近稳定的.

若令 $\chi = (\bar{x}, \underline{x}), \chi^2 = (\underline{x}, \bar{x}), \tilde{G}(\chi) = (\tilde{F}(\chi), \tilde{F}(\chi^2))$. 与前面类似, 假设

$$\begin{aligned} L &= \{1, 2, \cdots, n+1, \cdots, l\}, \quad n < l < 2n, \\ P &= \{2n-p+1, \cdots, n+1, \cdots, 2n\}, \quad p > n. \end{aligned} \tag{9.103}$$

令 $\chi = (\bar{u}, \bar{v})$ 以及 $\tilde{G}(\bar{u}, \bar{v}) = (\tilde{G}_L(\bar{u}, \bar{v}), \tilde{G}_{\bar{L}}(\bar{u}, \bar{v}))$, 则可以将系统 (9.100) 写为

$$\begin{aligned} \dot{u} &= \mathrm{diag}(\bar{u})\tilde{G}_L(\bar{u}, \bar{v}), \quad u \in R_+^l, \\ \dot{v} &= \mathrm{diag}(\bar{v})\tilde{G}_{\bar{L}}(\bar{u}, \bar{v}), \quad v \in R_+^{2n-l}. \end{aligned} \tag{9.104}$$

令 $\chi = (\bar{z}, \bar{w})$ 以及 $\tilde{G}(\bar{u}, \bar{v}) = (\tilde{G}_P(\bar{z}, \bar{w}), \tilde{G}_{\bar{P}}(\bar{z}, \bar{w}))$, 则可以将系统 (9.100) 写为

$$\begin{aligned} \dot{z} &= \mathrm{diag}(\bar{z})\tilde{G}_P(\bar{z}, \bar{w}), \quad \bar{z} \in R_+^{2n-p}, \\ \dot{w} &= \mathrm{diag}(\bar{w})\tilde{G}_{\bar{P}}(\bar{z}, \bar{w}), \quad \bar{w} \in R_+^p. \end{aligned} \tag{9.105}$$

令 $\bar{v} = 0$ 以及 $\bar{z} = 0$, 可得系统 (9.100) 两个子系统

$$(\mathrm{S_L}) \quad \dot{u} = \mathrm{diag}(\bar{u})\tilde{G}_L(\bar{u}, 0), \tag{9.106}$$

以及

$$(\mathrm{S_P}) \quad \dot{w} = \mathrm{diag}(\bar{w})\tilde{G}_P(0, \bar{w}), \tag{9.107}$$

由于系统 (9.104) 以及 (9.105) 和系统 (9.106) 以及 (9.107) 是对称的, 因此结合 Tu 和 Jiang [151] 的思想, 根据定理 9.13, 得到如下结论.

定理 9.22　假设 $\bar{\boldsymbol{u}}^0$ 为系统 $(\mathrm{S_L})$ 的正平衡点且

$$\tilde{G}_{\bar{L}}(\bar{\boldsymbol{u}}^0, 0) > 0, \tag{9.108}$$

而系统 (9.101) 满足条件

$$D\tilde{G} \leqslant_K M, \quad s(M) < 0, \tag{9.109}$$

其中锥 $K = \{R_+^n \times (-R_+^n)\}$ 且 M 是 K 型矩阵. 若系统 (9.24) 存在唯一正平衡点, 则它是全局渐近稳定的.

例 9.5　考虑二维 Lotka-Volterra 捕食系统

$$\begin{aligned}\dot{x}_1 &= x_1(r_1 - a_{11}x_1 - a_{12}x_2), \\ \dot{x}_2 &= x_2(-r_2 + a_{21}x_1 - a_{22}x_2),\end{aligned} \tag{9.110}$$

其中 $a_{12} > 0, a_{21} > 0$.

易知, 系统 (9.110) 是一个拟单调系统. 其对应的比较系统为

$$\begin{aligned}\dot{\bar{x}}_1 &= \bar{x}_1(r_1 - a_{11}\bar{x}_1 - a_{12}\underline{x}_2), \\ \dot{\bar{x}}_2 &= \bar{x}_2(r_2 + a_{21}\bar{x}_1 - a_{22}\bar{x}_2), \\ \dot{\underline{x}}_1 &= \underline{x}_1(r_1 - a_{11}\underline{x}_1 - a_{12}\bar{x}_2), \\ \dot{\underline{x}}_2 &= \underline{x}_2(r_2 + a_{21}\underline{x}_1 - a_{22}\underline{x}_2).\end{aligned} \tag{9.111}$$

系统 (9.111) 的子系统

$$\begin{aligned}\dot{\bar{x}}_1 &= \bar{x}_1(r_1 - a_{11}\bar{x}_1), \\ \dot{\bar{x}}_2 &= \bar{x}_2(r_2 + a_{21}\bar{x}_1 - a_{22}\bar{x}_2).\end{aligned} \tag{9.112}$$

令 $\tilde{F}(\bar{x}, \underline{x}) = (r_1 - a_{11}\bar{x}_1 - a_{12}\underline{x}_2, r_2 + a_{21}\bar{x}_1 - a_{22}\bar{x}_2)$, 此时可知, 若

$$r_1 > 0, \quad r_2 > 0, \quad r_1\frac{a_{11}a_{22} - a_{12}a_{21}}{a_{11}a_{22}} - r_2\frac{a_{12}}{a_{22}} > 0, \tag{9.113}$$

则此时

$$\boldsymbol{x}^0 = \left(\frac{r_1}{a_{11}}, \frac{r_2}{a_{22}} + \frac{a_{21}r_1}{a_{11}a_{22}}\right),$$

所以

$$\tilde{F}(0, \boldsymbol{x}^0) = \left(r_1\frac{a_{11}a_{22} - a_{12}a_{21}}{a_{11}a_{22}} - r_2\frac{a_{12}}{a_{22}}, r_2\right) > 0.$$

根据定理 9.21 知, 如下定理成立.

定理 9.23　若 (9.113) 成立, 则系统 (9.110) 是全局渐近稳定的.

若 $r_2 < 0$, 则定理 9.21 不再成立. 此时, 由于系统 (9.111) 是 K-单调的, 可采取 Tu 与 Jiang 的方法, 令 $L = \{1, 2, 3\}$, 系统 (9.111) 对应的子系统为

$$
\begin{aligned}
\dot{\bar{x}}_1 &= \bar{x}_1(r_1 - a_{11}\bar{x}_1), \\
\dot{\bar{x}}_2 &= \bar{x}_2(r_2 + a_{21}\bar{x}_1 - a_{22}\bar{x}_2), \\
\dot{\underline{x}}_1 &= \underline{x}_1(r_1 - a_{11}\underline{x}_1 - a_{12}\bar{x}_2).
\end{aligned}
\tag{9.114}
$$

当 $a_{21}r_1 + a_{11}r_2 > 0$, $a_{11}a_{22} - a_{12}a_{21} > 0$ 时, 系统 (9.114) 的平衡点为

$$
u_L^0 = \left(\frac{r_1}{a_{11}}, \frac{a_{21}r_1 + a_{11}r_2}{a_{11}a_{22}}, \frac{1}{a_{11}}\left(r_1 - \frac{a_{12}}{a_{11}a_{22}}(a_{21}r_1 + a_{11}r_2) \right) \right),
\tag{9.115}
$$

此时

$$
\begin{aligned}
\tilde{G}_{\bar{L}}(u_L^0, 0) &= r_2 + a_{12}(u_L^0)_3 \\
&= \frac{(a_{21}r_1 + a_{11}r_2)(a_{11}a_{22} - a_{12}a_{21})}{a_{11}^2 a_{22}} > 0.
\end{aligned}
$$

因而, 根据定理 9.22, 有如下定理.

定理 9.24　若 $a_{21}r_1 + a_{11}r_2 > 0$, $a_{11}a_{22} - a_{12}a_{21} > 0$ 成立, 则系统 (9.110) 是全局渐近稳定的.

例 9.6　考虑系统

$$
\begin{aligned}
\dot{x}_1 &= x_1(r_1 - a_{11}x_1 - a_{12}x_2 + a_{13}x_3), \\
\dot{x}_2 &= x_2(r_2 - a_{21}x_1 - a_{22}x_2 + a_{23}x_3), \\
\dot{x}_3 &= x_3(r_3 + a_{31}x_1 + a_{32}x_2 - a_{33}x_3),
\end{aligned}
\tag{9.116}
$$

其中 $r_i > 0, a_{ij} \geqslant 0 (i \neq j)$, 系统对应的辅助系统为

$$
\begin{aligned}
\dot{\bar{x}}_1 &= \bar{x}_1(r_1 - a_{11}\bar{x}_1 - a_{12}\underline{x}_2 + a_{13}\bar{x}_3), \\
\dot{\bar{x}}_2 &= \bar{x}_2(r_2 - a_{21}\underline{x}_1 - a_{22}\bar{x}_2 + a_{23}\bar{x}_3), \\
\dot{\bar{x}}_3 &= \bar{x}_3(r_3 + a_{31}\bar{x}_1 + a_{32}\bar{x}_2 - a_{33}\underline{x}_3), \\
\dot{\underline{x}}_1 &= \underline{x}_1(r_1 - a_{11}\underline{x}_1 - a_{12}\bar{x}_2 + a_{13}\underline{x}_3), \\
\dot{\underline{x}}_2 &= \underline{x}_2(r_2 - a_{21}\bar{x}_1 - a_{22}\underline{x}_2 + a_{23}\underline{x}_3), \\
\dot{\underline{x}}_3 &= \underline{x}_3(r_3 + a_{31}\underline{x}_1 + a_{32}\underline{x}_2 - a_{33}\bar{x}_3).
\end{aligned}
\tag{9.117}
$$

显然, 系统 (9.117) 是一个 K-单调系统. 记

$$
Df(x) = \begin{pmatrix} A_{11} & -A_{12} \\ -A_{12} & A_{11} \end{pmatrix},
\tag{9.118}
$$

以及 $r = (r_1, r_2, r_3) \in R_+^3$，其中

$$A_{11} = \begin{pmatrix} -a_{11} & 0 & a_{13} \\ 0 & -a_{22} & a_{23} \\ a_{31} & a_{32} & -a_{33} \end{pmatrix}, \quad A_{12} = \begin{pmatrix} 0 & a_{12} & 0 \\ a_{21} & 0 & 0 \\ 0 & 0 & 0 \end{pmatrix}. \quad (9.119)$$

由定理 9.20, 得如下定理.

定理 9.25   若存在 $x_1^0 > 0$，使得

$$r + A_{11}x_1^0 = 0, \quad r - A_{12}x_1^0 > 0,$$

则系统 (9.49) 存在全局渐近稳定的平衡点.

9.1.4   离散扩散 Lotka-Volterra 系统的全局稳定性

陆征一与 Takeuchi 在文献 [106] 中考虑离散扩散的两种群 Lotka-Volterra 合作系统

$$\begin{aligned} \dot{x}_1 &= x_1(r_1 + a_{11}x_1 + a_{12}x_2) + D_1(y_1 - x_1), \\ \dot{x}_2 &= x_2(r_2 + a_{21}x_1 + a_{22}x_2) + D_2(y_2 - x_2), \\ \dot{y}_1 &= y_1(\bar{r}_1 + \bar{a}_{11}y_1 + \bar{a}_{12}y_2) + \bar{D}_1(x_1 - y_1), \\ \dot{y}_2 &= y_2(\bar{r}_2 + \bar{a}_{21}y_1 + \bar{a}_{22}y_2) + \bar{D}_2(x_2 - y_2), \end{aligned} \quad (9.120)$$

其中 $a_{ii} < 0$ 和 $\bar{a}_{ii} < 0$，而 $a_{ij} > 0$ 和 $\bar{a}_{ij} > 0 (i \neq j)$.

类似于定理 9.3 的证明思路, 陆征一等在文献 [172] 中给出如下结论.

定理 9.26   系统 (9.120) 为全局稳定的当且仅当其正平衡点唯一且 $A = (a_{ij})_{2\times 2}$ 和 $\bar{A} = (\bar{a}_{ij})_{2\times 2}$ 稳定, 而 D 不稳定, 其中

$$D = \begin{pmatrix} D_{11} & D_{12} \\ D_{21} & D_{22} \end{pmatrix},$$

其中 $D_{11} = \text{diag}\{r_1 - D_1, r_2 - D_2\}$, $D_{12} = \text{diag}\{D_1, D_2\}$ 以及 $D_{21} = \text{diag}\{\bar{D}_1, \bar{D}_2\}$, $D_{22} = \text{diag}\{\bar{r}_1 - \bar{D}_1, \bar{r}_2 - \bar{D}_2\}$.

进一步地, Takeuchi 和陆征一在文献 [147] 中考虑如下两种群竞争扩散系统:

$$\begin{aligned} \dot{x}_1 &= x_1(r_1 - a_{11}x_1 - a_{12}y_1) + D_1(x_2 - x_1), \\ \dot{x}_2 &= x_2(r_2 - a_{21}x_2 - a_{22}y_2) + D_2(x_1 - x_2), \\ \dot{y}_1 &= y_1(\bar{r}_1 - \bar{a}_{11}x_1 - \bar{a}_{12}y_1) + \bar{D}_1(y_2 - y_1), \\ \dot{y}_2 &= y_2(\bar{r}_2 - \bar{a}_{21}x_2 - \bar{a}_{22}y_2) + \bar{D}_2(y_1 - y_2), \end{aligned} \quad (9.121)$$

其中 $a_{ii} > 0$ 和 $\bar{a}_{ii} > 0$，而 $a_{ij} > 0$ 和 $\bar{a}_{ij} > 0 (i \neq j)$.

显然, 正象限对于系统 (9.121) 是正不变的, 且 (9.121) 为一 K-单调系统. (9.121) 除了平凡平衡点 $E_0 = (0,0,0,0)$ 外, 对于任意 $D_i > 0$, 在正 x 子空间存在平衡点 $E_x = (\bar{x}_1, \bar{x}_2, 0, 0)$; 对于任意 $D_i > 0$, 在正 y 子空间存在平衡点 $E_y = (0, 0, \bar{y}_1, \bar{y}_2)$.

系统 (9.121) 的永久性及全局稳定性依赖于边界平衡点 E_x 和 E_y 的稳定性. 以后假设 E_0, E_x 和 E_y 均为双曲的, 即其雅可比矩阵的特征值实部均不为零.

(9.121) 在 E_x 处的雅可比矩阵为

$$J(E_x) = \begin{pmatrix} j_{11} & D_1 & -a_{12}\bar{x}_1 & 0 \\ D_2 & j_{22} & 0 & -a_{22}\bar{x}_2 \\ 0 & 0 & j_{33} & \bar{D}_1 \\ 0 & 0 & \bar{D}_2 & j_{44} \end{pmatrix} = \begin{pmatrix} J_x(E_x) & -M_x \\ 0 & J_y(E_x) \end{pmatrix},$$

其中 $j_{11} = r_1 - 2a_{11}\bar{x}_1 - D_1$, $j_{22} = r_2 - 2a_{21}\bar{x}_2 - D_2$, $j_{33} = \bar{r}_1 - \bar{a}_{11}\bar{x}_1 - \bar{D}_1$, $j_{44} = \bar{r}_2 - \bar{a}_{21}\bar{x}_2 - \bar{D}_2$. 类似地, (9.121) 在 E_y 处的雅可比矩阵为

$$J(E_y) = \begin{pmatrix} J_x(E_y) & 0 \\ -M_y & J_y(E_y) \end{pmatrix}.$$

关于竞争系统 (9.121), 基于 K-单调理论, 文献 [147, 172] 有如下的结论.

定理 9.27 系统 (9.121) 永久生存当且仅当 $S_x = S(J_y(E_x))$ 和 $S_y = S(J_x(E_y))$ 均为正 (边界平衡点不稳定). 进一步, 如果正平衡点唯一, 则 (9.121) 全局渐近稳定.

证明 因为 $R_+^2 \times R_+^2$ 是正不变的, 则根据比较定理可得, 从 $\mathrm{Int}\{R_+^2 \times R_+^2\}$ 出发的解最终进入

$$B(E_y, E_x),$$

其中

$$B(E_y, E_x) = \{P = (x, y) \in R_+^2 \times R_+^2 \mid E_y <_K P <_k E_x\}.$$

由于对任意的 $D_1, D_2, \bar{D}_1$ 以及 $\bar{D}_2$, $J_x(E_x)$ 和 $J_y(E_y)$ 稳定, 因此

$$s_x = s(J(E_x)) = s(J_y(E_x)),$$
$$s_y = s(J(E_y)) = s(J_x(E_y)).$$

下面仅考虑矩阵 $J(E_x)$, 对于矩阵 $J(E_y)$ 是类似的.

对于矩阵 $J(E_x)$, 设 $v = (v_x, v_y)$ 是对应于特征值 s_x 的特征向量, 则

$$J(E_x)v = s_x v,$$

即 $J_x(E_x)v_x - M_x v_y = s_x v_x$, $J_x(E_y)v_y = s_x v_y$.

因为 $J_x(E_x)$ 具有正的非对角项, 且不可约以及 $s_x > 0$, 则由 Perron-Frobenius 定理得, $E_y > 0$. 此时 E_y 一旦固定, 则

$$v_x = [J_x(E_x) - s_x I]^{-1} M_x v_y.$$

由 $J_x(E_x)$ 的结构知,

$$[J_x(E_x) - s_x I]^{-1} < 0.$$

因此, $v_x < 0$. 所以

$$v <_K 0, \quad J(E_x)v <_K 0.$$

考虑向量函数 $E(\lambda_x) = (x(\lambda_x), y(\lambda_x))$:

$$x(\lambda_x) = \bar{x} + \lambda_x v_x,$$
$$x(\lambda_x) = \lambda_x v_y.$$

令 $f(x,y) = (f_1(x,y), f_2(x,y))$, 其中

$$\begin{aligned} f_1(x,y) = &(x_1(r_1 - a_{11}x_1 - a_{12}y_1) + D_1(x_2 - x_1), \\ &x_2(r_2 - a_{21}x_2 - a_{22}y_2) + D_2(x_1 - x_2)), \\ f_2(x,y) = &(y_1(\bar{r}_1 - \bar{a}_{11}x_1 - \bar{a}_{12}y_1) + \bar{D}_1(y_2 - y_1), \\ &y_2(\bar{r}_2 - \bar{a}_{21}x_2 - \bar{a}_{22}y_2) + \bar{D}_2(y_1 - y_2)). \end{aligned}$$

则 $f(E(0)) = f(\bar{x}(0), 0) = (0,0)$, $\dfrac{d}{d\lambda_x} f(E(\lambda_x))\mid_{\lambda_x=0} = J(E_x)v <_K 0$.

因而, 对任意的 $\lambda_x > 0$,

$$f(E(\lambda_x)) <_K 0.$$

类似地, 可找到向量 $E(\lambda_y) = (x(\lambda_y), y(\lambda_y))$, 当 $\lambda_y \to 0$ 时, 有

$$E(\lambda_y) \to (0, \bar{y}).$$

故对充分小的 $\lambda_y > 0$, 有

$$f(E(\lambda_y)) >_K 0.$$

因为 $\lim\limits_{\lambda_x \to 0} E(\lambda_x) = E_x$, $\lim\limits_{\lambda_y \to 0} E(\lambda_y) = E_y$ 且 $E_y <_K E_x$, 所以可取充分小的 $\bar{\lambda}_x$ 与 $\bar{\lambda}_y$, 使

$$E_y <_K E(\bar{\lambda}_y) <_K E(\bar{\lambda}_x) <_K E_x.$$

由于从 $E(\bar{\lambda}_y), E(\bar{\lambda}_x)$ 出发的解是有界的, 由定理 9.6, 存在 E_* 与 E^* 满足

$$E_y <_K E_* <_K E^* <_K E_x,$$

使从 $B(E(\bar\lambda_y), E(\bar\lambda_x))$ 出发的解最终进入 $B(E_*, E^*)$.

接下来, 将说明从 $\mathrm{Int}B(E_y, E_x)$ 出发的解最终进入 $B(E_*, E^*)$, 由上述分析, 只需证明上述解最终进入 $B(E(\bar\lambda_y), E(\bar\lambda_x))$ 即可.

考虑在 $\mathrm{Int}B(E_y, E_x)$ 内的两类矩阵:

$$C^-(E(\lambda_x)) \cup B(E_y, E_x), \quad 0 < \lambda_x < \bar\lambda_x,$$
$$C^+(E(\lambda_y)) \cup B(E_y, E_x), \quad 0 < \lambda_y < \bar\lambda_y,$$

其中

$$C^-(E(\lambda_x)) = \{P = (x,y) \in R_+^2 \times R_+^2 \mid E(\lambda_x) \leqslant P\},$$
$$C^+(E(\lambda_y)) = \{P = (x,y) \in R_+^2 \times R_+^2 \mid E(\lambda_y) \geqslant P\}.$$

易知, 上述矩阵区域是正不变的且系统 (9.121) 在这些矩阵边界上的解轨道朝里走. 因此, 从 $B(E_y, E_x)$ 出发的解最终进入

$$\left\{ \bigcap_{\lambda_y \in (0,\bar\lambda_y)} C^+(E(\lambda_y)) \right\} \bigcap \left\{ \bigcap_{\lambda_x \in (0,\bar\lambda_x]} C^-(E(\lambda_x)) \right\} = B(E(\bar\lambda_y), E(\bar\lambda_x)).$$

全局渐近稳定性可由定理 9.6 得到. ■

例 9.7 考虑如下系统:

$$
\begin{aligned}
\dot x_1 &= x_1(4 - x_1 - y_1) + d(x_2 - x_1),\\
\dot x_2 &= x_2(1 - x_2 - y_2) + d(x_1 - x_2),\\
\dot y_1 &= y_1(3 - 2x_1 - y_1) + d(y_2 - y_1),\\
\dot y_2 &= y_2(3 - 2x_2 - y_2) + d(y_1 - y_2),
\end{aligned}
\tag{9.122}
$$

其中 $d > 0$ 为扩散常数. 系统 (9.122) 有两个边界平衡点 $E_x = (\bar x_1, \bar x_2, 0, 0)$ 及 $E_y = (0, 0, 3, 3)$, 其中 $\bar x_1$ 和 $\bar x_2$ 满足

$$
\begin{aligned}
\bar x_1(4 - \bar x_1) + d(\bar x_2 - \bar x_1) &= 0,\\
\bar x_2(1 - \bar x_2) + d(\bar x_1 - \bar x_2) &= 0.
\end{aligned}
\tag{9.123}
$$

因为 Logistic 扩散系统总是全局稳定的, 所以 $J(E_x)$ 的子矩阵 $J_x(E_x)$ 与 $J(E_y)$ 的子矩阵 $J_y(E_y)$ 总是稳定的. 故 $J(E_x)$ 与 $J(E_y)$ 的稳定性完全由 $J_y(E_x)$ 和 $J_x(E_y)$ 决定. 因为矩阵

$$J_x(E_y) = \begin{pmatrix} 1-d & d \\ d & -2-d \end{pmatrix}$$

之迹为 $-1 - 2d < 0$, 故 $J_x(E_y)$ 不稳定.

这样, 系统 (9.122) 的永久性完全取决于 $J_y(E_x)$ 的稳定与否. 容易求得

$$J_y(E_x) = \begin{pmatrix} 3-2x_1-d & d \\ d & 3-2x_2-d \end{pmatrix}. \tag{9.124}$$

现在需要在条件 (9.123) 下给出 (9.124) 不稳定的充要条件. 利用 Sturm 理论, 可以证明如下定理.

定理 9.28   系统 (9.122) 永久生存的充要条件是

$$64d^5 + 168d^4 + 528d^3 - 488d^2 - 930d + 22 > 0. \tag{9.125}$$

近似地, 条件 (9.125) 等价于

$$d < d^* \simeq 0.22267.$$

而当 (9.125) 反号时, 边界平衡点 E_x 为全局稳定.

对于系统 (9.121), 永久生存一般不蕴含全局稳定. 而系统 (9.121) 的全局稳定性结论都是通过判定正平衡的唯一性得到的.

Goh 于 1980 年曾提出两个竞争扩散系统, 利用计算机模拟, 他猜想此二系统为全局稳定的. 在文献 [172] 中, 陆征一等给出了利用 mrealroot 算法得到的结果.

例 9.8
$$\begin{aligned}
\dot{x}_1 &= x_1(4 - x_1 - y_1) + \frac{1}{10}(x_2 - x_1), \\
\dot{x}_2 &= x_2(1 - x_2 - y_2) + \frac{1}{10}(x_1 - x_2), \\
\dot{y}_1 &= y_1(3 - 2x_1 - y_1) + \frac{1}{10}(y_2 - y_1), \\
\dot{y}_2 &= y_2(3 - 2x_2 - y_2) + \frac{1}{10}(y_1 - y_2).
\end{aligned} \tag{9.126}$$

容易验证 (9.126) 的边界平衡点不稳定, 利用 mrealroot 算法得到系统右端多项式组的 12 组实解 (见附录), 且其中恰好存在唯一一组正解. 这样, 定理 9.27 保证了系统 (9.126) 的全局稳定性.

例 9.9
$$\begin{aligned}
\dot{x}_1 &= x_1(2 - x_1 - y_1) + \frac{1}{2}(x_2 - x_1), \\
\dot{x}_2 &= x_2(2 - x_2 - y_2) + \frac{1}{2}(x_1 - x_2), \\
\dot{y}_1 &= y_1(5 - x_1 - 2y_1) + \frac{1}{2}(y_1 - y_2), \\
\dot{y}_2 &= y_2(\frac{3}{2} - x_2 - 2y_2) + \frac{1}{2}(y_2 - y_1).
\end{aligned} \tag{9.127}$$

系统 (9.127) 的边界平衡点不稳定, 故由定理 9.27 必为永久生存.

这样, 其全局稳定性完全取决于正平衡点的唯一与否. 利用 mrealroot 算法, 可以得到系统 (9.127) 的 14 组实平衡点, 且其中正平衡点唯一 (见附录). 这样, 利用系统的单调性质及实根分离算法, 肯定地得到了 Goh 的两个扩散系统全局稳定的结论.

附　录

通过调用 mrealroot 算法求解, 系统 (9.126) 的 12 组实根 (实根分离区间的精度为 10^{-15}, 变元序为 $[x_1, x_2, y_1, y_2]$):

$[[0, 0], [0, 0], [0, 0], [0, 0]]$;

$[[0, 0], [0, 0], [3, 3], [3, 3]]$;

$$\left[[0, 0], [0, 0], \left[\frac{407669068857749}{140737488355328}, \frac{203834534428875}{70368744177664} \right], \right.$$
$$\left. \left[\frac{-13604101462861}{140737488355328}, \frac{-13604101462773}{140737488355328} \right] \right];$$

$$\left[[0, 0], [0, 0], \left[\frac{-13604101462831}{140737488355328}, \frac{-6802050731415}{70368744177664} \right], \right.$$
$$\left. \left[\frac{407669068857729}{140737488355328}, \frac{407669068857761}{140737488355328} \right] \right];$$

$$\left[\left[\frac{547721868534657}{140737488355328}, \frac{273860934267329}{70368744177664} \right], \right.$$
$$\left. \left[\frac{-11231107186391}{35184372088832}, \frac{-22462212389829}{70368744177664} \right], [0, 0], [0, 0] \right];$$

$$\left[\left[\frac{553250243089995}{140737488355328}, \frac{138312560772499}{35184372088832} \right], \right.$$
$$\left. \left[\frac{42986727428605}{35184372088832}, \frac{171946944584427}{140737488355328} \right], [0, 0], [0, 0] \right];$$

$$\left[\left[\frac{-3219702453095}{140737488355328}, \frac{-1609851226547}{70368744177664} \right], \right.$$
$$\left. \left[\frac{31576218231985}{35184372088832}, \frac{63152543610771}{70368744177664} \right], [0, 0], [0, 0] \right];$$

$$\left[\left[\frac{542510614545557}{140737488355328}, \frac{271255307272779}{70368744177664} \right], \right.$$

$$\left[\frac{30371384360973}{140737488355328}, \frac{30371384651321}{140737488355328}\right],$$

$$\left[\frac{7153476332849}{140737488355328}, \frac{894185721547}{17592186044416}\right],$$

$$\left[\frac{173842754025609}{70368744177664}, \frac{347685509144881}{140737488355328}\right]\right];$$

$$\left[\left[\frac{557052462336791}{140737488355328}, \frac{69631557792099}{17592186044416}\right],\right.$$

$$\left[\frac{250453804619847}{140737488355328}, \frac{250453873462795}{140737488355328}\right],$$

$$\left[\frac{-924380602149}{70368744177664}, \frac{-1848485130487}{140737488355328}\right],$$

$$\left[\frac{-46243830392309}{70368744177664}, \frac{-180639954825}{274877906944}\right]\right];$$

$$\left[\left[\frac{-1797174237367}{35184372088832}, \frac{-7188696949467}{140737488355328}\right],\right.$$

$$\left[\frac{281358976417039}{140737488355328}, \frac{8792524747181}{4398046511104}\right],$$

$$\left[\frac{5227808220309}{140737488355328}, \frac{5231311035365}{140737488355328}\right],$$

$$\left[\frac{-155055835178941}{140737488355328}, \frac{-77527820558187}{70368744177664}\right]\right];$$

$$\left[\left[\frac{-132256146767387}{140737488355328}, \frac{-66128073383693}{70368744177664}\right],\right.$$

$$\left[\frac{-3009847135523}{70368744177664}, \frac{-3009847134081}{70368744177664}\right],$$

$$\left[\frac{340886461839919}{70368744177664}, \frac{85221615530989}{17592186044416}\right],$$

$$\left[\frac{110472948345065}{35184372088832}, \frac{441891793784553}{140737488355328}\right]\right];$$

$$\left[\left[\frac{-17471810856111}{17592186044416}, \frac{-139774486848887}{140737488355328}\right],\right.$$

$$\left[\frac{7221253451127}{70368744177664}, \frac{3610626727031}{35184372088832}\right],$$

$$\left[\frac{171799122522317}{35184372088832}, \frac{343598245274211}{70368744177664}\right],$$

$$\left[\frac{-23984416128519}{140737488355328}, \frac{-23984415993973}{140737488355328}\right]\right].$$

系统(9.127)的 14 组实根(实根分离区间的精度为 10^{-12}, 变元序为 $[x_1, x_2, y_1, y_2]$):

$$[[[2,2],[2,2],[0,0],[0,0]];$$

$$[[0,0],[0,0],[0,0],[0,0]];$$

$$\left[[0,0],[0,0],\left[\frac{18806586567}{8589934592}, \frac{37613173135}{17179869184}\right],\left[\frac{-9121220423}{17179869184}, \frac{-9121220395}{17179869184}\right]\right];$$

$$\left[[0,0],[0,0],\left[\frac{40578689031}{17179869184}, \frac{5072336129}{2147483648}\right],\left[\frac{2272215285}{2147483648}, \frac{18177722309}{17179869184}\right]\right];$$

$$\left[[0,0],[0,0],\left[\frac{-441225419}{8589934592}, \frac{-882450837}{17179869184}\right],\left[\frac{4061683645}{8589934592}, \frac{8123367301}{17179869184}\right]\right];$$

$$\left[\left[\frac{23468137739}{17179869184}, \frac{5867034435}{4294967296}\right],\left[\frac{-6288269923}{17179869184}, \frac{-6288267189}{17179869184}\right],[0,0],[0,0]\right];$$

$$\left[\left[\frac{-1572067139}{4294967296}, \frac{-6288268555}{17179869184}\right],\left[\frac{11734067829}{8589934592}, \frac{23468139523}{17179869184}\right],[0,0],[0,0]\right];$$

$$\left[\left[\frac{8106745829}{17179869184}, \frac{4053372915}{8589934592}\right],\left[\frac{17378473291}{17179869184}, \frac{17378474161}{17179869184}\right],\right.$$

$$\left.\left[\frac{18038672247}{8589934592}, \frac{2254834215}{1073741824}\right],\left[\frac{6199190097}{8589934592}, \frac{12398380369}{17179869184}\right]\right];$$

$$\left[\left[\frac{22008742687}{17179869184}, \frac{687773209}{536870912}\right],\left[\frac{25574701505}{8589934592}, \frac{51150815681}{17179869184}\right],\right.$$

$$\left.\left[\frac{23723842345}{17179869184}, \frac{5931423535}{4294967296}\right],\left[\frac{-21684686823}{17179869184}, \frac{-10841906509}{8589934592}\right]\right];$$

$$\left[\left[\frac{6099143733}{4294967296}, \frac{24396574933}{17179869184}\right],\left[\frac{-9318385897}{17179869184}, \frac{-4659190145}{8589934592}\right],\right.$$

$$\left.\left[\frac{-1907752257}{17179869184}, \frac{-953859733}{8589934592}\right],\left[\frac{3149642793}{4294967296}, \frac{12598972903}{17179869184}\right]\right];$$

$$\left[\left[\frac{33958849603}{17179869184}, \frac{8489712401}{4294967296}\right], \left[\frac{12121980961}{4294967296}, \frac{757628031}{268435456}\right],\right.$$

$$\left.\left[\frac{4075894471}{17179869184}, \frac{4076247345}{17179869184}\right], \left[\frac{-8351961753}{8589934592}, \frac{-16700581181}{17179869184}\right]\right];$$

$$\left[\left[\frac{-8002549887}{17179869184}, \frac{-4001274943}{8589934592}\right], \left[\frac{15386091163}{8589934592}, \frac{30772190629}{17179869184}\right],\right.$$

$$\left.\left[\frac{741494609}{17179869184}, \frac{185375419}{4294967296}\right], \left[\frac{-7236263387}{17179869184}, \frac{-3618131235}{8589934592}\right]\right];$$

$$\left[\left[\frac{-7118955485}{4294967296}, \frac{-28475821939}{17179869184}\right], \left[\frac{8001664513}{17179869184}, \frac{8001664583}{17179869184}\right],\right.$$

$$\left.\left[\frac{25915933101}{8589934592}, \frac{1619745843}{536870912}\right], \left[\frac{-12801181381}{17179869184}, \frac{-12801181115}{17179869184}\right]\right];$$

$$\left[\left[\frac{-19735498591}{8589934592}, \frac{-39470997181}{17179869184}\right], \left[\frac{39146449581}{17179869184}, \frac{19573226367}{8589934592}\right],\right.$$

$$\left.\left[\frac{56721491315}{17179869184}, \frac{56721501041}{17179869184}\right], \left[\frac{-11018898877}{8589934592}, \frac{-22037796955}{17179869184}\right]\right].$$

9.2　Lyapunov 函数的构造与全局稳定性的判定

现在考虑种群动力学中常用的一些 Lyapunov 函数的构造, 这里以 Lotka-Volterra 模型为例. 考虑 n 维 Lotka-Volterra 系统

$$\dot{x}_i = x_i \left[r_i + \sum_{i=1}^{n} a_{ij} x_j\right]. \tag{9.128}$$

如果 (9.128) 有唯一正平衡点 $x^* = (x_1^*, \cdots, x_n^*)$, 则可写成

$$\dot{x}_i = x_i \left[\sum_{i=1}^{n} a_{ij}(x_j - x_j^*)\right]. \tag{9.129}$$

9.2.1　Volterra 的 Lyapunov 函数

首先考虑当 $n = 2$ 时的系统 (9.129),

$$\begin{aligned}
\dot{x}_1 &= x_1[a_{11}(x_1 - x_1^*) + a_{12}(x_2 - x_2^*)], \\
\dot{x}_2 &= x_2[a_{21}(x_1 - x_1^*) + a_{22}(x_2 - x_2^*)].
\end{aligned} \tag{9.130}$$

如果 $a_{12}a_{21} < 0$, 则可对 (9.130) 构造如下的 Lyapunov 函数:

$$V(x_1, x_2) = c_1\left(x_1 - x_1^* - x_1^*\ln\frac{x_1}{x_1^*}\right) + c_2\left(x_2 - x_2^* - x_2^*\ln\frac{x_2}{x_2^*}\right),$$

其中 c_1 和 c_2 为正的待定常数. 易得,

$$V(x_1^*, x_2^*) = 0, \quad \frac{\partial V}{\partial x_i} = c_i\left(1 - \frac{x_i^*}{x_i}\right), \quad \frac{\partial^2 V}{\partial x_i^2} = c_i\frac{x_i^*}{x_i^2}, \quad \frac{\partial^2 V}{\partial x_i x_j} = 0,$$

其中 $V(x_1, x_2)$ 是 R_+^2 内部的正定函数, 且当 $\|x\| \to \infty$ 时, $V(x_1, x_2) \to \infty$, 故 $V(x)$ 径向无界. 沿 (9.130) 的解, $V(x_1, x_2)$ 的导数为

$$\dot{V}(x_1, x_2)\,|_{(9.130)} = \frac{1}{2}(x - x^*)^{\mathrm{T}}(CA^{\mathrm{T}} + AC)(x - x^*), \tag{9.131}$$

其中 $x = (x_1, x_2), C = \mathrm{diag}(c_1, c_2)$, 而 $A = (a_{ij})_{2\times 2}$.

因为 V 正定且无穷大 (此二性质蕴含 (9.130) 的每个解均有界), 由 LaSalle 不变性原理, 只要 $\dot{V}(x_1, x_2) \leqslant 0$, 则可确定 LaSalle 不变集的结构.

为了考虑 $\dot{V}(x_1, x_2)$ 的负定性, 引入如下概念.

定义 9.3   矩阵 $A = (a_{ij})_{n\times n}$ 称为 Volterra-Lyapunov 稳定 (半稳定), 如果存在正对角矩阵 $C = \mathrm{diag}(c_1, \cdots, c_n)$ 使得 $CA + A^{\mathrm{T}}C$ 为负定 (半负定).

对应于 (9.129) 的 n 变元函数形如

$$V(x) = \sum_{i=1}^n c_i\left(x_i - x_i^* - x_i^*\ln\frac{x_i}{x_i^*}\right). \tag{9.132}$$

沿 (9.129) 的解, V 的导数为

$$\dot{V} = \frac{1}{2}(x - x^*)^{\mathrm{T}}(CA^{\mathrm{T}} + AC)(x - x^*). \tag{9.133}$$

根据 LaSalle 不变性原理, 有如下定理.

定理 9.29   如果 A 是 Volterra-Lyapunov 半稳定的, 则系统 (9.129) 的每个解趋于 LaSalle 不变集 $\mathcal{M}$, 而 $\mathcal{M}$ 包含在如下集合之中:

$$E = \{x \in \mathrm{int}R_+^n | (x - x^*)^{\mathrm{T}}(CA + A^{\mathrm{T}}C)(x - x^*) = 0\}.$$

推论 9.1   如果 A 为 Volterra-Lyapunov 稳定, 则 x^* 在 R_+^n 中整体稳定.

猜想 9.1 A 为 Volterra-Lyapunov 半稳定且 $\mathrm{diag}(x^*)A$ 稳定, 则系统整体稳定.

例 9.10   考虑如下的三种群竞争系统:

$$\begin{aligned}
\dot{x}_1 &= x_1[1 - x_1 - \alpha x_2 - \beta x_3], \\
\dot{x}_2 &= x_2[1 - \beta x_1 - x_2 - \alpha x_3], \\
\dot{x}_3 &= x_3[1 - \alpha x_1 - \beta x_2 - x_3]
\end{aligned} \tag{9.134}$$

的稳定性.

定理 9.30   假设系统 (9.134) 具有唯一正平衡点

$$x^* = (1 + \alpha + \beta)^{-1}(1, 1, 1),$$

则

(1) 当 $\alpha + \beta < 2$ 时, x^* 整体稳定;

(2) 当 $\alpha + \beta = 2$ 时, Ω 极限集为 $\Omega(x) = \{x \in R_+^3 \,|\, x_1 + x_2 + x_3 = 1, x_1 x_2 x_3 = c, c > 0\}$;

(3) 当 $\alpha + \beta > 2$ 时, 任何不趋于不变直线 $x_1 = x_2 = x_3$ 的解趋于 R_+^3 的边界 ∂R_+^3.

进一步, 如果 $\beta < 1 < \alpha$, 则趋于 ∂R_+^3 上的异宿环.

证明   (1) 验证系统 (9.134) 的相互作用矩阵 A 为 Volterra-Lyapunov 稳定的. 取 $C = \mathrm{diag}(1, 1, 1)$, 有

$$CA + A^{\mathrm{T}}C = -\begin{pmatrix} 2 & \alpha + \beta & \alpha + \beta \\ \alpha + \beta & 2 & \alpha + \beta \\ \alpha + \beta & \alpha + \beta & 2 \end{pmatrix}.$$

因此, 当 $\alpha + \beta < 2$ 时, 矩阵 $CA + A^{\mathrm{T}}C$ 负定.

(2) 当 $\alpha + \beta = 2$ 时, 利用函数

$$V = x_1 + x_2 + x_3, \tag{9.135}$$

可得

$$\begin{aligned}
\dot{V} =& x_1 + x_2 + x_3 - [x_1^2 + x_2^2 + x_3^2 \\
&+ (\alpha + \beta)(x_1 x_2 + x_2 x_3 + x_3 x_1)] \\
=& (x_1 + x_2 + x_3)[1 - (x_1 + x_2 + x_3)].
\end{aligned}$$

所有解趋于平面

$$x_1 + x_2 + x_3 = 1.$$

又考虑另一个函数

$$U = x_1 x_2 x_3, \tag{9.136}$$

则有

$$\dot{U} = U[3 - 3(x_1 + x_2 + x_3)] = 0.$$

因此, 对每个固定的初值 $x(0) > 0$, 解 $x(t)$ 趋于 P 上的某一个周期解

$$P = \{x \in R_+^3 | x_1 + x_2 + x_3 = 1, x_1 x_2 x_3 = c > 0\}.$$

(3) 除了正平衡点, 系统在 ∂R_+^3 上还有四个平衡点, 即原点和三个坐标轴上的鞍点 $e_1 = (1, 0, 0)$, $e_2 = (0, 1, 0)$ 以及 $e_3 = (0, 0, 1)$. 容易验证在 $x_1 = 0$ 平面, 存在从 e_2 到 e_3 的连接轨线. 在 $x_2 = 0$ 和 $x_3 = 0$ 上有类似的结构. 用 Γ 表示 e_1, e_2, e_3 和三条连接轨线所构成的异宿环. 注意, 在 $x_i = 0$ 平面上, e_j $(j = i + 1 \bmod 3)$ 是整体吸引子.

在 x^* 处, 系统 (9.134) 的线性部分有三个特征值 λ_1, λ_2 和 λ_3 满足 $\lambda_1 < 0 < \mathrm{Re}\lambda_2, \lambda_3$. 这样, 对于线性系统, 除了位于 $x_1 = x_2 = x_3$ 上的解, 其他的解都要离开平衡点邻域. 由 Hartman 定理, 存在 (9.134) 的 x^* 的邻域 N 使得除 $x_1 = x_2 = x_3$ 上的解, 其他解都要离开 N 而不再重新进入 N.

现在证明除了正初值在对角线 $x_1 = x_2 = x_3$ 上的解, 其他解均趋于异宿环 H. 取如下的 Lyapunov 函数:

$$V(x) = \frac{U}{P^3}, \tag{9.137}$$

沿 (9.134) 的解对其求导

$$\dot{V}(x) = P^{-4} U \left(1 - \frac{\alpha + \beta}{2}\right) [(x_1 - x_2)^2 + (x_2 - x_3)^2 + (x_3 - x_1)^2].$$

由 LaSalle 不变集原理可以知道, 不属于对角线 $x_1 = x_2 = x_3$ 上的解趋于边界, 但边界上的性态是显然的, 唯一可能的 ω 极限集是异宿环 Γ. ∎

9.2.2 Chenciner 的 Lyapunov 函数

根据 LaSalle 不变性原理, 对于 Lyapunov 函数 V 只需要验证沿对应系统的解 V 的导数是否为半定的. 利用此原理, 构造的 Lyapunov 函数不必具有无穷大性质.

定义 9.4 $A = (a_{ij})_{n \times n}$ 称为 D-Lyapunov 稳定 (半稳定) 的, 如果存在矩阵 $D = (d_i(d_j + \delta_{ij}))_{n \times n}$ (δ_{ij} 为 Kronecker 符号) 使得 $DA + A^{\mathrm{T}} D$ 为负定 (半负定).

定理 9.31   如果 A 为 D-Lyapunov 半稳定, 则 (9.128) 的每个有界解趋于包含在 E 中的 LaSalle 不变集 M

$$E = \mathrm{bd}R_+^n \cup \{x \in \mathrm{int}R_+^n | (x - x^*)^{\mathrm{T}}[\mathrm{diag}(x^*)(DA + A^{\mathrm{T}}D)\mathrm{diag}(x^*)](x - x^*) = 0\}.$$

证明   沿 (9.129) 的解计算如下 Lyapunov 函数的导数

$$V(x) = \left[\sum_{i=1}^n d_i\left(\frac{x_i}{x_i^*}\right) - \sum_{i=1}^n d_i - 1\right]\prod_{i=1}^n\left(\frac{x_i}{x_i^*}\right)^{d_i}, \tag{9.138}$$

可得

$$\dot{V} = \left(\frac{1}{2}\prod_{i=1}^n\left(\frac{x_i}{x_i^*}\right)^{d_i}\right)(x - x^*)^{\mathrm{T}}[\mathrm{diag}(x^*)(DA + A^{\mathrm{T}}D)\mathrm{diag}(x^*)](x - x^*).$$

显然, 根据 LaSalle 不变性原理, 此定理成立.   ■

注 9.4   称 (9.138) 为 Chenciner 的 Lyapunov 函数.

9.2.3   MacArthur 的 Lyapunov 函数

现在假设不存在正平衡点来考虑系统 (9.128)$(n = 2)$,

$$\begin{aligned}\dot{x}_1 &= x_1[r_1 + a_{11}x_1 + a_{12}x_2], \\ \dot{x}_2 &= x_2[r_2 + a_{21}x_1 + a_{22}x_2].\end{aligned} \tag{9.139}$$

我们希望寻找二次函数作为 (9.139) 的 Lyapunov 函数. 假设二次函数具有形式

$$Q(x_1, x_2) = Ax_1^2 + 2Bx_1x_2 + Cx_2^2 + Dx_1 + Ex_2,$$

则沿 (9.139) 的解关于 Q 求导, 可得

$$\begin{aligned}\dot{Q} =\; &x_1(2Ax_1 + 2Bx_2 + D)(a_{11}x_1 + a_{12}x_2 + r_1) \\ &+ x_2(2Bx_1 + 2Cx_2 + E)(a_{21}x_1 + a_{22}x_2 + r_2).\end{aligned}$$

因此, 只要 $a_{12} = a_{21}$, 则 Q 就可以成为 Lyapunov 函数.

具体地, 当 $a_{12} = a_{21}$ 时, 沿系统 (9.139) 的 Lyapunov 函数

$$V = \frac{1}{2}\sum_{i,j=1}^2 a_{ij}x_ix_j + \sum_{i=1}^2 r_ix_i$$

的导数为

$$\dot{V} = \sum_{j=1}^2 x_j\left(\sum_{i=1}^2 a_{ji}x_i + r_j\right)^2.$$

类似地, 如果相互作用矩阵对称, 则对于系统 (9.128)

$$V = \frac{1}{2} \sum_{i,j=1}^{n} a_{ij} x_i x_j + \sum_{i=1}^{n} r_i x_i$$

为其 Lyapunov 函数. 这时沿 (9.128), V 的导数为

$$\dot{V} = \sum_{j=1}^{n} x_j \left(\sum_{i=1}^{n} a_{ji} x_i + r_j \right)^2.$$

由 LaSalle 不变性原理, (9.128) 的每个解或者趋于孤立平衡点或者趋于平衡点的连续统或者无界. 由以上讨论, 得到如下定理.

定理 9.32   如果 (9.128) 为竞争的且

$$a_{ii} < 0 \quad (i = 1, \cdots, n),$$

而 A 对称, 则其 LaSalle 不变集 $\mathcal{M}$ 被包含在

$$E = \left\{ x \in R_+^n \,\middle|\, x_i \left(r_i + \sum_{j=1}^{n} a_{ij} x_j \right) = 0, i = 1, \cdots, n \right\}$$

之中.

注 9.5   对所有 i, $a_{ii} < 0$ 保证了解的有界性.

上一节证明了当 $\beta > 1 > \alpha$ 且 $\alpha + \beta > 2$ 时, 所有初始于 $x_1(t) = x_2(t) = x_3(t)$ 的正轨线当 $t \to \infty$ 时总振荡地趋于异宿环 Γ. 此时, 矩阵

$$\begin{pmatrix} 1 & \alpha & \beta \\ \beta & 1 & \alpha \\ \alpha & \beta & 1 \end{pmatrix}$$

可以通过取 α 和 β 任意接近对称矩阵而不破坏 Chenicer 定理的假设. 而对称与否 (无论如何接近) 从定性上决定了系统完全不同的两种性态. 从这两节, 不仅看到了对称竞争与非对称竞争矩阵所决定的系统的十分有趣的差异, 同时领略了 Lyapunov 函数在揭示这些现象时的强大.

注 9.6   Grossberge 曾经对一类具有某种对称性的神经网络系统构造了一个 Lyapunov 函数, 同时指出其构造完全基于 MacArthurs 关于 Lotka-Volterra 系统的这个 Lyapunov 函数.

9.2.4　对角占优矩阵

以下均假设系统 (9.129) 具有唯一正平衡点 $x^* = (x_1^*, \cdots, x_n^*)$. 这也保证了

$$\det(A) \neq 0. \tag{9.140}$$

定义 9.5　矩阵 A 不可约, 如果对应的线性变换不能将标准基向量的子集所张成的真子空间映成自身.

定义 9.6　(i) 矩阵 $A = (a_{ij})_{n \times n}$ 称为对角占优 (DD), 如果存在正常数 α_i $(i = 1, \cdots, n)$ 使得

$$(\text{DD}): \quad \alpha_i a_{ii} + \sum_{j=1, j \neq i}^{n} \alpha_j |a_{ji}| < 0, \quad i = 1, \cdots, n,$$

(ii)A 称为弱对角占优 (WDD), 如果

$$(\text{WDD}): \quad \alpha_i a_{ii} + \sum_{j=1, j \neq i}^{n} \alpha_j |a_{ji}| \leqslant 0, \quad i = 1, \cdots, n.$$

应该明确的是, 当 (2.1.33) 中的所有式子取等号时, 必有

$$\det(\bar{A}) = 0,$$

记 $\bar{A} = (\bar{a}_{ij})$, 其中 $\bar{a}_{ii} = a_{ii}$, $\bar{a}_{ij} = |a_{ij}|$ $(i, j = 1, \cdots, n; i \neq j)$. (DD) 和 (WDD) 分别表示对角占优和弱对角占优.

引理 9.2　假设 A 不可约且满足 (WDD), 则存在正向量 $\beta = (\beta_1, \cdots, \beta_n)$ 使得 $\bar{A}\beta \leqslant 0$.

证明　记 $a = \max\limits_{1 \leqslant i \leqslant n} \{|a_{ii}|\}$.

因为 A 不可约, 则 $\bar{A} + aI$ 为不可约 M 矩阵, 这里 I 为单位阵. 由 Perron-Frobenius 定理, 存在正常数 β 使得

$$(\bar{A} + aI)\beta = \lambda\beta,$$

其中 λ 为 $(\bar{A} + aI)$ 的最大特征值.

由 (WDD) 条件知 $\alpha^t \bar{A} \leqslant 0$, 故

$$\alpha^t(\bar{A})\beta = (\lambda - a)\alpha^t\beta \leqslant 0.$$

从而 $\bar{A}\beta \leqslant 0$. ∎

引理 9.3　如果 A 不可约且满足 (WDD), 则或者 A 满足 (DD) 或者所有 (WDD) 中的等号成立.

证明　不妨假设第一个不等式是严格的, 则可选取 α_1 使 $\bar{\alpha}_1 = \alpha_1 - \varepsilon_1$ ($\varepsilon_1 > 0$ 充分小). 因为 A 不可约, 除第一个外, 还有不等式是严格的. 不妨设为第二个.

变动 α_2 为 $\bar{\alpha}_2 = \alpha_2 - \varepsilon_2$ ($\varepsilon_2 > 0$ 充分小). 由 A 的不可约性, 可以得到正常数 $\bar{\alpha}_3, \cdots, \bar{\alpha}_n$ 使得, 只要 (WDD) 中的 α_i 换成 $\bar{\alpha}_i$, 则 (DD) 条件成立. 进而, 命题成立. ∎

陆征一在文献 [105] 有如下结论.

定理 9.33　如果 A 满足 (WDD), 则系统 (9.129) 的正平衡点 x^* 全局渐近稳定的.

证明　我们分三种情形.

(i) A 满足 (DD);

(ii) A 满足 (WDD) 且不可约;

(iii) A 满足 (WDD) 且可约.

(i) 考虑 Lyapunov 函数

$$V(t) = \sum_{i=1}^{n} \alpha_i \left| \ln \frac{x_i}{x_i^*} \right|.$$

记 $\varepsilon_i = \mathrm{sign}(x_i - x_i^*)$, 则

$$
\begin{aligned}
\dot{V}(t) &= \sum_{i=1}^{n} \alpha_i \varepsilon_i \frac{\dot{x}_i}{x_i} \\
&= \sum_{i=1}^{n} \alpha_i \varepsilon_i \sum_{j=1}^{n} a_{ij}(x_j - x_j^*) \\
&= \sum_{j=1}^{n} \left(\sum_{i=1, i\neq j}^{n} \alpha_i \varepsilon_i \varepsilon_j a_{ij} |x_j - x_j^*| \right) + \sum_{j=1}^{n} \alpha_j a_{jj} |x_j - x_j^*| \\
&= \sum_{j=1}^{n} \left(\alpha_j a_{jj} + \sum_{i=1, i\neq j}^{n} \alpha_i |a_{ij}| \right) |x_j - x_j^*| \\
&\quad + \sum_{j=1}^{n} \sum_{i=1, i\neq j}^{n} \alpha_i (\varepsilon_i \varepsilon_j a_{ij} - |a_{ij}|) |x_j - x_j^*|.
\end{aligned}
$$

如果 A 对角占优, 则当 $x \neq x^*$ 时,

$$\dot{V} < 0.$$

故 x^* 全局稳定.

(ii) A 满足 (WDD) 但不为 (DD). 则由引理 9.3, 所有 (WDD) 中的等号成立.

因为 A 不可约, 又由引理 9.2, 存在正常向量 α 和 β 使得 $\alpha^{\mathrm{T}}\bar{A} \leqslant 0$ 且 $\bar{A}\beta \leqslant 0$. 不失一般性, 假设 $\beta = 1$, 否则可作变换 $x_i = \beta_i \bar{x}_i$.

现在考虑 Volterra 的 Lyapunov 函数

$$V = \sum_{i=1}^{n} \alpha_i \left(x_i - x_i^* - x_i^* \ln \frac{x_i}{x_i^*} \right).$$

沿 (9.129) 的解, 计算 V 的导数, 有

$$\left. \frac{dV}{dt} \right|_{(9.129)} = \sum_{i=1}^{n} \alpha_i a_{ii}(x_i - x_i^*)^2 + \sum_{i=1}^{n} \sum_{j \neq i} \alpha_i a_{ij}(x_i - x_i^*)(x_j - x_j^*)$$

$$\leqslant - \sum_{i=1}^{n} \left[\sum_{j \neq i} \left(\frac{\alpha_i |a_{ij}|}{2} - \frac{\alpha_j |a_{ji}|}{2} \right) \right] (x_i - x_i^*)^2$$

$$+ \sum_{i=1}^{n} \sum_{j \neq i} \alpha_i a_{ij}(x_i - x_i^*)(x_j - x_j^*)$$

$$\leqslant - \sum_{i=1}^{n} \left[\sum_{j \neq i} \left(\frac{\alpha_i |a_{ij}|}{2} - \frac{\alpha_i |a_{ij}|}{2} \right) \right] (x_j - x_j^*)^2$$

$$+ \sum_{i=1}^{n} \sum_{j \neq i} \alpha_i a_{ij}(x_i - x_i^*)(x_j - x_j^*)$$

$$= - \sum_{i=1}^{n} \sum_{j \neq i} \frac{\alpha_i |a_{ij}|}{2} [\varepsilon_{ij}(x_i - x_i^*) - (x_j - x_j^*)]^2$$

$$\leqslant 0,$$

其中 $\varepsilon_{ij} = \operatorname{sign}(a_{ij})$.

我们利用了

$$\sum_{j \neq i} \frac{\alpha_i |a_{ij}|}{2} \leqslant \frac{\alpha_i |a_{ii}|}{2}, \quad \sum_{j \neq i} \frac{\alpha_j |a_{ji}|}{2} \leqslant \frac{\alpha_i |a_{ii}|}{2},$$

以及 $a_{ii} < 0$ 从第一个不等式到第二个不等式.

由 LaSalle 不变性原理, LaSalle 不变集 $\mathcal{M}$ 包含在如下的 E 中:

$$E = \{x | |a_{ij}| [(x_i - x_i^*) - \varepsilon_{ij}(x_j - x_j^*)] = 0, \, i \neq j; i, j = 1, \cdots, n\}$$

$$= \{x | |a_{ij}|(x_i - x_i^*) = \varepsilon_{ij}(x_j - x_j^*), \, i \neq j; i, j = 1, \cdots, n\}.$$

由于 (9.129) 的任何解 $x = x(t) \in M \subseteq E$, 有

$$\dot{x}_i = 0, \quad i = 1, \cdots, n. \tag{9.141}$$

所以 $x(t) = x^*$, 即

$$\mathcal{M} = \{x^*\}.$$

(iii) 此时, 假设矩阵

$$A = (a_{ij})_{n \times n} = \begin{pmatrix} A_1 & 0 & \cdots & 0 \\ \times & A_2 & \cdots & 0 \\ \vdots & \vdots & & \vdots \\ \times & \times & \times & A_k \end{pmatrix}, \tag{9.142}$$

其中 $A_i(i = 1, 2, \cdots, k)$ 是 $r_i \times r_i$ 型不可约矩阵且 $\sum_{i=1}^{k} r_i = n$. A 右上块的元素为零, 左下块元素任意.

考虑 (9.129) 前 r_1 个方程

$$\dot{y}_1 = y_1 A_1 (y_1 - y_1^*), \tag{9.143}$$

其中 $y_1 = (x_{11}, \cdots, x_{1r_1})$ 与 $y_1^* = (x_{11}^*, \cdots, x_{1r_1}^*)$.

因为 A_1 是不可约的, 由 (ii) 知, $y_1(t) = y_1^*$ 在集合 $\mathcal{M}$ 中, 将其代入第二个子系统中, 即第 $(r_1 + 1)$ 到 $(r_1 + r_2)$ 个方程中, 得

$$\dot{y}_2 = y_2 A_2 (y_2 - y_2^*), \tag{9.144}$$

其中 $y_2 = (x_{21}, \cdots, x_{2r_2})$ 与 $y_2^* = (x_{21}^*, \cdots, x_{2r_2}^*)$.

因为 A_2 是不可约的, 由 (ii) 知, $y_2(t) = y_2^*$ 也在集合 $\mathcal{M}$ 中. 重复上述过程, 可得

$$\mathcal{M} = \{x^*\}.$$

结论成立. ∎

注 9.7 此定理表明一个不可约的、弱对角占优矩阵一定是 Volterra-Lyapunov 半稳定的. 而经典的结果是, 一个对角占优矩阵一定是 Volterra-Lyapunov 稳定的.

虽然对于自治系统 (9.129), 对角占优比 Volterra-Lyapunov 稳定强很多, 但在非自治或时滞情形, 在某种意义上, 对角占优对于系统的全局稳定性或全局吸引性往往是必要的.

9.3 Li-Muldowney 几何方法与全局稳定性的判定

考虑如下三维 Lotka-Volterra 系统:

$$\dot{x}_i = x_i \left(r_i - \sum_{j=1}^{3} a_{ij} x_j \right), \quad i = 1, 2, 3, \tag{9.145}$$

其中 $r_i = \sum_{i=1}^{3} a_{ij}$, $a_{ii} > 0$.

显然, 系统 (9.145) 具有唯一的正平衡点 $\hat{x} = (1, 1, 1)$. 根据 [69] 可得如下引理.

引理 9.4 [69]　如果系统 (9.145) 是永久生存的, 则对任意的在 R_+^3 中的初值 $x(0)$, 其解 $x(t)$ 满足

$$\lim_{t \to +\infty} \frac{1}{t} \int_0^t x(s) ds = \hat{x}, \tag{9.146}$$

其中 $\hat{x} = (1, 1, 1)$.

我们的主要结果如下.

定理 9.34 [111]　如果 $a_{ij} \geqslant 0$, $\max\{r_1, r_2, r_3\} < \sum_{i=1}^{3} a_{ii}$ 且系统 (9.145) 是永久生存的, 则系统 (9.145) 是全局渐近稳定的.

证明　系统 (9.145) 的雅可比矩阵 $J(x) = \dfrac{\partial f}{\partial x}$ 为

$$J(x) = \begin{pmatrix} h_1(x) & -a_{12}x_1 & -a_{13}x_1 \\ -a_{21}x_2 & h_2(x) & -a_{23}x_2 \\ -a_{31}x_3 & -a_{32}x_3 & h_3(x) \end{pmatrix},$$

这里 $h_1(x) = r_1 - 2a_{11}x_1 - a_{12}x_2 - a_{13}x_3$, $h_2(x) = r_2 - a_{21}x_1 - 2a_{22}x_2 - a_{23}x_3$ 和 $h_3(x) = r_3 - a_{31}x_1 - a_{32}x_2 - 2a_{33}x_3$.

雅可比矩阵 $J(x) = \dfrac{\partial f}{\partial x}$ 的二阶可加性复合矩阵 $J^{[2]}(x)$ 为

$$J^{[2]}(x) = \begin{pmatrix} h_1(x) + h_2(x) & -a_{23}x_2 & a_{13}x_1 \\ -a_{32}x_3 & h_1(x) + h_3(x) & -a_{12}x_1 \\ a_{31}x_3 & -a_{21}x_2 & h_2(x) + h_3(x) \end{pmatrix}.$$

设

$$P(x) = P(x_1, x_2, x_3) = \text{diag}\left\{ 1, \frac{x_2}{x_3}, \frac{x_1}{x_3} \right\},$$

则 $P_f P^{-1} = \text{diag}\left\{ 0, \dfrac{\dot{x}_2}{x_2} - \dfrac{\dot{x}_3}{x_3}, \dfrac{\dot{x}_1}{x_1} - \dfrac{\dot{x}_3}{x_3} \right\}$. 因而, $B(x(t, x_0)) = P_f P^{-1} + P \dfrac{\partial f^{[2]}}{\partial x} P^{-1}$

具有如下形式:

$$
B = \begin{pmatrix}
H_1(x) & -a_{23}x_3 & a_{13}x_3 \\
-a_{32}x_2 & H_2(x) & -a_{12}x_2 \\
a_{31}x_1 & -a_{21}x_1 & H_3(x)
\end{pmatrix},
$$

这里

$$
\begin{aligned}
H_1(x) &= h_1(x) + h_2(x), \\
H_2(x) &= h_1(x) + h_2(x) + a_{22}x_2 - a_{33}x_3, \\
H_3(x) &= h_1(x) + h_2(x) + a_{11}x_1 - a_{33}x_3.
\end{aligned}
$$

记

$$
\begin{aligned}
g_1 &= H_1(x) + x_2 a_{32} + a_{31}x_1, \\
g_2 &= H_2(x) + a_{23}x_3 + a_{21}x_1, \\
g_3 &= H_3(x) + a_{13}x_3 + x_2 a_{12},
\end{aligned}
$$

以及

$$
m(x) = -a_{11}x_1 - a_{22}x_2 - a_{33}x_3.
$$

由系统 (9.145), 得

$$
\frac{\dot{x}_i}{x_i} = r_i - \sum_{j=1}^{3} a_{ij}x_j.
$$

容易验证

$$
\begin{aligned}
g_1(x) &= \frac{\dot{x}_1}{x_1} + \frac{\dot{x}_2}{x_2} + (a_{31}x_1 + a_{32}x_2 + a_{33}x_3) + m(x) \\
&= \frac{\dot{x}_1}{x_1} + \frac{\dot{x}_2}{x_2} - \frac{\dot{x}_3}{x_3} + r_3 + m(x),
\end{aligned}
\tag{9.147}
$$

$$
\begin{aligned}
g_2(x) &= \frac{\dot{x}_1}{x_1} + \frac{\dot{x}_2}{x_2} + (a_{21}x_1 + a_{22}x_2 + a_{23}x_3) + m(x) \\
&= \frac{\dot{x}_1}{x_1} + r_2 + m(x),
\end{aligned}
\tag{9.148}
$$

$$
\begin{aligned}
g_3(x) &= \frac{\dot{x}_1}{x_1} + \frac{\dot{x}_2}{x_2} + (a_{11}x_1 + a_{12}x_2 + a_{13}x_3) + m(x) \\
&= \frac{\dot{x}_2}{x_2} + r_1 + m(x).
\end{aligned}
\tag{9.149}
$$

因为系统 (9.145) 是永久生存的且 $\max\{r_1, r_2, r_3\} < \sum\limits_{i=1}^{3} a_{ii}$, 则根据引理 9.4, 得到

$$\lim_{t \to +\infty} \frac{1}{t} \int_0^t m(x(s))ds = -\sum_{j=1}^{3} a_{jj} < 0,$$

故

$$\lim_{t \to +\infty} \frac{1}{t} \int_0^t g_1(x(s))ds = r_3 - \sum_{j=1}^{3} a_{jj} < 0, \tag{9.150}$$

以及

$$\lim_{t \to +\infty} \frac{1}{t} \int_0^t g_2(x(s))ds = r_2 - \sum_{j=1}^{3} a_{jj} < 0,$$

$$\lim_{t \to +\infty} \frac{1}{t} \int_0^t g_3(x(s))ds = r_1 - \sum_{j=1}^{3} a_{jj} < 0. \tag{9.151}$$

因此, 利用定理 6.39, 可得系统 (9.145) 是全局渐近稳定的. 命题得证. ■

注 9.8　如果定理 9.34 中的条件 $\max\{r_1, r_2, r_3\} < \sum\limits_{i=1}^{3} a_{ii}$ 不成立, 系统 (9.158) 可以出现极限环.

在文献 $(^{[51-53,70,102,117,118]})$ 中, 作者考虑了属于 Zeeman 分类中的 27 类 [159] 中具有永久生存的三维竞争系统 (9.158). 例如,

在文献 [118] 中, $r = \max\{r_1, r_2, r_3\} > 15.89 > \sum\limits_{i=1}^{3} a_{ii} = 9$, 系统具有三个极限环.

在文献 [52] 中, $r = \max\{r_1, r_2, r_3\} > 10.32 > \sum\limits_{i=1}^{3} a_{ii} = 9$, 系统具有四个极限环.

接下来, 将推广定理 9.34. 首先引入如下引理, 该引理由 M 矩阵的性质得到, 略去其证明.

引理 9.5 [116]　假设 $a_{ij} > 0$, 则如下条件等价:

($\tilde{\mathrm{H}}_3$) λ_1, λ_2 满足

$$\lambda_1 = (a_{11} + a_{22})(a_{11} + a_{33}) - a_{23}a_{32} > 0,$$
$$\lambda_2 = (a_{11} + a_{22})(a_{11} + a_{33})(a_{22} + a_{33}) - a_{13}a_{31}(a_{11} + a_{33})$$
$$- a_{12}a_{21}(a_{11} + a_{22}) - a_{32}a_{23}(a_{22} + a_{33}) - a_{13}a_{32}a_{21}$$
$$- a_{12}a_{23}a_{31} > 0.$$

($\tilde{\mathrm{H}}_{3a}$) 存在 $r > 0$ 和 $s > 0$, 使得

$$-a_{11} - a_{22} + \frac{sa_{32}}{r} + \frac{a_{31}}{r} < 0,$$

$$-a_{11} - a_{33} + \frac{ra_{23}}{s} + \frac{a_{21}}{s} < 0,$$
$$-a_{22} - a_{33} + ra_{13} + sa_{12} < 0.$$

$(\tilde{H}_{3b})$ $\quad \bar{\lambda}_1 = (a_{33} + a_{22})(a_{11} + a_{33}) - a_{21}a_{12} > 0, \ \lambda_2 < 0.$

$(\tilde{H}_{3c})$ $\quad \tilde{\lambda}_1 = (a_{11} + a_{22})(a_{22} + a_{33}) - a_{13}a_{31} > 0, \ \lambda_2 < 0.$

$(\tilde{H}_{3d})$ $-\tilde{A}$ 是 M 矩阵, 其中矩阵 $\tilde{A} = \begin{pmatrix} -a_{11} - a_{22} & a_{23} & a_{13} \\ a_{32} & -a_{11} - a_{33} & a_{12} \\ a_{31} & a_{21} & -a_{22} - a_{33} \end{pmatrix}.$

现在给出主要结果.

定理 9.35 [116] 如果系统 (9.145) 是永久生存的且条件 $(\tilde{H}_3)$ 成立, 则 (9.145) 的正平衡点 $\hat{x}$ 全局渐近稳定.

证明 一方面, 系统 (9.145) 的永久生存性等价于存在一个紧的吸收集, 这就意味着定理中的条件 (GSC_2) 成立.

另一方面, 需要验证定理 6.39 中的条件 $(\tilde{L}_c)$ 和 $(\tilde{L}_d)$ 成立.

雅可比矩阵 $J(x) = \dfrac{\partial f}{\partial x}$ 如下:

$$J(x) = \begin{pmatrix} h_1(x) & -x_1 a_{12} & -x_1 a_{13} \\ -x_2 a_{21} & h_2(x) & -x_2 a_{23} \\ -x_3 a_{31} & -x_3 a_{32} & h_3(x) \end{pmatrix}.$$

其对应的二阶可加性复合矩阵 $J^{[2]}(x)$ 为

$$J^{[2]}(x) = \begin{pmatrix} h_1(x) + h_2(x) & -x_2 a_{23} & x_1 a_{13} \\ -x_3 a_{32} & h_1(x) + h_3(x) & -x_1 a_{12} \\ x_3 a_{31} & -x_2 a_{21} & h_2(x) + h_3(x) \end{pmatrix},$$

其中 $h_i(x) = r_i - \displaystyle\sum_{j=1}^{3} a_{ij}x_j - a_{ii}x_i.$

设 $P(x)$ 为

$$P(x) = \mathrm{diag}\left\{ r, s\frac{x_2}{x_3}, \frac{x_1}{x_3} \right\} \quad (r > 0, s > 0),$$

则有 $P_f P^{-1} = \mathrm{diag}\left\{0, \dfrac{\dot{x}_2}{x_2} - \dfrac{\dot{x}_3}{x_3}, \dfrac{\dot{x}_1}{x_1} - \dfrac{\dot{x}_3}{x_3}\right\}$. 这样,

$$
B(x(t,x_0)) = \begin{pmatrix} h_1(x) + h_2(x) & -\dfrac{ra_{23}x_3}{s} & ra_{13}x_3 \\[3mm] -\dfrac{sx_2a_{32}}{r} & \begin{array}{c} h_1(x) + h_2(x) \\ +a_{22}x_2 - a_{33}x_3 \end{array} & -sx_2a_{12} \\[3mm] \dfrac{a_{31}x_1}{r} & -\dfrac{a_{21}x_1}{s} & \begin{array}{c} h_1(x) + h_2(x) \\ +a_{11}x_1 - a_{33}x_3 \end{array} \end{pmatrix}.
$$

因为 $h_1(x) + h_2(x) = \dfrac{\dot{x}_1}{x_1} + \dfrac{\dot{x}_2}{x_2} - a_{11}x_1 - a_{22}x_2$ 且基于系统 (9.145) 的永久生存性, 根据引理 9.4 和引理 9.5 以及条件 $(\tilde{H}_3)$, 得到

$$
\lim_{t\to+\infty} \frac{1}{t} \int_0^t \left(b_{11}(t) + \sum_{j\neq 1} |b_{1j}(t)| \right) d\tau = -a_{11} - a_{22} + \frac{ra_{23}}{s} + ra_{13} < 0,
$$

$$
\lim_{t\to+\infty} \frac{1}{t} \int_0^t \left(b_{22}(t) + \sum_{j\neq 2} |b_{2j}(t)| \right) d\tau = -a_{11} - a_{33} + \frac{sa_{32}}{r} + sa_{12} < 0,
$$

$$
\lim_{t\to+\infty} \frac{1}{t} \int_0^t \left(b_{33}(t) + \sum_{j\neq 3} |b_{3j}(t)| \right) d\tau = -a_{22} - a_{33} + \frac{a_{31}}{r} + \frac{a_{21}}{s} < 0.
$$

因此, 定理 6.39 中的条件 $(\tilde{L}_c)$ 和 $(\tilde{L}_d)$, 知道系统 (9.145) 是全局渐近稳定的. 命题得证. ∎

推论 9.2 [116]　如果系统 (9.145) 是永久生存的且条件 $(\bar{H}_3)$ 或 $(\bar{H}_{3a})$ 或 $(\bar{H}_{3b})$ 或 $(\bar{H}_{3c})$ 或 $(\bar{H}_{3d})$ 成立, 则系统 (9.145) 是全局渐近稳定的.

9.4　一些公开问题的解答

9.4.1　Wolkowicz 问题

Wolkowicz 在 [156] 中考虑了计算定理以及 Lyapunov 定理的关系. 如下系统

$$
\begin{aligned}
\dot{x}_1 &= x_1\left(\frac{5}{3} - \frac{5}{3}x_1 - \frac{3}{2}x_2 - 2x_3\right), \\[2mm]
\dot{x}_2 &= x_2\left(\frac{9}{7} - \frac{10}{7}x_1 - \frac{9}{7}x_2 - \frac{8}{7}x_3\right), \\[2mm]
\dot{x}_3 &= x_3\left(1 - \frac{5}{12}x_1 - \frac{9}{8}x_2 - x_3\right)
\end{aligned}
\qquad (9.152)
$$

存在正平衡点 $\left(\dfrac{3}{20}, \dfrac{11}{18}, \dfrac{1}{4}\right)$ 并且具有一个排斥的异宿环且蕴含着系统的永久生存性. 因为 $\lambda_1 = \dfrac{9}{28} > 0$ 以及 $\lambda_2 = \dfrac{1}{42} > 0$, 根据定理 9.35, 得到如下定理.

定理 9.36 系统 (9.152) 是全局渐近稳定的.

9.4.2 Zeemans 猜想

对如下的系统

$$\begin{aligned}
\dot{x}_1 &= x_1(12 + a - ax_1 - 10x_2 - 2x_3), \\
\dot{x}_2 &= x_2(22 - 4x_1 - 7x_2 - 11x_3), \\
\dot{x}_3 &= x_3(20 - 10x_1 - 2x_2 - 8x_3),
\end{aligned} \tag{9.153}$$

Zeeman E C 和Zeeman M L在 [160] 中说明当 $a = 5$ 时, 计算定理以及 Volterra-Lyapunov稳定性定理都不成立. 假设系统具有一个内部平衡点 p, 他们给出如下猜想.

猜想 9.2 (Zeemans 猜想) 对系统 (9.153) 当 $a = 5$ 时, p 为全局吸引子.

根据 [69], 可得当 $\dfrac{372}{79} < a < 12$ 时, 系统存在一个排斥的异宿环, 这意味着系统 (9.153) 是永久生存的. 进一步, 容易验证 $\lambda_1 = a^2 + 15a + 34 > 0$ 和 $\lambda_2 = 15a^2 + 165a - 1046 > 0$ $(a > 0)$. 因此, 定理 9.35 确保了系统 (9.153) 的全局渐近稳定性. 因而, 有如下定理.

定理 9.37 [116] Zeemans 猜想成立.

9.4.3 Driessche-Zeeman 猜想

Driessche 和 Zeeman [32] 考虑了如下系统:

$$\begin{aligned}
\dot{S} &= S(r_S - a_{11}S - (a_{11} + \lambda)I - a_{12}N_2), \\
\dot{I} &= I(r_I - (a_{11} - \lambda)S - a_{11}I - a_{12}N_2), \\
\dot{N}_2 &= N_2(r_2 - a_{21}S - a_{21}I - a_{22}N_2),
\end{aligned} \tag{9.154}$$

其中

$$\begin{aligned}
&0 < (a_{11} + \lambda)r_I < a_{11}r_S, \quad 0 < r_2, \quad 0 < \lambda < a_{11}, \\
&r_S a_{21} < r_2 a_{11} \ \ r_2 a_{12} < r_S a_{22}.
\end{aligned} \tag{9.155}$$

系统 (9.154) 的唯一平衡点 $P = (S^*, I^*, N_2^*)$ 为

$$\begin{aligned}
S^* &= \frac{\Delta R - \lambda \left(r_I a_{22} - a_{12}r_2\right)}{\lambda^2 a_{22}}, \\
I^* &= \frac{\lambda \left(a_{22}r_S - a_{12}r_2\right) - \Delta R}{\lambda^2 a_{22}}, \\
N_2^* &= \frac{\lambda r_2 - a_{21}R}{a_{22}\lambda},
\end{aligned} \tag{9.156}$$

这里 $\Delta = a_{22}a_{11} - a_{21}a_{12}$ 以及 $R = r_S - r_I$.

记

$$R_{01} = \frac{\lambda S + b_I}{a_{11}S + d_I} = \frac{\lambda(r_S/a_{11}) + b_I}{r_S + d_I}$$

和

$$R_0 = \frac{\lambda S + b_I}{a_{11}S + a_{12}N_2 + d_I} = \frac{(\lambda/\Delta)(r_S - r_2 a_{22}) + b_I}{r_S + d_I},$$

其中 $0 < b_I - d_I = r_I < r_S$,

定理 9.38 [32]　对于系统 (9.154), 如果不等式 (9.155) 成立, 当 $R_0 > 1$ 以及 $r_2 a_{12} < r_I a_{22}$ 时, P 是全局渐近稳定的.

作者在文献 [32] 给出了如下猜想.

猜想 9.3 [32] (Driessche-Zeeman 猜想)　系统 (9.154) 如果满足不等式 (9.155), 当 $R_0 > 1$ 时, P 是全局渐近稳定的.

利用 Routh-Hurwitz 判据, 容易知道条件 (9.155) 可以确保平衡点 P 是局部渐近稳定的, 在文献 [31], 利用 Bendixson-Dulac 判据 [16], 在容纳单型上的周期解被排除.

定理 9.39 [116]　Driessche-Zeeman 猜想成立.

证明　在条件 (9.155) 以及 $R_0 > 1$ 下, 利用文献 [69] 中的结论, 容易验证系统 (9.154) 是永久生存的. 条件 $\Delta > 0$ 意味着

$$\begin{aligned}
\lambda_1 &= a_{11}^2 S^{*2} + a_{11}a_{22}S^* N_2^* + a_{11}^2 S^* I^* + \Delta I^* N_2^* > 0,\\
\lambda_2 &= I^{*2} N_2^* a_{11}\Delta + I^* N_2^{*2} a_{22}\Delta + S^{*2} N_2^* a_{11}\Delta + S^* N_2^{*2} a_{22}\Delta\\
&\quad + 2S^* I^* N_2^* a_{11}\Delta + S^{*2} I^* a_{11}\lambda^2 + S^* I^{*2} a_{11}\lambda^2\\
&= N_2^*\Delta(S^* + I^*)(a_{11}S^* + a_{11}I^* + a_{22}N_2^*)\\
&\quad + S^{*2} I^* a_{11}\lambda^2 + S^* I^{*2} a_{11}\lambda^2 > 0.
\end{aligned} \tag{9.157}$$

故根据定理 9.35, 系统 (9.154) 是全局渐近稳定的.　■

9.4.4　Hofbauer-Sigmund 猜想

矩阵 A 称为 D-稳定, 如果对任意的对角矩阵 $D > 0$, DA 稳定. Cain [20] 给出了一个实 3×3 矩阵为D-稳定的充分必要条件.

引理 9.6 [20]　矩阵 $A = (a_{ij})_{3\times3}$ 是 D-稳定的充分必要条件是 $a_{ii} \geqslant 0, \det(A) > 0$, 且 2×2 主子式 $A_i = a_{jj}a_{kk} - a_{kj}a_{jk}$ 是非负的且

(i) $\sum_{i=1}^{3} a_{ii} > 0$ 以及 $\sum_{i=1}^{3} A_i > 0$,

(ii) $\sum_{i=1}^{3} \sqrt{a_{ii}A_i} \geqslant \sqrt{\det(A)}$, 如果 A 是 1 型的;

$\sum\limits_{i=1}^{3}\sqrt{a_{ii}A_i} > \sqrt{\det(A)}$, 如果 A 是 2 型的.

这里称矩阵 A 是 1 型的, 如果 A 的一些主子式为零但它的余子式不为零, 否则 A 是 2 型的.

根据 D-稳定和全局稳定的关系, Hofbauer 和 Sigmund 提出了如下猜想.

猜想 9.4[69] (Hofbauer-Sigmund 猜想) 如果 Lotka-Volterra 系统存在正平衡点 $\hat{x}$ 且作用矩阵 D-稳定, 则 $\hat{x}$ 是全局渐近稳定的.

如下结果给出 Hofbauer-Sigmund 猜想在 $n = 3$ 竞争情形下的肯定解答.

定理 9.40[116] 对于纯竞争的情形, D-稳定性蕴含全局稳定性.

证明 根据引理 9.4, 系统 (9.145) 的作用矩阵 A 是 D-稳定的. 进一步地, D-稳定蕴含着永久生存性[69]. 因此条件 (H_2) 成立. 容易验证, $\lambda_1 = a_{11}^2 + 2a_{11}a_{22} + a_{22}a_{33} - a_{23}a_{32} > a_{22}a_{33} - a_{23}a_{32} > 0$. 对于 λ_2, 有

若 A 是第 1 型的, 则 $\lambda_2 > 2a_{22}a_{11}a_{33} + 2\sqrt{a_{11}A_1}\sqrt{a_{22}A_2} + 2\sqrt{a_{11}A_1}\sqrt{a_{33}A_3} + 2\sqrt{a_{22}A_2}\sqrt{a_{33}A_3} - a_{13}a_{21}a_{32} - a_{12}a_{31}a_{23} \geqslant 0$;

若 A 是第 2 型的, 则 $\lambda_2 \geqslant 2a_{22}a_{11}a_{33} + 2\sqrt{a_{11}A_1}\sqrt{a_{22}A_2} + 2\sqrt{a_{11}A_1}\sqrt{a_{33}A_3} + 2\sqrt{a_{22}A_2}\sqrt{a_{33}A_3} - a_{13}a_{21}a_{32} - a_{12}a_{31}a_{23} > 0$.

因此, 条件 $(\tilde{H}_3)$ 成立. 定理 9.35 意味着定理 9.40 成立. ∎

9.4.5 Li-Wang 猜想

考虑如下系统:

$$\dot{x} = f(x), \tag{9.158}$$

其中 $f(x) \in R^n$ 是在 $D \subset R^n$ 上的可微函数.

在第 1 章中, 我们提出过, 李毅利用其和 Muldowney 创立的全局稳定性的几何准则, 对该问题做了进一步的研究, 他和 Wang 在文献 [99] 中做了如下猜测.

猜想 9.5 (Li-Wang 猜想) 若 $f(0) = 0$, $(-1)^n \det(Df(x)) > 0$, 且对任意的 $x \in R^n$ 以及某种 Lozinskiĭ 测度, $\mu(Df^{[2]}(x)) < 0$, 则 $x = 0$ 关于系统 (9.158) 是全局渐近稳定的.

我们将在三维的 Lokta-Volterra 竞争系统的情形证明 Li-Wang 猜想的正确性. 令

$$y_i = \ln x_i, \tag{9.159}$$

则系统 (9.145) 化为

$$\dot{y}_i = r_i - \sum_{j=1}^{3} a_{ij}e^{y_j}, \quad i = 1, 2, 3.$$

为方便, 仍然将 y_i 记为 x_i, 得到

$$\dot{x}_i = r_i - \sum_{j=1}^{3} a_{ij} e^{x_j}, \quad i = 1, 2, 3. \tag{9.160}$$

定理 9.41 [111] 如果 $a_{ij} > 0 \,(i = 1, 2, 3)$, Li-Wang 猜想在系统 (9.160) 的情形成立.

证明 系统 (9.160) 的雅可比矩阵 $J(x) = \dfrac{\partial f}{\partial x}$ 为

$$J(x) = \begin{pmatrix} -a_{11}e^{x_1} & -a_{12}e^{x_1} & -a_{13}e^{x_1} \\ -a_{21}e^{x_2} & -a_{22}e^{x_2} & -a_{23}e^{x_2} \\ -a_{31}e^{x_3} & -a_{32}e^{x_3} & -a_{33}e^{x_3} \end{pmatrix}.$$

$J(x)$ 的二阶可加性复合矩阵 $J^{[2]}(x)$ 为

$$J^{[2]}(x) = \begin{pmatrix} -a_{11}e^{x_1} - a_{22}e^{x_2} & -a_{23}e^{x_2} & a_{13}e^{x_1} \\ -a_{32}e^{x_3} & -a_{11}e^{x_1} - a_{33}e^{x_3} & -a_{12}e^{x_1} \\ a_{31}e^{x_3} & -a_{21}e^{x_2} & -a_{22}e^{x_2} - a_{33}e^{x_3} \end{pmatrix}.$$

利用假设 $\mu(J^{[2]}(x)) < 0$, 知道 $J^{[2]}(x)$ 是稳定的. 因此, 根据文献 [99] 中的定理 3.2, 得到对任意的 $x \in R^3$, $J(x)$ 是稳定的, 因而 $A = (-a_{ij})_{3 \times 3}$ 是 D-稳定的, 根据 [69], 系统 (9.145) 是永久生存的. 根据变换 (9.160), 可知系统 (9.160) 是永久生存的. 故而条件 (GSC$_2$) 成立. 因此, 定理 9.34 确保系统是全局渐近稳定的. ■

参 考 文 献

[1] Adrianova L Y. Introduction to Linear Systems of Differential Equations. Providence: Amer. Math. Soc., 1995.

[2] Arino J, McCluskey C C, van den Driessche P. Global results for an epidemic model with vaccination that exhibits backward bifurcation. SIAM J. Appl. Math., 2003, 64: 260-276.

[3] Atkinson E N, Bartoszyński R, Brown B W, Thomson J R. On estimating the growth function of tumors. Math. Biosci., 1983, 67: 145-166.

[4] Bacciotti A, Rosier L. Lyapunov Functions and Stability in Control Theory. Lecture Notes in Control and Information Sciences, 267. London: Springer, 2001.

[5] Bonhoeffer S, May R M, Shaw G M, et al. Virus dynamics and drug therapy. Proceedings of the National Academy of Sciences, 1997, 94: 6971-6976.

[6] Brauer F, Castillo-Chavez C, Castillo-Chavez C. Mathematical Models in Population Biology and Epidemiology. New York: Springer, 2001.

[7] Bai Z, Zhou Y. Global dynamics of an SEIRS epidemic model with periodic vaccina-tionand seasonal contact rate. Nonl. Anal. RWA, 2012, 13: 1060-1068.

[8] Ballyk M M, McCluskey C C, Wolkovicz G. Global analysis of competition for perfectly substitutable resources with linear response. J. Math. Biol., 2005, 51: 458-490.

[9] Bajzer Ž, Vuk-Pavlovic S. New dimensions in Gompertzian growth. J. Theor. Med., 2000, 2: 307-315.

[10] Bongaards J. Five periods measures of longevity. Demogr. Res., 2005, 13: 547-558.

[11] Boichenko V A, Leonov G A. Lyapunov functions, Lozinskiĭ norms, and the Hausdorff measure in the qualitative theory of differential equations. Translations of the American Mathematical Society-Series 2, 1999, 193: 1-26.

[12] Buonomo B, Lacitignola D. On the use of the geometric approach to global stability for three dimensional ODE systems: A bilinear case. J. Math. Anal. Appl., 2008, 348: 255-266.

[13] Buonomo B, d'Onofrio A, Lacitignola D. Global stability of an SIR epidemic model with information dependent vaccination. Math. Biosci., 2008, 216: 9-16.

[14] Buonomo B, d'Onofrio A, Lacitignola D. Modeling of pseudo-rational exemption to vaccination for SEIR diseases. J. Math. Anal. Appl., 2013, 404: 385-398.

[15] Busenberg S, van den Driessche P. Analysis of a disease transmission model in a population with varying size. J. Math. Biol., 1990, 28: 257-270.

[16] Busenberg S, van den Driessche P. A method for proving the non-existence of limit cycles. J. Math. Anal. Appl., 1993, 172: 463-479.

[17] Butler G, Waltman P. Persistence in dynamical systems. J. Diff. Eqs., 1986, 63: 255-

263.

[18] Butler G, Freedman H I, Waltman P. Uniformly persistent systems. Proc. Amer. Math. Soc., 1986, 96: 425-430.

[19] Butler G, Schmid R, Waltman P. Limiting the complexity of limit sets in selfregulating systems. J. Math. Anal. Appl., 1990, 147: 63-68.

[20] Cain B E. Real 3×3 D-stable Matrices. J. Res. of the National Bureau of Standards, Sec. B, 1976, 80: 75-77.

[21] Capasso V. Mathematical Structures of Epidemic Systems. Lecture Notes in Biomath., vol. 97. Berlin: Springer-Verlag, 1993.

[22] Capone F, Cataldis V, Luca R. On the nonlinear stability of an epidemic SEIR reaction-diffusion model. Ricerche di Matematica, 2013, 62: 161-181.

[23] Chellaboina V S, Leonessa A, Haddad W M. Generalized Lyapunov and invariant set theorems for nonlinear dynamical systems. Systems & Control Letters, 1999, 38: 289-295.

[24] Chicone C. Ordinary Differential Equations with Applications. New York: Springer, 2006.

[25] Cheng Y, Yang X. On the global stability of SEIRS models in epidemiology. Can. Appl. Math. Quar., 2012, 20: 115-133.

[26] Cima A, EssenAVD, Gasull A, et al. A Polynomial Counterexample to the Markus— Yamabe Conjecture. Advances in Mathematics, 1997, 131: 453-457.

[27] Coppel W A. Stability and Asymptotic Behavior of Differential Equations. Boston: D C Heath, 1965.

[28] Conley C. Isolated Invariant Sets and the Morse Index. CBMS Regional Conference Series in Mathematics 38. Providence, RI: American Mathematical Society, 1978.

[29] Demidowitsch W B. Eine Verallgemeinerung des Kriteriums von Bendixson. Z. Angew. Math. Mech., 1966, 46: 145-146.

[30] Diekmann O, Heesterbeek J A P. Mathematical Epidemiology of Infectious Diseases: Model Building, Analysis and Interpretation. Chichester: John Wiley & Sons, 2000.

[31] van den Driessche P, Zeeman M L. Three-dimensional competitive Lotka-Volterra systems with no periodic orbits. SIAM J. Appl. Math., 1998, 58: 227-234.

[32] van den Driessche P, Zeeman M L. Disease induced oscillations between two competing species. SIAM J. Appl. Dyn. Syst., 2004, 3: 601-619.

[33] Dunbar S R, Rybakowski K P, Schmitt K. Persistence in models of predator-prey populations with diffusion. Journal of Differential Equations, 1986, 65(1): 117-138.

[34] Eigen M, Schuster P. The Hypercycle: A principle of natural self-organization. Part A: Emergence of hypercycle. Naturwissenschaften, 1977, 64(11): 541-565.

[35] Farkas M, van den Driessche P, Zeeman M L. Bounding the number of cycles of

O.D.E.S in $\mathbf{R}^n$. Proc. Amer. Math. Soc., 2001, 129: 443-449.

[36] Ferreira J C. On some general notions of superior limit, inferior limit and value of a distribution at a point. Port. Math., 2001, 58: 139-158.

[37] Fonda A. Uniformly persistent semidynamical systems. Proc. Am. Math. Soe., 1988, 104: 111-116.

[38] Freedman H I. Deterministic Mathematical Models in Population Ecology. Monographs and Textbooks in Pure and Applied Mathematics, Vol. 57. New York: Marcel Dekker Inc., 1980.

[39] Freedman H I, Moson P. Persistence definitions and their connections. Proc. Amer. Math. Soc., 1990, 109: 1025-1033.

[40] Freedman H I, Ruan S, Tang M. Uniform persistence and flows near a closed positively invariant set. Journal of Dynamics & Differential Equations, 1994, 6(4): 583-600.

[41] Freedman H I, Ruan S G. Uniform persistence in functional differential equations. Journal of Differential Equations, 1995, 115(1): 173-192.

[42] Freedman H I, So J W H. Persistence in discrete semidynamical systems. SIAM J. Math. Anal., 1989, 20: 930-938.

[43] Freedman H I, Waltman P. Persistence in models of three interacting predator prey populations. Math. Biosci., 1984, 68: 213-231.

[44] Gao L Q, Hethcote H W. Disease transmission models with density-dependent demographics. J. Math. Biol., 1992, 30: 717-731.

[45] Gard T C, Hallam T G. Persistence in food webs—I: Lotka—Volterra food chains. Bulletin of Mathematical Biology, 1979, 41(6): 877-891.

[46] Gard T C. Uniform persistence in multispecies population models. Mathematical Biosciences, 1987, 85(1): 93-104.

[47] Garay B M. Uniform persistence and chain recurrence. J. Math. Anal. Appl., 1989, 139: 372-381.

[48] Giraldo L, Francisco G. New proof and generalizations of the Demidowitsch-Schneider criterion. Journal of Mathematical Physics, 2000, 41: 6186-6192.

[49] Gollwitzer H E. A note on a functional inequality. Proc. Amer. Math. Soc., 1969, 23(3): 642-647.

[50] Gompertz B. On the nature of the function expressive of the law of human mortality, and on a new mode of determining the value of life contingencies. Philos. Trans. Roy. Soc. Lond., 1825, 115: 513-583.

[51] Gyllenberg M, Yan P, Wang Y. A 3D competitive Lotka-Volterra system with three limit cycles: A falsification of a conjecture by Hofbauer and So. Appl. Math. Lett., 2006, 19: 1-7.

[52] Gyllenberg M, Yan P. Four limit cycles for a three-dimensional competitive Lotka-

Volterra system with a heteroclinic cycle. Comput. Math. Appl., 2009, 58: 649-669.

[53] Gyllenberg M, Yan P. On the number of limit cycles for threedimensional Lotka-Volterra systems. Disc. Cont. Dyn. Syst. B, 2009, 11: 347-352.

[54] Greenhalgh D. Hopf bifurcation in epidemic models with a latent period and non-permanent immunity. Math. Comput. Model., 1997, 25: 85-107.

[55] Haddad W M, Chellabona V. Nonlinear Dynamical Systems and Control: A Lyapunov-Based Approach. Birkhauser: Princeton University Press, 2008.

[56] Hahn W. Stability of Motion. Berlin Heidelberg, New York: Springer, 1967.

[57] Hale J K, Waltman P. Ordinary Differential Equation. New York: Wiley-Interscience, 1980.

[58] Hale J K, Waltman P. Persistence in infinite dimensional systems. SIAM J. Math. Anal., 1989, 20: 388-395.

[59] Hamer W H. Epidemic disease in England. Lancet, 1906, 1: 733-739.

[60] Hethcote H W. The mathematics of infectious diseases. SIAM Rev., 2000, 42: 599-653.

[61] Hethcote H W, Van den Driessche P. Some epidemiological models with nonlinear incidence. J. Math. Biol., 1991, 29: 271-287.

[62] Hirsch M. Systems of differential equations that are competitive or cooperative: III. Competing species. Nonlinearity, 1988, 1: 51-71.

[63] Hirsch M W, Smith H. Monotone dynamical systems//Handbook of Differential Equation: Ordinary Differential Equations. Amsterdam: North-Holland, 2006: 239-357.

[64] Hirsch M W, Smith H L, Zhao X Q. Chain transitivity, attractivity, and strong repellors for semidynamical systems. Journal of Dynamics & Differential Equations, 2001, 13(1): 107-131.

[65] Hofbauer J. A general cooperation theorem for hypercycles. Monatsh. Math., 1981, 91: 233-240.

[66] Hofbauer J. A unified approach to persistence. Acta Appl. Math., 1989, 14: 11-22.

[67] Hofbauer J, Sigmund K. The Theory of Evolution and Dynamical Systems. Cambridge: Cambridge University Press, 1988.

[68] Hofbauer J, So J W H. Uniform persistence and repellers for maps. Proc. Am. Math. Soc., 1989, 107: 1137-1142.

[69] Hofbauer J, Sigmund K. Evolutionary Games and Population Dynamics. Cambridge: Cambridge University Press, 1998. (陆征一, 罗勇译. 成都: 四川科学技术出版社, 2003.)

[70] Hofbauer J, So J W H. Multiple limit cycles for three dimensional competitive Lotka-Volterra equations. Appl. Math. Lett., 1994, 7: 65-70.

[71] Hsu S B. Ordinary Differential Equations with Applications. Singapore: Word Scientific Press, 2013.

[72] Hutson V. A theorem on average Lyapunov functions. Monatsh. Math., 1984, 98:

267-275.

[73] Hutson V, Schmitt K. Permanence and the dynamics of biological systems. Math. Biosci., 1992, 111: 1-71.

[74] Iwami S, Takeuchi Y, Liu X. Avian—human influenza epidemic model. Mathematical Biosciences, 2007, 207: 1-25.

[75] Jansen W. A permanence theorem for replicator and Lotka-Volterra systems. J. Math. Biol., 1987, 25: 411-422.

[76] Jiang J, Niu L, Zhu D. On the complete classification of nullcline stable competitive three-dimensional Gompertz models. Nonl. Anal. RWA, 2014, 20: 21-35.

[77] Karafyllis I. Lyapunov theorems for systems described by retarded functional differential equations. Nonl. Anal. TMA, 2006, 64: 590-617.

[78] Kermack W O, McKendrick A G. Contributions to the mathematical theory of epidemics, part 1. Proc. Roy. Soc. London Ser. A, 1927, 115: 700-721.

[79] Khalil H K, Grizzle J W. Nonlinear Systems. Upper Saddle River, NJ: Prentice Hall, 2002.

[80] Khalil H K. Nonlinear Control. New York: Pearson Education, 2015.

[81] Korobeinikov A. Lyapunov functions and global stability for SIR and SIRS epidemiological models with non-linear transmission. Bull. Math. Biol., 2006, 68: 615.

[82] Kumar T. Influence of environmental noises on the Gompertz model of two species fishery. Ecological Modelling, 2004, 173: 283-293.

[83] Kurth R. A generalization of (Bendixson's) negative criterion. Atti Accad. Naz. Lincei Rend. Cl. Sci. Fis. Mat. Natur., 1973, 54: 533-535.

[84] Laird A K. Dynamics of tumor growth. Br. J. of Cancer, 1964, 18: 490-502.

[85] Lakshmikantham V, Leela S. Differential and Integral Inequalities: Theory and Applications. New York: Academic Press, 1969.

[86] LaSalle J. Some extensions of Lyapunov's second method. IRE Transactions on Circuit Theory, 1960, 7: 520-527.

[87] LaSalle J. The Stability of Dynamical Systems. Philadelphia: Society for Industrial and Applied Mathematics, 1976(陆征一译. 成都: 四川科学技术出版社, 2002).

[88] Leonov G A, Boichenko V A. Lyapunov's direct method in the estimate of the hausdorff dimension of attractors. Acta Applicandae Mathematica, 1992, 26: 1-60.

[89] Li M, Muldowney J S. On Bendixson's criterion. J. Diff. Equa., 1993, 106: 27-39.

[90] Li M. Bendixson's criterion for autonomous systems with an invariant linear subspace. Rocky Mountain J. Math., 1995, 25: 351-363.

[91] Li M, Muldowney J S. On R A Smith's autonomous convergence theorem. Rocky Mountain J. Math., 1995, 25: 365-379.

[92] Li M, Muldowney J S. A geometric approach to global-stability problems. SIAM J.

Math. Anal., 1996, 27: 1070-1083.

[93] Li M, Muldowney J S. Global stability for the SEIR model in epidemiology. Math. Biosci., 1995, 125: 155-164.

[94] Li M, Muldowney J S. Dynamics of differential equations on invariant manifolds. J. Diff. Equa., 2000, 168: 295-320.

[95] Li M. Dulac criteria for autonomous systems having an invariant affine manifold. J. Math. Anal. Appl., 1996, 199: 374-390.

[96] Li M, Graef J, Wang L, Karsai J. Global dynamics of a SEIR model with varying total population size. Math. Biosci., 1999, 160: 191-213.

[97] Li M, Muldowney J S, van den Driessche P. Global stability of SEIRS models in epidemiology. Can. Appl. Math. Quart., 1999, 7: 409-425.

[98] Li M, Smith H, Wang L. Global dynamics of an SEIR epidemic model with vertical transmission. SIAM J. Math. Anal., 2001, 62: 58-69.

[99] Li M, Wang L. A criterion for stability of matrices. J. Math. Anal. Appl., 1998, 225: 249-264.

[100] Li G, Wang W, Jin Z. Global stability of an SEIR epidemic model with constant immigration. Chaos Solitons Fract., 2006, 30: 1012-1029.

[101] Li X, Geni G, Zhu G. The threshold and stability results for an age-structured SEIR epidemic model. Comp. Math. Appl., 2001, 42: 883-907.

[102] Lian X, Lu Z, Luo Y. Automatic search for multiple limit cycles in three-dimensional Lotka-Volterra competitive systems with classes 30 and 31 in Zeeman's classification. J. Math. Anal. Appl., 2008, 348(1): 34-37.

[103] Liu W, Hethcote H W, Levin S A. Dynamical behavior of epidemiological models with nonlinear incidence rates. J. Math. Biol., 1987, 25: 359-380.

[104] Liu F, Guo Y, Li Y. Interactions of microorganisms during natural spoilage of pork at 5℃. J. Food Eng., 2006, 72: 24-29.

[105] Lu Z. Global stability for a Lotka-Volterra system with a weakly diagonally dominant matrix. Applied Mathematics Letters, 1998, 11: 81-84.

[106] Lu Z, Takeuchi Y. Permanence and global stability for cooperative Lotka-Volterra diffusion systems. Nonlinear Analysis: Theory, Methods & Applications, 1992, 19(10): 963-975.

[107] Lu Z. An extension of Kamake theorem and periodic Lotka-Volterra systems with diffusion. Applicable Analysis, 2001, 79(3-4): 293-300.

[108] Lu G, Lu Z. Permanence for two-species Lotka-Volterra cooperative systems with delays. Mathematical Biosciences Engineering, 2008, 5(3): 477-484.

[109] Lu G, Lu Z. Delay effect on the permanence for Lotka-Volterra cooperative systems. Nonlinear Analysis Real World Applications, 2010, 11(4): 2810-2816.

[110] Lu G, Lu Z, Enatsu Y. Permanence for Lotka-Volterra systems with multiple delays. Nonlinear Analysis Real World Applications, 2011, 12(5): 2552-2560.

[111] Lu G, Lu Z. Geometric approach for global asymptotic stability of three-dimensional Lotka-Volterra systems. J. Math. Anal. Appl., 2012, 389: 591-596.

[112] Lu G, Lu Z. Geometric approach for global asymptotic stability for three species competitive Gompertz models. J. Math. Anal. Appl., 2017, 445: 13-22.

[113] Lu G, Lu Z. Non-permanence for three-species Lotka-Volterra cooperative difference systems. Advances in Difference Equations, 2017, 2017(1): 152.

[114] Lu G, Lu Z. Geometric approach to global asymptotic stability for the SEIRS models in epidemiology. Nonl. Anal., RWA., 2017, 36: 20-43.

[115] Lu G, Lu Z. Global asymptotic stability for the SEIRS models with varying total population size. Mathematical Biosciences, 2018, 296: 17-25.

[116] Lu G, Lu Z. Global asymptotic stability for three species Lotka-Volterra models with interspecific competition. submitted, 2019.

[117] Lu Z, Luo Y. Two limit cycles in three-dimensional Lotka-Volterra systems. Comp. Math. Appl., 2002, 44: 51-66.

[118] Lu Z, Luo Y. Three limit cycles for a three-dimensional Lotka-Volterra competitive system with a heteroclinic cycle. Comp. Math. Appl., 2003, 46: 231-238.

[119] Lojasiewicz S. An Introduction to the Theory of Real Functions. Chichester: John Wiley & Sons, 1988.

[120] Lotka A J. Analytical note on certain rhythmic relations in organic systems. Proc. Natl. Acad. Sci. U.S., 1920, 6: 410-415.

[121] Lotka A J. Elements of Physical Biology. Baltimore: Williams and Wilkins, 1925.

[122] Ma W, Song M, Takeuchi Y. Global stability of an sir epidemic model with time delay. Appl. Math. Lett., 2004, 17: 1141-1145.

[123] Malkin I G. On stability in the first approximation. Sbornik Naucnyh Trudov Kazan-skogo Aviaoionnogo Instituta, 1935, 3: 7-17.

[124] Markus L, Yamabe H. Global stability criteria for differential equations. Osaka J. Math., 1960, 12: 305-317.

[125] Martcheva M. An Introduction to Mathematical Epidemiology. New York: Springer, 2015.

[126] Makeham W. On the Law of Mortality and the Construction of Annuity Tables. J. Inst. Actuaries and Assur. Mag., 1860, 8: 301-310.

[127] McCluskey C C, Muldowney J. Stability implications of Bendixson's criterion. SIAM review, 1998, 40(4): 931-934.

[128] Mischaikow K. Conley index theory//Johnson R, ed. Dynamical Systems. Lecture Notes in Mathematics, vol 1609. Berlin, Heidelberg: Springer, 1995.

[129] Miller R K, Michel A N. Ordinary Differential Equations. New York: Academic Press, 1982.

[130] Muldowney J S. Compound matrices and ordinary differential equations. Rocky Mountain J. Math., 1990, 20: 857-871.

[131] Morgan F. Geometric Measure Theory: A Beginner's Guide. 5th ed. Boston: Academic Press, 2016.

[132] Norman P D. A monotone method for a system of semilinear parabolic differential equations. Nonlinear Analysis, 1980, 4: 203-206.

[133] Pace J A, Zeeman M. A bridge between the Bendixson-Dulac criterion in $\mathbf{R}^2$ and Lyapunov functions in $\mathbf{R}^n$. Canad. Appl. Math. Quart., 1998,6: 189-193.

[134] Poole G, Boullion T. A Survey on M-Matrices. Siam Review, 1974, 16: 419-427.

[135] Purohit D, Chaudhuri K S. A bioeconomic model of nonselective harvesting of two competing fish species. Anziam Journal, 2004, 46: 299-308.

[136] Rebelo C, Margheri A, Bacaër N. Persistence in some periodic epidemic models with infection age or constant periods of infection. Discrete Contin. Dyn. Syst. Ser. B, 2014, 19: 1155-1170.

[137] Ross R. The Prevention of Malaria. London: John Murray 1911.

[138] Schneider K R. Über die periodische Lösung einer Klasse nicht-linearer autonomer Differentialgleichungssysteme dritter Ordnung. Z. Angew. Math. Mech., 1969, 49: 441-443.

[139] Schuster P, Sigmund K, Wolf R. Dynamical systems under constant organization. III. Cooperative and Competitve Behaviour of Hypercycles. JDE 32, 1979: 357-368.

[140] Smith R A. Some applications of Hausdorff dimension inequalities for ordinary differential equations. Proc. Roy. Soc. Edinburgh, 1986, 104: 235-259.

[141] Smith H L. Monotone Dynamical Systems: An Introduction to Theory of Competitive and Cooperative Systems. Math. Surveys Monogr., 41. Providence, RI: Amer. Math. Soc., 1995.

[142] Smith H L. Competing subcommunities of mutualists and a generalized Kamke theorem. SIAM Journal on Applied Mathematics, 1986, 46: 856-874.

[143] Smith H L, Waltman P. The Theory of the Chemostat: Dynamics of Microbial Competition. Cambridge: Cambridge Studies in Mathematical Biology, 1995.

[144] Sreedhar N, Rao N. A note on Bendixson's criterion. International Journal of Control, 1968, 7(6): 595-597.

[145] Steel G G. Growth Kinetics of Tumors. Oxford: Clarendon Press, 1977.

[146] Takeuchi Y, Adachi N. The existence of globally stable equilibria of ecosystems of the generalized Volterra type. J. Math. Biol., 1980, 10: 401-415.

[147] Takeuchi Y, Lu Z. Permanence and global stability for competitive Lotka-Volterra

diffusion systems. Nonl. Anal. TMA., 1995, 24: 91-104.

[148] Teng Z, Duan K. Persistence in dynamical systems. Q. Appl. Math., 1990, 48: 463-472.

[149] Thieme H R. Persistence under relaxed point-dissipativity (with application to an endemic model). SlAM J. Math. Anal. 1993, 24: 407-435.

[150] Toth J. Bendixon Type Theorems with Applications. Z. Angew. Math. Mech., 1987, 67: 31-35.

[151] Tu C, Jiang J. The necessary and sufficient conditions for the global stability of type-K Lotka-Volterra system. Proc. Amer. Math. Soc., 1999, 127: 3181-3186.

[152] Volterra V. Variazioni e fluttuazioni del numero d' individui in specie animali conviventi. Mem. Acad. Lincei Roma., 1926, 2: 31-113.

[153] Wheldon T E. Mathematical Models in Cancer Research. Bristol: IOP Publishing Ltd., 1988.

[154] Wang W. Global behavior of an SEIRS epidemic model with time delays. Appl. Math. Lett., 2002, 15: 423-428.

[155] Waltman P. A brief survey of persistence in dynamical systems//Busenberg S, Martelli M, eds. Delay Differential Equations and Dynamical Systems. New York: Springer-Verlag, 1992: 31-40.

[156] Wolkowicz G. Interpretation of the generalized asymmetric May-Leonard model of three species competition as a food web in a chemostat. Fields Institute Communications, 2006, 48: 279-289.

[157] Witbooi P. Stability of an SEIR epidemic model with independent stochastic perturbations. Physica A, 2013, 392: 4928-4936.

[158] Yu Y. Wang W, Lu Z. Global stability of Gompertz model of three competing populations. J. Math. Anal. Appl., 2007, 334: 333-348.

[159] Zeeman M L. Hopf bifurcations in competitive three dimensional Lotka-Volterra systems. Dynam. Stability Systems, 1993, 8: 189-217.

[160] Zeeman E C, Zeeman M L. From local to global behavior in competitive Lotka-Volterra systems. J. Trans. Amer. Math. Soc., 2003, 355: 713-734.

[161] Zhang J, Ma Z. Global dynamics of an SEIR epidemic model with saturating contact rate. Math. Biosci., 2003, 185: 15-32.

[162] Zhao X Q. Dynamical Systems in Population Biology. New York: Springer, 2003.

[163] Zhou X, Cui J. Analysis of stability and bifurcation for an SEIR epidemic model with saturated recovery rate. Comm. Nonl. Sci. Numer. Simulat., 2011, 16: 4438-4450.

[164] Ziebur A D. On the Bellman-Gronwall lemma. Journal of Mathematical Analysis and Applications, 1968, 22: 92-95.

[165] 陈伯山. 混合拟单调系统的全局渐近稳定性. 湖北师范学院学报: 哲学社会科学版, 1994，6: 1-8.

[166]　陈兰荪, 孟新柱, 焦建军. 生物动力学. 北京: 科学出版社, 2009.

[167]　陈兰荪, 宋新宇, 陆征一. 数学生态学模型与研究方法. 成都: 四川科学技术出版社, 2003.

[168]　黄琳. 稳定性与鲁棒性的理论基础. 北京: 科学出版社, 2003.

[169]　廖晓昕. 稳定性的数学理论及应用. 2 版. 武汉: 华中师范大学出版社, 2001.

[170]　陆征一, 周义仓. 数学生物学进展. 北京: 科学出版社, 2006.

[171]　陆征一, 王稳地. 生物数学前沿. 北京: 科学出版社, 2008.

[172]　陆征一, 何碧, 罗勇. 多项式系统的实根分离算法及其应用. 北京: 科学出版社, 2004.

[173]　马知恩, 周义仓, 王稳地, 靳祯. 传染病动力学的数学建模与研究. 北京: 科学出版社, 2004.

[174]　马知恩, 周义仓, 李承治. 常微分方程定性与稳定性方法. 2 版. 北京: 科学出版社, 2015.